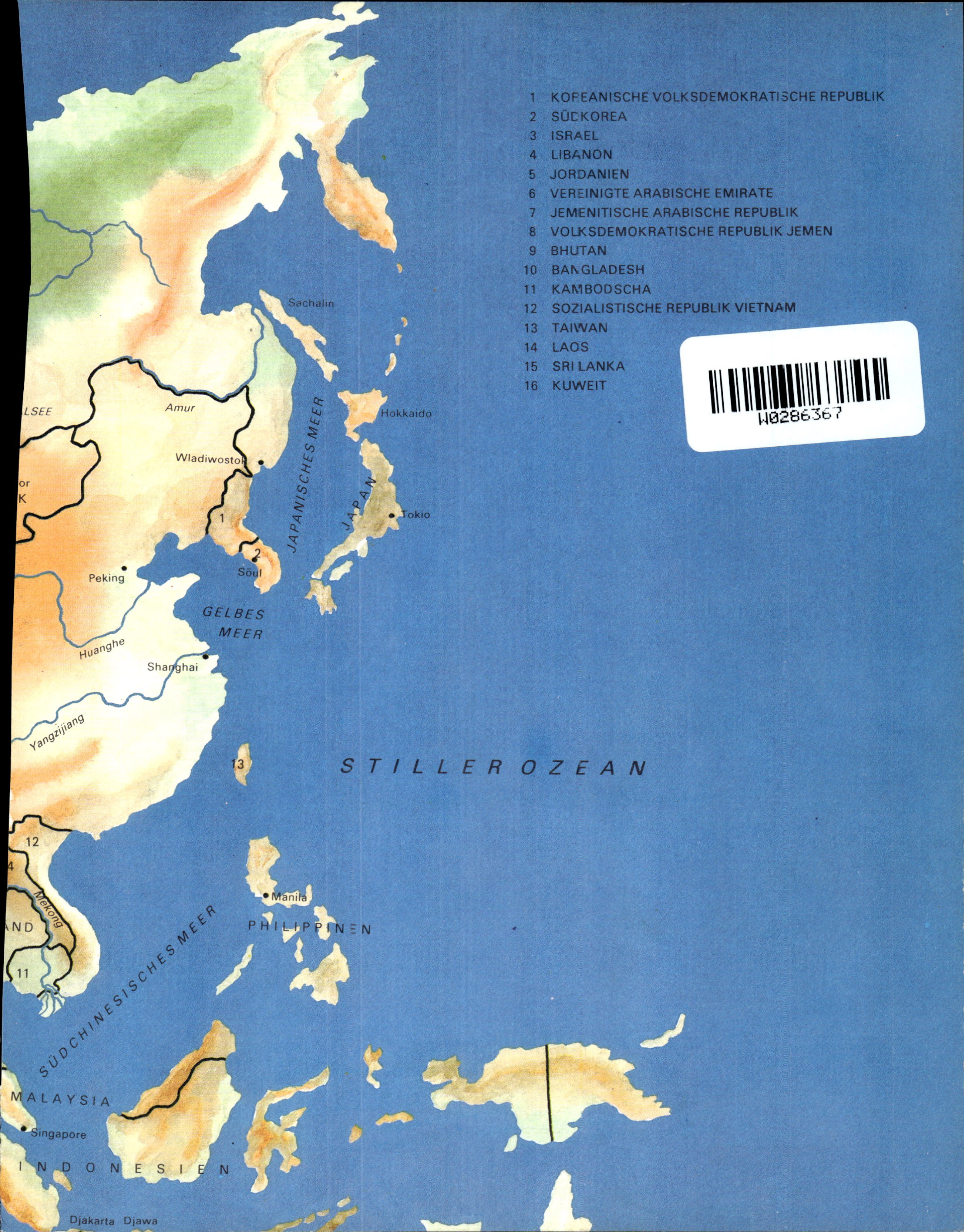
1 KOREANISCHE VOLKSDEMOKRATISCHE REPUBLIK
2 SÜDKOREA
3 ISRAEL
4 LIBANON
5 JORDANIEN
6 VEREINIGTE ARABISCHE EMIRATE
7 JEMENITISCHE ARABISCHE REPUBLIK
8 VOLKSDEMOKRATISCHE REPUBLIK JEMEN
9 BHUTAN
10 BANGLADESH
11 KAMBODSCHA
12 SOZIALISTISCHE REPUBLIK VIETNAM
13 TAIWAN
14 LAOS
15 SRI LANKA
16 KUWEIT
Sachalin
Amur
Hokkaido
Wladiwostok
JAPANISCHES MEER
JAPAN
Tokio
Peking
Söul
GELBES MEER
Huanghe
Shanghai
Yangzijiang
STILLER OZEAN
Manila
PHILIPPINEN
Mekong
SÜDCHINESISCHES MEER
MALAYSIA
Singapore
INDONESIEN
Djakarta
Djawa

KOSMOS-TIERWELT

Tiere Asiens

J. Felix / K. Hísek / J. Knotek / L. Knotková / V. Krb

KOSMOS-TIERWELT
Tiere Asiens

Kosmos · Gesellschaft der Naturfreunde
Franckh'sche Verlagshandlung · Stuttgart

Text von Dr. Jiří Felix
Ins Deutsche übertragen von Ingeborg Šestáková
Für die deutsche Ausgabe durchgesehen
von Dr. Hilde Nittinger
Graphische Gestaltung von Vladimír Šmerda
Mit 497 farbigen Zeichnungen von Květoslav Hísek,
Jaromír Knotek, Libuše Knotková und Vladimír Krb
sowie 6 Farbfotos von Werner Forman (1),
Ivan Koudelka (1), Oldřich Mazůrek (2),
Stanislav Wieser und ČTK (je 1)

Umschlag von Edgar Dambacher unter
Verwendung eines Dias von Ernst Müller

CIP — Kurztitelaufnahme der Deutschen Bibliothek

Kosmos-Tierwelt / [Text von Jiří Felix]. —
Stuttgart: Franckh
Aus d. Ms. übers.

NE: Felix, Jiří [Bearb.]

— Tiere Asiens

Tiere Asiens / J. Felix . . . [Ins Dt. übertr. von
Ingeborg Šestáková]. — Stuttgart: Franckh, 1982

(Kosmos-Tierwelt)
Aus d. Ms. übers.
ISBN 3-440-05032-7
NE: Felix, Jiří Mitverf.

Franckh'sche Verlagshandlung, W. Keller & Co.,
Stuttgart / 1982

Printed in Czechoslovakia / Imprimé en Tchécoslovaquie
L 9eg H Ste / ISBN 3-440-05032-7
Gesamtherstellung über den Artia Verlag, Prag

1/12/06/52-01

Vorwort

Asien ist der größte Kontinent unserer Erde. Sein Name wurde vermutlich von dem assyrischen Wort „Asu“ abgeleitet, das so viel wie „Land des Ostens“ bedeutet. Asien bildet zusammen mit Europa eine verbundene Festlandsmasse, die durch keine natürliche Grenze getrennt wird. Die Teilung weist eher auf historische Ursprünge hin. — Zahlreiche Inseln sind den Küsten des asiatischen Kontinents vorgelagert, wie z. B. im Nordpolarmeer Nowaja Semlja, Sewernaja Semlja und die Neusibirischen Inseln. Im Osten des Kontinents ziehen sich von der Halbinsel Kamtschatka aus große Inseln bis zum Süden hin: Sachalin, die japanischen Inseln, Taiwan, die Philippinen, die indonesischen Inseln und schließlich Sri Lanka.

Während der Norden Asiens im arktischen, äußerst kalten Klimagürtel liegt, wo wir die größten Eisberge unseres Planeten finden, herrscht im Süden heißes, tropisches Klima. Die Temperaturunterschiede sind fast unvorstellbar. Als Minimum wurden —78 °C in Sibirien und als Maximum +50 °C in Bagdad gemessen. Auch die Höhenunterschiede übertrifft kein anderer Kontinent. Der Baikalsee ist mit 1742 m das tiefste Binnengewässer unserer Erde, der Himalaja dagegen das höchste Gebirge. Der Gipfel des Mount Everest ragt bis in 8847 m Höhe hinauf. In Asien sind auch alle Vegetationen vertreten: Der Norden Asiens wird von der Tundra, einer Sumpfsteppe, bedeckt, die sich in einem stellenweise bis zu 600 km breiten Gürtel von der Halbinsel Kola bis zur Tschuktschenhalbinsel ausbreitet. Die Flora dieser Zone ist nicht etwa arm, aber ihre Vegetationsperiode ziemlich kurz. Seen und Flüsse zeichnen sich durch reines, kristallklares Wasser aus. Die Tundra ist aber auch wichtig für die Sauerstoffversorgung Innerasiens; denn die vom Norden wehenden arktischen Winde führen frische, kühle Luft mit erhöhtem Sauerstoffanteil nach Zentralasien heran. Im Süden geht die Tundra in einen breiten Nadelwaldgürtel über — die Taiga. Daran schließen sich südlich Steppen und Wüsten an.

Der Süden Asiens liegt im subtropischen bzw. tropischen Klimagürtel. Der größte Teil Süd-,

Südost- und teilweise auch Ostasiens wird von den Monsunen beeinflußt. Regenzeiten und Trokkenperioden wechseln regelmäßig miteinander ab. Flora und Fauna entsprechen den einzelnen Klimazonen. Auch wenn sich über Asien riesige, unbesiedelte Steppen, Wüsten, Tundren und Dschungel ausdehnen, lebt dennoch mehr als die Hälfte der Weltbevölkerung auf diesem Kontinent. Sie ist jedoch überall dort konzentriert, wo die günstigsten Lebensbedingungen vorhanden sind — in den Deltas der Flüsse, in den fruchtbaren Tälern und an den Meeresküsten.

Auf dem asiatischen Kontinent lebt eine große Anzahl wilder Tiere, von denen viele Arten gerade nur hier zu finden sind, wie etwa der legendäre Bambusbär, der Orang-Utan oder der Tiger. Mehrere Endemiten, also Arten, die nur in einem begrenzten Gebiet leben, gelten als Vorfahren unserer wichtigsten Haustiere. Der Stammvater unseres Hausrindes, der Ur oder Auerochse, wurde wahrscheinlich zum erstenmal im heutigen Turkestan und Usbekistan domestiziert. Aus dem ausgestorbenen indischen Ur wurde das Zebu gezüchtet. Der Wasserbüffel, die Hausform des noch heute wild von Indien bis Borneo lebenden Arni, gehört zu den wichtigsten Haustieren ganz Süd- und Südostasiens. In den tibetischen Hochgebirgen halten die Einheimischen hauptsächlich das Haus-Yak, dessen wilde Stammform noch heute auf den Hochgebirgsplateaus lebt. — Auch einer der Vorfahren unseres Hauspferdes durchstreifte einst die Steppen Asiens. — Die asiatische Besoarziege ist die „Verwandte" unserer Hausziege. Unser Hausschaf stammt wahrscheinlich aus Vorderasien. — Von den domestizierten Vogelarten ist das Haushuhn die wichtigste Art, die fast überall auf unserer Erde gezüchtet wird. Das südasiatische Bankivahuhn ist wohl die Wildhuhnart, die an seiner Züchtung den größten Anteil hatte. Gezähmte oder domestizierte Wildtiere helfen auch heute noch dem Menschen, schwere Arbeiten zu verrichten. Zu ihnen gehören vor allem der Elefant, das Kamel und in Nordasien das Rentier.

In Asien gibt es heute schon mehr als 300 große Nationalparks und Reservate, um dort die ursprüngliche Flora und Fauna zu erhalten. Trotzdem ist es notwendig, diese Naturschutzgebiete noch zu erweitern und auch Tiergemeinschaften, die außerhalb ihres Bereiches selten geworden sind, zu schützen, weil schon so viele asiatische Tierarten den verhängnisvollen Eingriffen des Menschen in die Natur zum Opfer gefallen sind. So wurde z. B. schon im Jahre 1768 die an den nordöstlichen Küsten Asiens lebende Stellersche Seekuh ausgerottet. Viele asiatische Tierarten kennen wir nur noch aus Tiergärten wie etwa den Davidshirsch, von dem wir nicht einmal genau wissen, wo er eigentlich ursprünglich lebte. Ein ähnliches Schicksal erlitt wahrscheinlich auch der Vorfahre unseres Pferdes, das Przewalski-Wildpferd. Letzte Berichte stammen aus dem Jahre 1960, als eine kleine Herde von sechs Wildpferden und eine zweite, die vierzehn Tiere zählte, beobachtet wurden. Seither wurde kein einziges Exemplar mehr gesichtet. Es scheint, daß auch das Wildpferd heute nur noch in Gefangenschaft lebt. Ein Vertreter der in freier Wildbahn ausgerotteten asiatischen Vogelarten ist der Braune Ohrfasan. — Aber außer diesen Arten, die hier genannt worden sind, sind noch sehr viel mehr Tierarten in Asien von der Ausrottung bedroht. Wenn alle Schutzmaßnahmen, die für die Fauna und Ökologie notwendig sind, konsequent durchgesetzt werden, läßt sich verhindern, daß weitere, seltene Tierarten im ungleichen Kampf mit dem Menschen unterliegen. Das erfordert große Anstrengungen sowohl der Naturschutzorganisationen als auch der Regierungen aller asiatischen Staaten.

Die tropischen Wälder Asiens

Asien, der größte Kontinent unserer Erde, erstreckt sich über ein riesiges Gebiet: vom Eismeer im Norden bis zum Indischen Ozean im Süden, vom Mittelmeer im Westen bis zum Pazifischen Ozean im Osten. Auf diesem Erdteil befinden sich alle Klimazonen der Erde: Von den kältesten Gebieten mit arktischem Klima bis zu den Tropen, den wärmsten Regionen unseres Planeten. Die weit ausgedehnten, tropischen Wälder — überwiegend Regenwälder — erstrecken sich über Süd- und Südostasien sowie über die südostasiatische Inselwelt — den Malaiischen Archipel, also die Großen Sundainseln mit Sumatra, Borneo und Java und die Kleinen Sundainseln. Im asiatischen Tropengürtel liegen außerdem auch Celebes und die Philippinen.

Typisch für die immergrünen, tropischen Regenwälder sind Laubgehölze: Nur die Bergregenwälder haben einen gemischten Baumbestand. Im äußersten Süden ziehen sich die gebirgigen, tropischen Regenwälder bis in Höhenlagen von etwa 2000 m hin. Typisch für die Tieflands- und Bergregenwälder Asiens ist ihr großer Artenreichtum. Es ist keine Seltenheit, daß 100 Laubbäume bis zu 50 verschiedenen Arten angehören. Diese Vielfalt erscheint unglaublich. Die Wälder blühen zu verschiedenen Jahreszeiten, aber die Farbenpracht der Blüten verliert sich im unendlichen Meer von Grün aller Schattierungen.

Im regengrünen Tropenwald werfen viele Baumarten ihre Blätter in der Trockenzeit ab, umhüllen aber dafür ihre kahlen Zweige mit einer Fülle weithin leuchtender Blüten, bevor die neuen Blätter hervorbrechen.

Zu ihnen gehören beispielsweise die in Indien und ganz Südostasien heimischen Vertreter der Gattung *Bombax,* des Seidenwollbaumes. Diese mächtigen Gehölze erreichen die beachtliche Höhe von 40 m und breiten ihre weit ausladenden Kronen wie Schirme über die Bäume unter sich. Am bekanntesten ist der *Bombax malabaricum,* der Rote Seidenwollbaum, dessen große, scharlachrote Blüten schon von weitem leuchten. Mit herrlich roten Blüten schmücken sich auch die Gehölze der Gattung *Erythrina,* des Korallenbaumes, der in 30 Arten überall im tropischen Asien wächst. *Erythrina indica* ist in der Baumvegetation der immergrünen Regenwälder vertreten und wird oft als Schattenspender auf Kaffee- und anderen Plantagen gepflanzt. Die dichten Kronen blühender

Korallenbäume sind voller Vögel, denn der süße Nektar der roten Blüten ist Nahrung für viele Vögel und ein Heer von Schmetterlingen und anderen Insekten.
Ein häufiger Vertreter der Baumflora der asiatischen tropischen Regenwälder ist die Gattung *Ficus,* der Feigenbaum mit seinen zahlreichen Arten. Seine struppigen Kronen dienen vielen Vögeln als Brutplätze, und die reifen Früchte sind ihre willkommene Nahrung. Die bekannteste Art *Ficus bengalensis,* der Banyan, erreicht oft besonders mit den Kronen beachtliche Ausmaße. Es gibt Exemplare, deren Stämme, die aus Luftwurzeln entstehen, vier Männer kaum zu umfassen vermögen. Das dichte Blattwerk bietet vielen Lebewesen Unterschlupf. In ihren Wipfeln fühlen sich Greifvögel wohl. Sie bauen in ihnen nicht nur ihre Horste, sondern nutzen sie als willkommene Ansitze, die ihnen einen weiten Rundblick über ihr Jagdrevier ermöglichen.
Holzwirtschaftlich sind solche Bäume interessant, die Hart- oder Edelholz liefern. Dazu gehören diejenigen, die hartes, schweres und sehr widerstandsfähiges, sogenanntes Eisenholz hervorbringen. Brücken aus diesem Material halten trotz des tropisch-feuchten Klimas, also trotz dieser recht ungünstigen Bedingungen, jahrzehntelang. Diese Eisenhölzer ersetzen, ja übertreffen noch jede Eisenkonstruktion, die unter der Einwirkung von Feuchtigkeit und durch den hohen Salzgehalt in Luft und Wasser sehr schnell korrodiert. Das Holz der Eisenholzbäume, die ganz verschiedenen Pflanzenfamilien entstammen, verwendet man deshalb auch im Schiffs- und Hafenanlagenbau.
Erwähnt sei auch das Teakholz, *Tectona grandis,* das der Teakholzbaum liefert, ein typischer Vertreter der Monsun-Wälder Malaysias und Indiens. Sein Holz ist hell gelbbraun, hart und äußerst widerstandsfähig gegen Wasser. Das weltweite Interesse und der hohe Anteil am Export löste in vielen Gegenden, hauptsächlich in Malaysia, forstliche Kultivierungen in großen Beständen aus. Auch der mittelgroße, in Indien heimische Eisenholzbaum, *Mesua ferrea,* wird etwa 25 m hoch und ist durch sein dunkelrotes, äußerst hartes Holz, das Nagasholz, berühmt. Die duftenden Blüten dieses Baumes werden zur Herstellung von Parfüm verwendet. — Auch die Bäume der Gattung *Calophyllum* bieten vielseitige Nutzungsmöglichkeiten. Sie liefern das bekannte indische Mahagoni- oder Rosenholz. Aus der Rinde wird durch Anschneiden Balsam gewonnen.
Sehr hartes, herrlich geflammtes, zitronengelbes Holz, sogenanntes Seiden- oder Atlasholz, stammt von der in Indien und Ceylon beheimateten Gattung *Chloroxylon.* — Auch die Hölzer der Gattung *Nephelium* sind sehr dauerhaft und kommen als „Falscher Litchi" in den Handel. — Besonders wertvolle Edelhölzer liefern die Ebenholzbäume der Gattung *Diospyros.* Sie bringen recht verschiedenfarbene Hölzer hervor: die indischen sind tiefschwarz, die celylonesischen braunschwarz gestreift, andere rosenrot mit dunkleren Streifen.

Auch Vertreter der Gattung *Bauhinia* sind am Pflanzenbestand der tropischen Regenwälder Asiens beteiligt. Etwa 150 baumförmige oder lianenartige Arten sind bekannt. Die Bauhinia-Lianen sind dickstämmige, hoch an den Stämmen anderer Baumarten kletternde, kräftige Gewächse und als „Affentreppenlianen" bekannt. — Aus den tropischen Regenwäldern Asiens stammt auch *Myristica fragans,* der Muskatnußbaum, dessen Früchte — die Muskatnüsse — in unserer Küche als unentbehrliches Gewürz sehr geschätzt werden.

Zu den Pflanzen, die vor allem durch Reisebeschreibungen und Abenteuerliteratur berühmt wurden, gehören die Durianbäume aus Malaysia und Indonesien. Wegen ihrer sonderbaren, 20 —30 cm langen, leicht elliptischen Früchte werden sie kultiviert. Die harte, grüne Fruchtschale umschließt leicht rosafarbenes, wie dicke Creme aussehendes Fruchtfleisch mit Samenkörnern. Die Durianfrüchte sind in diesen asiatischen Ländern ein äußerst beliebtes Obst, obwohl sie stark nach einer Mischung aus Schwefelwasserstoff und Knoblauch riechen. Für einen Europäer ist dieser Geruch anfangs widerwärtig und unerträglich. Gelingt es ihm aber, seinen anfänglichen Widerwillen zu überwinden, wird auch er bald Gefallen an diesen äußerst schmackhaften Früchten finden.

Was wären unsere Vorstellungen von asiatischen Tropengehölzen ohne Palmen! In ganz Indien und Südostasien ist hauptsächlich die bis zu 20 m hohe Palmyra-Palme der Gattung *Borassus* verbreitet. Für die einheimische Bevölkerung ist sie eine ausgesprochene Nutzpflanze: Das Fruchtfleisch der etwa 15 cm großen, runden Früchte ist eßbar, aus dem Fruchtsaft wird Palmwein vergoren oder Palmzucker gewonnen, die Blätter dienen zur Herstellung von Fächern und anderen Gegenständen. Eine ganz besondere Rolle, vor allem in Südostasien, spielt *Areca catechu,* die Areka- oder Betelnußpalme. Ihre schlanken, 10 — 15 m hohen Stämme, die am Wipfel nur wenige große Blätter tragen, prägen das Bild der Ränder des tropischen Regenwaldes. Die Betelpalmfrüchte haben die Größe eines Taubeneies und werden als Areka- oder Betelnüsse verkauft. Die unreifen Samen werden von den Einheimischen zerschnitten oder zerstoßen, mit Kalk versetzt und in die Blätter des scharf schmeckenden Betelpfeffers, Piper betle, eingewickelt. Diese Mischung wird von den Bewohnern dieser Länder als „Betel" gekaut. Er soll erfrischend, verdauungsfördernd und anregend wirken, färbt jedoch den Speichel intensiv rot.

Zu den charakteristischen Gewächsen des asiatischen Tropenwaldes gehören auch die Lianen. Es handelt sich um Angehörige verschiedener Pflanzenfamilien, sogar um Palmen der Gattung *Calamus.* Diese Rotangpalmen bilden am Boden ein dichtes Gestrüpp und „klettern" mit ihren dünnen, nur 1 — 3 cm dicken, aber um so festeren Stämmchen an den Stämmen anderer Bäume empor.

Sie werden mehrere Dutzend Meter lang und erinnern lebhaft an Seile oder Lassos. Haben sie die Baumwipfel erreicht, wachsen sie wieder nach unten und bilden dichte, undurchdringliche Gardinen. Nur mit einer Machete, scharf wie ein Schwert, läßt sich ein Pfad durch dieses Dickicht hauen. Die einheimische Bevölkerung gewinnt daraus Material zum Zusammenbinden der Dächer und Zäune ihrer Behausungen oder für Schiffsseile. Und diese ungewöhnlich festen Schnüre und Stricke wachsen ihnen fast ins Haus. Die haselnußgroßen Früchte der Rotangpalmen dienen vielen Vögeln als Nahrung.
Auf Kalimantan (Borneo) und der Halbinsel Malakka ist eine Liane heimisch, die zur Gattung *Gnetum,* einem Meerträubel-Gewächs, gehört. Ihre kleinen Blüten stehen in langen Trauben, und von den kleinen, in großen Mengen gebildeten Früchten ernähren sich viele Vogelarten.
Aber zu den wichtigsten Gehölzen, die aus Indien, China und Südostasien stammen, gehören ohne Zweifel die Bäume und Sträucher der Gattung *Citrus.* Die Zitrusfrüchte sind zu einem festen Bestandteil unserer Ernährung geworden. Zitronen und Apfelsinen fehlen das ganze Jahr über wohl kaum in irgendeinem Haushalt. Von Asien aus verbreiteten sich die Zitrusgewächse in den tropischen und subtropischen Regionen aller Kontinente. Ihr Massenanbau auf Großplantagen hat sich nicht nur in Amerika, Afrika und Australien durchgesetzt, sondern auch in Südeuropa. Nach Persien und Ägypten gelangte der Zitrusbaum schon im 2. Jahrtausend vor Christus.
Eine weitere Gattung der asiatischen Tropen, die globale Verbreitung gefunden hat, ist die Banane. Die Gattung *Musa* ist eine uralte Kulturpflanze Indiens. Eigentlich ist die Bananenpflanze das größte staudige Kraut unseres Planeten, bei dem die oberirdischen Pflanzenteile nach der Fruchtreife absterben und sich dann aus dem Wurzelstock erneuern. Die Scheiden der zahlreichen Blätter umfassen sich so, daß ein mehrere Meter hoher, in den Blattstiel und in die mächtige Blattspreite übergehender Scheinstamm entsteht. Blattspreiten von 2 — 4 m Länge und 60 — 100 cm Breite sind keine Seltenheit. Der rosarote bis dunkelviolette Blütenstand wächst an einer Achse durch die Mitte der Blattscheidenröhre und erscheint dann zwischen den Blättern.
Wild wachsende Bananenstauden unterscheiden sich durch ihre kräftig roten Blüten von den Plantagenkulturen mit meist violetten Blüten. Die Bananengewächse bieten nicht nur schmackhafte Früchte. Restlos genutzt an dieser riesigen Pflanze wird praktisch alles, was über der Erde wächst. Gehäckselte Blattspreiten sind ein wertvolles Schweinefutter, und mit den großen Blättern decken die Einheimischen die Dächer ihrer Hütten. Auf den Philippinen ist außerdem *Musa textilis,* die Faserbanane, in Kultur, aus der durch Auskämmen der Blattspreiten 1 — 2 m lange, seidig glänzende und sehr feste Fasern gewonnen werden. Durch Weiterverarbeitung entsteht der

bekannte Manilahanf. Gegenwärtig wird die Banane in den feuchten Tropen der ganzen Welt als Plantagenkultur angebaut. Aber auch in ganz kleinen Gärten oder auf Beeten gleich neben dem Haus sind sie in Asien zu sehen.

Der Verwertung durch den Menschen dient eine weitere, in den tropischen Gebieten Indiens heimische Staude: *Indigofera tinctoria,* der Indigostrauch, der ehemals den so wichtigen, blauen Farbstoff „Indigo“ lieferte. Seit altersher ist in Indien seine Verwendung üblich.

Wenn von der tropischen Flora Asiens gesprochen wird, darf eine der wichtigsten Pflanzengruppen dieses Kontinents nicht vergessen werden: die Bambus-Arten. Es handelt sich eigentlich um ein ausdauerndes, verholztes Gras, das die beachtliche Höhe von nicht weniger als 4 m und einen Durchmesser von 30 cm erreicht. Auch das schnelle Wachstum der Bambuspflanze ist nahezu unglaublich — an einem einzigen Tag beträgt der Zuwachs einen vollen Meter. Der Bambus wächst in Asien überall: in Wäldern, an Wasserläufen der Niederungen wie der Bergregionen, in Parks und Gärten. Oft bildet er weite Bestände. Die mächtigen Blüten aus Bambusstengeln, aus deren verfestigten Knoten Seitenäste sprießen, die sich weiter verzweigen, begleiten den Reisenden auf allen seinen Wegen.

In Asien gibt es mehrere Dutzend Bambusarten. Die mächtigste, größte ist der südasiatische *Dendrocalamus gigantus.* Sehr häufig, aber kleiner ist *Bambusa arundinacea* mit gelblichen Stengeln und dornigen Zweigen. Auch *Bambusa vulgaris* ist überall zu finden. Für die einheimische Bevölkerung Asiens ist das Bambusrohr die weitaus wichtigste aller Nutzpflanzen. Bambus hat für ihr tägliches Leben eine ungeheuer große Bedeutung; nur schwer könnten die Menschen in den Dörfern wie in den Städten, im Binnenland wie an den Küsten ohne diese Pflanze auskommen.

Hunderte Tonnen dieser hohlen Stengel werden täglich in kleinen Spezialbetrieben, aber auch in den Haushalten verarbeitet. Aus Bambusrohr werden Möbel, Dächer, Hauswände, Zäune, Körbe, Hühnerställe, Boote, Flöße, Ziergegenstände und sogar Wasserleitungen hergestellt, durch die das kühle, kristallklare Wasser aus den Bergquellen in die Dörfer ins Tal fließt. Die Einheimischen hacken die Scheidewände in den Knoten durch und verbinden die einzelnen langen Bambusrohre zu einer oft mehrere hundert Meter langen Rohrleitung. — Die jungen Bambusschößlinge sind eine schmackhafte und sättigende Speise. Offensichtlich mögen auch viele Haus- und Wildtiere Bambusblätter sehr gerne. Außerdem bieten die dichten Bambusbüsche zahlreichen Lebewesen Unterschlupf — von den kleinsten Nagern bis zum großen Sambar-Hirsch.

Im Innern des tropischen Regenwaldes herrscht auch tagsüber Dämmerung. Kein Sonnenstrahl dringt durch das dichte Gewirr aus Bäumen, Lianen und Epiphyten, die stellenweise nicht nur

ganze Äste, sondern auch die Stämme der Urwaldriesen bedecken. Zu den Epiphyten, also den „Aufsitzerpflanzen", gehören nicht nur die Orchideen, vor allem die in den indonesischen Tropenwäldern mit Hunderten von Arten reich vertretene Gattung *Dendrobium,* sondern auch viele Moose und Farne.
In den Bergregenwäldern gedeihen riesige Baumfarne der Gattung *Angiopteris,* deren Blätter 2 — 4 m lang werden. Sie wachsen meist wie „Dekorationen" an den Rändern des Urwaldes. Zu den Epiphyten der Sumpfwälder Malaysias und der Sundainseln gehören die sogenannten Ameisenpflanzen der Gattung *Myrmecodia* und *Hydnophytum.* Die Hohlräume in ihren Knollen dienen Ameisen als Wohnung. — Eine ebenfalls myrmekophile, also „ameisenliebende" Gattung der indischen Wälder sind Bäume der Gattung *Batschia,* in deren Zweigen Ameisen siedeln, denn die Äste haben hohle Glieder mit Längsspalten, durch die die Insekten ins Innere gelangen können.
Zu den seltsamsten Pflanzen gehören die insektenfressenden Kannenpflanzen der Gattung *Nepenthes* der indomalaiischen Regenwälder. An ihren Blattspreitenenden ist ein eigenartiges, 10 — 30 cm langes, mit einem Deckel verschlossenes Gefäß ausgebildet. Fällt ein Insekt in diese Kanne, so wird es von einer enzymhaltigen Flüssigkeit zersetzt und dient dann der Pflanze als Nahrung. Die Blattkannen dieser interessanten Arten locken durch ihre bunte, verschieden marmorierte Färbung die Insekten auch optisch an, die dann in diese Falle hineinkriechen.
Aber in den asiatischen Urwäldern drohen dem Menschen tatsächlich nicht wenige und zu unterschätzende Gefahren. Es sind nicht die Großtiere, wie Tiger und Leopard, die besonders gefährlich sind, wie viele glauben, sondern gerade die so unscheinbaren Wirbellosen. Einmal sind es die Mücken als Überträger der Malaria. In den feuchten Tropengebieten Asiens gibt es unzählige Brutgebiete der Malariamücke, die sich in ganzen Schwärmen über den Menschen hermacht. Es ist undenkbar, nach Einbruch der Dunkelheit auf Jagd zu gehen, ohne einen Tropenhelm mit einem Moskitoschleier zu tragen, der Gesicht und Hals schützt. Auch die Nacht kann man ohne Bedenken vor diesen aufdringlichen, unscheinbaren Quälgeistern nur unter einem dichten, das ganze Lager abdeckenden Moskitonetz verbringen.
Zu den recht gefährlichen Lebewesen gehören auch die Blutegel. Es gibt Land-Blutegel, die sich an ein Leben im Wald an den Blättern der Bäume und Sträucher angepaßt haben. In diesen immergrünen, tropischen Wäldern, wo die Luftfeuchtigkeit immer hundert Prozent beträgt, die aufsteigenden Wasserdämpfe in den Baumkronen kondensieren und in kleinen Rinnsalen unablässig wieder auf die Erde tropfen, haben die Blutegel ideale Lebensbedingungen auf dem Festland. Hunderte dieser Blutsauger lauern im Versteck auf ihre Gelegenheit. In der ewigen Dämme-

rung der Dschungel setzen sie sich an Hemden und Hosen fest und kriechen unbemerkt auf Hände und Füße. Unbemerkt bleibt dieser blutrünstige Parasit auch noch, wenn er die Haut annagt und sich mit Blut vollsaugt. Auch wenn er sich dann von seinem unfreiwilligen Wirt hat abfallen lassen, rinnt das Blut unablässig in feinen Rinnsalen aus kleinen Wunden, in die der Blutegel einen Stoff ausgeschieden hat, der das Gerinnen des Blutes verhindert.

Und der Angefallene erschrickt auf einmal fürchterlich, wenn er feststellt, daß er aus vielen Wunden an Füßen und Händen blutet. Es droht ihm nicht etwa die Gefahr des Verblutens, auch wenn der Blutegelbefall reichlich war, sondern die der Infektion. Die Einheimischen bestreuen die vom Blutegel verursachten Wunden mit Kalk. Oft sind ihre Hände und Füße von Geschwüren bedeckt. Der beste Schutz vor diesem Parasiten sind eine bis zum Hals geschlossene Bluse, lange Ärmel und lange, in die Schuhe gezogene Leinenhosen, durch die die Blutegel nicht an die nackte Haut herankönnen.

In den Tropenwäldern Asiens wimmelt es nur so von Wirbellosen, wie beispielsweise von Käfern, Schmetterlingen, Hautflüglern und Libellen, vor allem aber von Ameisen und Termiten. Die Termiten errichten keine so großen Bauten wie ihre Vettern in Afrika oder Australien, sondern siedeln sich mit ihren rundlichen Bauten am häufigsten im Innern der Bäume an.

Die Fauna der tropischen Regenwälder auf den Sundainseln weist einige Besonderheiten auf. Eine davon ist der einzige Vertreter der Menschenaffen in der Alten Welt, der Orang-Utan, der in den Wäldern der Insel Kalimantan (Borneo) und auf Sumatra lebt, und von dem sich die einheimische Bevölkerung so viele Geschichten und Legenden erzählt.

Auch die Flora hat auf den Sundainseln einzigartige Vertreter und verzeichnet zahlreiche Rekorde. Erinnert sei nur an die größte Blüte des Pflanzenreiches. Sie gehört der auf Sumatra heimischen *Rafflesia arnoldii,* der Riesenblume. Diese eigenartige Pflanze schmarotzt auf Wurzeln von Lianen der Gattung *Cissus.* Sie bringt eine rot gefleckte, herrliche Blüte hervor, die im Durchmesser 1 m mißt und nach faulem Fleisch riecht. Sie wird von sogenannten Aasfliegen bestäubt, die sie mit lautem Summen zu Hunderten umschwärmen.

Philippinen-Gleitflieger
(Cynocephalus volans)

Der Philippinen-Gleitflieger bewohnt die immergrünen, tropischen Regenwälder der Philippinen. Dieses Nachttier wird etwas über 1,5 kg schwer und erreicht zusammen mit dem 25 cm langen Schwanz eine Länge von etwa 70 cm. Tagsüber schläft er in den dichten Baumwipfeln, wo er vor den Blicken seiner Feinde gut verborgen ist, weil er an der Unterseite eines Zweiges hängt. Sobald es dunkel ist, hangelt er zusammengefaltet an der Astunterseite entlang oder klettert behend mit kleinen, langsamen Sprüngen den Stamm hinauf. Von einem erhöhten Platz aus segelt er dann im Gleitflug auf einen entfernt stehenden Baum. Dazu ist er durch eine sehr breite Flughaut in der Lage, die sich zwischen den Vorder- und Hinterbeinen und dem Schwanz befindet. Wenn er ruht oder klettert, legt er diese behaarte Flughaut zusammen. Wenn das Tier zu einem bestimmten Ziel segeln möchte, öffnet es mit Hilfe der Beine seinen „Fallschirm", stößt sich plötzlich ab und gleitet durch die Luft. Auf diese Weise kann es bis zu 140 m zurücklegen, ohne mit 10—13 m wesentlich an Höhe zu verlieren. Nach dem Landen legt es schnell seinen „Flugapparat" unter den Körperseiten zusammen und klettert mit Hilfe seiner starken Krallen hoch in die Baumkrone, um Nahrung zu suchen.
Die Gleitflieger ernähren sich ausschließlich von Blättern, Knospen und jungen Früchten, sind also Nahrungsspezialisten. — Zur Paarungszeit sucht sich das Männchen eine Gefährtin, bleibt aber nur wenige Tage mit ihr zusammen. Dann leben beide wieder so ungesellig wie vorher. Das Weibchen ist 2 Monate tragend und bringt 1, selten 2 Junge zur Welt, die sich fest an seinem Bauchfell anklammern. In der ersten Zeit trägt die Mutter das Junge immer mit sich herum. Später läßt sie es an ihrem festen Schlafplatz im dichten Gezweig zurück.

Großer Haar- oder Rattenigel
(Echinosorex gymnurus)

Der Große Haar- oder Rattenigel ist in Thailand, Malaysia, auf Sumatra und Kalimantan (Borneo) heimisch. Von seiner Gesamtlänge von 65 cm entfallen 20 cm auf den langen, nur spärlich behaarten, schuppigen Schwanz. Das Fell dieses bis 1,4 kg schweren Säugers ist ziemlich langhaarig.
Tagsüber verbirgt sich der Große Haarigel in Höhlen, in Baumstümpfen, unter Baumwurzeln oder in Felsspalten. Nachts aber wird er aktiv, läuft schnell über den Boden und sucht nach etwas Freßbarem. Mit Vorliebe hält er sich an Ufern von Gewässern auf und geht sogar in seichtes Wasser, um kleine Fische und Frösche zu jagen. Aber auch Insekten und ihre Larven, Würmer und hin und wieder weiches, süßes Fallobst verschmäht er nicht.
Der Große Haarigel ist ein Einzelgänger und lebt nur während der Paarungszeit für kurze Zeit mit dem Partner zusammen. Das Weibchen sucht sich eine geschützte Höhle, in der es höchstens 2 Junge wirft. — Im gesamten tropischen Asien gibt es jedoch noch Dutzende anderer Arten von Insektenfressern.

Indischer Flughund *(Pteropus giganteus)*

Der Indische Flughund ist auf Sri Lanka und in ganz Indien heimisch, kommt aber auch an den Südhängen der Himalaja-Vorgebirge vor. — Sein Körper wird etwa 30 cm lang. Die Flügelspannweite beträgt über 120 cm. Er ist ein recht geselliges Tier und lebt in großen Gruppen, zu denen Hunderte von Einzeltieren gehören. Als ständigen Ruheplatz sucht sich die ganze Kolonie meist einen riesigen Baum aus, in dem die Flughunde tagsüber schlafen und dabei kopfunter und eingehüllt in ihre Flughäute an waagerechten Ästen hängen. Die dichtbelaubte Baumkrone ist dann förmlich übersät mit schlafenden Tieren, deren Ausscheidungen oft alles Grün vernichten.
Sobald es jedoch dunkel zu werden beginnt, kommt Leben in den Baum. Die Flughunde erwachen, klettern hin und her und schreien. Dann erhebt sich der ganze Schwarm in die Luft und fliegt wie eine schwarze Wolke auf die Suche nach reifen, saftigen, süßen Früchten in den Dschungel. Natürlich werden auch Obstgärten

Philippinen-Gleitflieger

Großer Haar- oder Rattenigel

und Plantagen nicht ausgelassen, wo so ein Schwarm dann erhebliche Schäden an der Obsternte anrichtet. Morgens kehrt dann der Schwarm zu seinem Schlafbaum und jedes Tier an seinen Platz in einem gewissen Abstand zum nächsten zurück. In den höchsten Zweigen schlafen die Leittiere, in den untersten die der niedereren Rangordnungen, die auch am meisten unter den herabfallenden Ausscheidungen zu leiden haben.
Die Tragzeit des Weibchens beträgt 180 Tage, wobei es zu jeder beliebigen Jahreszeit werfen kann. Es bekommt nur ein einziges Junges, das schon bei der Geburt teilweise behaart ist. Das Junge hält sich im Fell der Mutter fest und bleibt 4 Monate lang bei ihr. Dann ist es flugfähig und macht sich selbständig. Mit einem Jahr ist das Jungtier erwachsen. Wegen seines Fleisches, das die Einheimischen als ausgezeichnete Delikatesse betrachten, wird der Indische Flughund gern gejagt.

Indischer Flughund

Kurznasen-Flughund *(Cynopterus sphinx)*

Dieser bis zu 12,5 cm große Flughund bewohnt die Waldgebiete Indiens, Ceylons und Südostasiens einschließlich der Halbinsel Malakka, von den Niederungen bis in Gebirgslagen um 1850 m. Der Kurznasen-Flughund ist stellenweise recht häufig anzutreffen. Er lebt in kleineren Gruppen zu 6—12 Mitgliedern und verschläft den Tag in Höhlen, gelegentlich auch in Baumhöhlen, unter den Dächern der Häuser oder unter großen Palmblättern. Sobald die Dämmerung hereinbricht, begibt sich der Trupp auf Nahrungssuche. Er ernährt sich von reifen Feigen, Mangofrüchten und Bananen. Wenn ein größerer Schwarm von Kurznasen-Flughunden in eine Bananen-Plantage einfällt, kann er erheblichen Schaden anrichten. Es gibt Flughunde, die auch Nektar mögen und besonders gern die Blüten von Tropenbäumen aufsuchen. Die Kurznasen-Flughunde sind sehr lebhafte Tiere und legen nachts auf Nahrungssuche oft mehr als 100 km zurück.
Am häufigsten im März oder April, seltener zu einer anderen Zeit, wirft das Weibchen meist ein einziges Junges, das sich im Fell der Mutter festhält und von ihr auch während der nächtlichen Flüge mitgenommen wird. — In Nordthailand ist die Jagd auf diese Tiere, die dann auf dem Markt verkauft werden, üblich.

Kurznasen-Flughund

Lyra-Fledermaus *(Megaderma lyra)*

Die Lyra-Fledermaus ist eine kleine, nur etwa 8 cm groß werdende Art, die die Wälder Indiens, Burmas, Malaysias und Südchinas bewohnt. Sie lebt gesellig in Gruppen zu 3—50 Tieren und verbirgt sich tagsüber in Berg- oder Baumhöhlen und in Häusern. Mit einbrechender Dämmerung verläßt sie ihr Versteck und begibt sich auf Beutejagd. Die Lyra-Fledermaus ist ein

Lyra-Fledermaus

recht räuberisches Wesen. Sie fängt Insekten und Spinnen, überfällt aber auch kleine Wirbeltiere, Vögel, Frösche und Eidechsen. Sie macht auch vor anderen Fledermausarten nicht Halt. Wild stürzt sie sich über ihre Beute und saugt ihr zuerst das Blut aus, bevor sie aus dem getöteten Tier kleine Stücke Fleisch herausreißt. Oft fliegt sie mit dem erbeuteten Tier zu ihrem Ruheplatz, um es in Ruhe zu verzehren.

Das Weibchen ist etwa 70 Tage lang trächtig und wirft dann 1, selten 2 Junge. Während dieser Zeit verläßt es die Männchen und verbringt die 6 Wochen, bis das Junge flugfähig und damit selbständig ist, in einer Art Wochenstube. In Indien werden die Jungen meist im November vor Beginn der Monsunregen geboren.

Gewöhnliches Spitzhörnchen *(Tupaia glis)*

In den tropischen Regenwäldern Asiens lebt das Gewöhnliche Spitzhörnchen, das systematisch gesehen ein Bindeglied zwischen Insektenfressern und Primaten ist. Spitzhörnchen bilden eine eigene Familie. Das Gewöhnliche Spitzhörnchen wird etwa 40 cm lang; mehr als die Hälfte davon entfällt aber auf den Schwanz. Es ist ein Tagtier, aber auch in der Dämmerung noch aktiv. Gewandt bewegt es sich in den Zweigen, klettert geschickt Baumstämme hinauf und vermag auch sicher von Ast zu Ast zu springen. Als Einzelgänger oder paarweise verteidigt es sein Revier, das es mit einem aus Brustdrüsen austretenden, besonderen Sekret markiert. Nachts schläft es in seiner Baumhöhle, aber auch tagsüber ruht es sich manchmal dort aus.

In der Höhle wirft das Weibchen nach 52—56 Tagen Tragzeit Zwillinge, seltener Drillinge oder nur ein einziges Junges. Bei der Geburt sind die Jungen blind und nackt und werden von der Mutter zwei- bis dreimal täglich, manchmal aber auch nur einmal gesäugt. Den Bau verlassen die Jungtiere zum erstenmal nach 27 Tagen und begeben sich zusammen mit der Mutter auf Nahrungssuche.

Die Kost des Gewöhnlichen Spitzhörnchens besteht aus Insekten und ihren Larven, aber auch aus Vogeleiern und Jungtieren kleiner Wirbeltiere. Gern nimmt es süße Früchte. Die Beute ergreift es mit den Vorderpfoten und steckt sie sich in das kleine Maul. Nach 3 Monaten sind die jungen Spitzhörnchen schon ausgewachsen und einen Monat später erwachsen.

Schlanklori *(Loris tardigradus)*

Der Schlanklori, ein etwa 25 cm großer Halbaffe, zeichnet sich durch einen sehr kurzen Schwanz aus. Er bewegt sich langsam und bedächtig, fast faultierartig in den Baumkronen der tropischen Regenwälder Südindiens und Ceylons und ist sowohl in den Niederungen als auch in Gebirgslagen bis zu 1800 m anzutreffen. Tagsüber schläft er in den dichten Zweigen und steckt den Kopf zwischen die Beine, so daß er wie ein Ball aussieht.

Nach dem Dunkelwerden erwacht er, streckt seine steifen Glieder und begibt sich gleich darauf auf Nahrungssuche. Vorsichtig kriecht er in den Kronen der Bäume oder höheren Sträucher umher und sucht nach Insekten und ihren Larven. Wenn er auf das Nest eines Kleinvogels stößt, nimmt er mit Appetit die Eier oder auch die Nestlinge. Auch kleine Eidechsen und Baumfrösche werden seine Beute. Gern frißt er süße, saftige Früchte und Beeren und gelegentlich knabbert er junge Schößlinge und Blätter an. Die Nahrung steckt er sich mit den Vorderpfoten in die Schnauze.

Nach einer Tragzeit von 160—174 Tagen wirft das Weibchen in der mit jungen Blättern ausgepolsterten Baumwohnhöhle nur ein einziges Junges, das es 3—6 Monate lang säugt. Aber schon nach einem Monat beginnt das Jungtier, selbständig weiches Obst und Insekten zu fressen.

Plumplori *(Nycticebus coucang)*

Der Plumplori ist von Assam über ganz Südostasien bis

Gewöhnliches Spitzhörnchen

Schlanklori

nach Indonesien und zu den Philippinen verbreitet. Es ist ein hübscher, kleiner, kurzschwänziger Halbaffe, der höchstens 40 cm lang und bis zu 1,5 kg schwer wird. In der Färbung sind die einzelnen Exemplare recht variabel.

Als Nachttier verbringt er den Tag zu einer Kugel zusammengerollt in seiner Baumhöhle in festem Schlaf. Sobald es dunkel ist, wacht er auf und klettert aus seinem Unterschlupf. Langsam kriecht er am Geäst in seinem Wohnrevier entlang und sucht nach Beute. Er fängt Insekten, Insektenlarven und kleine Eidechsen, plündert aber auch Vogelnester aus. Mit besonderer Vorliebe trinkt er Vogeleier aus. Aber auch süße Früchte und Bambusschößlinge hat er gern.

In der Baumhöhle wirft das Weibchen nach etwa 185 Tagen Tragzeit 1, selten 2 Junge, die es 3—6 Wochen lang säugt. Aber schon 10 Tage nach der Geburt nehmen die Jungen feste Nahrung an. Von den Einheimischen wird der Plumplori sehr oft gefangen und im Haus gehalten, weil sie glauben, daß ihnen dieses Tier Glück bringe.

Sunda-Koboldmaki *(Tarsius bancanus)*

Der Koboldmaki ist ein wunderliches, kleines Halbäffchen mit auffallend großen Augen, scheibenförmig verbreiterten Fingerbeeren an den Fingern und Zehen und einem nur 12—14 cm großen Körper. Seinen 15—20 cm langen Schwanz jedoch versteht er geschickt beim Springen von einem Zweig zum anderen als Steuer einzusetzen. Der Sunda-Koboldmaki bewohnt die tropischen Regenwälder auf Sumatra, Borneo, Celebes und den umliegenden kleinen Inseln. Obwohl er stellenweise recht häufig ist, entgeht er durch seine nächtliche Lebensweise leicht der Aufmerksamkeit des Beobachters.

Tagsüber verbirgt er sich in den dichten Laubkronen der Bäume, nur selten bezieht er Höhlen. Sobald es jedoch dunkel wird, erwacht dieses lebhafte Tier und klettert dann gewandt und schnell durchs Geäst. Er kann mehrere Meter weite Sprünge vollführen. Bei der Landung hält er den Schwanz senkrecht hoch und saugt sich mit seinen Haftscheiben regelrecht wie ein Laubfrosch an dem Ast fest, den er ergriffen hat. Auch auf dem Boden springt er bis zu 170 cm weit und 60 cm hoch — eine ausgezeichnete Leistung für einen so kleinen Kerl.

Auf seinen nächtlichen Streifzügen fängt der Koboldmaki vor allem Insekten und deren Larven, seltener auch kleine Geckos. Das Männchen läßt nachts oft seine zirpende, an den Gesang eines Vogels erinnernde

Sunda-Koboldmaki

Plumplori

Rhesusaffe

Wanderu oder Bartaffe

Stimme hören. Und noch etwas ist am Koboldmaki interessant: Er kann seinen Kopf nach beiden Seiten jeweils um 180° drehen. — Nach 185 Tagen Tragzeit wirft das Weibchen 1 Junges, das 5—6 Monate lang gesäugt wird.

Rhesusaffe *(Macaca mulatta)*

Der Rhesusaffe ist eine der bekanntesten Affenarten, weil er als Laboratoriumstier berühmt wurde, denn in seinem Blut entdeckte man zum ersten Mal den nach ihm benannten Rh-Faktor. Der Rhesusaffe ist recht weit verbreitet. Sein Vorkommen erstreckt sich von Westpakistan über Nord- und Mittelindien bis nach Südchina und Südostasien. Früher war er sehr häufig. An vielen Stellen wurden seine Bestände jedoch durch häufige Fänge für Versuchszwecke stark reduziert. Der Rhesusaffe bewohnt am liebsten dichtbewachsene Flußufer und Felsgebiete mit hohem und dichtem Gesträuch.

Tagsüber streift er in Gesellschaften von 25 und mehr Tieren umher. Der Trupp wird vom stärksten und erfahrensten Männchen angeführt, dem sich die übrigen Mitglieder der Herde unterordnen. Das Leittier beobachtet wachsam die Umgegend und warnt die anderen, wenn Gefahr im Verzug ist. Und die lauert auf unser Rhesusäffchen auf Schritt und Tritt. Besonders der Leopard hat das schmackhafte Affenfleisch recht gern, aber auch Greifvögel bemächtigen sich oft junger Rhesusaffen. Unvorsichtige Tiere enden auch häufig im Schlund einer Pythonschlange.

Die Rhesusaffen beißen während ihrer regelmäßigen, täglichen Streifzüge durch Baumbestände und Dickichte Triebe und junge Blätter ab, pflücken Beeren und Früchte, sammeln Sämereien, knacken Nüsse auf und reißen auch manchmal saftige Wurzeln aus. In der Nähe menschlicher Siedlungen wagt sich der Trupp auch auf Felder, vor allem auf Maisfelder, um sich die jungen, noch unreifen süßen Kolben auszuschälen. Da Rhesusaffen aber auch Früchte gern essen, kommen sie auch zu Plantagen und Gärten. Ist die Gruppe zahlreich, kann das zu erheblichen Schäden an Bananen- oder Apfelsinenbeständen führen. Die Plantagenbesitzer lieben sie deshalb nicht besonders, auch wenn die Hindus in Indien den Rhesusaffen als heiliges Tier verehren.

Nasenaffe

Siamang

Als Schlafplatz sucht sich der Familienverband Felshöhlen an steilen Felshängen an Flußläufen oder auch die dichten Wipfel hoher Bäume aus. Wenn die Tiere nicht beunruhigt werden, schlafen sie jahrelang an der gleichen Stelle. — Das Rhesusweibchen ist 146—180 Tage trächtig und bringt dann 1 Junges, selten Zwillinge zur Welt, die es an ihrer Brust trägt. Muttermilch saugen die Jungen 7—14 Monate lang, aber schon im Alter von 2 Monaten beginnen sie selbst, weiche Fruchtteile zu essen. 180 Tage nach der Geburt ist das Affenkind schon in der Lage, ein selbständiges Leben zu führen. Die Männchen sind nach 4 1/2 Jahren erwachsen, die Weibchen ein Jahr früher. Rhesusaffen können bis zu 30 Jahre alt werden.

Wanderu oder Bartaffe *(Macaca silenus)*

Der Wanderu ist ein recht stattlicher Makak, der zusammen mit dem 35 cm langen, quastigen Schwanz eine Größe von 125 cm erreicht. Er zeichnet sich durch seinen starken Haarwuchs am Kopf und vor allem an den Seiten aus.
Der Wanderu lebt ausschließlich in den dichten Regenwäldern Südostindiens bis zum Kap Komorin und hält sich in kleineren Familienverbänden zu 10—20 Mitgliedern auf. Tagsüber durchstreift der Trupp die Baumkronen und sucht Sprosse, Blätter und verschiedene Früchte. Wenn aber eine Wanderu-Herde in eine am Waldrand gelegene Obstplantage einfällt, ist sie nicht gerade ein Gast, den man gerne sieht. Die Tiere reißen auch unreife Früchte ab, werfen sie weg und richten dadurch große Schäden an.
Am Abend kehren die Wanderus auf ihre ständigen Schlafbäume zurück, wo sie im dichtesten Geäst der Wipfel die Nacht verbringen. — Nach 165 Tagen Tragzeit bringt das Weibchen 1 Junges zur Welt, das es auf dem Bauch trägt. Der Bartaffe gehört in Indien zu den Tieren, die als heilig angesehen werden.

Nasenaffe *(Nasalis larvatus)*

Die Heimat des Nasenaffen sind die Regenwälder Borneos. Dort siedelt dieser wunderliche Affe meist in der Nähe der Gewässer, besonders an dichtbewachsenen Flußufern. Das Männchen ist recht stattlich und wird über 20 kg schwer und bis 150 cm lang, wobei allerdings die Hälfte auf den Schwanz entfällt. Das Weibchen ist kleiner und schwächer und wiegt bei einer maximalen Länge von 120 cm etwa 10 kg. Die erwachsenen Männchen erkennt man an ihrer riesigen Nase, die ihnen über das Maul bis zum Kinn hinabfällt. Sie sieht wie eine Gurke aus. Und wenn das Männchen essen will, muß es diese „Nasengurke“ mit einer Hand beiseite schieben. Aufgabe dieser sonderbaren Nase ist es, die Rufe zu verstärken, die es ausstößt, wenn es sein Revier als sein Eigentum markiert.
Der Nasenaffe lebt in kleinen Familiengruppen in den Kronen der Bäume. Nachts schläft die ganze Familie im dichten Geäst. Nach Sonnenaufgang bricht sie zur Nahrungssuche auf. Der Nasenaffe ernährt sich von Sprossen, jungen Blättern, Beeren und Früchten, läßt sich aber auch oft an langen Lianen zur Wasserfläche hinab und holt sich saftige Wasserpflanzen. Bei diesen akrobatischen Übungen fallen junge, noch unerfahrene Tiere sehr häufig ins Wasser.
Aber das macht ihnen nichts aus. Sie sind ausgezeichnete Schwimmer und kommen gut mit dem nassen Element zurecht. Sie schwimmen ans Ufer und klettern wieder auf den nächsten Baum.
Nach einer Tragzeit von etwa 166 Tagen bringt das Weibchen nur ein Junges zur Welt, das bei der Geburt etwa 500 g wiegt. Das Junge trägt die Mutter am Bauch, überläßt es jedoch auch zeitweise anderen Weibchen im Trupp, die sich um das Kleine dann genau so gut wie die eigene Mutter kümmern. Manchmal übernehmen sogar ältere, noch nicht erwachsene Geschwister die Pflege des Kleinen, das sich in ihrem Fell festklammert. Im Alter von 8 Wochen klettert das Junge schon allein in der Nähe der Mutter durch die Zweige und spielt mit den übrigen Mitgliedern der Gruppe. Die Männchen sind nach 6—7 Jahren erwachsen, die Weibchen schon nach 4 Jahren.

Siamang *(Symphalangus syndactylus)*

Der Siamang bewohnt die immergrünen Gebirgsregenwälder der Mentawai-Inseln vor der Westküste Sumatras in Höhenlagen zwischen 600 und 2800 m. Er ist mit 75—90 cm Körperhöhe und 8—13 kg Gewicht der größte Gibbon. Sein Schwanz ist äußerst kurz, das Fell langhaarig. Seinen großen Kehlsack nutzt das Männchen als Resonanzorgan, so daß sein kräftiger Ruf bis zu 4 km weit zu hören ist. Bis zu einer halben Stunde dauern die Gesangsstrophen, mit denen der Siamang sein Wohn- und Nahrungsrevier markiert. Dieses Gebiet hat eine Ausdehnung von 12—40 ha, je nach der Dichte und Höhe des Baumbestandes.
Der Siamang lebt im Familienverband, zu dem gewöhnlich das Siamangpaar und 1—3 oft schon herangewachsene, aber noch nicht erwachsene Jungtiere gehören. Nur gelegentlich schließen sich mehrere, vor allem junge Tiere zu Trupps zusammen. Aber es gibt auch halbwüchsige Einzelgänger, die sich ihren Partner erst suchen.
Die Nacht verbringt die Familie auf dichtbelaubten Zweigen in den Baumkronen. Morgens bricht sie regelmäßig zu den Futterplätzen auf. Mit seinen langen Ar-

Lar oder Weißhandgibbon

Orang-Utan

men hängt sich der Siamang an die Zweige und setzt mit Schwung über meterweite Entfernungen zum nächsten Baum über, um ihn nach Nahrung abzusuchen. Er ernährt sich zu 80 % von Früchten, beißt aber auch Blätter und Sprosse ab. In geringerem Umfang fängt er Insekten und Insektenlarven und holt gern Baumtermiten aus ihren Bauen heraus. Auch aus Vogelnestern nimmt er hin und wieder Eier oder Nestlinge.

Seinen Durst stillt der Siamang vor allem mit Regenwasser aus tütenförmigen Blättern, läßt sich aber auch über die Wasserfläche der Flußläufe herab, streckt, mit einer Hand am Zweig hängend, die andere ins Wasser und leckt die in den Haaren angesammelten Wassertropfen ab.

Die Tragzeit beträgt 235 Tage. Dann bringt das Weibchen ein einziges Junges zur Welt, das zwar die Augen gleich öffnet, aber nur wenig behaart ist. Das Kleine hält sich fest im Brustfell der Mutter und steht erst nach einem halben Jahr zum erstenmal auf eigenen Füßen. Im Alter von 5—7 Jahren ist es erwachsen.

Lar oder **Weißhandgibbon** *(Hylobates lar)*

Der Lar ist in ganz Südostasien westlich vom Mekong und über die Halbinsel Malakka bis nach Sumatra heimisch, wo er die immergrünen Regenwälder bis in Höhenlagen um 2400 m bewohnt. — Obwohl die Färbung der einzelnen Tiere sehr variabel ist und von hellen Braun- und Gelbtönen bis zu Schwarz reicht, haben doch alle eines gemeinsam: den typischen weißen Haarstreifen um das immer dunkle Gesicht. Die Körperlänge des Lar bewegt sich zwischen 46 und 64 cm, das Gewicht eines erwachsenen Tieres zwischen 5—8 kg. Der verkümmerte Schwanz ist eines der Merkmale, das die Gibbons mit der Familie der Menschenaffen gemeinsam haben, zu denen sie früher gerechnet wurden. Heute bilden sie eine eigene Familie.

Der Lar lebt im Familienverband, zu dem das Paar und ein bis sechs Jungtiere gehören, die auch schon erwachsen sein können. Aber auch Einzelgänger treten auf — entweder alt gewordene Tiere oder Jungtiere, die sich ihren künftigen Partner suchen. Jede Familie bewohnt ihr eigenes Revier, das etwa 20 ha groß ist und vom Männchen durch seinen weithin klingenden, aber angenehm singenden Ruf markiert und verteidigt wird. Auch wenn die Tiere bei ihren Streifzügen durch das eigene Territorium an den Grenzen auf einen fremden Trupp

stoßen, kommt es nur selten zu Kämpfen zwischen den Leittieren. Die Familien gehen dann gewöhnlich in Ruhe auseinander.
Der Lar ist ausschließlich Baumbewohner und seine Glieder sind auch der Fortbewegung im Geäst ausgezeichnet angepaßt. Mit seinen Hangelarmen und mit den hakenförmig gekrümmten Fingern schwingt er sich, indem er mit den Händen weitergreift, von Zweig zu Zweig. Mit Leichtigkeit überwindet er Entfernungen von mehreren Metern. Die Beine gebraucht er dazu überhaupt nicht. Auf dem Erdboden oder auf einem waagerechten Ast benutzt er jedoch seine Beine und geht aufrecht. Mit den Armen hält er dabei das Gleichgewicht. Sein Gang erinnert an einen unsicheren Seiltänzer.
Während der größten Hitze über die Mittagsstunden ruht er im Schatten der dichtbelaubten Baumkronen. Die lebhaften Jungen spielen während dieser Zeit miteinander. Die Alten wachen währenddessen über ihre Sicherheit, denn der Lar hat nicht wenige Feinde. Besonders Leoparden, große Greifvögel und Riesenschlangen trachten ihm nach dem Leben. Die Nacht verbringt die Familie auf ihrem ständigen Schlafbaum in der Krone eines hohen Baumes. Sobald es hell wird, begibt sie sich auf Futtersuche. Der Lar ernährt sich von süßen Früchten, Sprossen, Blättern, aber auch von Insekten und kleinen Wirbeltieren. Besonders gern trinkt er Vogeleier aus. Da zur Kost des Lar auch saftiges Obst gehört, muß er nur wenig trinken. Zum Trinken läßt er sich über der Wasserfläche herab, hält sich mit einer Hand am Zweig fest und steckt die andere ins Wasser. Die Wassertropfen, die sich im Fell verfangen haben, läßt er dann in sein Maul rinnen. Gibbons meiden das Wasser, da sie nicht schwimmen können und ertrinken, wenn sie unglücklicherweise an tieferen Stellen ins Wasser fallen.
Das Weibchen bringt nach 210—215 Tagen Tragzeit ein Junges zur Welt, das sich fest an das Bauchfell der Mutter anklammert. Mit ihm hangelt es durch die Zweige und „durchfliegt" auch größere Strecken. Bis zu 4 Monaten läßt das Neugeborene das Fell der Mutter überhaupt nicht los. Erst im 6. Monat beginnt es, sich selbständig zu bewegen, und 2 Monate später benutzt das Junge zum Schwingen zwischen den Zweigen seine langen Arme.

Orang-Utan *(Pongo pygmaeus)*

Der Orang-Utan ist der einzige Menschenaffe der Alten Welt. Er ist in zwei Unterarten auf Sumatra bzw. Kalimantan (Borneo) heimisch und lebt in den tropischen Regenwäldern in Höhenlagen bis zu 2000 m. Sein Fell ist bis 80 cm lang, goldbraun, rotbraun bis hellbraun. Der Borneo-Orang ist etwas kleiner und dunkler behaart. Ein Orang-Männchen ist gewöhnlich 1,5 m groß und wiegt 75—100 kg. Das Orang-Weibchen ist kleiner, schwächer und nur bis zu 50 kg schwer. Charakteristisch für den Orang-Utan sind seine langen Arme, die beim erwachsenen Männchen bis 240 cm klaftern, und seine kurzen Beine. Beide Geschlechter entwickeln einen Kehlsack, den besonders der Mann bei seinem „Gesang", mit dem er sein Territorium markiert, als Schallverstärker benutzt. Der Orang lebt paarweise oder im Familienverband mit einem bis drei verschieden alten Jungtieren.
Tagsüber durchstreift er meist in 30—40 m Höhe über dem Boden langsam die Baumkronen in seinem Revier. Dabei hangelt er mit seinen langen Armen an den Ästen entlang, nimmt Schwung und erreicht so den Ast des nächsten Baumes. Als echter Baumbewohner kommt er nur selten auf den Erdboden und bewegt sich dann unbeholfen auf allen vieren. Nur selten macht er ein paar Schritte auf zwei Beinen. Wasserläufe sind für ihn ein unüberwindbares Hindernis, und auch über die Berge geht er nicht, so daß sein Verbreitungsgebiet fest umrissen ist.
Auf seinen täglichen Streifzügen durch den Urwald ernährt er sich von Früchten, beispielsweise von August bis Dezember von denen des Durianbaumes, aber auch von Beeren, Blättern und Nüssen. Gelegentlich ißt er kleine Lebewesen, wie Termiten, Käferlarven und Weichtiere. Gegen sechs Uhr abends schickt sich der Orang-Utan zum Schlafen an. Ist es kalt oder regnet es, baut er sich in 6—24 m über dem Boden im Baum aus abgebrochenen Zweigen ein einfaches Schlafnest. Orangs schlafen viel — volle 12 Stunden, von 6 Uhr abends bis 6 Uhr morgens.
Das Orang-Weibchen ist 255—280 Tage trächtig. Dann bringt es ein Junges zur Welt, das lange auf die Pflege seiner Mutter angewiesen ist, die es fest an ihrem Bauch hält. Erst nach 3½ Monaten beginnt sich das Kind selbständig zu bewegen. Von der Mutter wird es drei, manchmal auch vier Jahre lang gesäugt, aber schon im Alter von 6—9 Monaten bekommt es die erste feste Nahrung. Regelmäßig vom ersten Lebensjahr an frißt das Orangjunge Obst und andere saftige Kost. In freier Natur wird ein Orang-Utan 30—40 Jahre alt.
Der Orang-Utan gehört zu jenen Tierarten, die unmittelbar vom Aussterben bedroht sind. Er genießt deshalb strengen Schutz, und es ist nicht nur verboten, ihn zu jagen, sondern auch ihn zu fangen und aus seiner Heimat auszuführen. Das ist eine notwendige Maßnahme, denn die Zoologen schätzen seine Gesamtpopulation auf Borneo auf 3000 und auf Sumatra sogar nur noch auf 1000 Exemplare.

Chinesisches Ohren-Schuppentier

Chinesisches Ohren-Schuppentier
(Manis pentadactyla)

Die Heimat des Chinesischen Ohren-Schuppentieres reicht von Nepal bis nach Südchina und Südostasien. Auch auf den Inseln Hainan und Taiwan ist es zu finden. Sein Lebensbereich sind die immergrünen, tropischen Regenwälder. Es hat eine Gesamtlänge von etwa 100 cm. Die Hälfte davon macht aber der Schwanz aus. Das Weibchen ist etwas kleiner.

Gewandt vermag das Chinesische Ohren-Schuppentier mit seinen langen, gebogenen Krallen auf Bäume zu klettern, wo es vor allem Termiten sucht. Sobald es auf einem Ast ein Termitennest entdeckt, zerstört es mit seinen starken Grabklauen den festen Bau und holt sich mit der langen, klebrigen Zunge die Termiten heraus. Auf die gleiche Weise verfährt es auch mit Ameisen. Damit die aufdringlichen und oft tüchtig beißenden Ameisen nicht in Nase und Ohren kriechen, kann es alle diese Öffnungen verschließen.

Auf Nahrungssuche begibt es sich erst in der Dämmerung. Den Tag verbringt es in seiner Erdhöhle oder in einer geräumigen Baumhöhle nahe der Erde. Beim Schlafen rollt es sich zu einer Kugel zusammen. Das Chinesische Ohren-Schuppentier lebt paarweise oder den größten Teil des Jahres über auch als Einzelgänger. In seinem Versteck wirft das Weibchen 1—3 Junge, die schon bei der Geburt eine Länge von 20—30 cm haben, sehen können und sehr lebhaft sind. Schon nach wenigen Tagen begleiten sie die Mutter auf ihren nächtlichen Streifzügen. Zum Schlafen nimmt sie die Kleinen an ihren Bauch und umschließt sie mit ihrem Körper.

Kurzschwanz-Stachelschwein
(Acanthion brachyura)

Das Kurzschwanz-Stachelschwein ist ein Bewohner der tropischen Regenwälder Südostasiens und bis in Gebirgslagen um 3000 m anzutreffen. Es wird etwa 80 cm lang und bis zu 20 kg schwer. Tagsüber verbirgt es sich in selbstgegrabenen Erdhöhlen oder in Felshöhlen und geht erst in der Dämmerung oder sehr früh am Morgen auf Nahrungssuche. Bei seinen Wanderungen durch das Revier sucht es nach abgefallenen Früchten, Pflanzensprossen und kleinen Wurzeln. Nicht selten besucht es in Waldnähe liegende Plantagen und läßt sich jungen Mais schmecken. Gelegentlich nimmt es auch Insekten und andere Kleinlebewesen.

Nach 112 Tagen Tragzeit wirft das Weibchen in der tiefen Nesthöhle 1—4 Junge. Sie haben bereits offene Augen und weiche Stacheln, die nach 2 Wochen hart zu werden beginnen. Dann verlassen die Kleinen auch schon das elterliche Nest und durchstreifen seine nächste Umgebung allein.

Riesenhörnchen *(Ratufa bicolor)*

Das Riesenhörnchen, ein hörnchenartiges Nagetier, ist in den Waldgebieten von Nepal bis Burma und ganz Südostasiens heimisch. Es bewohnt vor allem Hügellandschaften und ist in Gebirgsgegenden bis in 2000 m Höhe anzutreffen. Mehr als die Hälfte der Gesamtlänge von 90 cm nimmt der Schwanz ein. Es ist ein ausgesprochenes Baumtier und kommt nur sehr selten auf den Erdboden. In den Zweigen klettert es sehr gewandt. Es ist ständig in Bewegung und springt von einem Baum zum anderen. In den Baumkronen sucht es Sämereien, Nüsse, Früchte, Beeren, Blätter und junge Triebe. Manchmal erbeutet es Insekten und Weichtiere

Kurzschwanz-Stachelschwein

Riesenhörnchen

und macht sich auch gern über Nestlinge von Kleinvögeln her. Auch Vogeleier trinkt es mit Vorliebe aus.
Die Nacht über schläft es in seiner ständigen Baumhöhle, wo das Weibchen auch nach einer Tragzeit von etwa 30 Tagen 2—3 Junge zur Welt bringt. Erst einen Monat nach der Geburt können die kleinen Riesenhörnchen sehen. 10 Tage darauf verlassen sie zum erstenmal die Nesthöhle. Die Mutter säugt die Kleinen 9—10 Wochen lang.

Riesen-Schönhörnchen

Riesen-Schönhörnchen *(Callosciurus prevosti)*

Das Riesen-Schönhörnchen ist in ganz Südostasien und auf den Inseln Indonesiens heimisch. Es wird etwa 40 cm lang; beinahe die Hälfte der Länge nimmt jedoch der Schwanz ein. Es wohnt überwiegend in Bäumen und kommt nur auf den Erdboden, wenn es größere Entfernungen zwischen hohen Bäumen überwinden muß. Dann versucht es, so schnell wie möglich den nächsten Baum zu erreichen. Gleich nach Sonnenaufgang begibt es sich auf Nahrungssuche. Behend läuft es an den Zweigen entlang, knabbert Triebe und Blüten an, sucht nach Samen, Nüssen und Früchten und lauert auf Insekten. Kleineren Vogelarten raubt es Nestlinge, die noch nicht flügge sind, oder trinkt die Eier aus.
Zum Ausruhen und Schlafen verbirgt es sich in Baumhöhlen oder baut sich ein kugeliges Wohnnest aus kleinen Zweigen und Blättern. Bevor das Weibchen nach etwa 40 Tagen Tragzeit 3—4 Junge zur Welt bringt, polstert es sich die Nestmulde weich mit Moos und Haaren aus. Die Schönhörnchen werden blind geboren und können erst nach 4 Wochen sehen. — Das Riesen-Schönhörnchen hat viele Feinde, vor denen es ständig auf der Hut sein muß. Es wird vor allem von Greifvögeln verfolgt. Kleinere Baumraubtiere bemächtigen sich der Jungen in den Nestern.

Taguan

Taguan *(Petaurista petaurista)*

Sri Lanka und das Gebiet von Ostindien bis Burma sind die Heimat des Taguan, eines Bewohners dichter Wälder in Höhenlagen um 900 m. Es ist ein seltsames Hörnchen — zwischen den Vorder- und Hinterfüßen zieht sich an beiden Seiten des Körpers eine breite Flughaut entlang. Das Tier wird häufig über 120 cm lang, aber mehr als die Hälfte davon nimmt der mächtige, mit langen, dichten Haaren bewachsene Schwanz ein.
Die Umwelt des Taguan sind die Baumwipfel in 15—30 m Höhe. Wenn er oft meterweite Entfernungen zwischen den Bäumen überwindet, breitet er seine Vorder- und Hinterbeine aus, spannt die Flughaut wie einen Fallschirm und gleitet durch die Luft. Dabei benutzt er seinen Schwanz als Steuer und dirigiert den

Bambusratte

„Flug“ zum vorgesehenen Landeplatz. Es wurde sogar beobachtet, daß der Taguan seinen „Flugapparat“ aktiv bewegt. Wenn er aus größeren Höhen startet, vermag er bis 300 m weit zu gleiten. Auf diese Weise gelingt es ihm, leicht seinen Feinden, vor allem Raubtieren, zu entkommen.
Der Taguan lebt einzeln oder paarweise. Tagsüber verbirgt er sich in einem großen, bis zu 1 m breiten Nest, das er sich aus kleinen Zweigen, Blättern und Moos in der Baumkrone baut. Manchmal sucht er sich jedoch auch geräumige Baumhöhlen als Schlafplatz aus. Auf Nahrungssuche begibt er sich erst in der Dämmerung. Er ernährt sich von Blättern, Trieben, Sämereien, Früchten, Beeren, Nüssen, gelegentlich von Insekten und kleinen Vögeln. Mit Vorliebe trinkt er Vogeleier aus. Das Weibchen ist etwa 40 Tage tragend und wirft dann im Baumnest 2—4 blinde Junge, die erst nach 26 Tagen zu sehen beginnen. Der Taguan hat gewöhnlich zweimal im Jahr Junge.

Bambusratte *(Rhizomys pruinosus)*

Die Bambusratte mit ihren kurzen Beinen und den sehr langen, zum Graben angepaßten Fingern und Krallen ist ein eigenartig aussehendes Nagetier. Mit dem 10 cm langen Schwanz erreicht sie eine Länge von 40 cm. In ihren Verbreitungsgebieten Südostasien und Südchina bewohnt sie dichte Bambuswälder in Höhenlagen zwischen 1000 und 4000 m. Obwohl sie als Lebensbereich Bambusdschungel vorzieht, finden wir sie auch oft im Unterholz der Wälder.
Sie gräbt sich ihre langen Baue nicht nur mit den Füßen, sondern benutzt dazu auch ihre starken Nagezähne. Mit ihnen vermag sie spielend kleine Wurzeln durchzubeißen, die ihr dabei im Wege sind. Manchmal legt sich ein Tier mehrere Baue in seinem Wohnbereich an, benutzt aber nur einen. Die Bambusratte bewegt sich nur langsam auf ihren kurzen Beinchen. Nach Einbrechen der Dunkelheit verläßt sie ihren Bau und begibt sich in ihrem Revier auf Nahrungssuche. Sie ernährt sich von Bambusblättern, Schößlingen, abgefallenen Früchten, Sämereien, Gräsern und kleinen Wurzeln. Im Nest unter der Erde bringt das Weibchen nach 21 Tagen Tragzeit 3—5 Junge zur Welt, die blind geboren werden und erst nach ungefähr 10 Tagen sehen können.

Malaienbär *(Helarctos malayanus)*

Der Malaienbär ist der kleinste der Großbären, denn seine Schulterhöhe beträgt nur 70 cm, die Körperlänge 140 cm und das Gewicht 50—65 kg. In seinem Verbreitungsgebiet in Südchina, ganz Südostasien, auf Sumatra und Borneo bewohnt er die weiten, immergrünen Regenwälder. Er lebt ungesellig und schließt sich nur während der Brunst mit einem Weibchen zusammen. Die Nacht verbringt der Malaienbär in seinem Versteck in einer geräumigen Baumhöhle oder in einem Schlafnest, das er sich im dichten Bambusgestrüpp oder im Dikkicht aus Zweigen und Blättern baut. Er ist am Tag aktiv, geht aber auch manchmal in der Dämmerung auf Nahrungssuche.
Mit Vorliebe sonnt er sich stundenlang hoch im Baumwipfel. Er klettert ausgezeichnet an Stämmen wie an Felsen und setzt dabei geschickt seine sehr langen und starken Krallen ein. Der Malaienbär sucht in seinem Revier rund um sein Wohnnest auf dem Boden nach Früchten und Beeren, holt sie sich jedoch auch von Bäumen und Sträuchern. Hin und wieder sucht er Maisfelder auf, die in der Nähe von Wäldern liegen, denn er liebt unreife Maiskolben. Stößt er bei seinen Wanderungen auf das Nest wilder Bienen, dann zerstört er es zuerst und holt sich dann die Honigwaben heraus.

Malaienbär

Aber auch Baumtermitennester zerstört er, um Dutzende seiner Bewohner zu fressen. Im modernden Holz sucht er nach Käferlarven und fängt auch manchmal kleine Wirbeltiere, wie Frösche, Eidechsen oder Nagetiere.
Das Weibchen richtet sich sein Nest sorgfältig her und wirft nach 96 Tagen Tragzeit ein, selten zwei Junge, gewöhnlich zu jeder beliebigen Jahreszeit. Nach der Geburt ist das Junge noch ziemlich winzig und blind. Nach einem Monat beginnt es zu sehen. Mit 50 Tagen verläßt es zum erstenmal das Nest und zeigt 10 Tage später schon selbst Interesse an Beute. Das Kleine versucht, weiche, saftige Früchte anzuknabbern, die es auf dem Boden findet. Erwachsen werden die jungen Malaienbären nach etwa $3\frac{1}{2}$ Jahren.

Charsa oder **Buntmarder** *(Martes flavigula)*

Der Charsa gehört zu den Echten Mardern und ist in ganz Südostasien ziemlich verbreitet, reicht von hier aus aber auch bis nach Mittel- und Ostasien und auf die Großen Sundainseln. Dieses hübsche, kleine Raubtier wird bis 2 kg schwer und etwa 70 cm lang einschließlich des ungefähr 20 cm langen Schwanzes.
Der Charsa ist hauptsächlich Baumbewohner, geht aber auch auf dem Boden zur Jagd. Er klettert sehr behend in den Baumkronen, läuft schnell an den Zweigen entlang und überwindet bis zu 4 m weite Abstände zwischen den Bäumen im Sprung. Auf Beutejagd begibt er sich gewöhnlich nach Einbruch der Dunkelheit und legt in seinem Revier oft in einer Nacht mehr als 15 km, vorwiegend in den Baumkronen, zurück. Er bemächtigt sich Eichhörnchen und anderer Nagetiere, erbeutet aber auch kleinere Vögel. Auch Insekten und saftige Beeren sind für ihn Leckerbissen. Von reifen Früchten läßt er sich auf Plantagen locken, die in der Nähe von Wäldern liegen.
Bevor das Weibchen, die Fähe, nach einer „verlängerten“ Tragzeit von 220—290 Tagen 3—5 Junge zur Welt bringt, baut es sich in einer Baumhöhle oder in einer Felshöhle ein Nest und polstert es mit Moos und Flechten aus. Die Jungen werden blind geboren und öffnen erst nach 34 Tagen die Augen. Wenn sie 6 Wochen alt sind, nehmen die niedlichen, kleinen Buntmarder schon feste Nahrung zu sich.

Malaiischer Stinkdachs *(Mydaus javanensis)*

Die Großen Sundainseln sind die Heimat dieses stattlichen, bis 50 cm langen und 1,5 bis 3,6 kg schweren Raubtieres. Dazu kommt das kurze, nur 6 cm lange Schwänzchen. Der Malaiische Stinkdachs bewohnt am liebsten trockenere Waldgebiete und gräbt sich Erdbaue, deren Laufröhre jedoch nicht länger ist als 60 cm.

Charsa oder Buntmarder

Malaiischer Stinkdachs

Deshalb kann man leicht ins Nest sehen. Den Zugang legt er jedoch gut versteckt unter Gebüsch oder hohen Pflanzen an.
Tagsüber schläft der Stinkdachs gewöhnlich in seinem Bau, kommt aber auch manchmal heraus, um sich in der Nähe seiner Wohnung auf offenen Lichtungen zu sonnen. In der Dämmerung begibt er sich auf Beutejagd und streicht die ganze Nacht durch sein Revier. Er ist ein Allesfresser und verspeist deshalb alles, was er erreichen kann: Fallobst, Sämereien, Triebe, Insekten, Frösche, Eidechsen und Schlangen. Er macht auch vor Nestlingen und Gelegen bodenbrütender Vögel nicht halt.
Im Nest, das mit Moos und Blättern gut ausgepolstert

Binturong

Larvenroller

ist, wirft das Weibchen meist 3 Junge. Sie sind blind und öffnen erst nach 4 Wochen ihre Augen. Von der Mutter werden sie 9—10 Wochen lang gesäugt und sind nach 7—8 Monaten selbständig. Geschlechtsreife erlangen sie annähernd nach 1¹/₂ Jahren.

Binturong *(Arctictis binturong)*

Von Nepal über Burma bis nach Südchina, Vietnam und bis zu den Großen Sundainseln und Palawan erstreckt sich das Verbreitungsgebiet einer seltsamen, zu den Palmenrollern gehörenden Schleichkatze — des Binturong. Er lebt als Baumtier in dichten Gebirgswäldern. An die oft recht kalten Nächte ist er durch sein dichtes, langes Fell angepaßt. Die Hälfte seiner Gesamtlänge von 180 cm nimmt der buschige Schwanz ein. Das Gewicht des Binturong kann 9—14 kg betragen.
Tagsüber schläft er in einer Baumhöhle oder auf einem starken Ast hoch in der Baumkrone. Sobald es dunkel wird, erwacht er und geht auf seinen ständigen Wechseln auf Futtersuche. Er klettert, wenn auch recht langsam, die Äste entlang, frißt Früchte und Beeren, sucht aber auch nach Vogelnestern, um sich Nestlinge oder Eier schmecken zu lassen. Seinem ausgezeichneten Geruchssinn entgeht nichts auf diesen Wanderungen.
Nach einer Tragzeit von 92 Tagen wirft das Weibchen im Nest in einem hohlen Baumstamm oder in einer kleinen Höhle 1 oder 2 Junge, die erst nach 7 Wochen das Nest zum ersten Mal verlassen. Die Einheimischen holen sich diese hübschen, kleinen Schleichkatzen, um sie gezähmt im Haus zu halten.

Larvenroller *(Paguma larvata)*

Der Larvenroller ist eine Schleichkatze, die in ihrem sehr großen Verbreitungsgebiet von Südostasien bis nach Südchina, Hainan und Taiwan sowie Nordindien und Borneo ausschließlich Wälder bewohnt. Sie wird 3,6—5 kg schwer und 135 cm lang. Dabei entfallen aber etwa 60 cm auf den Schwanz. In der Fellfärbung variieren die einzelnen Exemplare sehr stark. Die Farbpalette reicht von Grau bis ins Orange und Gelbrot.
Der Larvenroller verteidigt sich gegenüber seinen Feinden, indem er aus seinen großen Analdrüsen eine ätzende Flüssigkeit spritzt und damit den Angreifer von weiteren Verfolgungen abhält. Als Nachttier verbringt er den Tag in seinem Versteck in einem hohlen Baumstamm und begibt sich erst nach einbrechender Dunkelheit auf Futtersuche. Er durchstreift dann sein Revier nach Vogelnestern, um Gelege und Jungvögel zu rauben. Er erbeutet aber auch Geckos, Insekten und Raupen. Hin und wieder sucht er gebüschreiche Flußufer auf und fängt Frösche, seltener auch Fische. Auch süße Früchte verschmäht er nicht. — Das Weibchen wirft nach dreimonatiger Tragzeit in der Baumhöhle 3—4 Junge, die nach 3 Monaten selbständig sind.

Indien-Zibetkatze *(Viverra zibetha)*

Die Indien-Zibetkatze ist von Assam bis nach Ostchina und nach Südostasien verbreitet. Dieses stattliche

Indien-Zibetkatze

Raubtier wird 7—11 kg schwer und bis zu 130 cm lang, wobei aber etwa 45 cm auf den Schwanz entfallen. Sie lebt in Wäldern in dichten Gebüschen, hält sich aber auch häufig in der Nähe von Dörfern auf. Nachts kommt sie dann in die Siedlungen, um Hühner- und Entenküken und Eier zu holen — zum großen Ärger der Einwohner. Sie ernährt sich jedoch hauptsächlich von Kleinsäugern, Schlangen und Fröschen und fängt in flachen Gewässern Fische und Süßwasserkrabben. Ihrer Beute bemächtigt sie sich überwiegend auf der Erde und klettert nur selten — und dann nicht zu hoch — auf Bäume. Manchmal frißt sie auch reifes Fallobst.
Tagsüber schläft diese Schleichkatze in Baumhöhlen, die am Boden liegen, in verlassenen Bauen anderer Tiere oder in Felshöhlen. Sie ist ein Einzelgänger. Nur während der Brunst finden sich die Paare für einige Tage zusammen. Das Weibchen bringt in einer Baumhöhle oder an einem im Gebüsch gut getarnten Platz 1—4 Junge zur Welt.

Fischkatze *(Prionailurus viverrinus)*

Wer hat schon gesehen, daß eine Katze freiwillig ins Wasser springt? Aber in Ceylon, Süd- und Ostindien, Assam und in ganz Südostasien bis nach Sumatra und Java ist eine solche Katzenart heimisch. Dort bewohnt sie die sich an Fluß- und Teichufern entlangziehenden Waldränder, aber auch die weiten Mangrovewälder der Küsten. Es handelt sich um die Fischkatze. Übrigens ist diese Bezeichnung sehr treffend, denn mit Vorliebe fängt sie im seichten Wasser Fische, aber auch Frösche und Krabben. Im Röhricht sucht sie auch nach Kleinvögeln, besonders nach Nestlingen.
Die Fischkatze schwimmt sehr gut und durchschwimmt auch breitere Flüsse. Es ist ein schönes, elegantes Tier, das zusammen mit dem 30 cm langen Schwanz eine Länge von einem Meter erreicht. Auf Beutejagd zieht sie am Abend und in der Nacht aus, bei bewölktem Himmel auch schon am späten Nachmittag. Tagsüber sucht sie in einer Baumhöhle in der Nähe des Bodens oder im dichten Gestrüpp Unterschlupf.
Während der jahreszeitlich ungebundenen Paarung leben beide Partner eine Zeitlang zusammen. Danach führen sie wieder ihr gewohntes Leben als Einzelgänger. Nach 63 Tagen Tragzeit wirft die Katze im Nest 1—4, meist jedoch 2 Junge, die bei der Geburt blind, aber schon kurz behaart sind. Ihre Augen öffnen die Kleinen zwischen dem 12. und 14. Tag und verlassen im Alter von 3—4 Wochen zum erstenmal das Nest. 4—5 Wochen nach der Geburt beginnen sie schon Fleisch vom Beutetier abzureißen, das ihnen die Mutter herangeschleppt hat. Die Kätzchen spielen ausgesprochen gern und ausgelassen im seichten Wasser. Nach 3 Monaten sind sie selbständig, bleiben aber meist noch das ganze Jahr bei der Mutter.

Marmorkatze *(Pardofelis marmorata)*

Zu den Bewohnern der tropischen Regenwälder von Assam und vom östlichen Himalaja über Burma und Südostasien bis nach Sumatra und Borneo gehört auch die Marmorkatze. Sie wird insgesamt 130 cm lang, aber der Schwanz nimmt davon fast die Hälfte ein. Sie jagt ihre Beute überwiegend am Boden, sucht aber hin und wieder in den Baumwipfeln auch Vogelnester auf, denn sie kann ausgezeichnet klettern. In der Dämmerung begibt sie sich auf regelmäßigen Wechseln in ihrem eigenen Bezirk auf Beutejagd oder lauert im Versteck auf Beutetiere. Mit einem Sprung bemächtigt sie sich kleiner Säugetiere, vorwiegend Nager, manchmal auch kleiner Echsen.
Nur während der Brunstzeit leben die Paare kurze Zeit zusammen. Dann führt wieder jeder sein eigenes Leben in seinem Wohn- und Jagdrevier. Das Weibchen wirft nach 65 Tagen Tragzeit in einer Baumhöhle in der Nähe des Bodens 1—4 Junge. Die kleinen Kätzchen werden blind geboren und öffnen etwa nach einer Woche ihre Augen.

Fischkatze

Marmorkatze

Asiatische Goldkatze oder Temminckkatze

Asiatische Goldkatze oder Temminckkatze *(Profelis temmincki)*

Die bis 160 cm lange Asiatische Goldkatze ist ein recht stattliches Raubtier. In ihrem Verbreitungsgebiet von Nepal bis nach Südchina und über ganz Südostasien bis nach Sumatra kommt sie zwar stellenweise recht häufig vor, läßt sich aber wegen ihrer nächtlichen Lebensweise nur schwer beobachten. Tagsüber verbirgt sie sich in ausgehöhlten Baumstämmen oder in Felshöhlen tief im Urwald. Sie benutzt aber auch verlassene Erdbauten anderer Säugetiere oder einfach nur dichtes Gestrüpp als Unterschlupf.

Mit einbrechender Dämmerung durchstreift sie auf alten Wechseln ihren eigenen Bezirk am liebsten am Boden, aber auch recht gewandt im Geäst der Bäume. Als ausgezeichneter Kletterer kommt sie gut an Vogelnester heran, um sich junge Vögel zu holen. Ihre bevorzugten Beutetiere sind kleine Säuger, aber auch an Jungtiere kleinerer Hirscharten, beispielsweise des Muntjak, wagt sie sich heran.

Die meiste Zeit des Jahres lebt sie einzeln. Nur zur Brunstzeit sucht sich der Kater eine Gefährtin und bleibt einige Tage in ihrer Nähe. Nach einer Tragzeit von etwa 66 Tagen bringt die Asiatische Goldkatze in ihrem versteckt angelegten Nest 1—5 Junge zur Welt. Bei der Geburt sind sie blind, beginnen aber gewöhnlich schon nach einer Woche zu sehen.

Nebelparder *(Neofelis nebulosa)*

Zu den schönsten Raubkatzen gehört zweifellos der Nebelparder, dessen Verbreitungsgebiet von den östlichen Gebieten Indiens und Nepals bis nach Südchina und Taiwan sowie über Südostasien bis nach Sumatra und Borneo reicht. Von der Gesamtlänge von 160—190 cm kommen auf den Schwanz 70—90 cm. Nur die Exemplare, die auf Taiwan leben, sind kurzschwänziger. Als Waldtier, das Bäume bewohnt, hat sich der Nebelparder die immergrünen, tropischen Regenwälder als Lebensraum gewählt.

Die meiste Zeit des Jahres lebt er einzeln. Nur zur Brunstzeit kommt das Männchen zum Weibchen und bleibt mit ihm einige Tage beisammen. Nach einer Tragzeit von 86—92 Tagen wirft dann das Weibchen im Nest in einem hohlen Baumstamm oder einer Felshöhle 1—5 Junge. Sie sind bei Geburt blind und öffnen nach 10—11 Tagen ihre Augen. Im Alter von 35 Tagen krabbeln die kleinen Nebelparder zum erstenmal aus ihrem Versteck, spielen regelmäßig vor ihrem Nest in der Sonne und beginnen nach 40—45 Tagen bereits Fleischstücke aus Beutetieren herauszureißen. Aber Muttermilch saugen sie 5—6 Monate lang. Die kleinen Pardermännchen sind nach 3 Jahren erwachsen, die Weibchen schon nach $2^{1}/_{2}$ Jahren.

Der Nebelparder begibt sich tagsüber oder in der Dämmerung auf Beutejagd und nur dort, wo er von Jägern verfolgt wird, auch nachts. Am liebsten klettert er in den Bäumen herum, zum Schrecken der Affen und anderer Säugetiere. Seine Beutetiere, die am Boden leben, wie beispielsweise Hirschjunge, springt er vom Baum direkt an oder beschleicht sie nach Katzenart. Er fängt Vögel und bei Mangel an anderen Beutetieren auch kleine Nager und Eidechsen. In vielen Gebieten wurde der Nebelparder wegen seines herrlichen und kostbaren Felles bereits ausgerottet. Die Staaten, in denen er heute noch vorkommt, haben ihn deshalb unter Schutz gestellt.

Nebelparder

Königs- oder Bengaltiger

Königs- oder Bengaltiger *(Panthera tigris tigris)*
Indien und die nördlichen Gebiete Südostasiens sind die Heimat einer bekannten Großkatze — des Königs- oder Bengaltigers. Seine Gesamtlänge beträgt über 350 cm, den Schwanz eingeschlossen, und die Schulterhöhe mehr als 100 cm. Der Tiger bewohnt in seinem Verbreitungsgebiet Dschungelwälder und Bambusdikkichte, aber auch weite Riede. Im Süden ist er noch in Hochgebirgslagen um 3000 m anzutreffen. Seine Biotope sind also wirklich äußerst unterschiedlich.

Jedes Tier beansprucht ein ziemlich großes Revier für sich, in dem es in Höhlen, unter umgestürzten Baumriesen oder auch in abgelegenen Gebüschen feste Verstecke hat. Auf die Jagd begibt sich der Königstiger am Tag, unternimmt aber auch in der Dämmerung Beutezüge. Gewöhnlich benutzt er auf diesen Streifzügen feste Wechsel durch dichte Pflanzenbestände, die ihm Deckung bieten. Dabei kommt ihm sein quergestreiftes Fell als ausgezeichnete Tarnung im Dämmerlicht der hohen Bambusbüsche und Röhrichtbestände beim Anschleichen an Wildschweine, Hirsche oder Antilopen vorzüglich zustatten. Das Wild verfolgt er mit mehreren mächtigen Sprüngen, schlägt es und tötet es durch einen Nackenbiß. Größeren Säugetieren beißt er meist die Kehle durch. Wenn das überraschte Beutetier die tödliche Gefahr rechtzeitig erkennt und flüchtet, wird es vom Königstiger nur selten, und dann auch nur ein paar Meter weit verfolgt. So eine Verfolgungsjagd wäre für ihn viel zu anstrengend, so daß er sich „sportlich“ erneut auf die Lauer begibt.

Hat er Beute gemacht, so schleppt er sie lieber nahe zum Wasser, um sie in Ruhe zu verzehren und hin und wieder ausgiebig zu trinken. Ein erwachsener Tiger verzehrt gewöhnlich bei einer Mahlzeit 7—9 kg Fleisch. Ist er aber ausgehungert, vermag er mehr als 40 kg auf einmal zu fressen. Wenn er satt ist, versteckt er die Reste seiner Beute unter Blättern und anderen Pflanzenteilen, um später zu seinem Futtervorrat zurückzukehren. Außer den erwähnten Tieren schlägt der Tiger auch kleinere katzen- und hundeartigen Raubtiere, tötet sogar Bären und fängt in der Nähe von Dörfern sehr gerne Hunde. Aber auch Fische nimmt er, die er sich sehr geschickt an seichten Wasserstellen fängt.

Die meiste Zeit des Jahres verbringt der Tiger als Einzelgänger; während der Brunst leben Männchen und Weibchen auch oft mehrere Wochen zusammen. Zeigen zwei Männchen gleichzeitig Interesse an einem Weibchen, dann entbrennt meistens zwischen beiden ein erbitterter Zweikampf. Wenn ein Männchen ein Weibchen trifft, begrüßt es es durch ruhiges Brummen, auf das ihm das Weibchen dann antwortet. Nach einer Tragzeit von 95—114 Tagen werden im Nest 1—6, meist jedoch 2—3 Junge geboren. Das geschieht zu jeder beliebigen Jahreszeit. Die Neugeborenen sind blind und öffnen nach 2—7 Tagen ihre Augen. Die kleinen Tiger werden von der Mutter 5—6 Monate lang gesäugt. Danach begleiten sie die Mutter schon auf die Jagd und ernähren sich von den erbeuteten Tieren. Selbständig besorgen sie sich ihre Nahrung im Alter von 11—15 Monaten, bleiben aber oft 2 bis 3, sogar 4 Jahre mit der Mutter zusammen. Deshalb bringt auch das Tigerweibchen in freier Wildbahn nur in Abständen von 3—4 Jahren Junge zur Welt. Die jungen Weibchen sind nach $2^1/_2$ Jahren erwachsen, die Männchen ein Jahr später. Voll ausgewachsen ist ein männliches Tier jedoch erst im Alter von 5—6 Jahren.

Der Königstiger gehört zu den guten Schwimmern und durchschwimmt nicht nur breite Flüsse, sondern auch

Asiatischer Elefant

Meerengen. Auf Bäume klettert er nur selten und dann auch nur schlecht. Am gewandtesten bewegt er sich am Boden, wo er bis zu 10 Meter weit zu springen vermag.

Asiatischer Elefant *(Elephas maximus)*

Der Asiatische Elefant ist von jeher eines der bekanntesten Tiere, denn schon vor mehr als 5500 Jahren wurden gezähmte Elefanten in ihrer Heimat als Arbeitstiere verwendet. Und so ist es bis heute geblieben. Der Elefant transportiert schwere Lasten, vermag dank seiner riesigen Kräfte Bäume zu fällen und zieht kleinere auch zusammen mit den Wurzeln aus der Erde. Seiner unschätzbaren Dienste bedienten sich auch die Soldaten auf ihren Kriegszügen. Für die Abrichtung werden vor allem junge, aber bereits erwachsene Tiere in der Wildnis gefangen und gezähmt. Deshalb entwickelte sich der Elefant auch nach Jahrtausenden nicht zum Haustier.

Nach seinem afrikanischen Verwandten ist der Asiatische Elefant das zweitgrößte auf dem Lande lebende Tier unserer Erde. Er erreicht eine Schulterhöhe von 310 cm und wird über 5 Tonnen schwer. Die Elefantenkühe haben entweder gar keine oder nur ganz kleine Stoßzähne. Aber auch die Bullen können sich nicht mit besonders langen Stoßzähnen hervortun. Beim Ceylon-Elefanten beispielsweise wachsen sie nur bei 11 von 100 Bullen und werden höchstens 160 cm lang und 20 kg schwer.

Die Heimat des Asiatischen Elefanten ist Süd- und Südostasien. Dabei werden 4 Unterarten unterschieden. Weil der Elefant ein so bekanntes Tier ist, dem wir nicht nur in Zoologischen Gärten, sondern in jedem bedeutenden Zirkus begegnen können, wollen wir uns seine Unterarten und ihre Verbreitung näher ansehen. Am häufigsten ist der Indische Elefant (Elephas maximus bengalensis), der in Südwest-, Süd-, Ost- und Nordostindien, aber auch in Burma und Südostasien heimisch ist. In Sri Lanka lebt der Ceylon-Elefant (Elephas maximus maximus), auf Sumatra der praktisch schon ausgestorbene Sumatra-Elefant (Elephas maximus sumatranus). Nahezu ausgerottet ist auch der Malaya-Elefant (Elephas maximus hirsutus) aus Malaysia.

Elefanten sind gesellige Tiere und leben in kleineren oder größeren Gesellschaften. Innerhalb der Herden bilden sich aber verschiedenartige Gruppierungen. Es gibt Gruppen, die nur aus Bullen oder nur aus Kühen mit Jungen bestehen. Aber auch alte, als Einzelgänger lebende Bullen halten untereinander einen gewissen Kontakt. Während der Paarungszeit tragen die erwachsenen Bullen untereinander oft in der Nähe der Herde der Weibchen erbitterte Kämpfe aus.

Die Elefantenherden ziehen durch die Dschungel und sind in den Gebirgsregenwäldern bis in 3000 m Höhe anzutreffen. An den Hängen des Himalaja-Gebirges kommen sie sogar fast bis zur Schneegrenze vor. Sie halten sich gern in riesigen Bambusbeständen auf und lieben Tümpel und Sümpfe. Vor allem während der Trockenzeit suchen sie Waldbestände mit Wasser auf, in der Regenzeit dagegen siedeln sie lieber in trockenere Wälder um. Die Elefantengruppen benutzen gewöhnlich immer die gleichen Pfade, wenn sie ans Wasser gehen. Von diesen Elefanten-„Hauptstraßen" führen dann Dutzende Abzweigungen zu den Nahrungsquellen. Der Elefant ist ein tagaktives Tier, das auch während der Dämmerung oder sogar in hellen Nächten tätig wird. So ist es schon sprichwörtlich, wie unermüdlich er ist, denn er schläft praktisch nur 2—4 Stunden täglich. Auf seinen Gängen durch den Dschungel bewegt er sich mit einer Geschwindigkeit von etwa 7 Stundenkilometern; fallen die Tiere jedoch in Trab, dann können sie doppelt so schnell sein.

Als typischer Pflanzenfresser widmet der Elefant einen erheblichen Teil des Tages der Nahrungsaufnahme. Er ernährt sich von Gras, Blättern, kleinen Zweigen und verschiedenen Früchten, mag aber auch weiches Holz, das er mit seinen vier riesigen Backenzähnen zermalmt. Hin und wieder kommen wilde Elefantenherden auf Bananen- und andere Plantagen und richten dann erheblichen Schaden an. Mehrere Stunden verbringt der Elefant täglich mit seiner Körperreinigung. Er geht baden, wälzt sich im Schlamm und pflegt seine Haut, indem er sie massiert und mit Sand oder Erde bewirft.

Die Kuh des Asiatischen Elefanten ist etwa 21,5 Monate tragend und bringt dann ein Junges zur Welt. Das 50—120 kg schwere Kälbchen vermag sich schon wenige Stunden nach der Geburt auf die eigenen Beine zu stellen und folgt der Mutter nach. 8—10 Monate lang wird es gesäugt. Dabei trinkt das kleine Kalb direkt mit dem Mund. Aber schon im Alter von 4 Monaten beginnt es, selbst weiches Gras oder Blätter abzureißen und sie sich wie die Erwachsenen mit dem kleinen Rüssel in den Mund zu stecken. Mit einem halben Jahr gehören zum Speisezettel des Kleinen außer Muttermilch auch regelmäßig Schößlinge, Früchte und Blätter.

Babirusa oder **Hirscheber** *(Babyrousa babyrussa)*

Das Babirusa ist ein Wildschwein mit eigenartig ausgebildeten Eckzähnen. Es wird bis zu 90 kg schwer und erreicht zusammen mit dem 30 cm langen Schwanz eine Gesamtlänge von etwa 100 cm. Beheimatet ist es auf der Insel Sulawesi (Celebes) und den umliegenden kleinen Inseln, wurde aber an vielen Stellen bereits ausgerottet, denn vor allem die Einheimischen jagen es gern wegen seines schmackhaften Fleisches. Babirusas sind Waldtiere, die besonders feuchte, sumpfige Wälder bevorzugen, aber auch im Schilfgürtel längs der Flußufer

Babirusa oder Hirscheber

leben. Sie sind sogar in den Küstengebieten in dichteren Vegetationen anzutreffen. Dickichte wählen sie sich als Tagesversteck aus, denn erst in der Dämmerung oder nachts begeben sie sich auf Futtersuche.

Die Eber sind Einsiedler, und nur vereinzelt halten sie sich bei den Weibchen in Familiengruppen auf. Erst während der gewöhnlich im Oktober verlaufenden Brunstzeit suchen sie die Begegnung mit den Weibchen häufiger. Nach einer Tragzeit von 137—155 Tagen, also etwa im Februar, wirft die Bache ein, häufiger zwei Junge. Die Frischlinge werden 2—3 Monate von der Mutter gesäugt. 2—3 Wochen bleiben sie im Versteck, in dem sie geboren wurden, und folgen erst dann dem Muttertier.

Die Nahrung dieses interessanten Wildschweines besteht vor allem aus Blättern, Schößlingen, Früchten und Wasserpflanzen, denn das Babirusa ist ein ausgezeichneter Schwimmer. Aber auch Insektenlarven wühlt es aus dem weichen Erdboden oder aus faulendem Holz heraus und läßt sich auch andere Wirbellose schmekken.

Kleinkantschil *(Tragulus javanicus)*

In den dichten Dschungeln Südostasiens und auf den Großen Sundainseln ist der Kleinkantschil heimisch,

Kleinkantschil

Muntjak

der zur Familie der Hirschferkel, einer ursprünglichen Huftiergruppe, gehört. Seine Körperhöhe beträgt 20—30 cm, die Länge etwa 65 cm, und sein Gewicht liegt zwischen 2,5 und 4,5 kg. Der Kantschil lebt paarweise oder in Familiengruppen. Ältere Tiere werden oft zu Einzelgängern.

Tagsüber verbirgt er sich in von anderen Säugetierarten verlassenen Erdbauen, in Felshöhlen oder in dichten Gebüschen. Am Abend kommt er aus seinem Schlupfwinkel und äst Gräser, Sprosse, Blätter oder sammelt abgefallene Früchte und Samen. Gelegentlich fängt er auch Insekten, aber nur sehr selten kleine Nagetiere. Seine Nahrung sucht er sich vor allem im Dickicht, wo er sich gewandt und schnell zu bewegen weiß. Vor seinen Feinden, Raubtieren oder großen Schlangen, rettet er sich oft ins Wasser, denn er ist ein ausgezeichneter Schwimmer. Nach 150—155 Tagen Tragzeit bringt das Weibchen ein Junges, selten Zwillinge zur Welt.

Muntjak *(Muntiacus muntjak)*

Eine sehr weit verbreitete, kleine Hirschart ist der Muntjak, dessen Heimat sich von Ceylon über ganz Süd- und Südostasien und die Großen Sundainseln bis nach Bali erstreckt. Er wird nur etwa 50 cm hoch, 100 cm lang und 14—18 kg schwer. Nur der Hirsch schmückt sich mit einem kleinen, höchstens 15 cm hohen, nur einendigen Geweih. Als Lebensraum sucht sich der Muntjak dichtes Dschungelunterholz, aber auch Flußufer und sogar verwilderte Parkanlagen großer Städte aus. Er ist sowohl in den Niederungswäldern als auch in Hochgebirgslagen bis zu etwa 4000 m anzutreffen.

Tagsüber schläft er im Dikkicht; einzeln, manchmal paarweise oder in kleinen Familienverbänden. Die Tiere beanspruchen einen festen Eigenbezirk mit regelmäßig begangenen Wechseln für sich und markieren ihre Territorien mit einer Absonderung der Kinndrüsen. Im Gebüsch tritt er sich tunnelartige Pfade aus, auf denen er schnell zu laufen vermag. Zum Äsen kommt er erst in der Dämmerung aus seinem Schlupfwinkel und ist die ganze Nacht durch aktiv. Seine Kost besteht aus Blättern, Sprossen, kleinen Zweigen,

Indischer Sambar oder Pferdehirsch

Gräsern und verschiedenen Früchten. Wenn sich in der Nähe des Waldes eine Maispflanzung oder Felder mit anderen Feldfrüchten befinden, dann betrachtet der Muntjak auch diese als willkommene Abwechslung in seinem Speiseplan.
Die Tragzeit beträgt bei den Muntjaks etwa 185 Tage. Gewöhnlich wirft das Weibchen ein Junges, selten Zwillinge und säugt sie 4—5 Monate lang. Die Kleinen sind schon nach einem halben Jahr erwachsen. — Zu den gefährlichsten Feinden des Muntjak gehören Tiger und Leopard.

Indischer Sambar oder **Pferdehirsch**
(Cervus unicolor)

In ganz Süd- und Südostasien, nach Norden zu bis nach Südwest-China und nach Taiwan, aber auch auf Sumatra und Borneo ist ein mächtiger Hirsch beheimatet — der Indische Sambar oder Pferdehirsch. Ausgesetzt wurde er in Australien, auf Neuseeland und in Florida und hat sich überall ausgezeichnet akklimatisiert.
Der Sambar erreicht eine Körperhöhe von 120—155 cm und hat auffällig große Voraugendrüsen. Der Bock trägt ein kräftiges, nach hinten gerichtetes Geweih mit nur wenigen Stangen. Die meiste Zeit des Jahres leben die Tiere allein. Junge Böcke schließen sich manchmal zu kleineren Gruppen zusammen. Während der Brunft bilden auch die Hirschkühe kleine Herden. Die Hirschkuh ist 245—284 Tage tragend und wirft in einem Versteck im Dickicht meist nur ein Junges. Das kann zu jeder beliebigen Jahreszeit geschehen. Schon nach wenigen Tagen folgt das Jungtier der Mutter, von der es 7—8 Monate lang gesäugt wird.
Obwohl der Indische Sambar ein tagaktives Tier ist, kommt er auch in der Dämmerung zur Äsung. Wo er jedoch von Jägern häufig verfolgt wird, wagt er sich erst in der Dunkelheit auf Nahrungssuche. Seine Kost besteht aus Gräsern, Sprossen, kleinen Zweigen, Früchten, Blättern, Schilf, Flechten und Moosen. Oft kommt er nach Einbrechen der Dunkelheit auf Reisfelder und beißt die Setzlinge ab. Der Sambar badet und schwimmt gern und hält sich manchmal stundenlang im Wasser auf. Zu seinen Feinden gehören vor allem Tiger und Leopard.

Axishirsch *(Axis axis)*

Der auf Ceylon und in Indien heimische Axishirsch gehört zu den am schönsten gefärbten Hirscharten. In großen Herden hält er sich das ganze Jahr über in lichten Waldgebieten auf, wenn möglich in der Nähe eines Flusses oder Sees. Das Wasser sucht er bei Gefahr oft als Zufluchtsort auf und vermag sogar breite Flüsse zu durchschwimmen. Außerhalb der Brunft tun sich die

Axishirsch

Böcke oft zu selbständigen Gruppen zusammen. Zur Äsung geht der Axishirsch meist am Tag; in Gebieten, wo ihm besonders nachgestellt wird, aber auch nachts.
Wie andere Hirscharten ist auch er Pflanzenfresser. Der Axishirsch erreicht eine Körperhöhe von etwa 80 cm und wird 105—175 cm lang und 27—45 kg schwer. Die Hirschböcke werfen ihre schmalen Geweihe mit mehreren Enden gewöhnlich im August ab. — Die Hirschkuh, die 210—230 Tage tragend ist, bringt im April oder Anfang Mai 1 oder 2, selten 3 Junge zur Welt und säugt sie 4—5 Monate lang. Nach $1^1/_2$—2 Jahren sind die Kälber erwachsen. — Der Axishirsch wird häufig in Wildparks gehalten und wurde beispielsweise auf Neuseeland, in Australien, auf Hawaii und in anderen Gebieten in freier Natur angesiedelt.

Banteng *(Bos javanicus)*

Der Banteng ist eines der schönsten Wildrinder, gehört aber auch zu den selten gewordenen Säugetieren. Seine Heimat sind die Inseln Java, Borneo, der östliche Teil Sumatras, Bali und die Halbinsel Malakka. Auf Java, wo das verhältnismäßig größte Vorkommen verzeichnet wird, leben gegenwärtig nur noch etwa 400 Tiere, im ganzen übrigen Verbreitungsgebiet alles in allem wohl nicht einmal so viele. Er wurde deshalb unter strengen Schutz gestellt und wird auf der Liste der vom Aussterben bedrohten Säugetierarten geführt. Der Banteng geht in seinem Bestand zurück, weil sein ursprünglicher Biotop durch die Urbarmachung der Waldbestände ver-

Banteng

nichtet wird. Sein Lebensraum sind nämlich die Waldgebiete, besonders die Bambusdschungel. In den Gebirgen ist er bis in 2000 m Höhe zu finden. Er ernährt sich von saftigen Gräsern, Blättern und Trieben der Sträucher, mit besonderer Vorliebe aber von jungen Bambusschößlingen. — Kühe und Jungtiere schließen sich zu kleinen Gruppen von etwa 10 Mitgliedern zusammen, ältere Bullen leben einzeln, die Jungbullen oft in selbständigen, kleinen Gruppen. Wenn die kleine Herde grast oder im Schatten der Bäume ausruht, hält immer eine alte Kuh Wache und warnt die übrigen durch Aufstampfen mit den Hufen vor einer sich nähernden Gefahr.

Die Kälbchen werden nach 270 Tagen Tragzeit geboren, stehen oft schon nach einer halben Stunde auf ihren Beinen und saugen nach einer Stunde Muttermilch. Obwohl die Kuh das Junge etwa 6 Monate lang säugt, beginnt das Kalb schon mit etwa 2 Monaten Gräser und Blätter abzuzupfen. Jedoch erst ab dem 4. Lebensmonat nimmt es regelmäßig feste Nahrung an. Kälber werden praktisch das ganze Jahr über geboren. Der erwachsene Bulle ist dunkelbraun, die Kuh rotbraun. Auf den Inseln Bali und Java wurde der Banteng zum Haustier gemacht. Er ist die Stammform des Balirindes.

Nilgauantilope *(Boselaphus tragocamelus)*

Die Heimat der größten, asiatischen Antilope — der Nilgauantilope — ist Indien. Der Bulle erreicht im Widerrist 150 cm und wird etwa 200 kg schwer; die Kuh ist kleiner, bräunlich und ohne Hörner. Erst nach 3 Jahren erhält das Männchen seine blaugraue Färbung. Die Nilgaukühe und die Kälber halten sich in kleinen Herden zu 6—20 Tieren auf. Die erwachsenen Bullen dagegen leben als Einzelgänger und schließen sich nur zur Brunftzeit den kleinen Kuhherden an.

Das Muttertier bringt nach einer Tragzeit von 240—260 Tagen 1—2 Junge zur Welt. 4—6 Monate lang ernährt sich das Kalb von Muttermilch. Aber schon nach 2 Monaten versucht es sich an Gräsern, Trieben, Blättern und Früchten wie Erwachsene. Die Nilgauantilopen besiedeln ständige Territorien, die sie in Ruhe-, Kot- und Weideplätze aufteilen, durch ausgetretene Pfade verbinden und regelmäßig aufsuchen. Auf ihnen fliehen sie dann bei Gefahr auch sehr schnell. Ihr größter Feind ist der Tiger, dessen Hauptbeute die Nilgauantilope in lichten Waldbeständen bildet.

Zwergschopfbussard *(Aviceda leuphotes)*

Der Zwergschopfbussard ist ein 35 cm großer, in Südostasien weit verbreiteter Greifvogel, der an seinem hohen, auffälligen Federschopf am Hinterhaupt leicht zu erkennen ist. Er bewohnt die Waldgebiete der Niederungen sowie Bergzonen bis zu 1500 m. Außerhalb der

Fortpflanzungszeit lebt er einzeln, führt also eine „Brutehe". Der Zwergschopfbussard tut sich aber auch zu Familiengesellschaften zusammen. Es wurden schon Scharen bis zu 20 gemeinsam jagender Tiere beobachtet. Der Zwergschopfbussard schlägt seine Beute während des Fluges, greift sie aber auch im Baum. Als Hauptjagdbeute dienen ihm große Insektenarten, beispielsweise Riesenheuschrecken und Käfer, aber auch kleine Echsen und Frösche verschmäht er nicht. Während der Dämmerung erbeutet er auch manchmal im schnellen Stoßflug Fledermäuse.
Während der Paarungszeit errichtet sich das Paar aus kleinen Laubzweigen auf hohen Waldbäumen seinen Horst und polstert ihn mit Gras und frischen Blättern aus. Von Zeit zu Zeit schaffen beide frische Blätter heran. Der weibliche Vogel legt 2—3 grünweiße, manchmal rotbraun gefleckte Eier und wechselt sich in der Brutpflege mit dem Männchen ab. Während der Brutperiode von etwa 33 Tagen sitzt aber häufiger das Weibchen auf den Eiern. Der männliche Zwergschopfbussard läßt oft seinen schreienden Ruf hören, den er zwei- bis dreimal wiederholt.

Nilgauantilope

Indischer Schlangenhabicht *(Spilornis cheela)*

In ganz Süd- und Südostasien, auf den Großen Sundainseln und auf Palawan ist der Indische Schlangenhabicht heimisch. Dieser schöne, etwa 70 cm große Greifvogel, der sumpfige, in der Nähe fließender Gewässer und Seen gelegene Wälder bevorzugt, ist in diesen Gebieten recht häufig anzutreffen. Im Himalaja steigt er in Höhenlagen bis zu 2000 m auf. Er ist ein Kulturfolger und besucht Teeplantagen. Mit scharfem Blick hält er vom Wipfel hoher Bäume Ausschau nach kleineren Schlangen, gleichgültig, ob sie giftig sind oder nicht. Auch Echsen, Frösche und ab und zu kleine Nager und Kleinvögel dienen ihm als Nahrung. An den Gewässerufern fängt er Süßwasserkrabben.
Der Indische Schlangenhabicht gehört zu den Arten, die eine Dauerehe führen. Außerhalb der Fortpflanzungs-

Zwergschopfbussard

Indischer Schlangenhabicht

Besrasperber

Graugesichtbussard

zeit wurden aber auch Tiere beobachtet, die in ihrem verhältnismäßig großen Lebensgebiet einzeln jagen. Nach dem Verbreitungsgebiet ist die Nistperiode verschieden. Die Tiere, die in Sri Lanka leben, brüten und ziehen ihre Jungen beispielsweise von Februar bis Mai auf. Gemeinsam errichten beide Geschlechter hoch im Baum aus Zweigen ihren Horst, den sie mit grünem Laub auslegen. Gewöhnlich legt das Weibchen 1, nur selten 2 weiße, rostrot gefleckte Eier und brütet sie allein in etwa 35 Tagen aus. Der männliche Partner sorgt während dieser Zeit für Nahrung. Die Jungen füttern beide wieder gemeinsam, meist mit den schlanken Peitschenschlangen der Gattung Ahaetula, die ihnen auch trotz der grünen Tarnfärbung nicht entgehen.

Besrasperber *(Accipiter virgatus)*

Die Wälder ganz Süd- und Ostasiens, der Großen Sundainseln und der Philippinen gehören zum Verbreitungsgebiet des etwa 35 cm großen Besrasperbers. Das Männchen ist gewöhnlich etwas kleiner als das Weibchen und unterscheidet sich auch in der Färbung. Das Rumpfgefieder des weiblichen Vogels ist schokoladenbraun, an Scheitel und Hals schwarz. Häufig trifft man den Besrasperber in den Wäldern der Hügellandschaften an. Im Hochgebirge steigt er bis zu 2000 m hinauf. Dagegen ist er in den Niederungen nur selten.
Während der Brutperiode und der Aufzucht der Jungen hält sich der Besrasperber im dichten Dschungel auf, danach bevorzugt er eher offene Landschaften. Das Paar errichtet seinen Horst aus kleinen Zweigen in der Krone eines hohen Baumes. Es gibt bei dieser Art aber auch Vertreter, die verlassene Nester anderer Vögel als Nestunterlage benutzen und nur die Nestmulde frisch auspolstern. Das Weibchen legt 3—5 oft verschieden gefärbte Eier. Gewöhnlich sind sie blau und rostrot oder schwarzbraun gefleckt. Das Gelege bebrütet das Weibchen während der Brutzeit von etwa 36 Tagen überwiegend allein. Nur selten übernimmt das Männchen und dann auch nur für kurze Zeit das Brutgeschäft, denn es kümmert sich in erster Linie um die Futterbeschaffung.
Sind dann die Nestlinge geschlüpft, bringt es die Beute zum Horst, übergibt sie dem Weibchen und überläßt ihm das Zerlegen in Portionen und das Füttern der Kleinen. Später begibt sich auch das Weibchen auf Beutejagd.
Zur Hauptnahrung gehören vor allem Eichhörnchen, Fledermäuse und Kleinvögel wie Bartvögel, Meisen oder Timalien.

Graugesichtbussard *(Butastur indicus)*

Ein Bewohner der Waldgebiete Südjapans, Koreas und der angrenzenden Regionen Chinas und der Sowjet-

Affenadler

sich durch schnelle Flucht dem Zugriff dieses Feindes zu entziehen.
Majestätisch, scheinbar uninteressiert segelt er durch die Lüfte, beobachtet aber dabei sehr aufmerksam das Durcheinander der aufgeschreckten Tiere unter sich. Und plötzlich stößt er wie ein Pfeil in die Tiefe, um das ausgesuchte Beutetier zu ergreifen. Wehe dem Affen, der sich nicht rechtzeitig in Sicherheit gebracht hat! Wie ein Wild wird er vom Affenadler in den Zweigen verfolgt und bald eingeholt. Dann schlagen sich acht scharfe Krallen in seinen Körper. Nicht nur Makaken dienen dem Affenadler als Nahrung. Er erbeutet auch Flughunde und Eichhörnchen der Gattung Callosciurus. Die Eingeborenen sehen ihn ungern, wohl weil er auch bei Gelegenheit am Dorfrand Geflügel schlägt.
Der Affenadler gibt Gebirgsregenwäldern mit Höhenlagen von 200—1300 m den Vorzug. Gemeinsam errichten beide Geschlechter in den Astgabeln der Bäume in etwa 30 m Höhe ihre Horste und suchen sich dazu vorwiegend das zu den Wolfsmilchgewächsen gehörende *Sapium luzonicum* aus. 55 Tage lang sitzt das Weibchen allein auf dem gewöhnlich aus einem weißen Ei bestehenden Gelege und läßt sich während dieser Zeit vom männlichen Partner Nahrung bringen. Solange der Nestling klein ist, trägt das Männchen auch für ihn Futter heran und übergibt es dem Weibchen in der Nähe des Horstes. Nach 13 Wochen ist das Affenadlerjunge flügge.

union ist der etwa 42 cm große Graugesichtbussard. In seinem Wohngebiet hält sich dieser Greifvogel nur während der Fortpflanzungszeit auf, also im Frühjahr und Sommer. Das Paar errichtet einen Horst aus Moos, Zweigen, Grashalmen und Blättern 9—12 m über dem Boden in den Zweigen ausladender Bäume.
Das Weibchen legt 3 meist grünweiße Eier, die nur selten hellrot gefleckt sind, und bebrütet sie allein 29 Tage lang.
Beide Altvögel füttern jedoch die Nestlinge gemeinsam. Sobald die flügge gewordenen Jungtiere das Nest verlassen, zieht der Graugesichtbussard nach Süden und verbringt den Winter in den Wäldern Südostasiens und der Großen Sundainseln, aber auch auf den Philippinen. Recht selten verirrt er sich bis nach Neuguinea. — Als Nahrung dienen Schlangen, Echsen, Kleinsäuger und Insekten, besonders Heuschrecken.

Affenadler *(Pithecophaga jefferyi)*

Der Schrecken aller Affen in den Regenwäldern auf den Philippinen ist der Affenadler, ein stattlicher, bis zu 100 cm langer und 4,5 kg schwerer Greifvogel. Sein kräftiger, beilförmiger Schnabel und seine äußerst scharfen Krallen sind auch für Hunde und Schweine eine Gefahr. Sobald sich hoch über den Baumwipfeln die Silhouette eines Affenadlers abzeichnet, lassen die Makaken ein lautes Geschrei ertönen und versuchen,

Einfarb-Haubenadler *(Spizaëtus cirrhatus)*

Der Einfarb-Haubenadler ist über ganz Süd- und Süd-

Einfarb-Haubenadler

ostasien verbreitet und bewohnt Waldregionen bis in Höhenlagen von 2300 m. Das Weibchen wird etwa 70 cm lang, das Männchen ist kleiner. Es gibt auch eine schwarze Form dieses schönen Greifvogels. Der Einfarb-Haubenadler sucht sich Waldränder und Lichtungen als Lebensraum aus und sitzt am liebsten auf trokkenen Ästen, um sich mit weit ausgebreiteten Flügeln zu sonnen. Von diesem Hochsitz späht er aber auch nach Beute aus. Hauptbeutetiere sind Echsen, aber auch Vögel und kleinere Nagetiere nimmt er gern. Häufig kommt er in die Nähe von Ortschaften, um Hausgeflügel zu erbeuten. Manchmal kann ein nahe einer Bauernwirtschaft siedelndes Einfarb-Haubenadlerpaar in den Geflügelbeständen erheblichen Schaden anrichten.

An sonnigen Tagen nehmen die Einfarb-Haubenadler gern ein Bad in seichten Fluß- oder Teichstellen. Das Paar baut sich seinen Horst gemeinsam im Wipfel 12—30 m hoher Bäume und sucht sich meist Feigenbäume oder Akazien der Gattung Albizzia aus. Der aus Zweigen errichtete Nestbau kann bis zu einem Meter breit und 45 cm hoch sein. Zum Auspolstern werden frische, grüne Blätter verwendet. Das Weibchen legt ein einziges, meist weißes, seltener auch rostrot geflecktes Ei und bebrütet es allein etwa 40 Tage. Für die Nahrung sorgt inzwischen das Männchen, das auch nach dem Schlüpfen der Jungen für die ganze Familie Beute bringt.

Indischer Zwergfalk

Indischer Zwergfalk *(Microhierax caerulescens)*

Das Himalaja-Gebiet und Südostasien bewohnt ein nur 18 cm großer Greifvogel — der Indische Zwergfalk. Er hält sich an Waldsäumen auf und steigt bis in Höhenlagen von 2000 m auf. Am häufigsten ist er aber in Regionen um 600 m anzutreffen. Gewöhnlich lebt er paarweise, nach dem Ausfliegen der Jungvögel jedoch auch noch eine Zeitlang im Familienverband. Zum Nestbau sucht sich das Zwergfalkenpaar meist alte Baumnisthöhlen von Spechten oder Bartvögeln aus. Das Weibchen legt gewöhnlich 4 weißliche Eier.

Über Brut- und Nestlingspflegegewohnheiten des Indischen Zwergfalken wissen wir recht wenig, auch wenn dieser kleine Greifvogel recht häufig ist. Als Beutetiere nimmt der Indische Zwergfalk meist Heuschrecken, Libellen und andere Insekten an, die er geschickt im Flug erjagt.

Er fängt auch große Schmetterlinge, wenn sie Nektar aus den Blüten saugen. Nur selten gelingt es ihm, Kleinvögel zu erbeuten.

Jagd- oder Edelfasan *(Phasianus colchicus)*

Der Jagd- oder Edelfasan gehört zu den am weitesten verbreiteten Fasanenarten. Sein ursprüngliches Verbreitungsgebiet reicht vom Kaukasus bis nach Ost- und Südostasien. In dieser riesigen Region lebt er jedoch nicht überall, sondern nur an ihm zusagenden Stellen. Einige Unterarten sind sogar nur auf ganz kleine Gebiete beschränkt, die oft hunderte Kilometer von den Vorkommen einer anderen Unterart entfernt sein können. Vor allem in Innerasien mit seinen Wüstengebieten blieben die Jagdfasanen in Waldoasen isoliert. Das führte zur allmählichen Herausbildung selbständiger Unterarten, die sich in Färbung und Größe unterscheiden. Insgesamt sind 33 Unterarten bekannt.

Jagd- oder Edelfasan

Der Fasanenhahn wird 75—90 cm lang und ist leicht an der fast nackten, deutlich roten Hautplatte um die Augen, der Rose, zu erkennen. Die kleinere, bis zu 60 cm lange Henne hat ein schlicht braunes, geflecktes Federkleid und einen braunen, dunkel quergestreiften Schwanz. Der Jagdfasan bewohnt lichtere Waldbestände mit reichem Unterholz in Höhenlagen von 600—3300 m, bevorzugt also höhere und Hochgebirgslagen. Er ist ein Standvogel, hält sich also das ganze Leben lang an einem Platz auf. Er ist auch ein schlechter Flieger. Sein Flug ist zwar schnell, aber nur kurz. Nach dem schnellen, kräftigen Auffliegen gleitet er in langer Bahn zur Erde. Wenn er noch vor Eintritt der Dunkelheit auf seinen Schlafbaum aufbaumt, läßt er sein lautes „köhrö, köhrö, köhrö" hören.

Der Hahn verteidigt sein Revier gegen Eindringlinge und bekämpft seine Konkurrenten im erbitterten Zweikampf. Er lebt polygam und hat meist 3—5 Hennen. Während der Frühjahrsbalz ertönt oft sein krähender Ruf. Dabei richtet er sich auf und schlägt kräftig mit seinen gespreizten Flügeln. Danach umkreist er in kleinen Schritten, mit hängenden Flügeln und zu Boden geneigtem Kopf die Henne. Nach der Paarungszeit kümmert er sich jedoch weder um seine Hennen noch um die Küken.

Die Henne formt mit ihrem Körper eine Nestmulde inmitten einer Grasbülte oder unter einem Busch, polstert sie mit trockenem Laub aus und legt 8—15 einfarbig grünlichweiße bis olivgrüne Eier. Das Gelege bebrütet sie 22—27 Tage. Die am frühen Morgen geschlüpften Jungen verlassen schon am Nachmittag das Nest. Die Mutter führt die Küken allein und schützt sie vor Feinden. Einen festen Schlafplatz hat die Fasanenfamilie nicht. Solange die Küken noch nicht fliegen können, sucht sich die Henne im hohen Gras oder im Unterholz einen geschützten Platz und nimmt die Brut nachts unter ihren Körper. Die halberwachsenen Jungen baumen dann schon mit der Mutter zum Schlafen auf.

Zur Äsung begibt sich der Jagdfasan während der Morgenstunden und am späten Nachmittag. Die Mittagsstunden verbringt er im Dickicht. Die Jungtiere benötigen zu ihrer Ernährung große Mengen Insekten, aber auch Spinnen und Weichtiere, kleine Blätter von Kräutern und Gräsern mögen sie. — Die ersten Flugversuche machen die Nestlinge im Alter von 14 Tagen. Nach 45 Tagen sind sie voll flugfähig. In der Obhut der Mutter bleiben sie 2 Monate, dann machen sie sich selbständig. Erwachsene Jagdfasanen leben von Samen, Beeren, grünen Pflanzenteilen, kleinen Wirbellosen und bei Gelegenheit auch von jungen Echsen und sogar von Schlangen. Dabei hat jedoch Pflanzenkost das Übergewicht. Um zu trinken, suchen die Jagdfasanen regelmäßig zwischen 10 und 11 Uhr Wasserstellen auf.

Ceylon-Spornhuhn *(Galloperdix bicalcarata)*

Die Heimat des Ceylon-Spornhuhnes ist — wie schon der Name sagt — Sri Lanka. Der Hahn erreicht eine

Ceylon-Spornhuhn

Regenwachtel

Länge von 34 cm. Sein besonderes Merkmal sind 2 Sporen an jedem Lauf. Der obere ist 15—30 cm, der untere 10—20 cm lang. Auch die einfarbigen, dunkelbraunen Hennen mit weißer Kehlfärbung haben häufig Sporen, die aber viel kürzer sind.

Das Ceylon-Spornhuhn bewohnt bewaldete Bergkuppen, aber auch Berghänge bis in Höhenlagen von 2000 m. Die größten Vorkommen sind in den Regenwäldern des südlichen Teils der Insel anzutreffen. Das Ceylon-Spornhuhn führt ein Leben im Verborgenen. Aus dem Dickicht ist nur häufig sein Ruf zu hören.

Es lebt paarig, also in Einehe. Die Henne baut unter Gebüsch oder im hohen Gras ein Nest und polstert es mit Blättern und Grashalmen aus. Gewöhnlich legt sie nur 2, selten bis 5 cremefarbige oder rosenrote Eier. Das Gelege bebrütet sie allein etwa 3 Wochen lang. Als Nahrung dienen diesem Hühnervogel Samen, Termiten und andere Insekten, aber auch grüne Pflanzenteile.

Koklas-Fasan

Regenwachtel *(Coturnix coromandelica)*

Die Regenwachtel ist über ganz Sri Lanka (Ceylon) und Indien bis nach Burma verbreitet und wird etwa 18 cm lang. Das Weibchen hat eine bräunliche Grundfärbung mit grauen Flecken und am Kopf eine hellbeige Zeichnung. — Die Regenwachtel bewohnt am häufigsten Hügellandschaften, ist aber auch in Gebirgslagen bis zu 2000 m zu finden und hält sich in Gebüschen oder am Rand der Dschungel auf.

Außerhalb der Brutzeit lebt sie einzeln oder paarweise, manchmal auch zu 5—8 Tieren in kleineren Familienverbänden zusammen. Als monogame Art halten beide Geschlechter während der Fortpflanzungszeit zusammen. Das Weibchen errichtet die Nestmulde auf Grasbülten und polstert sie mit zerkleinerten Grashalmen aus. Das Gelege von 4—10 gelblichen, dicht mit dunklen Flecken bedeckten Eiern wird von der Henne allein bebrütet. Nach 18—19 Tagen schlüpfen die Küken und werden dann von beiden Eltern gemeinsam geführt. Die Brutperiode verläuft gewöhnlich von März bis September. Danach sammeln sich die Familienverbände in den nördlicher gelegenen Gegenden Indiens zu Herden und beziehen gemeinsam ihre Winterquartiere auf Ceylon. — Die Nahrung der Regenwachtel besteht aus kleinen Samen, grünen Pflanzenteilen und kleinen, wirbellosen Lebewesen.

Koklasfasan *(Pucrasia macrolopha)*

Der Koklasfasan ist ein Bewohner des Himalaja von Afghanistan bis Mittelnepal, des nordöstlichen Teiles des tibetischen Hochlandes und bis nach Ostchina. In all diesen weit voneinander entfernten Gebieten lebt er getrennt von anderen Koklasfasan-Populationen. Der Hahn wird 58—64 cm lang, die Henne nur etwa 55 cm. Das Gefieder der Henne zeigt auf der Oberseite schwarze und braune Flecken und feine, braungelbe Striche. Der Hinterkopf ist hell kastanienbraun mit einem kurzen Schopf, die Kehle ist cremefarben, die Körperunterseite hell bräunlich und schwarz gefleckt.

Der Lebensbereich des Koklasfasans sind Berghänge in Höhenlagen von 1500—4500 m. Im Sommer steigt er manchmal sogar bis zu 5000 m hoch, im Winter aber zieht er in niedrigere Berglagen und Bergtäler in etwa 1200 m Höhe. Er bevorzugt Nadelwälder, wenn möglich Bambusbestände.

Außerhalb der Brutzeit ist er Einzelgänger, während der Brutperiode führt er eine Einehe. Es gibt Paare, die das ganze Jahr über zusammenbleiben. In der Winterzeit halten sich die Tiere zwar in gegenseitiger Nähe auf, bilden jedoch niemals Schwärme. Das Brutgeschäft besorgen sie von April bis Juni. Die Henne legt in eine flache Erdmulde unter einem Strauch 5—7, selten 9

Eier. Die bräunlichgelben, schwarzbraun gefleckten Eier bebrütet sie dann 20—21 Tage lang. Schon 5—7 Tage nach dem Ausschlüpfen beginnen die Küken zu fliegen. Die Nahrung dieses Fasanen besteht aus Samen, Trieben, grünen Pflanzenteilen, Insekten und anderen wirbellosen Kleinlebewesen.

Bankivahuhn *(Gallus gallus)*

Das Bankivahuhn ist in 5 Unterarten über Süd- und Südostasien verbreitet, kommt aber auch im Süden von Sumatra, auf Java und Bali vor. Der Hahn erreicht eine Länge um 70 cm. Die nur 40 cm große Bankivahenne ist überwiegend graubraun, an der Unterseite etwas heller mit gelbbraun gesäumten Halsschmuckfedern. Das Bankivahuhn lebt in weiten Waldbeständen von den Niederungen bis in Höhenlagen um 1500 m.

Außerhalb der Brutzeit hält es sich in Schwärmen, während der Brutperiode in kleinen Gruppen auf, zu dem ein Hahn mit 5—6 Hennen gehört. Diese Kammvögel führen also eine Mehrehe. Die Henne legt in die Nestmulde 5—6 weißliche Eier und bebrütet sie etwa 21 Tage lang allein. Auch um die Aufzucht der Küken kümmert sich der Hahn nicht. Die Henne führt die Küken, lockt sie zur Nahrung, bietet ihnen Schutz und baumt mit den flugfähigen Jungen zum Schlafen auf.

Zur Nahrung des Bankivahuhnes zählen Samen, Beeren, grüne Pflanzenteile, Insekten und deren Larven, andere Wirbellose und nicht zuletzt Jungtiere von Kleinwirbeltieren, wie Geckos und Agamen.

Das Bankivahuhn ist die Stammform unseres Haushuhnes. Schon vor etwa 3200 Jahren v. Chr. wurde es in Indien zum Haustier. Davon zeugen Figuren und Malereien, die auf Vasen aus den indischen Kulturen des 3. und 2. Jahrtausends v. Chr. erhalten geblieben sind. Und in Jahrhunderten wurden aus einer einzigen Wildhuhnart unzählige Haushuhnrassen gezüchtet. Eine der gezüchteten Gruppen sind die Kampfhühner, deren Hähne auch heute noch die in manchen Ländern beliebten Hahnenkämpfe bestreiten. Diese Form der Unterhaltung, die wahrscheinlich im kultischen Ritual ihren Ursprung hat, entstand wahrscheinlich schon vor 3000 Jahren v. Chr. in Südostasien und auf den indonesischen Inseln.

Von den Zierhuhnrassen verdient die auf der japanischen Insel Shikoku gezüchtete Rasse „Phoenix" besondere Aufmerksamkeit. Die Schwanzfedern des Phoenix-Hahnes werden bis zu 3 m lang. Und um diesen Schmuck nicht zu beschädigen, muß der Hahn auf einer hohen Stange bleiben. Wenn er sich am Boden bewegt, sorgt sein Eigentümer dafür, daß ihm diese Zierde wie eine Schleppe getragen wird.

Bankivahuhn

Lafayette- oder Ceylonhuhn *(Gallus lafayettii)*

Die Heimat des Lafayette-Huhnes ist die Insel Ceylon. Der Hahn erreicht mit seinem Schwanz eine Länge von 72 cm. Die Henne wird dagegen nur etwa 36 cm lang. Ihr Gefieder ist auf der Oberseite überwiegend rostbraun und an den Flügeln schwarz gefleckt. Brust und Flanken sind hell rostbraun und gelblich gefleckt, der restliche Körper dagegen schwarz mit weißen Flecken. Das Lafayette-Huhn bewohnt vor allem die Bergwälder in 1600—2000 m Höhe.

Die Fortpflanzungszeit erstreckt sich praktisch über das ganze Jahr, auch wenn die Bruthäufigkeit von Dezember bis April größer ist. Ein Hahn hat gewöhnlich meh-

Lafayette- oder Ceylonhuhn

Schwarz- oder Kalijfasan

rere Hennen. Die Henne baut ihr Nest meist auf dem Boden und polstert die Mulde mit trockenen Blättern, kleinen Wurzeln und Halmen aus. Es kommt jedoch auch vor, daß sie ihr Nest in verlassenen Greifvogelhorsten in 3—4 m Höhe in Bäumen oder auch direkt auf liegenden Baumstämmen herrichtet. Eine Henne legt 3—5, selten bis zu 9 cremefarbene oder rosenrote, meist fein hellbraun gefleckte Eier und brütet sie in 20—21 Tagen allein aus. Das Lafayette-Huhn ernährt sich wie alle übrigen Kammhühner.

Schwarz- oder **Kalijfasan** *(Gennaeus leucomelanos)*

Der Kalijfasan bewohnt in seinem Verbreitungsgebiet, das sich vom Westhimalaja bis nach Nordmalaysia erstreckt, die Bergwälder in Höhenlagen von 400—3800 m. Es wurden 9 Unterarten festgestellt, bei denen sich die etwa 70 cm lang werdenden Hähne durch die Färbung ihres Gefieders unterscheiden. Die Hennen sind kleiner. Ihr Gefieder ist meist einheitlich rotbraun mit helleren, schuppenartigen Flecken.

Ein Hahn hat 1—3 Hennen, lebt also polygam. Die Henne legt in eine Erdmulde, die sie unter einem Strauch anlegt und mit Blättern auspolstert, 6—9 hell cremefarbene, gelbliche oder rosarote Eier; Gelege bis zu 15 Eiern sind sehr selten. Sie bebrütet sie allein 24—25 Tage lang. Nach der Aufzucht der Jungen lebt der Kalijfasan in kleineren Gruppen zu 10—20 Tieren. Er ernährt sich wie alle anderen Kammhühnerarten.

Swinhoe-Fasan *(Hierophasis swinhoii)*

Die Heimat des Swinhoe-Fasanes ist die Insel Taiwan. Die Art wurde 1862 vom englischen Naturforscher Swinhoe entdeckt und gehört heute in der freien Natur zu den seltensten Vogelarten. In Fasanerien ist sie jedoch verhältnismäßig häufig anzutreffen. Der Hahn wird etwa 80 cm lang; davon mißt allein der Schweif 50 cm. Die Junghähne erhalten erst im 2. Jahr ihr Prachtkleid.

Die etwa 50 cm lange Henne hat ein einheitlich kastanienbraun gefärbtes, mit kleinen, hellen, schwarzgesäumten Flecken besetztes Gefieder. Die mittleren Schwanzfedern sind braun und heller und schwarz gestreift. Die Henne legt 6—12 rötliche bis cremefarbene Eier und bebrütet das Gelege allein 25 Tage lang. — Der Swinhoe-Fasan ernährt sich wie alle übrigen Fasanenarten.

Rotrückenfasan *(Lophura ignita)*

Der in 4 Unterarten bekannte Rotrückenfasan ist auf der ganzen Halbinsel Malakka, auf Sumatra und im Südteil von Kalimantan (Borneo) verbreitet. Charakteristisches Kennzeichen ist für beide Geschlechter die hohe Haube, auch Holle genannt. Der Hahn wird insgesamt 70 cm lang, wobei sich die einzelnen Unterarten durch ihre Färbung unterscheiden. Die etwa 56 cm lange Henne hat auf der Oberseite ein kastanien-rostbrau-

Swinhoe-Fasan

Rotrückenfasan

nes Gefieder. Die Flügel sind fein schwarz gefleckt, die Schwanzfedern schwarz, Bart und Kehle weiß. Die Federn an Brust und Flanken sind kastanien- oder schwarzbraun und weiß gesäumt.

Diese Fasanenart lebt gewöhnlich paarweise in dichten Regenwäldern oder in Bambusbeständen. Die Henne richtet ihr Nest auf der Erde her und legt in die mit Blättern ausgepolsterte Nestmulde 4—8 cremeweiße Eier. Das Gelege bebrütet sie allein 24 Tage lang. Ihre Nahrung ist die gleiche wie die der bereits beschriebenen Fasanenarten.

Prälatfasan *(Diardigallus diardi)*

Die Heimat des Prälatfasanen sind Burma, Thailand und Südvietnam. Erwachsene Hähne werden mit den Schwanzfedern bis zu 80 cm lang. Junge Tiere, die schon im 1. Jahr ihr Prachtgefieder erhalten, sind jedoch dunkler und haben kürzere Schwanzfedern. Das Gefieder der etwa 60 cm langen Henne ist an Kopf, Kehle und Hals dunkelbraun, im oberen Teil des Hinterkörpers und an der Rumpfunterseite kastanienrötlich und an den Flügeln, am unteren Teil des Hinterkörpers und am Schwanz hellbraun und schwarz gestreift. Das Gefieder an den Körperflanken ist weiß gesäumt. Zwei Paar der mittleren Schwanzfedern sind schwarz mit breiten, braunweißen Streifen.

Der Prälatfasan lebt in Regenwäldern und Bambusdikkichten in Höhenlagen um 700 m. Tagsüber sonnt er sich gern an offenen Stellen, jedoch immer in der Nähe des Dickichts, um dort im Falle einer Gefahr schnell Schutz suchen zu können. — Die Henne baut ihre Nestmulde auf dem Boden und legt 5—8 hellrosa bis dunkelgelbe Eier, die sie allein 24—25 Tage lang bebrütet. Der Prälatfasan lebt gewöhnlich in Einehe. Die Nahrung besteht meist aus Insekten und kleinen Samen.

Elliotfasan *(Syrmaticus ellioti)*

Der Elliotfasan ist in Südostchina beheimatet und lebt dort in offenen Bergwäldern in Höhenlagen um 1400 m. Der Hahn wird etwa 80 cm lang bei einer Schwanzlänge von 40 cm. Die nur etwa 50 cm große Henne hat ein rostbraunes Federkleid, Bart, Kehle und Vorderhals sind schwarz mit kleinen, weißlichen Flekken, Brust- und Kopfseiten braun und weißgesäumt. Außerhalb der Brutzeit lebt der Elliotfasan in kleineren Scharen; während der Fortpflanzungsperiode paarweise oder zu dritt. Ein Fasanenhahn kann also auch 2 Hennen haben.

Die Fasanenhenne beginnt schon Anfang März, 6—8

Prälatfasan

Mikadofasan

Elliotfasan

Königsfasan

cremefarbene oder rosige Eier zu legen, und bebrütet sie allein 25 Tage lang. Die jungen Elliotfasanenhähne lassen sich schon sehr früh an den gestreiften mittleren Schwanzfedern erkennen, da die der jungen Hennen einfarbig kastanienbraun sind. Die Nahrung ist die gleiche wie bei den bereits beschriebenen Fasanenarten.

Mikadofasan *(Syrmaticus mikado)*

Der Mikadofasan bewohnt die Bergwälder Mitteltaiwans in Höhenlagen von 2000—3300 m. Der Hahn erreicht eine Gesamtlänge von 90 cm. Davon entfallen auf den Schwanz allein 50 cm. Die kleinere, etwa 50 cm große Henne hat ein einheitlich olivbraunes Gefieder, das auf dem Rücken und an den Rumpfseiten von weißen Längsstreifen geschmückt wird. Der Schwanz ist weiß und kastanienbraun gestreift. Die Junghähne sind schon sehr früh an ihren schwarzweiß gestreiften Schwanzfedern zu erkennen.

Der Mikadofasan bevorzugt Eichen- und Wacholderhaine und Bambusdickichte und kommt am Morgen und am Abend auf offene Stellen, um zu äsen. Er sammelt verschiedene Samen, Beeren, zupft an Blättern und Gräsern, und vor allem Jungtiere ergänzen ihren Speisezettel durch Insekten und deren Larven. Die Henne legt in die unter einem Strauch ausgescharrte Nestmulde 5—10 gewöhnlich weißlich-ockergelbe Eier. Die Brutperiode beginnt Ende Februar und endet im Mai. Das Gelege wird von der Henne in 26—28 Tagen allein ausgebrütet.

Königsfasan *(Syrmaticus reevesii)*

Der Königsfasan ist in Nord- und Mittelchina heimisch. Zusammen mit den 180 cm langen, mittleren Schwanzfedern erreicht der prächtige Hahn 210 cm. Die viel kleinere, nur 75 cm lange Henne hat auf der Oberseite dunkel graubraune, schwarz gesäumte Federn. Die meist ockergelbe Unterseite ist rostbraun gefleckt. Ihr Schwanz, der nur bis zu 45 cm lang wird, ist graufarben und hat schwarze Querstreifen.

Der Königsfasan lebt in lichten Waldbeständen in Höhenlagen zwischen 300 und 2000 m. Die Nacht verbringt er wie andere Fasanenarten in der Krone seines Schlafbaumes. Königsfasanen sind keine guten Flieger. Besonders die Hähne haben mit ihren langen Schweifen beim Fliegen erhebliche Schwierigkeiten.

Während der Balz lassen sie häufig ihren pfeifenden oder auch kurzen, piependen Ruf hören. Der Hahn führt eine Vielehe und hat meistens 2—3 Hennen, junge Hähne jedoch nur eine. Die Königsfasanenhenne legt 7—15 olivbraune bis cremefarbene Eier und bebrütet das Gelege 24—25 Tage lang. Die Aufzucht der Küken und die Zusammensetzung der Nahrung entsprechen denen der Edel- oder Jagdfasanen.

Goldfasan *(Chrysolophus pictus)*

Eine der prächtigsten Fasanenarten ist der Goldfasan. Allein der Schwanz des insgesamt 110 cm langen Hahnes erreicht eine Länge bis zu 80 cm. Die kleinere, etwa

Goldfasan

65 cm lange Henne ist überwiegend graubraun und fein schwärzlich gestreift. Der Kopf ist jedoch orangebraun. Der Goldfasan bewohnt die Dschungelwälder Mittelchinas bis in Höhenlagen von 2200 m. Außerhalb der Brutzeit ist er ein Einzelgänger, im Winter tut er sich jedoch zu kleineren Gruppen zusammen.
Während der Balz hat er bis zu 8 Hennen. Die Goldfasanenhenne scharrt unter dichtem Gestrüpp eine flache Nestmulde und polstert sie nur spärlich mit Grashalmen oder Blättern aus. Auf dem Gelege von 5—12 cremefarbenen oder gelblichen Eiern sitzt sie 22 Tage lang und führt auch die Küken selbst. Der Hahn zeigt absolut kein Interesse an seinen Nachkommen. Die Nahrung des Goldfasanen bilden Insekten und ihre Larven, Würmer, grüne Pflanzenteile, Beeren und Samen. Aber auch die Jungtiere kleiner Wirbeltiere verschmäht er nicht.

Nord-Spiegelpfau

Nord-Spiegelpfau *(Polyplectron bicalcaratum)*

Der Nord-Spiegelpfau ist ein recht häufiger Bewohner der Bergwälder vom Osthimalaja bis nach Vietnam. Der Puter wird 65—75 cm lang, die Henne etwa 50 cm. Ihr Gefieder hat eine ähnliche Färbung wie das des Hahnes, ist jedoch dunkler, und die Augenflecke sind weniger deutlich. Der Nord-Spiegelpfau sucht sich dichte Dschungel in Höhenlagen bis zu 1200 m als Lebensbereich aus. Seltener ist er bis in 1700 m Höhe anzutreffen.
Er lebt paarweise, außerhalb der Brutzeit aber auch einzeln. Das Nest legt die Henne unter einem Strauch an und polstert die Nestmulde mit trockenem Laub aus. Aus dem Gelege aus nur 2—3, selten bis zu 5 hell cremefarbenen, weiß getupften Eiern schlüpfen nach 21 Tagen die Küken. Das Bebrüten der Eier, das Führen der Küken und den Schutz übernimmt die Henne allein. Diese Pfauenart ernährt sich überwiegend von kleinen Samen, weniger von Beeren und kleinen Wirbellosen, besonders von Insekten.

Palawan-Spiegelpfau

Palawan-Spiegelpfau *(Polyplectron emphanum)*

Der Palawan-Spiegelpfauhahn wird etwa 50 cm lang. Die Henne ist 10 cm kürzer. Diese schönste Spiegelpfauenart hat eine dunkelbraune Spitzhaube, hellbraune Wangen und Kehle und eine braune, fein weiß gefleckte Körperoberseite. Seinen Namen hat er von seinem Vorkommen, der Insel Palawan, wo er dichte Wäl-

Argusfasan oder Arguspfau

Blauer Pfau

der besiedelt. Stellenweise ist er recht häufig, führt aber ein verborgenes Leben.
Die Henne legt die mit Blättern ausgepolsterte Nestmulde im dichten Gras unter Gebüsch an. Das Gelege aus meist 3—5 ockergelben, dunkler gefleckten Eiern bebrütet sie 21—22 Tage allein. Die Nahrung des Palawan-Spiegelpfaus besteht aus Samen, Beeren, Insekten und Insektenlarven, aber auch aus anderen wirbellosen Kleinlebewesen.

Argusfasan oder **Arguspfau** *(Argusianus argus)*

Der Argusfasan ist einer der prächtigsten Vögel. Der Hahn wird bis zu 200 cm lang. Davon erreichen allein die bandförmig verlängerten mittleren Schwanzfedern eine Länge von mehr als 120 cm. Auch die ungewöhnlich langen, 80—100 cm langen Armschwingen sind eine Besonderheit dieser Art. Sie sind mit herrlichen, hell-dunkel schattierten, schwarz gesäumten Augenflekken geschmückt, den sogenannten „Argusaugen". Die Henne hat ein bescheidenes Gefieder und wird auch nur 75 cm lang.

Das Lebensgebiet des Argusfasanen sind die Regenwälder von Thailand über die Halbinsel Malakka bis nach Sumatra und Kalimantan (Borneo), nicht nur die Niederungen, sondern auch die höheren Gebirgslagen bis zu 1300 m. Er bevorzugt Waldbestände mit trockenem, felsigem Boden und ist nur selten in den Bambushainen der Küsten anzutreffen.
Außerhalb der Brutzeit ist der Argusfasan gewöhnlich Einzelgänger. Während der Balzzeit lebt er paarweise. Manchmal bleibt das Paar aber auch zusammen, um die Jungen aufzuziehen und trennt sich erst danach. Jeder Hahn richtet sich während der Balz seinen eigenen Tanzplatz auf einer etwa 6—8 m² großen, freien Fläche inmitten der dichtesten Dschungelbestände her. Er muß auch durch Abreißen und Beseitigen der Vegetation dafür sorgen, daß ihm dieser Balzplatz nicht zuwächst. Beim Balzen steht er auf dem Boden oder auf einem niedrigen, von Blättern frei gemachten Zweig und breitet die Flügel schräg nach oben aus, um die Augenflekken auf den gespreizten Schwingen vor seiner Auserwählten gut zur Geltung zu bringen. Auch die Schwanzfedern stellt er senkrecht auf und streckt seinen Kopf weit nach vorn. Dabei läßt er von Zeit zu Zeit seine laute, pfeifende Stimme ertönen. Die Henne legt in die flache, unter einem Strauch ausgescharrte Nestmulde nur 2 rotbraun gefleckte weißliche Eier und brütet die Küken gewöhnlich allein in 24—25 Tagen aus. Sie führt die Jungen auch selbst.
Der Argusfasan ernährt sich von Insekten und anderen Wirbellosen, sucht sich aber auch Früchte, Beeren und grüne Pflanzenteile; seltener nimmt er Samen. Interessant ist, daß die prächtigen Armschwingenfedern des Argusfasanen schon in 18. Jahrhundert in Europa bekannt waren, auch wenn das erste lebende Exemplar erst 1872 nach London gebracht wurde.

Blauer Pfau *(Pavo cristatus)*

Die Heimat des Blauen Pfaues ist Indien und Ceylon. Zusammen mit der über 150 cm langen, verlängerten Oberschwanzdecke erreicht ein Pfauhahn etwa 220 cm. Die Henne wird nur etwa 85 cm lang, ist also wesentlich kleiner. Ihr Gefieder ist einheitlich, unauffällig, bräunlich, nur Hals und Brust sind grünlich gefärbt. Den Pfauenhähnen fallen die langen, prächtig bunten Oberschwanzdeckfedern im Juli aus und wachsen bis zum Winter wieder neu. Junghähne erhalten diese prächtige Schleppe erst im Alter von etwa 3 Jahren.
Der Blaue Pfau hält sich in den dichten Dschungelbeständen von den Niederungen bis in 2000 m Höhe auf. Am frühen Morgen oder gegen Abend ertönt der durchdringende, weithin hörbare Schrei der Pfauhähne. Man sagt, der Pfau lebe in Gesellschaft des Tigers. Wahr ist

das wohl nicht, denn er gehört zur Beute des Tigers. Er hält sich zwar in Indien an den gleichen Standorten auf, bei seinem Erscheinen warnt jedoch der Pfau seine Umgebung durch seine lauten Schreie.
Der Pfauhahn lebt in Vielehe; meistens hat er 4—5 Hennen. Um das Brutgeschäft seiner Hennen kümmert er sich jedoch nicht. Die Pfauhenne legt ihre flache Nestmulde auf der Erde an, polstert sie mit Grashalmen und Blättern aus und legt 4—8 gelblichweiße, unregelmäßig zart gepunktete Eier hinein. Aus dem Gelege, das sie allein bebrütet, schlüpfen nach 28 Tagen die Küken, die die Henne auch allein führt und schützt. — Die Nahrung der Pfauen besteht aus Insekten und anderen Wirbellosen, aber auch aus kleinen Wirbeltieren, wie Geckos und kleinen Schlangen, grünen Pflanzentrieben, verschiedenen Früchten, Gräsern und Samen.
Der Blaue Pfau wird sehr oft in Gefangenschaft gezüchtet, lebt aber auch halbwild in Gehegen und Parks. In Indien gelang die Zucht schon 2000 Jahre v. u. Z. Er ist überall recht gut heimisch geworden. Aber trotz dieses jahrhundertelangen Zusammenlebens mit dem Menschen entwickelte sich keine Haustierrasse. Er unterscheidet sich in nichts von seinen Wildformen. Im alten Rom wurden die Pfauen vor allem wegen ihres Fleisches gehalten.

Tropfenfrankolin *(Francolinus pictus)*

Das Verbreitungsgebiet des etwa 33 cm langen Tropfenfrankolins sind Mittel- und Südindien und Sri Lanka. Das Gefieder des Weibchens ist nicht so bunt gefärbt. Außerhalb der Brutzeit leben die Tiere in kleinen Familienverbänden zusammen, manchmal aber auch einzeln, während der Brutperiode in Paaren. Die Henne polstert die Erdnestmulde, die sie unter Büschen oder im dichten Bambusbusch anlegt, mit Grashalmen aus. Sie legt 3—7 cremefarbige, manchmal auch olivgrün gefleckte Eier und bebrütet sie allein 22 Tage lang.
Der Tropfenfrankolin ernährt sich von kleinen Samen, Beeren und grünen Pflanzenteilen, aber auch von Insekten und ihren Larven. In seiner Heimat gehört er zum häufigen Jagdwild.

Schwarzbrust-Kampfwachtel
(Turnix suscitator)

Die Schwarzbrust-Kampfwachtel ist ein kleiner, etwa 15 cm großer Vogel, der ein bißchen mit den Kranich- und den Trappenvögeln verwandt ist. Das Weibchen ist ein wenig größer als das Männchen. Die Schwarzbrust-Kampfwachtel ist ein häufiger Bewohner ganz Süd- und Südostasiens und bis nach Japan, den Großen Sundainseln, Celebes und den Philippinen hin verbreitet. Sie bevorzugt Waldränder, ist aber auch in Parks und Gestrüppen anzutreffen. Ihr Lebensraum zieht sich bis in Hochgebirgslagen um 2500 m. Die Schwarzbrust-Kampfwachtel ist im wesentlichen ein Standvogel. Nur in der Regenzeit verläßt sie nasse Standorte und sucht sich trockenere Gebiete. Am liebsten hält sie sich in dichten Pflanzenbeständen auf, in denen sie sich behend zu bewegen vermag und die ihr ausreichend Dek-

Tropfenfrankolin

Schwarzbrust-Kampfwachtel

Rostbraune Turteltaube

Pompadourtaube

kung bieten. Wird sie aufgescheucht, versucht sie zuerst, im Dickicht Schutz zu finden. Nur bei unmittelbar drohender Gefahr fliegt sie auf. — Als Nahrung dienen ihr Gräser, Sämereien, grüne Pflanzentriebe und von den Kleininsekten vor allem Termiten und Ameisen.

Die Fortpflanzungszeit erstreckt sich über das ganze Jahr hin. Meistens wird jedoch von Juni bis September gebrütet. Beide Geschlechter richten ihr Nest in der Vertiefung eines Grasbüschels oder unter einem niedrigen Strauch her und verzichten oft darauf, es auszupolstern. Während der Paarungszeit tragen die Weibchen untereinander die Kämpfe um die Brutreviere aus. Das Weibchen legt 4 grauweiße, schwarzbraun gefleckte Eier und verliert dann völlig das Interesse am Brutgeschäft. Dem Männchen obliegt dann sowohl das Bebrüten als auch die Aufzucht der nach 13—16 Tagen geschlüpften Küken. Sie werden von ihm geführt, bekommen Nahrung vorgelegt und genießen seinen Schutz. Ein Weibchen versorgt im Jahr mehrere Gelege mit Eiern und paart sich auch mit mehreren Männchen.

Bronzefruchttaube

Rostbraune Turteltaube *(Streptopelia orientalis)*

Die Rostbraune Turteltaube ist ein von Ceylon und Indien bis nach Zentral- und Südostasien und sogar bis nach Japan hin verbreiteter und häufig anzutreffender, etwa 30 cm großer Vogel. Beide Geschlechter sind gleich gefärbt. Die Rostbraune Turteltaube sucht lichte Waldbestände, Dschungelränder und Gestrüppe auf und steigt im Himalaja bis in Hochgebirgslagen um 4000 m auf. Aus den nördlichen Verbreitungsgebieten zieht sie im Winter in größeren Schwärmen nach Indien und siedelt sich dort überwiegend in gestrüppreichen Landschaften an. Ihre Nahrung, Sämereien und kleinere Beeren, sucht sie meistens an der Erdoberfläche.

Während der Brutzeit bauen beide Eltern in Büschen, auf Baumästen, aber auch auf Bambusstengeln in etwa 3—4 m Höhe über dem Boden ihr Nest aus trockenen kleinen Zweigen. Das Weibchen legt 2 kleine, weiße Eier und wechselt sich mit dem Männchen beim Bebrüten ab. Auch die nach 15 Tagen schlüpfenden Jungen füttern beide Altvögel gemeinsam, bis sie nach 3 Wochen das Nest verlassen.

Pompadourtaube *(Treron pompadora)*

Ganz Süd- und Südostasien bis nach Sumatra, Java, zu den Molukken und den Philippinen gehören zum Verbreitungsgebiet dieser kleinen, nur etwa 26 cm groß werdenden Taubenart. Die Pompadourtaube ist besonders gut an ihren starken, roten Füßen zu erkennen. Das Weibchen ist weniger auffällig gefärbt. Diese Fruchttaubenart bewohnt vor allem die Waldgebiete bergiger Landschaften bis in Höhenlagen um 1200 m. Die Nahrung besteht hauptsächlich aus kleinen Früchten. Sie bevorzugt wilde Feigen (Gattung Ficus) und ist sogar bereit, deswegen beträchtliche Entfernungen zurückzulegen. Beerenobst pflückt sie gewöhnlich direkt vom Zweig, und nur selten kommt sie auf den Erdboden. Außerhalb der Brutzeit streift die Pompadourtaube in kleinen Schwärmen zu etwa 12 Tieren durch die Wälder und sucht dann gern Obstplantagen auf, um sich an Früchten gütlich zu tun.

Während der Fortpflanzungszeit lebt sie in Paaren. Beide Geschlechter beteiligen sich am Bau des flachen, auf einem Baum oder in hohen Sträuchern stehenden Nestes, das im Grün der Blätter gut getarnt ist. Auf dem Gelege aus 2 kleinen, weißen Eiern wechseln sich beide Partner 12—14 Tage lang beim Brüten ab.

Bronzefruchttaube *(Ducula aenea)*

Die Bronzefruchttaube ist in Süd- und Südostasien heimisch. In ihrem Verbreitungsgebiet, das von den Philippinen über die Großen Sundainseln bis nach Neuguinea hin reicht, besiedelt sie die immergrünen Regenwälder

in Höhenlagen um 300 m, fliegt aber auch in Gebirgslagen bis zu 1000 m hinauf. Auch in den Mangrovenbeständen der Küsten ist diese Taube anzutreffen.
Männchen und Weibchen dieser stattlichen, etwa 40 cm lang werdenden Taubenart sind gleich gefärbt. Die Bronzetaube ernährt sich von Früchten, hauptsächlich von Feigen. Mit Vorliebe sucht sie aber auch die roten Beerenfrüchte der Muskatnußgewächse (Myristica) auf, die sie direkt vom Zweig pflückt und ganz verschluckt. Immerhin erreichen diese Früchte oft einen Durchmesser bis zu 4 cm. Auf Nahrungssuche begibt sie sich gewöhnlich morgens und gegen Abend. Außerhalb der Brutzeit streicht die Bronzetaube in kleinen Gruppen zu 5—6 Tieren durch die Bäume, manchmal aber auch einzeln. Auf den Boden kommt sie nur, um aus seichten Wasserstellen zu trinken.
Während der Paarungszeit erklingt ihr hallender Ruf, der an das Quaken der Frösche erinnert. Das Taubenpärchen errichtet sein flaches Nest aus kleinen, trockenen Zweigen auf Laubbäumen in etwa 10 m Höhe über dem Boden in Parks und Gärten, oft auch auf Obstbäumen.

Glanzkäfertaube *(Chalcophaps indica)*

Die Regenwälder Süd- und Südostasiens, der Philippinen, der Großen Sundainseln bis nach Australien bewohnt eine besonders prächtig gefiederte Lachtaubenart, die etwa 26 cm lange Glanzkäfertaube. An den Südhängen des Himalaja ist sie bis in 2700 m Höhe anzutreffen. Sie fliegt gewandt und schnell durch die Wälder und nimmt mit bewundernswerter Geschicklichkeit auch die schärfsten Kurven. Mit Vorliebe kommt sie auf offene Flächen an den Dschungelrändern oder auf Teeplantagen, wo sie auf dem Boden nach Nahrung sucht. Die Glanzkäfertaube ernährt sich von Sämereien, Getreidekörnern und verschiedenen Früchten, wobei sie die Beeren des Lorbeergewächses Lantana aculeata bevorzugt. Hin und wieder pickt sie auch kleine Insekten auf. Die Mittagsstunden verbringt sie im dichten Geäst der Bäume.
Zur Paarungszeit lassen die Männchen ihren kuckucksähnlichen Ruf hören. In das flache Nest, das sich das Paar in 2—3 m Höhe im dichten Bambusgestrüpp aus kleinen, trockenen Zweigen und gewöhnlich zu jeder beliebigen Jahreszeit baut, legt das Weibchen 2 weiße Eier. Beide Eltern wechseln sich während der 12 Tage dauernden Brutzeit gegenseitig ab und füttern auch die Nestlinge gemeinsam aus dem Kropf.

Dolchstichtaube *(Gallicolumba luzonica)*

Die etwa 26 cm große Dolchstichtaube fällt durch ihren blutroten Fleck auf der Mitte der Brust auf. Und dieser

Glanzkäfertaube

Dolchstichtaube

Mähnen- oder Kragentaube

Frühlingspapageichen

Fleck weckt wirklich die Assoziation einer ernsthaften Verletzung. Beim Weibchen ist dieser rote Schmuck etwas kleiner. Die Dolchstichtaube bewohnt die Wälder der Philippinen. Sie lebt paarweise, nach dem Ausfliegen der Jungen auch in Familien. Ihre Nahrung, Samen, Beeren und ab und zu kleine Insekten, Spinnen und andere Wirbellose, sucht sie überwiegend auf dem Boden unter Bäumen und Sträuchern.
Sein Nest aus trockenen Reisern und Grashalmen baut sich das Dolchstichtaubenpärchen dicht über dem Boden im Gebüsch oder auf Bäumen. Das Weibchen legt 2 weiße Eier, aus denen nach 16 Tagen die Jungen schlüpfen. Das Gelege bebrüten beide Eltern abwechselnd und ziehen auch gemeinsam die Nestlinge auf, die im Alter von 14—15 Tagen das Nest verlassen.

Blaukrönchen

Mähnen- oder **Kragentaube**
(Caleonas nicobarica)

Eine der prächtigsten Taubenarten ist zweifellos die Mähnentaube, deren verlängerte Halsfedern einen Kragen bilden. Diese Taubenart erreicht eine Länge von etwa 40 cm. Weibchen und Männchen sind sich recht ähnlich, nur Hals- und Brustgefieder des Weibchens gehen mehr ins Grau. Bekannt sind im Verbreitungsgebiet von den Nikobaren über Malaysia, Thailand und Kambodscha bis zu den großen Sundainseln, den Philippinen und Neuguinea hin 2 Unterarten.
Am häufigsten hält sie sich auf den bewaldeten Inseln auf. Sie bevorzugt als Lebensbereich die Dschungelränder und sitzt tagsüber gewöhnlich ruhig in den schützenden Baumwipfeln. Die Mähnentaube läuft schnell über den Boden, sucht den Waldboden nach abgefallenen Sämereien und Beeren ab und pickt auch manchmal kleine Wirbellose auf. Auch grüne Pflanzentriebe mag sie. Außerhalb der Fortpflanzungszeit leben meist 3—30 Tiere in kleinen Schwärmen zusammen. Aber auch Einzelgänger sind beobachtet worden.
Da die Mähnentaube vor allem die Inseln bewohnt, fliegt sie auf Nahrungssuche häufig übers Meer von Insel zu Insel, um sich die Stellen auszusuchen, wo reichlich Früchte reifen. Ihr Flug ist schnell, wenn auch etwas schwerfällig. Während der Brutzeit halten sich häufig mehrere Paare dicht beieinander und bilden kleine Brutkolonien. Es kann vorkommen, daß auf einem einzigen Baum mehr als 10 Nester stehen. Das Pärchen baut sich sein Nest aus kleinen Zweigen 3—8 m hoch auf immergrünen Laubbäumen. Zur Paarungszeit ist der gackernde Ruf der Männchen zu hören. Das Gelege, das meist nur aus einem einzigen Ei besteht, wird von beiden Eltern 16—18 Tage lang bebrütet. Beide ziehen die Jungen auch gemeinsam auf.

Frühlingspapageichen *(Loriculus vernalis)*

Das Frühlingspapageichen ist von Indien bis Thailand und bis zu den Andamanen verbreitet. Das Weibchen dieser kleinen, nur 13 cm langen Papageienart ist überwiegend grüngelb gefiedert und ohne blauen Fleck an der Kehle. Es bewohnt Wälder bis in 2000 m Höhe. Obwohl es häufig ist, läßt es sich wegen seiner verborgenen Lebensweise nur selten beobachten. Manchmal kommen die Frühlingspapageichen auch auf Plantagen. Diese Papageienart lebt paarweise, außerhalb der Brutzeit manchmal auch in kleinen Schwärmen. Oft fallen mehrere dieser Schwärme gleichzeitig die in voller Blüte stehenden Bäume an. Das Frühlingspapageichen ernährt sich von Blütennektar, weichen Früchten und hin und wieder von kleinen Sämereien. Es vermag sehr gewandt zu klettern und hängt sich kopfunter an den

Zweig, wenn es auf andere Weise nicht an die Blüte herankommt. Auch zum Schlafen hängt es sich wie die übrigen Exemplare seiner Gattung auf Fledermausart an den Füßen auf.
Die Brutzeit liegt in den Monaten Januar bis April. Das Pärchen richtet sich sein Nest in hohlen Baumstämmen oder in abgestorbenen Ästen her, die sich oft dicht über dem Boden befinden. In die mit frischen, grünen Blättern ausgelegte Nisthöhle legt das Weibchen 2—4 weiße Eier, aus denen nach 19 Tagen die Jungen schlüpfen. Meist bebrütet es das Gelege allein. Nur selten und dann auch nur für eine Weile löst das Männchen es ab. Um die Nestlinge kümmern sich dann jedoch beide Eltern gemeinsam.

Kleiner Alexandersittich

Blaukrönchen *(Loriculus galgulus)*

Die Heimat dieses kleinen, nur 12 cm großen Fledermauspapageien sind Südthailand, die Halbinsel Malakka, Sumatra, Kalimantan (Borneo) und die umliegenden Inseln. Beim Weibchen fehlen die Flecken an der Kehle und am Rücken. Das Blaukrönchen bewohnt hauptsächlich die Regenwälder der Niederungen und ist nur selten in Gebirgswäldern bis in Höhenlagen von 1250 m anzutreffen. Als Nahrung dienen Blütennektar, Blüten, Früchte, Sämereien, aber auch Kleininsekten und deren Larven.
Während der Brutzeit von Januar bis Juli legt das Pärchen in einer Baumhöhlung sein Nest an. Dabei bevorzugt es abgestorbene, etwa 12 m über dem Boden liegende Teile. In das mit Blattstücken ausgepolsterte Nest legt das Weibchen 3 Eier und brütet sie allein in 19 Tagen aus. Während dieser Zeit wird es vom Männchen gefüttert. Beide Eltern ziehen dann die Jungen gemeinsam auf. Nach 5 Wochen werden die Nestlinge zwar flügge, die Altvögel füttern sie aber noch 10 Tage nach dem ersten Ausflug.

Kleiner Alexandersittich *(Psittacula krameri)*

Zwei Unterarten des Kleinen Alexandersittichs bewohnen Ceylon, Indien und Teile Hinterindiens. Aber auch in Arabien, im Irak und in Afghanistan wurde er ausgesetzt. Beim Weibchen dieser etwa 40 cm großen Edelsittichart fehlen der schwarze Strich am Bart und der rote am Hals. — Außerhalb der Brutzeit leben 10—20 Tiere in kleinen Schwärmen zusammen. Zur Nahrungssuche fallen sie jedoch oft in Scharen zu mehreren Hunderten in Felder ein. Auch die heiße Mittagszeit verbringen sie gemeinsam in Scharen, die oft bis zu 300 Vögel umfassen, im kühlenden Schatten der Baumwipfel. Die Nahrung des Kleinen Alexandersittichs besteht aus Sämereien, Getreidekörnern, Früchten und Blütennektar, bei Gelegenheit auch aus Insekten und Insektenlarven.

Großer Alexandersittich

Während der Brutzeit lebt er paarweise. In das in Baumhöhlen angelegte Nest legt das Weibchen 2—6 Eier und bebrütet sie selbst. Es wurde jedoch beobach-

Pflaumenkopfsittich

tet, daß während der Brutzeit von 22—24 Tagen auch das Männchen für kurze Zeit das Brutgeschäft übernahm. Nach 6—7 Wochen sind die Jungen flügge, werden aber von den Eltern noch 14 Tage nach dem ersten Ausfliegen gefüttert.

Großer Alexandersittich *(Psittacula eupatria)*

Der Große Alexandersittich ist über ein weites Gebiet verbreitet, das von Ceylon über Indien bis nach Südostasien reicht. Wahrscheinlich lebt er auch in Pakistan. Das Weibchen ist etwas kleiner als das etwa 58 cm lange Männchen. Es fehlen ihm aber der schwarze Streifen über dem Gesicht und der rosarote Streifen am Hals. Dieser Edelsittich hält sich in kleinen Scharen am Rand der Wälder, in größeren Parkanlagen und in Gärten auf. Er fliegt und klettert in den Kronen der Bäume herum, um Samen, Beeren, Früchte, Blütennektar und Pflanzentriebe zu suchen. Außerhalb der Brutzeit fliegen die Schwärme weit in die Umgebung.

Das Alexandersittichpärchen sucht sich zum Nisten eine Baumhöhle. Das Gelege aus 2—4 Eiern bebrütet das Weibchen allein 3 Wochen lang und läßt sich vom Männchen derweilen füttern. Die Nestlinge sind nach 7 Wochen flügge und unternehmen dann mit den Eltern weite Streifzüge in die Umgebung.

Pflaumenkopfsittich *(Psittacula cyanocephala)*

Der etwa 33 cm lange Pflaumenkopfsittich ist von Ceylon, Indien bis nach Pakistan, Nepal und Bhutan beheimatet und bevölkert die Bergwälder in Höhenlagen von 1000 bis zu 1500 m. Das Weibchen hat einen blaugrauen, durch einen gelben Streifen abgesetzten Kopf. Dieser Edelsittich lebt in Paaren und nach dem Ausfliegen der Jungen in Familienverbänden. Seine Nahrung besteht aus verschiedenen Früchten, Sämereien, Trieben und hin und wieder aus Insekten. In das in einer Baumhöhle angelegte Nest legt das Weibchen 4—6 Eier und bebrütet sie allein 22 Tage lang. Es wurde beobachtet, daß sich aber auch das Männchen am Brutgeschäft beteiligte.

Beide Eltern füttern die Jungen 7 Wochen im Nest und versorgen sie auch nach dem Flüggewerden noch etwa 14 Tage lang mit Futter.

China-Sittich

China-Sittich *(Psittacula derbyana)*

Der China-Sittich ist im südöstlichen Tibet, in Nordost-Assam und in Südwestchina heimisch, bewohnt aber auch Nordvietnam und die Insel Hainan. Dieser Edelsittich wird etwa 50 cm lang. Das Weibchen hat einen schwarzen Oberschnabel und keine blaue Farbe an der Stirn. Der China-Sittich hält sich paarweise oder nach dem Ausfliegen der Jungen im Familienverband in

Edelpapagei

dichten Baumkronen an den Rändern der Regenwälder auf.

Das Nest legt er in Baumhöhlen an, gewöhnlich 10—15 m über dem Erdboden. Während das Weibchen sein Gelege aus 2—5 Eiern 22—25 Tage lang allein bebrütet, wird es vom Männchen regelmäßig gefüttert. Im Alter von 6—7 Wochen verlassen die Jungen das Nest.

In diesem Jugendstadium haben alle kräftig rote Schnäbel, so daß sich die Geschlechter nicht unterscheiden lassen. Innerhalb eines Monats beginnt jedoch ihr Schnabel allmählich schwarz zu werden, und nach 4 Monaten ist er ganz schwarz. Sind die Männchen dann 15—18 Monate alt, nimmt ihr Oberschnabel wieder seine rote Färbung an, die sich danach auch nicht mehr verliert. Bei den Weibchen bleiben die Schnäbel schwarz. Der China-Sittich ernährt sich von Sämereien, verschiedenen Früchten, Pflanzentrieben und Baumrinde, teilweise aber auch von Insekten und deren Larven.

Rosenbrustsittich *(Psittacula alexandri)*

Der Rosenbrustsittich ist über das ganze Gebiet des Himalaja, in Südchina, Südostasien bis zu den Andamanen, Java, Bali und Kangean verbreitet. Durch Aussetzen ist er auch im Südteil der Insel Borneo verbreitet. Er erreicht eine Länge von etwa 33 cm und ist in 8 Unterarten bekannt.

Der Rosenbrustsittich lebt in Paaren oder außerhalb der Brutzeit in kleinen, bis zu 50 Tiere umfassenden Schwärmen. Seine Standorte sind dichte Waldgebiete, wo er vor allem in den Baumkronen seine Nahrung, Sämereien, Früchte und Triebe, sucht. Sein Nest richtet er in Baumhöhlen her. Das Weibchen bebrütet das Ge-

Rosenbrustsittich

Spatelschwanzpapagei

Gelbmantellori

Rotlori

lege aus 3—4 Eiern etwa 25 Tage lang. Nach 51 Tagen verlassen die Jungen das Nest.

Edelpapagei *(Eclectus roratus)*

Der Edelpapagei bewohnt in vielen Unterarten die Inseln des Malaiischen Archipels. Seine Heimat reicht von den Kleinen Sundainseln, Tanibar, Kai, den Aru-Inseln bis nach Neuguinea und den Nordosten von Queensland in Australien. — Bei diesem etwa 35 cm langen Papageien sind Männchen und Weibchen vollkommen verschieden gefärbt. Das Männchen ist grün, das Weibchen rot mit blauviolettem Bauchgefieder. Bekannt sind insgesamt 10 Unterarten.

Wenn sie nicht brüten oder Junge aufziehen, leben die Edelpapageien in kleineren Schwärmen, sonst paarweise. In das Nest, das in einer Baumhöhle angelegt wird, legt das Weibchen 2—5 Eier und bebrütet sie allein 26 Tage lang. Dabei wird es vom Männchen regelmäßig mit Nahrung versorgt. Die Jungen, die nach 10—12 Wochen flügge werden, füttern beide Eltern. Die Nahrung besteht aus Samen, Nüssen, Trieben, Früchten, Beeren und teilweise auch aus Insekten und deren Larven.

Spatelschwanzpapagei *(Prioniturus discurus)*

Die Heimat dieses etwa 27 cm langen Papageien sind die Philippinen. Das Weibchen des Spatelschwanzpapageien unterscheidet sich in der Färbung nicht vom Männchen, seine verlängerten Schwanzfedern sind jedoch kürzer. Über die Brutgewohnheiten dieses Vogels ist recht wenig bekannt. Man weiß nur, daß er sein Nest in den Stämmen abgestorbener Bäume anlegt. Es wurde auch beobachtet, daß die Spatelschwanzpapageien in Kolonien nisten, in denen die einzelnen Paare ihre Brutplätze dicht beieinander bauen. — Er ernährt sich von Früchten, Beeren, Trieben und Sämereien.

Gelbmantellori *(Domicella garrula)*

In seiner Heimat, auf den Molukken, lebt dieser etwa 30 cm große, häufig anzutreffende Papagei in den dichten Baumkronen der Dschungelwälder. Gewöhnlich

Gelbwangenkakadu

Molukkenkakadu

Masken-Schleiereule

hält er sich in Paaren auf. Nach dem Ausfliegen der Jungen streicht er in Familienverbänden umher. Das Weibchen legt meist in die Höhlungen abgestorbener Bäume 2 Eier, die es allein etwa 25 Tage lang bebrütet. Die Jungen, die von beiden Eltern gefüttert werden, verlassen nach ungefähr 75 Tagen das Nest. Die Nahrung dieses prächtigen Breitschwanzloris setzt sich vor allem aus Blütennektar und weichen, süßen Früchten zusammen.

Rotlori *(Eos bornea)*
Der etwa 31 cm lange Rotlori bewohnt die südlichen Molukken und die Insel Kai. Bekannt sind 4 Unterarten. Beide Geschlechter sind gleich gefärbt. In seinem Verbreitungsgebiet bewohnt der Rotlori die weiten Regenwälder, kommt aber auch an die Ränder der Parks. Er ernährt sich von Blüten, Blütennektar und Insekten und deren Larven. In eine Baumhöhle legt das Weibchen 2 Eier und bebrütet das Gelege allein etwa 25 Tage lang. Während dieser Zeit wird es regelmäßig vom Männchen gefüttert. Nach 7 Wochen verlassen die jungen Rotloris das elterliche Nest.

Gelbwangenkakadu *(Kakatoe sulphurea)*
Der etwa 33 cm lange Gelbwangenkakadu bewohnt die Kleinen Sundainseln, Sulawesi (Celebes) und die Batan-Inseln. Beide Geschlechter sind gleich gefärbt. Bekannt sind insgesamt 6 Unterarten dieses sehr häufigen Papageis, der auch gern die Parks und Gärten der Städte aufsucht. Außerhalb der Brutzeit lebt er gesellig manchmal zu mehreren Dutzenden in Schwärmen. Sein Nest legt das Pärchen in Baumhöhlen an. Das Weibchen legt 2—4 Eier und wechselt sich mit dem Partner während des Brütens, das etwa 25 Tage lang dauert, ab. Auch die Nestlinge füttern beide Eltern gemeinsam. Sobald die Jungvögel 10 Wochen alt sind, verlassen sie das Nest.

Molukkenkakadu *(Kakatoe moluccensis)*
Der Molukkenkakadu, eine der großen Papageienarten, ist auf den Südmolukken, auf den Inseln Seram, Saparua und Haraku verbreitet. Auf Amboina wurde er ausgesetzt. Er erreicht eine Länge von etwa 52 cm und hält sich hauptsächlich in den Regenwäldern auf. Nicht selten kommt er zur Nahrungssuche auch in Parks mit mächtigen Baumbeständen. Er ernährt sich von Früchten, Beeren, Nüssen, von Blättern und junger Rinde.
Als Nistplatz sucht er sich große Baumhöhlen in etwa 10 m Höhe über dem Boden aus. Das Weibchen legt gewöhnlich nur 2 Eier und wechselt sich während des Brütens mit dem Männchen ab. Die Jungen, die nach 30 Tagen schlüpfen, werden von beiden Eltern gemeinsam gefüttert. Nach 6—9 Wochen sind sie flügge und verlassen das elterliche Nest.

Masken-Schleiereule *(Tyto novaehollandiae)*
Die Masken-Schleiereule, die etwa 35 cm lang wird, ist auf Celebes verbreitet, aber auch bis nach Neuguinea und in Australien anzutreffen. Auf der Insel Celebes hält sie sich in Wäldern und Gebüschen, manchmal auch in der Nähe menschlicher Ansiedlungen auf. Als Brutplatz sucht sie sich eine Baumhöhle oder eine Felshöhle aus, die in Waldbeständen liegt. Die Fortpflanzungszeit erstreckt sich über das ganze Jahr. Manche Paare brüten zweimal im Jahr.

Rotbraune Maskeneule

Rötliche Zwergohreule

Dschungelkauz

Malaien-Uhu

Das Weibchen legt 3—4 weiße Eier direkt auf den unvorbereiteten Boden der Höhle und bebrütet das Gelege etwa einen Monat lang allein. Während dieser Zeit wird es vom Männchen mit Nahrung versorgt. An der Aufzucht der Jungen, die nach etwa 50 Tagen das Nest verlassen, beteiligen sich beide Eltern. Die Nahrung dieser Schleiereule besteht aus Kleinsäugern und Vögeln, aber auch kleine Echsen verschmäht sie nicht.

Rotbraune Maskeneule *(Phodilus badius)*

Weit über ganz Süd- und Südostasien bis zu den Großen Sundainseln hin ist die Rotbraune Maskeneule, die etwa 30 cm groß wird, verbreitet. Sie bewohnt dichte Regenwälder von den Niederungen bis zu Hochgebirgslagen von 2300 m. Sie ist zwar häufig, entgeht jedoch durch ihr nächtliches und verborgenes Leben leicht der Aufmerksamkeit des Beobachters. Tagsüber verbirgt sie sich dazu noch in Baumhöhlen und begibt sich erst nach dem Dunkelwerden auf Beutesuche. Sie fängt Kleinsäuger, Vögel, Eidechsen und Frösche, aber auch Käfer und andere größere Insekten.

Während der Brutperiode ertönt ihr Pfiff, der sich aus drei Tönen zusammensetzt. Die Rotbraune Maskeneule baut kein Nest, sondern legt ihre 2—5 Eier direkt auf den Boden der Baumhöhle, die zum Brüten ausgewählt wurde. Ihren meist 2—6 m über dem Boden liegenden Brutplatz benutzt sie oft über Jahre. Über das Brutverhalten dieser Eulenart ist bis heute nur wenig bekannt.

Malaien-Uhu *(Bubo sumatrana)*

Das Verbreitungsgebiet des Malaien-Uhus erstreckt sich über die Halbinsel Malakka, Südthailand bis zu den Großen Sundainseln. Er wird etwa 45 cm groß und hält sich in den immergrünen Regenwäldern bis in 700 m Höhe auf. Mit Vorliebe jagt er kleine Säugetiere in felsigen Regionen, erbeutet aber auch Vögel, Echsen,

Schlangen, Frösche und hin und wieder große Insekten. Auf Beutejagd begibt er sich erst nach dem Dunkelwerden und verbirgt sich als ausgesprochener Nachtvogel tagsüber in großen Baumhöhlen oder Felshöhlen.
Den Horst richtet das Weibchen ebenfalls in einer Höhlung her und legt ihn nur spärlich mit Federn von Beutetieren aus. Auf dem Gelege aus 2—4 weißen Eiern sitzt es allein. Während der Brutdauer von etwa 35 Tagen sorgt das Männchen für Nahrung und übergibt sie seiner Gefährtin in der Nähe des Nestes. Die Nestlinge wachsen sehr schnell und sind schon nach 80 Tagen flugfähig. Nicht lange darauf werden sie selbständig und suchen sich ihre eigenen Reviere. Nach dem Ausfliegen der Jungen wird der Uhu zum Einsiedler.

Rötliche Zwergohreule *(Otus rufescens)*

Diese zierliche, nur etwa 18 cm große Eule bewohnt die Regenwälder der Großen Sundainseln, der Philippinen, der Halbinsel Malakka und Südthailands. Gewöhnlich ist sie in den Vorgebirgen in 300—700 m anzutreffen. Nur selten steigt sie in Hochgebirgslagen bis zu 2100 m auf. Tagsüber schläft die Rötliche Zwergohreule in Höhlen, die von Spechten verlassen worden sind, oder im dichten Gezweig der Baumkronen.
Nach dem Dunkelwerden begibt sie sich auf Beutejagd und fängt in der Luft fliegende Käfer, Nachtfalter und andere Insekten, überfällt aber auch manchmal kleine Vögel. Auch kleine Kriechtiere, die auf den Bäumen klettern, meist Geckos, verschmäht sie nicht. Ihren Horst legt die Eule in Baumhöhlen in ungefähr 12 m Höhe über der Erde an und bebrütet das Gelege aus 2—6 weißen Eiern 26 Tage allein. Beide Eltern beteiligen sich fleißig am Füttern der Jungen, denen sie meist Nachtfalter bringen.

Dschungelkauz *(Taenioglaux radiata)*

In seinem Verbreitungsgebiet auf Ceylon, in Indien und im Westteil Burmas bewohnt der etwa 20 cm große Dschungelkauz dichte Wälder, kommt aber auch auf Plantagen vor, wo hohe Bäume wachsen. Im Himalaja ist er bis in Hochgebirgslagen um 2000 m anzutreffen. Er ist überwiegend Nachttier, geht aber bei starker Bewölkung auch tagsüber auf Beutejagd. Am aktivsten ist er eine Stunde vor Einbruch der Dunkelheit und jagt, bis die Sonne aufgeht. Er ernährt sich von Heuschrekken, Grillen und Zikaden, die er geschickt in der Luft fängt. Ab und zu bemächtigt er sich auch kleiner Eidechsen, Vögel und Nager. Den Tag verschläft er gewöhnlich in seiner Baumhöhle, die ursprünglich von Spechten oder Bartvögeln bewohnt wurde.
Während der Brutzeit, die in Indien meist von März bis Mai dauert, lebt er paarweise. Dann ist oft die Stimme

Malkoha

Koromandel-Kuckuck

des Männchens zu hören, ein langgezogener, weithin hörbarer Kuckucksruf. Das Paar baut sich sein Nest in Baumhöhlen 3—8 m über dem Boden. Während das Weibchen die 3—4 weißlichen, fast runden Eier bebrütet, bringt ihm sein Gefährte ausreichend Nahrung. Wenn nach 28 Tagen die Jungen geschlüpft sind, werden sie von beiden Eltern gemeinsam vor allem mit Insekten gefüttert.

Malkoha *(Phaenicophaeus pyrrhocephalus)*

In Ceylon und Südkerala ist der bis zu 50 cm lange Malkoha, ein Verwandter des Kuckucks, beheimatet. Charakteristisch sind sein sehr langer Schwanz und die kurzen, abgerundeten Flügel. Er bewohnt immergrüne Regenwälder bis in 700 m Höhe und führt außerhalb der Brutzeit entweder ein geselliges Leben in kleinen Trupps oder oftmals das eines Einzelgängers. Der Malkoha hüpft durch das Gezweig der Baumwipfel und sucht nach Nahrung, meistens nach verschiedenen Beeren. Er fliegt nicht besonders gut und legt im Flug nur kurze Strecken zurück.
Während der Brutzeit läßt er seinen pfeifenden Ruf hö-

Kurzflügelkuckuck

Altwelt-Palmsegler

Haubensegler

ren. Das napfartige Nest baut er inmitten des Waldes im hohen Gebüsch aus ineinandergekeilten Grashalmen, kleinen Wurzeln und Zweigen. Es scheint, daß das Weibchen das Gelege aus 2—3 weißen Eiern allein ausbrütet, aber genau ist das nicht bekannt. Die erste Brut zieht der Malkoha von März bis Mai auf, die zweite von August bis September.

Koromandel-Kuckuck *(Clamator coromandus)*
Das Brutgebiet des Koromandel-Kuckucks, eines etwa 45 cm großen Vogels, erstreckt sich von Ceylon und Indien bis nach Südchina und über Malaysia bis zu den Großen Sundainseln, Philippinen und Celebes. Beide Geschlechter sind gleich gefärbt. Er bewohnt die Laubwälder bis in 1600 m Höhe, sucht aber in Städten auch Park- und Gartenanlagen auf. Meist lebt er in kleinen Trupps zu 3—4 Vögeln, manchmal aber auch einzeln. Er ist nicht gerade scheu, verbirgt sich aber ständig in den dichten Wipfeln der Bäume. Nahrung sucht er aber auch im hohen Gebüsch. Neben Raupen fängt er Schmetterlinge, Käfer und andere Kerbtiere.
Während der Brutzeit ist der zweisilbige, pfeifende Ruf des Männchens zu hören. Der Koromandel-Kuckuck gehört zu den Brutschmarotzern. Das Weibchen sucht sich die Nester derjenigen Kleinvogelarten aus, deren Eier genauso einfarbig, hellblau sind wie seine eigenen. Dabei fällt die Wahl meist auf Timaliengattungen wie Garrulax oder Turdoides. Deshalb erkennen auch die Wirtsvögel in der Regel das untergeschobene Ei nicht. Das geschlüpfte, fremde Junge füttern dann die Wirtseltern und ziehen es groß.

Kurzflügelkuckuck *(Cuculus micropterus)*
Das Brutgebiet des Kurzflügelkuckucks ist recht groß: Es erstreckt sich über ganz Süd-, Südost- und Ostasien bis ins Amurgebiet. Er wird etwa 33 cm lang. Das Weibchen ist brauner als das Männchen und hat eine hellgraue Kehle. Aus den nördlicher liegenden Gegenden zieht er im Herbst auf die Großen Sundainseln und die Philippinen, um dort zu überwintern. In seiner Heimat lebt der Kurzflügelkuckuck in den Niederungen wie im Hochgebirge in dichten Wäldern. In Nepal ist er auch in 3700 m Höhe anzutreffen. Er ist ein Einzelgänger und hält sich in den Baumwipfeln auf, um dort vor allem Raupen, aber auch Käfer und andere Kerbtiere zu suchen. Manchmal kommt er auf den Boden, hüpft umher und sucht unter den Blättern vor allem nach Grillen.
Der Kurzflügelkuckuck gehört zu den Brutschmarotzern. Das Weibchen legt seine Eier in die Nester anderer Vogelarten. Es gibt zwei Typen von Eiern: weißliche mit rotbraunen Flecken und hell graublaue. Jedes

Weibchen legt jedoch immer nur Eier eines Typs und sucht sich danach solche Wirtsarten aus, deren Eier ähnlich aussehen. Zu den Wirten dieser Kuckucksart gehören Drongos, Mennigvögel und der Schwarzkopfpirol, im Gebiet des Amur vor allem die Würger.
Die jungen Kuckucke schlüpfen schon nach 12 Tagen, also 2—3 Tage früher als die Nestgeschwister, und so gelingt es dem Kuckucksnestling gewöhnlich, auch wenn das Kuckucksei etwas später ins Nest kommt, rechtzeitig „zur Stelle zu sein", wenn die Stiefgeschwister schlüpfen, um sie über den Nestrand hinauszuwerfen. Das Kuckucksjunge bleibt dann allein übrig und läßt sich von den Wirtseltern füttern.

Haubensegler *(Hemiprocne longipennis)*

Der etwa 22 cm lange Haubensegler, der zu den Baumseglern gehört, ist auf den Großen Sundainseln, auf Celebes, in Malaysia und in Thailand heimisch. Seinen charakteristischen Federschmuck stellt er auf, wenn er auf einem Zweig sitzt. Sein Lebensbereich sind die Ränder der immergrünen Regenwälder, aber auch größere Gärten und Parks. Er ist noch in Gebirgslagen um die 1400 m anzutreffen.
Der Haubensegler fliegt in kleinen Schwärmen über den Baumwipfeln und fängt im Flug verschiedene Kleininsekten. Er fliegt zwar nicht so schnell wie seine Verwandten, dafür aber sehr elegant. Oft segelt er mit weit ausgebreiteten Flügeln. Häufig kann man seinen lauten, schreienden Flugruf hören. Am liebsten ruht er sich am Zweigende aus. Wenn er trinken will, fliegt er über die Wasserfläche des Flusses oder des Teiches und schöpft das Wasser mit seinem Schnabel im Flug.
Der Haubensegler brütet von März bis Mai. Die zweite Brut zieht er von Juli bis August auf. Sein Nest baut er seitlich in 4—18 m Höhe an einen unbelaubten Ast an. Das Material zu diesem flachen, schalenartigen Brutplatz, feine Rindenstückchen, Flechten und kleine Federn, verklebt er fest mit Speichel. Das Nest ist recht klein und sieht wie ein kleiner Ast aus. Es mißt etwa 5 × 3 cm und ist nur 10—12 mm tief. Das Weibchen, das nur ein einziges, weißliches, blau angehauchtes Ei legt, wechselt sich beim Bebrüten mit dem Partner ab. Gemeinsam füttern sie auch den Nestling. Beim Brüten ragen dann die Brust des brütenden Vogels auf der einen und die Schwanzfedern auf der anderen Seite über den Nestrand.

Altwelt-Palmsegler *(Cypsiurus parvus)*

Nur 13 cm lang ist der Altwelt-Palmsegler, für den der schmale, spitzgegabelte Schwanz charakteristisch ist. Seine Heimat sind Ceylon, Indien, die Großen Sundainseln und die Philippinen. Der Palmsegler ist jedoch an

Orangebrusttrogon

Plätze mit reichlichem Bestand an Fächerpalmen, wie Borassus flabelifer oder Areca catechu u. a., gebunden. Der Palmsegler fliegt in Schwärmen, sehr schnell, aber nicht sehr hoch, und fängt im Flug Kerbtiere, vor allem geflügelte Ameisen, kleine Käfer und Fliegen. Dabei läßt er oft seinen lauten, scharfen Schrei hören. Die Nacht verbringt der Altwelt-Palmsegler, indem er sich an die Unterseite überhängender Palmblätter in aufrechter Stellung anhängt.
Seine Brutzeit ist nicht an eine feste Jahreszeit gebunden. Zu jeder beliebigen Zeit baut sich das Pärchen sein Nest, das etwa 4 cm im Durchmesser mißt, nur 1 cm tief und aus Federn und feinen Pflanzenfasern, die sie mit Speichel binden und an die Unterseite der Palmblätter ankleben, hergestellt worden ist. Das Weibchen legt 2 oder 3 rein weiße, kleine Eier und wechselt sich beim Bebrüten wahrscheinlich mit dem Männchen ab.

Orangebrusttrogon *(Harpactes oreskios)*

In Südostasien und auf den Großen Sundainseln ist der 30 cm große Orangebrusttrogon heimisch. Das Weibchen unterscheidet sich vom Männchen durch den braungrauen Kopf und die gelbliche Brust. Die Trogons leben paarweise in den dichten, immergrünen Regenwäldern und bevorzugen Höhenlagen zwischen 800 und 1200 m. Nach dem Ausfliegen der Jungen streichen sie noch kurze Zeit im Familienverband umher. Sie sit-

Ostroller

Rotrücken-Eisvogel

zen gern auf trockenen Ästen, die ihnen einen guten Ausblick auf die Umgebung ermöglichen. Sobald sie einen fliegenden Schmetterling oder Käfer erspähen, fliegen sie auf und erhaschen ihre Beute geschickt im Flug. Dann kehren sie auf ihren Ansitz zurück. Aber auch kleine, reife Beeren zupfen sie von Sträuchern und Bäumen. Manchmal fliegen sie auf den Boden, um Heuschrecken zu fangen.
Sein Nest baut sich der Trogon in einer Baumhöhle oder an der Spitze eines angebrochenen Stammes, an der eine Halbhöhle entstanden ist. Gewöhnlich suchen sie sich Brutplätze in 6 m Höhe über dem Boden aus. Es wurden aber auch schon Trogonnester gefunden, die aus Knüppeln und kleinen Zweigen frei im Geäst standen. Beim Bebrüten der 2—4 meist weißlichen Eier wechseln sich beide Partner ab.

Ostroller *(Eurystomus orientalis)*
Über das riesige Gebiet der warmen, asiatischen Zone, sowie von Nepal bis Japan, von den Sundainseln und den Philippinen bis nach Australien hin ist der Ostroller, auch Dollarvogel genannt, verbreitet. Dieser etwa 30 cm große Vogel zeichnet sich durch seinen an der Wurzel breiten, auffallend roten Schnabel aus. Sein Lebensbereich sind die immergrünen Regenwälder, wo er paarweise, außerhalb der Brutzeit aber auch als Einzelgänger lebt.
Mit Vorliebe wählt er sich die höchstliegenden, abgestorbenen Äste als Ruheplatz aus und unternimmt von hier aus schnelle, kurze Flüge, um in der Luft Jagd auf Insekten zu machen. Danach kehrt er auf seinen Standort zurück. Am aktivsten ist er morgens und am späten Nachmittag. Oft fliegt er auch noch nach Einbruch der Dämmerung auf, um sich der dann auftauchenden Nachtfalter zu bemächtigen. Nur selten fliegt er auf den Boden, um im Gras Heuschrecken und Grillen zu fangen. Ab und zu erbeutet er kleine Echsen. Der Ostroller gehört zu den ausgezeichneten Fliegern und führt vor allem während der Balz seine akrobatischen Flugkünste über den Baumwipfeln vor.
Während der Brutzeit, die sich nach dem Verbreitungsgebiet praktisch über das ganze Jahr erstreckt, läßt er seinen leisen, wiederholten, wie „check, check" klingenden Ruf hören. Sein Nest baut sich das Ostrollerpärchen in verlassenen Specht- oder Bartvogelnisthöhlen an Lichtungen oder an Waldrändern. Die gleiche Nisthöhle bezieht das Pärchen über viele Jahre. Das Weibchen legt direkt auf den Nisthöhlenboden 2—4 reinweiße Eier und wechselt sich während der etwa 20 Tage dauernden Brutzeit mit dem Männchen im Brutgeschäft ab. Beide Eltern ziehen auch gemeinsam die Jungen auf, die das Nest dann nach etwa 26 Tagen verlassen.

Rotrücken-Eisvogel *(Ceyx rufidorsus)*
Die Philippinen, die Sundainseln, Malaysia und Südthailand sind die Heimat des etwa 13 cm großen Rotrücken-Eisvogels. Er gehört zu den kleinen Arten und hält sich an den Wasserläufen der Regenwälder auf. Gern sucht er sich Zweige als Ansitz aus, die über die Wasserfläche ragen, und lauert auf Beute. Sobald er einen kleinen Fisch erblickt, stößt er kopfüber ins Wasser und bemächtigt sich seiner Beute. Er jagt aber auch kleine Frösche, kleine Süßwasserkrabben und Insekten. Außerhalb der Brutzeit streicht er als Einzelgänger durch sein Revier. Manchmal zieht er an Gebirgsbächen bis in Lagen um 1500 m hinauf.
Während der Brutzeit gräbt sich das Eisvogelpärchen in die Bachufer der Dschungelwälder eine Höhle, die höchstens 60 cm lang ist und am Ende eine Nistkammer mit einem Durchmesser von 7½ cm hat. Zum Graben benutzen die Eisvögel ihren Schnabel. Mit ihren

Füßen schaufeln sie dann die Erde nach rückwärts heraus. Das Weibchen legt 2—3 kleine, rein weiße Eier und bebrütet sie 18 Tage lang überwiegend allein. Ab und zu wird es jedoch vom Männchen abgelöst, das aber in erster Linie regelmäßig seine Partnerin mit Nahrung versorgt. Beide Eltern füttern dann die Jungen, die etwa 23 Tage in der Nesthöhle bleiben, noch mehrere Tage nach dem ersten Ausflug.

Doppelhornvogel *(Buceros bicornis)*

Von Indien bis nach Südwestchina und über Thailand bis nach Sumatra zieht sich das Verbreitungsgebiet des mächtigen Doppelhornvogels, der bis zu 130 cm groß wird. Das Weibchen ist etwas kleiner, hat aber die gleiche Färbung. Der Doppelhornvogel bewohnt die Urwälder bis in Höhenlagen um 1700 m. An den Gebirgshängen des Himalaja ist er sogar in Höhenlagen über 2000 m anzutreffen. Er lebt paarweise oder in Familien zu 3—5 Tieren. Wegen seines ausgesprochen guten Appetits zählt der Doppelhornvogel nicht gerade zu den Lieblingen der Plantagenbesitzer. Im Urwald ernährt sich der Doppelhornvogel hauptsächlich von den Früchten der Feigenbäume, aber auch von Muskatnüssen und verschiedenen Beerenfrüchten. Gelegentlich fliegt er auf den Boden, um abgefallene Früchte zu sammeln. Außerdem macht er auch mit Vorliebe Jagd auf Eidechsen, Schlangen und kleine Nager. Auch junge Vögel nimmt er aus dem Nest. Mit seinem ungewöhnlich kräftigen Schnabel erlegt er auch größere Beutetiere.

Während der Brutzeit ist aus der Tiefe des Urwaldes oft seine knarrende Stimme zu hören. Das Doppelhornvogelpaar legt sein Nest in Höhlungen mächtiger Baumarten an, wie beispielsweise in Mahagonibäumen der Gattung *Calophyllum*. Den Eingang zur Bruthöhle, die meist in 18—25 m über dem Boden liegt, mauert das Weibchen mit Hilfe seines Gefährten zu und läßt nur ein kleines Loch, durch das es gerade seine Schnabelspitze stecken kann. Das „Baumaterial" wird aus Kot, klebrigen Feigenresten, Blattstückchen und Erde, die vom Männchen herangeschafft wird, hergestellt. Diese Mischung ist schon nach kurzer Zeit fest wie Mörtel. Regelmäßig versorgt das Männchen seine Partnerin, die das Gelege aus 2 weißen Eiern 31 Tage lang bebrütet, mit Nahrung. Auch für die geschlüpften Jungen bringt der Vater Futter. Dem Weibchen und den Nestlingen bietet diese Höhlenfestung ausgezeichnet Schutz vor Feinden, wie Raubtieren, Greifvögeln und Schlangen. Wenn die Jungvögel etwa 14 Tage alt sind, zerstören die Altvögel die Mauer, damit das Weibchen heraus kann. Das Flugloch wird wieder verschlossen, und beide Eltern füttern die Nestlinge, bis sie ihr volles Federkleid

Doppelhornvogel

Jahrvogel

Smaragdspecht

haben und das Nest verlassen können. Das Doppelhornvogelpaar benutzt seine Bruthöhle gewöhnlich über viele Jahre.

Jahrvogel *(Rhyticeros undulatus)*

Der Jahrvogel bewohnt die immergrünen Regenwälder ganz Südostasiens, Ostindiens und der Großen Sundainseln. Das Männchen wird etwa 115 cm groß, das Weibchen ist etwas kleiner und unterscheidet sich in seiner Färbung. Sein Gefieder ist bis auf den völlig weißen Schwanz einheitlich schwarz. Der Jahrvogel hält sich vor allem an den Rändern der ausgedehnten, dichten Wälder auf und lebt nicht nur in den Niederungswäldern, sondern geht in den Gebirgswäldern bis zu 2400 m hinauf. Es ist ein sehr häufiger, aber äußerst scheuer und vorsichtiger Vogel, also nur selten zu beobachten.

Auf Nahrungssuche begibt er sich in kleinen Gruppen. Reiche Früchtevorkommen werden jedoch von ganzen Schwärmen aufgesucht. Der Jahrvogel reißt reife Feigen und verschiedene Beerenfrüchte ab, macht aber auch Jagd auf kleine Echsen, Jungvögel und große Kerbtiere. Noch bevor die Sonne untergeht, sucht er seinen festen Schlafplatz in den Kronen hoher Bäume oder im Bambusdschungel auf und verbringt die Nacht in der Gesellschaft seiner Artgenossen.

Während der Brutzeit lebt er paarweise. Beide Geschlechter richten sich das Nest in einer hochgelegenen Baumhöhle meist 25—30 m über der Erde her. Auch der Jahrvogel schließt das Weibchen in der Bruthöhle ein, wo es 2 Eier legt und sie einen Monat lang bebrütet. Die Brutpflege ähnelt der des Doppelhornvogels.

Smaragdspecht *(Picus chlorolophus)*

Der etwa 27 cm lange Smaragdspecht ist in ganz Süd- und Südostasien häufig und bis nach Sumatra und Hainan verbreitet. Im Unterschied zum Männchen hat das Weibchen nur an den Seiten des hinteren Scheitelteiles eine rote Färbung. Dieser prächtige Specht ist ein Bewohner der immergrünen Gebirgswälder bis in Höhen von 2000 m, aber auch in den Regenwäldern der Niederungen und der mittleren Bergregionen ist er häufig. Er siedelt sich auch in dichteren, waldähnlichen Parklandschaften und Gärten der Städte an.

Der Smaragdspecht lebt paarweise, außerhalb der Fortpflanzungszeit streicht er in Gesellschaft anderer Spechtarten, Bartvögel und Drongos herum. Er ernährt sich von den Larven der Holzkäfer und von Baumtermiten. Ameisen fängt er auf dem Boden. Er zerstört ihren Bau und klebt sie sich auf seine lange Zunge. Hin und wieder pflückt er sich auch Beeren.

Sein Nest legt der Smaragdspecht in hohlen Baumstämmen oder Ästen an, manchmal nur 70 cm über dem Boden, ein anderes Mal wieder in 20 m Höhe. Am liebsten zimmert sich das Pärchen seine Höhle in abgestorbenen Bäumen. Sie ist 30—40 cm tief, und das Flugloch hat einen Durchmesser von 5 cm. Auf dem Gelege aus 2—4 glänzend weißen Eiern wechseln sich beide Partner beim Bebrüten 15—17 Tage lang ab. Die geschlüpften Jungen sind völlig nackt und blind und werden von den Eltern meist mit Ameisen und Ameisenpuppen gefüttert. Nach 3 Wochen sind sie flügge und verlassen die Nesthöhle, kommen aber noch ein paar Tage zurück, um im elterlichen Nest zu übernachten, bevor sie sich völlig selbständig machen.

Sultansspecht *(Chrysocolaptes lucidus)*

Der etwa 33 cm große Sultansspecht bewohnt die dichten, immergrünen Regenwälder, aber auch die Mangrovebestände von Indien über Thailand und Malaysia bis zu den Großen Sundainseln und den Philippinen hin. Das Weibchen hat eine ähnliche Färbung wie das Männchen, aber einen schwarzen, weiß gefleckten Scheitelschopf. Am liebsten sucht sich der Sultansspecht Standorte an den Berghängen, meist in Höhenlagen unter 700 m aus. Er ist aber auch in Bergwäldern bis in 2100 m Höhe anzutreffen.

Er lebt in Dauer„ehe“ und verteidigt sein Territorium.

Die Sultansspechte sind recht laut und lassen während des Fluges oft ihren kräftigen Schrei hören. Seine Nahrung, Käfer und ihre Larven, sucht sich der Sultansspecht unter der Rinde abgestorbener Bäume. Es wurde auch beobachtet, wie er ausschwärmende Termiten in der Luft fing. Aus den Blüten der Korallenbäume holt er den Nektar heraus.

Seine Bruthöhle zimmert er sich 2—5 m über dem Boden in einem Baumstamm und bevorzugt dafür mächtige Mangobäume, die am Waldrand oder in der Nähe eines Dorfes wachsen. Diese Höhle bewohnt das Pärchen meist über Jahre. Es kommt aber auch vor, daß es im gleichen Stamm eine zweite Höhle anlegt. Das Gelege aus 2—4 weißen Eiern bebrüten beide Geschlechter abwechselnd 14—15 Tage lang und füttern auch die Nestlinge gemeinsam, hauptsächlich mit Kerbtierlarven. Nach 24—26 Tagen verlassen die jungen Spechte das elterliche Nest.

Weißbauch-Schwarzspecht *(Dryocopus javensis)*

In Südostasien, auf den Großen Sundainseln und auf den Philippinen ist der bis zu 50 cm große Weißbauch-Schwarzspecht beheimatet. Im Unterschied zum Männchen hat das Weibchen einen schwarzen Scheitel. Er ist ein Bewohner der dichten, immergrünen Regenwälder von den Niederungen bis in Gebirgslagen um 1200 m. Genau so häufig ist er jedoch auch in Bambusdickichten und in den weiten, hohen Mangrovewäldern der Küsten. Auch in den hohen Schattenbäumen der Teeplantagen ist er hin und wieder anzutreffen.

Der Weißbauch-Schwarzspecht lebt in Dauerehe. Jedes Paar hat einen relativ großen Eigenbezirk, aus dem oft der laute Sitz- und Flugruf beider Partner zu hören ist. Seine Nahrung besteht vor allem aus Ameisen der Gattung Camponotus, aber auch aus Termiten und den Larven der im Holz lebenden Käfer. Aber er macht sich auch an wilde Bienen heran, die er aus den Baumhöhlen holt. Die Folge davon ist, daß die Kopffedern dann meist vom Honig verklebt sind.

Seine Höhle, die gewöhnlich 60 cm tief ist, zimmert sich das Schwarzspechtpaar in 10 m Höhe über dem Boden im Baumstamm oder in einem dicken Ast. Das Weibchen legt nur 2 Eier und wechselt sich während der 13tägigen Brutzeit mit dem Partner beim Bebrüten ab. Ihre Jungen füttern beide Eltern meist mit Ameisen und deren Puppen.

Rotscheitelbartvogel
(Xantholaema haemacephala)

„Tuk, tuk, tuk" klingt aus dem Dschungel ein eintöniger, metallisch klarer, bis zu 80 mal in der Minute wiederholter Ruf, als schlüge jemand in den Baumwipfeln mit

Weißbauch-Schwarzspecht

Sultansspecht

Rotscheitelbartvogel

Goldstirnbartvogel

Smaragdbreitmaul

einem Hammer auf Metall. Tatsächlich ist es aber die Stimme des etwa 17 cm großen Rotscheitelbartvogels. In seinem weiten Verbreitungsgebiet, das von Westpakistan bis nach Südwestchina und im Süden bis Sri Lanka und über Südostasien bis Sumatra, Java und zu den Philippinen reicht, bewohnt er die immergrünen Regenwälder, ist aber auch in Gärten und Parkanlagen der Großstädte nicht selten. Er ist recht häufig und gibt trockenen Waldlandschaften den Vorzug. In Nepal und in Bhutan steigt er bis in Höhenlagen um 2000 m hinauf.

Außerhalb der Brutzeit führt er ein geselliges Leben und zieht in kleinen Gruppen zu meist 10 Tieren in der Gegend umher. Es kann vorkommen, daß sich an Stellen, wo reichlich Früchte reifen, viele dieser Tiere einfinden. Der Rotscheitelbartvogel ernährt sich vor allem von reifen Feigen, Beeren und Früchten, die er sich auf Plantagen sucht. Aber auch Termiten hat er gern und fängt im Flug sogar Schmetterlinge.

Sein Nest legt sich das Pärchen in einem abgestorbenen, starken Ast an. In 2 — 10 m über dem Boden, manchmal auch höher, zimmert er sich eine etwa 25—60 cm lange Höhle, die in eine 15 cm breite Brutkammer mit einem 4 cm breiten, runden Flugloch ausläuft. Als Behausung sucht er sich meist Bäume der Gattung *Erythrina* aus. Das Weibchen legt 2—4 weiße Eier und wechselt sich während der Brutdauer von 16 Tagen mit dem Männchen ab. Beide Eltern ziehen auch die Jungen gemeinsam auf.

Goldstirnbartvogel *(Cyanops flavifrons)*

Die ausgedehnten Waldgebiete Ceylons sind die Heimat des etwa 22 cm großen Goldstirnbartvogels. Er gibt den feuchten Niederungsregenwäldern den Vorzug, ist aber auch in Gebirgswäldern in Höhenlagen um 2100 m anzutreffen. Er ernährt sich hauptsächlich von den Früchten der Feigenbäume und von verschiedenen Beerenarten. Oft kommt er auf Plantagen oder in Obstgärten, um sich reifende Früchte zu holen. Ältere Vögel fangen gelegentlich Insekten oder kleine Baumgeckos.

Die Hauptbrutzeit liegt zwischen Februar und Mai. Das zweite Gelege wird von August bis September ausgebrütet. Zum Bruthöhlenbau sucht sich der Goldstirnbartvogel einen senkrechten Ast und zimmert sich eine bis zu 60 cm tiefe Höhle. Er benutzt sie dann mehrere Jahre lang und vertieft sie jedes Jahr um mehrere Zentimeter. Die Bruthöhle liegt einige Meter über dem Boden, selten höher. Das Gelege aus 2 oder 3 glänzend weißen Eiern bebrüten beide Eltern abwechselnd etwa 17 Tage lang und ziehen auch die Jungtiere gemeinsam mit weichen Beerenfrüchten und manchmal auch mit kleinen Weichtieren groß.

Smaragdbreitmaul *(Calyptomena viridis)*

Das Smaragdbreitmaul ist ein 20 cm großer, prächtig leuchtend grün gefiederter Vogel, der die Wälder von Südburma über Thailand und Malaysia bis nach Sumatra und Kalimantan (Borneo) bewohnt. Er hält sich an den Berghängen bis in 1000 m Höhenlage auf und lebt verborgen in den Baumkronen. Im Grün der Blätter entgeht er dank seiner ausgezeichneten Tarnfärbung der Aufmerksamkeit seiner Feinde. Tagsüber ruht er, morgens und abends jedoch wird er aktiv und begibt sich auf Nahrungssuche. Er ernährt sich hauptsächlich von Beeren, aber auch von fliegenden Insekten, denen er auf seinem Standort auf hochgelegenen Zweigen auflauert. Ist die Beute erjagt, kehrt er auf seinen ständigen Ansitz zurück.

Das Nest der Smaragdbreitmäuler ist ein wahres Kunstwerk. Aus langen Pflanzenfasern, Moos, Flechten, dünnen Rindenstückchen und Blättern entsteht ein etwa 1 m langer, birnenförmiger Bau mit einem seitlich im oberen Teil angelegten Eingang, der an einem dünnen Zweig fast immer über einem Bach oder der Wasserfläche eines Sees im Dschungel aufgehängt wird. Das Weibchen legt 2—5 weiße oder rahmfarbene, rostbraun gefleckte Eier.

Granatpitta *(Pitta granatina)*

Die dichten Wälder auf Borneo, Sumatra und Malaysia sind die Heimat der prächtig gefärbten, 20 cm großen Granatpitta. Außerhalb der Brutzeit lebt sie als Einzelgänger in Bambusgebüschen oder im Unterholz der Wälder und hält sich meist am Erdboden auf. Geschickt hüpft sie über den Waldboden und wendet mit ihrem Schnabel Blätter um, um Käfer, Ameisen und andere Insekten, aber auch Spinnen, Würmer und sogar kleine Eidechsen zu suchen. Jedes Tier hat sein eigenes Jagdrevier, das es hartnäckig gegen Eindringlinge verteidigt. Am Abend fliegt die Pitta auf einen Schlafzweig im hohen Gebüsch oder auf einem Baum.

Erst in der Paarungszeit sucht sich die Granatpitta ihren Partner. Im dichten Gestrüpp oder auf einem Baum bis 9 m über dem Boden, manchmal aber auch direkt auf der Erde, baut sich das Pärchen sein großes, ovales, an einen Rugbyball erinnerndes Nest. Als Baumaterial dienen Bambusblätter, Grashalme und kleine Wurzeln, als Bindemittel Schlamm. Der Eingang ist seitlich angelegt. Auf dem Gelege aus 3—4 braungefleckten Eiern wechseln sich beide Partner während der Dauer von 14 Tagen beim Bebrüten ab. Auch um die Jungen kümmern sich beide Eltern gemeinsam. Nach 2 Wochen sind die Nestlinge flügge, werden aber noch ein paar Tage von den Altvögeln gefüttert, bis sie für immer das elterliche Nest verlassen.

Granatpitta

Indischer oder Hain-Paradiesschnäpper

Blau- oder Japanschnäpper

Indischer oder **Hain-Paradiesschnäpper**

(Terpsiphone paradisi)

In ganz Zentralasien, in Süd- und Südostasien und bis zu den Großen Sundainseln ist dieser prächtige Paradiesschnäpper beheimatet. Das etwa 20 cm große Weibchen hat rostbraune Flügel- und Schwanzfedern. Das ganz weiße, aber schwarzköpfige Männchen schmückt sich mit zwei bis zu 30 cm langen Schwanzfedern. Während des Fluges wehen dann die Schwanzfedern wie eine elegante Schleppe. Bei der auf Ceylon lebenden Unterart wird das Männchen insgesamt nur 35 cm lang und ist in der Färbung dem Weibchen recht ähnlich.

Der Indische Paradiesschnäpper bewohnt die Wälder in den Niederungen und Bergen, aber auch Parks und größere Gärten und hin und wieder Mangrovewälder. Aus den nördlichen Verbreitungsgebieten, beispielsweise aus der Mandschurei und aus China, ziehen sie im Herbst nach Süden. Der Paradiesschnäpper hält sich gern in den Zweigen der Bäume auf, die an Wegrändern und an Lichtungen stehen und ihm einen guten Ausblick über die freie Landschaft bieten. Dort jagt er Insekten und fängt sie geschickt im Flug. Gelegentlich sammelt er auch Insekten von hohen Kräutern. Er ist ein äußerst gewandter und geschickter Flieger und vermag es, auch Libellen im Flug zu fangen. Hin und wieder schnappt er im Gezweig nach Spinnen.

Das balzende Männchen fliegt zwischen den Bäumen hin und her, stellt seine wallende Schwanzschleppe zur Schau und läßt oft seine Stimme ertönen. Dann setzt es sich auf einen Zweig, wirbelt mit den Flügeln und beginnt wieder zu singen. Sein Nest baut sich das Paradiesschnäpperpärchen in einem Busch oder auf einem Baum einige Meter über dem Boden. Der Nestbau aus feinen Grashalmen, Würzelchen, Pflanzenfasern und kleinen Blättern ist ein tiefer Napf, der sehr sorgfältig mit Spinnwebfäden zusammengehalten wird. Die Spinnweben tragen die Eltern im Schnabel heran, oft zusammen mit dem das Ei enthaltenden Spinnenkokon, so daß das Vogelnest von außen fast ganz weiß ist. Auf dem Gelege aus meist 4 rosaweißen, rotbraun gefleckten oder getupften Eiern wechselt sich das Pärchen beim Bebrüten ab. Nach 15—16 Tagen schlüpfen die Jungen und werden ebenfalls von beiden Eltern gefüttert. Nach 24 Tagen sind sie flügge und werden noch ein paar Tage nach dem ersten Ausflug von den Altvögeln versorgt.

Scharlach-Mennigvogel

Blau- oder **Japanschnäpper**

(Cyanoptila cyanomelana)

In den Wäldern Ostasiens ist der etwa 16 cm große Blauschnäpper heimisch. Das Weibchen hat eine bräunliche Färbung und einen helleren Kehlfleck. Den Winter über hält sich der Blauschnäpper in Südostasien, auf den Philippinen und in Nord-Borneo auf. In seinen Winterquartieren ist er auch in den Bergwäldern zu finden. Im Frühjahr zieht er in seine Brutgebiete zurück und bewohnt dort dichte, undurchdringliche Regenwälder. 2 Tage nach der Rückkehr beginnt das Männchen zu singen, meist morgens und abends. Dabei sitzt es hoch im Baumwipfel. Sein napfartiges Nest baut sich das Blauschnäpperweibchen zwischen Zweigen, aber auch in Baumhöhlen und Felsspalten. Als Baumaterial verwendet es Moos, das es vom Felsen abreißt. Auch das Gelege aus 3—4 kleinen, weißen Eiern bebrütet das Weibchen 15 Tage lang allein. Die Jungwögel werden von beiden Eltern mit Insekten, Insektenlarven und Spinnen gefüttert. Von der gleichen Kost ernähren sich auch die Altvögel.

Scharlach-Mennigvogel

(Pericrocotus flammeus)

Über ganz Süd- und Südostasien, auf den Philippinen

und den Großen Sundainseln ist der etwa 22 cm große Mennigvogel beheimatet. Das Weibchen ist grau gefärbt und hat ein gelbes Bauchgefieder, gelbe Flecken in den Flügeln, einen grünlichen Bürzel und gelbgeränderte Schwanzfedern. Der Biotop dieses prächtigen Vogels sind die Gebirgsregenwälder bis in Höhenlagen um 2100 m. Der Scharlach-Mennigvogel hält sich gern in der Nähe von Flüssen, aber auch in Parks und verwilderten Gärten auf. Sein Lebensbereich sind die Wipfel hoher Bäume, und nur selten kommt er auf den Erdboden. Er sucht an den Zweigen und Blättern nach Raupen, Käfern, Zikaden und Spinnen.

Der Balzflug des Männchens ist eigenartig. Zuerst erhebt es sich am Flußufer hoch in die Lüfte, dann segelt es in einer Spirale abwärts und läßt sich auf einem Baumwipfel nieder. Während der Balz läßt es zarte Pfeiftöne hören. Sein napfartiges Nest errichtet das Pärchen etwa 6—18 m über dem Boden aus Flechten, Moosen und Spinnweben und umgibt es mit feinen Rindenstücken des Baumes, auf dem es nistet. Das verleiht ihm eine ausgezeichnete Tarnung. Häufig bauen sich die Vögel ihren Brutplatz auf den hohen Schattenbäumen der Teeplantagen. Die Nestmulde legt das Weibchen mit trockenen Blättern aus und bebrütet das Gelege aus 2—3 hellblauen, gelbbraun und grau gefleckten Eiern 15 Tage lang allein. Während der Brutzeit hält sich das Männchen in der Nähe auf. Die Jungen füttern beide Eltern gemeinsam.

Kahlkopfwürger *(Pityriasis gymnocephala)*

Er ist ein seltsamer Vogel, dieser Kahlkopfwürger. Er wird etwa 25 cm groß und fällt durch seinen nackten, rot gefärbten Kopf auf. Seine Heimat sind die schwer zugänglichen, dichten Dschungelwälder auf Borneo. Er lebt in den Baumwipfeln und jagt Käfer, Schmetterlinge und andere Kerbtiere, aber auch Spinnen und kleine Geckos. Seine Stimme ähnelt dem Krächzen der Krähen. Außerhalb der Brutzeit wurde er oft in Schwärmen beobachtet.

Rundschwanz-Timalie
(Paradoxornis webbiana)

Der Osten und der Südosten Asiens wird von der etwa 13 cm großen Rundschwanz-Timalie bewohnt, einem der Schwarzmeise ähnlichen Vogel, der sich durch seinen sehr starken, kurzen Schnabel auszeichnet. Deshalb ist diese Art auch auf Pflanzentriebe, vor allem Bambusschößlinge, und Samen „spezialisiert". Hin und wieder pickt sie auch einen kleinen Käfer auf. — Außerhalb der Brutzeit leben die Rundschwanz-Timalien in kleinen Schwärmen, streichen an den Rändern der Bergwälder entlang, suchen aber auch dichte, hohe

Kahlkopfwürger

Rundschwanz-Timalie

Samtstirnkleiber

Scharlachnektarvogel

Schwarzkopfbrillenvogel

Scharlach-Mistelesser

Dschungeldickichte, vor allem Bambusbestände, auf. Dort leben sie auch während der Nistzeit und bauen sich ein napfförmiges Nest etwa 60 cm über dem Boden zwischen den Bambushalmen. Das Weibchen legt 2—4 kleine, hellblaue Eier.

Samtstirnkleiber *(Sitta frontalis)*

Die Bergwälder bis in Höhenlagen um 2200 m in ganz Süd- und Südostasien, auf den Großen Sundainseln und auf den Philippinen bewohnt der etwa 13 cm große Samtstirnkleiber. Das Weibchen hat im Unterschied zum Männchen einen schwarzen Augenring. Aber auch in den Mangrovedickichten der Küstengebiete und auf den Schattenbäumen der Teeplantagen ist der Samtstirnkleiber anzutreffen. Gewöhnlich lebt er in Paaren, außerhalb der Brutzeit auch als Einzelgänger. Geschickt klettert er an Baumstämmen, einmal nach oben, dann wieder kopfüber nach unten, um aus den Rindenspalten Insekten und ihre Larven und Eier herauszuholen.

Zum Nisten bezieht das Pärchen Specht- und Bartvogelbruthöhlen in Bäumen. Das Flugloch wird vom Weibchen mit einer Mischung aus Erde und Speichel verkleinert. Die Mischung wird schnell hart und ist dann sehr fest. In die mit kleinen, trockenen Blattstükken ausgepolsterte Bruthöhle legt das Weibchen 4—6 weißliche, fein rotbraun getupfte Eier, die es 2 Wochen allein bebrütet. Die Jungen werden von beiden Eltern mit Insekten gefüttert. Nach 3 Wochen verlassen die Jungvögel die Nisthöhle, lernen an den Baumstämmen herumzuklettern und Insekten zu suchen.

Scharlachnektarvogel *(Aethopyga siparaja)*

Der Scharlachnektarvogel ist in Süd- und Südostasien verbreitet und lebt auch auf den Großen Sundainseln, auf Celebes und den Philippinen. Das Männchen erreicht — einschließlich seiner verlängerten Schwanzfedern — eine Länge von 15 cm. Das Weibchen ist nur 10 cm lang und auf der Oberseite olivgrün, an der Unterseite heller. In seinem Verbreitungsgebiet bewohnt der Scharlachnektarvogel Wälder bis in Höhenlagen um 1300 m, ist aber auch in Gärten und Parks der Städte nicht selten zu sehen. Außerhalb der Brutzeit führt er das Leben eines Einzelgängers. Er hält sich in den Baumwipfeln oder in hohem Gesträuch auf und bewegt sich wie ein Akrobat auf den Zweigen. Seine wichtigste Nahrung ist der Nektar der Baumblüten. Wie ein Schmetterling rüttelt er oft vor der Blüte und schiebt seine lange Zunge hinein. Tiefe, große Blüten, in die er normalerweise nicht hineinkommt, hackt er meist am Grunde auf und leckt dann aus dem Loch den süßen Blütensaft. Am liebsten hat er rote und rosarote Blüten. Er fängt auch kleine Insekten und Spinnen.

Die Brutzeit, in der die Vögel paarweise leben, ist nach dem Verbreitungsgebiet verschieden. Das birnenartige Nest mit verdecktem Eingang baut sich das Pärchen aus kleinen Wurzeln, Moos, Grashalmen und Spinnweben und tarnt die Außenseite mit Flechten. Gewöhnlich sucht es im hohen Gebüsch überhängende Zweige, die mehrere Meter über dem Boden stehen. Das Weibchen legt 2 oder 3 cremefarbene, rotbraun gefleckte Eier, aus denen nach 2 Wochen die Jungen ausschlüpfen. Beide Eltern sorgen sich um ihre Aufzucht.

Schwarzkopfbrillenvogel *(Zosterops atricapilla)*

Der kleine, nur etwa 10 cm große Schwarzkopfbrillenvogel ist über Südostasien, die Philippinen und Borneo verbreitet und bewohnt Wälder, Parks und Gärten. Er hält sich in den Baumwipfeln auf und besucht vorzugsweise die rotblühenden Bäume der Gattung Bombax, Erythrina und Loranthus, um süßen Nektar zu lecken. Manchmal sucht er auch Obstplantagen auf und hackt reife Apfelsinen oder Mangofrüchte an, um an den Saft heranzukommen. Aber auch kleine Insekten verachtet er nicht.

Wenn die Vögel nicht brüten oder Junge aufziehen, leben sie gruppenweise, häufig mit anderen insektenfressenden Vogelarten zusammen. Sie ziehen von Baum zu Baum und lassen dabei ihre feinen, zwitschernden Stimmen hören. Der Schwarzkopfbrillenvogel badet sehr gern und sucht regelmäßig Pfützen und seichte Wasserstellen auf.

Sein kleines, halbkugeliges Nest baut das Weibchen allein aus feinen Gräsern, kleinen Wurzeln, Moosen und Spinnweben gut versteckt unter Blättern in der Gabel eines waagerechten Zweiges meist 1—6 m über dem Boden und füttert die Nestmulde mit Haaren von Säugetieren aus. Auf dem Gelege aus 2—4 kleinen, hellblauen Eiern wechseln sich beide Geschlechter 10—11 Tage lang beim Bebrüten ab. Auch die Jungen füttern beide Eltern gemeinsam.

Scharlach-Mistelesser *(Dicaeum cruentatum)*

Das Verbreitungsgebiet des kleinen, nur etwa 7 cm großen Scharlach-Mistelessers erstreckt sich von Nordindien über ganz Südostasien bis nach Sumatra und zu den Molukken hin. Das Weibchen unterscheidet sich in der Färbung vom Männchen. Es ist überwiegend grün, und nur der Bürzel ist rot. Diese Art, die zu den Honigvögeln gehört, bewohnt Waldgebiete, Parks und Gärten. Der Scharlach-Mistelesser hält sich überwiegend in den Wipfeln der Bäume auf, fliegt aber auch hohe, blühende Sträucher an. Außerhalb der Brutzeit streichen sie einzeln, paarweise oder in kleinen Schwärmen durch die Bäume.

Goldstirnblattvogel

Der Scharlach-Mistelesser ist ein sehr lebhafter Vogel, immer in Bewegung, und hüpft von Ast zu Ast, um nach kleinen Kerbtieren und Spinnen zu suchen. Gern leckt er Blütennektar und liebt auch den Saft überreifer Früchte. Er mag auch die reifen Beeren der halbparasitisch lebenden Pflanzengattungen Loranthus und Viscum sehr gern, die er ganz verschluckt. Er trägt zu ihrer schnellen Verbreitung bei, denn die Samen gehen durch den Verdauungstrakt des Mistelessers unbeschädigt hindurch und kleben mit den Ausscheidungen an den Zweigen fest, um dann auch bald zu keimen.

Hoch im Baum etwa 2—15 m über dem Boden baut das Weibchen am Ende eines Zweiges sein birnenförmiges Nest aus filzigen Pflanzenfasern, feinen Gräsern und Spinnweben und tarnt es mit Rindenstücken und mit Moos. Der Nesteingang befindet sich unter dem Zweig und ist so völlig verborgen. Da der Brutplatz meist zwischen die Blätter angelegt ist, ist er für Feinde nahezu unsichtbar.

Goldstirnblattvogel *(Chloropsis aurifrons)*

In den prächtigsten Farben leuchtet das Gefieder des etwa 20 cm großen Goldstirnblattvogels, der in seiner Heimat von Indien und Ceylon über ganz Südostasien bis nach Sumatra hin die immergrünen Wälder bewohnt. Er besucht gern blühende Gärten und Obstplan-

Elfenblauvogel

Asiatischer Trauerdrongo

tagen wegen des süßen Saftes der Apfelsinen und Mangos. Am liebsten trinkt er jedoch den Blütennektar der Erythrinabäume und Loranthusgewächse. Er pflückt sich aber auch Beeren und fängt Insekten und Spinnen an den Zweigen, an die er sich auch von unten anhängt und daran wie ein Akrobat turnt.
Stellenweise ist der Goldstirnblattvogel recht häufig, entgeht aber durch seine verborgene Lebensweise im Grün der Baumkronen leicht der Aufmerksamkeit. Seine Anwesenheit verrät er eher durch sein melodisches Pfeifen. Er vermag auch die Stimmen anderer Vögel nachzuahmen. Gewöhnlich lebt er paarweise. Das Pärchen baut sich in der Brutperiode, meist von Mai bis August, sein napfartiges Nest aus dünnen Zweigen, Grashalmen, Blättern und Moos 9—12 m hoch im Baum am Ende eines überhängenden Zweiges. Durch das Einweben von Spinnweben wird es recht stabil. In die mit weichem Gras ausgepolsterte Nestmulde legt das Weibchen 2 oder 3 hellgelbliche, mit rötlichen Flekken verzierte Eier. Die Jungen schlüpfen nach 12 Tagen und werden von beiden Eltern gefüttert.

Elfenblauvogel *(Irena puella)*

In den Waldgebieten ganz Süd- und Südostasiens, der Großen Sundainseln und Palawans ist der herrliche Elfenblauvogel, auch Irene genannt, der bis zu 27 cm groß wird, beheimatet. Beim Weibchen überwiegt die graublaugrüne Färbung, seine Flügel und die Schwanzfederenden sind schwarz. Außerhalb der Brutzeit streicht der Elfenblauvogel in kleinen Schwärmen zu 6—8 Vögeln hauptsächlich durch die Baumkronen, um nach Nahrung zu suchen. Er hüpft von einem Ast zum anderen, pflückt Beeren und weiches Obst, vervollständigt seinen Speisezettel aber auch mit Insekten. Mit Vorliebe leckt er Blütennektar, vor allem von Erythrina- und Grevillea-Arten.
Während der Fortpflanzungszeit suchen die Paare dichte, feuchte Wälder auf. Sein Nest errichtet das Weibchen meist höher als 5 m über dem Boden aus trockenen, etwa 17 cm langen, kleinen Zweigen. Die eigentliche Nestmulde auf diesem Unterbau besteht aus Moos, kleinen Wurzeln und Blättern. Das Gelege aus 2—3 olivgrauen oder grünweißen, unregelmäßig braun gefleckten, kleinen Eiern bebrütet das Weibchen allein. Die Jungen, die nach 15 Tagen schlüpfen, werden von den Eltern gemeinsam gefüttert.

Schamadrossel

Asiatischer Trauerdrongo
(Dicrurus macrocercus)

Vom Iran über Indien und Ceylon bis nach Südostasien und nach Java hin erstreckt sich das Verbreitungsgebiet des etwa 30 cm großen Asiatischen Trauerdrongos. Bei-

de Geschlechter haben die gleiche Färbung. In den Niederungs- und Gebirgswäldern bis in 2100 m Höhe bewohnt der Drongo die Ränder der Wälder, Gärten und Parks, ist aber auch in Gebüschen und auf einzelstehenden Bäumen anzutreffen. Er hält sich in den Baumwipfeln auf und läßt oft seinen lauten, melodischen Ruf hören.
Seine Hauptnahrung bilden Insekten, er fängt aber auch regelmäßig kleine Echsen und nimmt manchmal auch Vogeljunge aus den Nestern. Seltener ernährt er sich von Blütennektar und bevorzugt Bombaxbäume. Sein Nest richtet sich das Paar gemeinsam auf Laubbäumen her, am liebsten auf Mangobäumen, Akazien, Eichen und auf Prosopis spicifera. Das schüsselförmige Nest wird 2—12 Meter über dem Boden in einer Astgabel aus kleinen Zweigen und Pflanzenfasern gebaut und mit Spinnweben verfestigt. Das Weibchen legt 2—3 weißliche oder rosaweiße, rostrot und braun gefleckte Eier und bebrütet das Gelege abwechselnd mit seinem Partner. Die Jungen schlüpfen nach etwa 16 Tagen und werden auch von beiden Eltern gefüttert. Der Drongo zieht auch oft Kuckucksjunge groß.

Schamadrossel *(Copsychus malabaricus)*

Zu den schönsten Singvögeln gehört die von Indien und Ceylon über ganz Südostasien bis zu den Großen Sundainseln hin verbreitete Schamadrossel. Das Männchen wird 27 cm lang, das auf der Oberseite olivbraune und am Bauch hellbraune Weibchen erreicht 23 cm Länge. Die Schamadrossel lebt meist in lichteren Wäldern, ist aber auch in Parks und Gärten nicht selten. Das Männchen läßt nach Einbruch der Dunkelheit seine herrliche Stimme hören und wird wegen seines melodischen Gesanges gern in Käfigen gehalten.
Das Nest legt das Schamadrosselweibchen allein in Gebüschen, vorzugsweise in Bambusdickichten und manchmal in verlassenen Spechthöhlen an. Aber das Männchen hilft ihm manchmal und trägt Halme, Würzelchen, Moos und Wolle heran. Die Nestmulde wird mit Haaren, Federn und Kokosfasern ausgepolstert. Auf dem Gelege aus 4—5 dunkelgrünen, dicht braun gefleckten Eiern sitzt es auch überwiegend selbst. Viele Männchen bringen ihrer Gefährtin während des Brutgeschäftes, das 11—13 Tage lang dauert, Futter.
Die Nestlinge füttert überwiegend die Vogelmutter, aber der Vater hilft beim Heranschaffen der Nahrung und füttert in seltenen Fällen auch selbst. Wenn sie 12—13 Tage alt sind, hüpfen die Jungen aus dem Nest, ohne schon fliegen zu können. Flügge werden sie erst ein paar Tage später. Die Nahrung der Schamadrossel besteht aus verschiedenen Insekten, Spinnen, anderen kleinen Wirbellosen und aus Beeren. Während der Brutzeit steigt das Männchen oft hoch in die Luft, schlägt im Flug die Flügel zusammen und erzeugt dadurch einen Laut, der einem Glockenton ähnelt.

Dajaldrossel

Dajaldrossel *(Copsychus saularis)*

Von Westpakistan über Südchina bis zu den Philippinen, von Südostasien über die Großen Sundainseln bis zur Insel Bali erstreckt sich das weite Verbreitungsgebiet der etwa 22 cm langen Dajaldrossel. Das Weibchen ist nicht so auffällig gefärbt wie das Männchen. Die Dajaldrossel ist sehr häufig und hält sich mit Vorliebe in den Gärten und Parkanlagen der Städte, aber auch in den Gebüschen der Waldränder auf. Im Himalaja-Gebiet ist sie bis in 2000 m Höhe anzutreffen.
Während der Brutzeit verteidigt das Männchen sein Territorium sehr energisch gegen Eindringlinge. Sobald die Dunkelheit eingebrochen ist, kann man aus den Wipfeln hoher Bäume seine Stimme hören. Auch vor Tagesanbruch erklingt sein melodischer, pfeifender Gesang. Ihr Nest baut sich die Dajaldrossel im Gebüsch oder in dem Geäst der Bäume, sucht aber auch gern Baumhöhlen oder Mauerlö-

Schneidervogel

Schwarzbauchnonne

♀

Bajaweber

♂

cher auf. Als Baumaterial dienen dem Weibchen trokkene Halme, verschiedene Fasern, kleine Wurzeln, kleine Zweige, Blätter und Tierhaare. In das napfartige, 1—18 m über dem Boden angelegte Nest legt das Weibchen 3—6 hellgrüne, schwarzbraun und purpurgrau gefleckte Eier und brütet sie auch allein aus. Das Männchen trägt ihm während dieser Zeit Futter heran. Nach 13 Tagen schlüpfen die Jungen. In der ersten Zeit füttert nur die Mutter, sind sie etwas größer, hilft auch der Vater. Nach etwa 14 Tagen sind sie flügge und verlassen das Nest, aber die Eltern sorgen noch einige Tage für ihre Nahrung. Ihre Beute sucht sich die Dajaldrossel meist auf dem Erdboden. Sie hüpft auf Rasen und an Hausmauern entlang und fängt Insekten, Regenwürmer, Weichtiere und ab und zu auch kleine Echsen. Manchmal besucht sie die Blüten der Erythrinabäume, um Nektar zu holen.

Schneidervogel *(Orthotomus sutorius)*

In ganz Süd- und Südostasien bis nach Java hin ist der kleine, nur 11 cm große Schneidervogel heimisch. Während der Brutzeit sind die mittleren Schwanzfedern des Männchen 3,5 cm länger als die des Weibchens. Er ist ein häufiger Bewohner der Bambusdickichte, kommt aber auch in Wälder und Gärten. Beliebte Lebensstätten sind Plantagen mit hohem Baumbestand. In den Bergregionen um 1400 m gehört er zur ständigen Vogelwelt. Er hält sich paarweise in den Wipfeln der Bäume, Gebüsche und Bambusdschungel auf, kommt aber auch hin und wieder auf den Boden. Er hüpft dann mit hochgestelltem Schwanz. Der Schneidervogel ernährt sich von kleinen Insekten und deren Larven, kleinen Spinnen und Blütennektar von Salmalia-, Bombax- und Erythrinabäumen. Er ist immer in Bewegung und vermag nicht einen Augenblick ruhig sitzenzubleiben. Dabei läßt er oft sein feines, schnell aufeinanderfolgendes „pit-pit-pit-pit" hören.

Der Schneidervogel brütet zu jeder beliebigen Jahreszeit, aber hauptsächlich während der Monsunzeit, wenn die Pflanzen ihre Blätter hervorbringen. Baumarten mit mächtigen Blättern wie Mango- und Feigenbäume dienen ihm zum Bau seines außergewöhnlichen Nestes. Mit Schnabel und Füßen schiebt der Schneidervogel die Ränder eines großen oder mehrerer kleiner Blätter aneinander oder übereinander, durchlöchert beide Blätter mit seinem Schnabel und zieht einen langen Pflanzenfaden durch die Löcher. Mit ein paar Stichen zieht er sie wie ein richtiger Schneider fest zusammen. Manche Vögel drehen sich die Fäden auch aus Baumwollfasern. In diese Blattüte baut sich dann der Vogel sein eigentliches Nest aus Pflanzenfasern und polstert es mit Tierhaaren aus.

In das Nest, das nur 1—5 m über dem Boden, also relativ niedrig angelegt ist, legt das Weibchen 3—5 Eier, die in ihrer Färbung recht unterschiedlich sein können. Oft sind sie grün ober bläulich, manchmal auch rosarot mit großen, rotbraunen Flecken. Beim Bebrüten lösen sich beide Partner ab, häufiger sitzt aber das Weibchen. Das Männchen sorgt inzwischen für Nahrung. Die Jungen schlüpfen nach 13 Tagen und werden von beiden Eltern gefüttert. Der Schneidervogel zieht auch oft Kuckucksjunge auf.

Schwarzbauchnonne *(Lonchura malacca)*

Die Schwarzbauchnonne, die zu den Prachtfinken gehört und etwa 11 cm groß wird, ist in mehreren Unterarten über ganz Süd- und Südostasien und auf den Großen Sundainseln verbreitet. Sie bewohnt lichte Wälder, baumbestandene Plantagen, Bambusdickichte und hohe Gebüsche; in Ceylon und Südindien, wo sie in Gebirgslagen bis zu 2100 m zu finden ist, auch auf Hochgebirgsalmen. Ihre Hauptnahrung besteht aus Grassamen, aber auch aus grünen Pflanzenteilen. Ab und zu fängt sie Insekten, mit denen sie auch größtenteils ihre Jungen füttert. In Schwärmen fliegt sie oft in Reisfelder ein. Außerhalb der Brutzeit zieht die Schwarzbauchnonne in Schwärmen zu mehr als hundert Vögeln umher, oft in Gesellschaft mit Webervögeln.

Meist brütet sie in der Zeit der Monsunregen, in Südindien also von Dezember bis März. Das Pärchen errichtet sich sein großes, rundes Nest mit seitlichem Eingang gemeinsam aus Grashalmen, Bast und anderem Pflanzenmaterial niedrig über dem Boden im Gebüsch oder in Bambusstauden. Das Gelege aus 4—6 kleinen, weißen Eiern bebrüten beide Partner abwechselnd, bis nach 11—13 Tagen die Jungen schlüpfen. Beide Eltern sorgen auch zu gleichen Teilen für die Nestlinge, die nach 16—18 Tagen flügge sind und das Nest verlassen.

Bajaweber *(Ploceus philippinus)*

Von Westpakistan bis nach Südwestchina und in ganz Südostasien bis nach Sumatra und Java ist der etwa 15 cm große Bajaweber heimisch. Im Ruhekleid sind beide Geschlechter bräunlich, auf der Oberseite dunkler gefleckt; der Schnabel ist braun. Dieser Webervogel bewohnt die Waldränder und siedelt sich mit Vorliebe in

Tigerfink

der Nähe von Reisfeldern an. In Ceylon geht er bis in Höhenlagen um 900 m hinauf, im Himalaja sogar bis in 1400 m, zieht jedoch zur Winterzeit aus den Gebirgen in die Niederungen herunter. Er fliegt auch oft auf Grassavannen mit vereinzelten, hohen Bäumen, besonders wenn es sich um Akazien und Palmen handelt.

Er ist ein geselliger Vogel, der in großen Schwärmen lebt, und es ist keine Seltenheit, daß in einem einzigen Brutbaum mehr als 200 Nester hängen. Meist sind das so mächtige Bäume wie Akazien-, Dalbergia- oder Prosopis-Arten. Die Bajaweber brüten gewöhnlich zweimal jährlich, am häufigsten während der Monsunregen. Das beutelartige Nest hängt etwa 3 m über dem Boden an einem Ast, ist 60—120 cm lang und besteht aus 3 Teilen. Der obere Teil ist am Ast befestigt, der anschließende Teil ist zu einem großen Beutel erweitert, der die Brutkammer aufnimmt. Der dritte Teil setzt sich nach unten in einem langen, nach unten offenen, röhrenartigen Tunnel fort. Durch die Öffnung fliegen die Vögel in den Tunnel ein und klettern dann ins eigentliche Nest. Als Baumaterial verwenden die Bajaweber schmale Palmblattstreifen, die sie gewandt im Flug abreißen. Aber auch dünne Grashalme werden eingewebt. Zum Auspolstern der Kammer dienen feine Schlammkrümel, die durch ihr Gewicht manchmal das Nest zerreißen.

Der Nestbau obliegt allein dem Männchen, das sich aber nicht mit einem einzigen zufriedengibt, sondern meist 2—5 dieser kunstfertigen Gebilde baut. Es wurde beobachtet, daß das Männchen dann in jedes Nest ein Weibchen lockt. Das Gelege aus 3 weißen Eiern bebrütet das Weibchen 14—15 Tage lang allein und sorgt sich auch allein um die Aufzucht der Nestlinge. Es bringt ihnen als Hauptnahrung Raupen und Spinnen, aber auch Reiskörner und verschiedene Samen. Es ist eine Seltenheit, daß sich das Männchen an der Pflege der Jungvögel beteiligt. Nach 15—17 Tagen sind die Jungen flügge, bleiben aber in der Kolonie. Die jungen

Grauschwalbenstar

Hirtenmaina

Männchen nisten erst im zweiten Jahr, wenn sie ihr prächtiges Brutgefieder erhalten, die Weibchen schon im ersten Jahr. Die Kost der Webervögel besteht hauptsächlich aus Samen und Körnern, aber auch aus Insekten und anderen kleinen Wirbellosen. Ihren Speisezettel ergänzen sie mit Blütennektar der Erythrinabäume oder der Capparis-Sträucher.

Tigerfink *(Amandava amandava)*

Der Tigerfink, einer der Vögel, die am häufigsten in

Beo

Käfigen gehalten werden, ist in mehreren Unterarten in ganz Süd- und Südostasien, auf Java und auf den Kleinen Sundainseln heimisch, wurde aber auch in vielen anderen Gebieten, beispielsweise auf Sumatra und Luzon ausgesetzt, wo er sich schnell akklimatisierte und vermehrte. Er bewohnt Waldgebiete, Bambusdschungel und Gebüschstreifen. Zu den bevorzugten Lebensräumen gehören Tamariskengebüsche. Außerhalb der Brutzeit streicht er in Gesellschaft anderer körnerfressender Vogelarten in kleineren Schwärmen zu etwa 30 Tieren umher. Seine Hauptkost sind Grassämereien.

Das Tigerfinkpärchen richtet sich sein Nest auf einem Baum oder im Gebüsch her. Der Bau der runden, aus Gras hergestellten Brutstätte mit seitlichem, oft tunnelartigem Eingang wird überwiegend vom Männchen ausgeführt. Das Weibchen legt 4—6, aber auch bis zu 10 kleine, weiße Eier und brütet sie auch meist allein aus. Nur hin und wieder wird es von seinem Gefährten abgelöst. Die Jungen schlüpfen nach 12—13 Tagen und werden von beiden Eltern mit Grassämereien und kleinen Insekten gefüttert. Im Alter von 16 Tagen verlassen die kleinen Tigerfinken das elterliche Nest.

Grauschwalbenstar *(Artamus fuscus)*

Der etwa 19 cm große Grauschwalbenstar bewohnt Süd- und Südostasien. Sein anmutiger Flug ähnelt dem der Schwalben. Sein Lebensraum sind lichte Waldbestände, Dschungelränder, Park- und Gartenanlagen. Er lebt gewöhnlich paarweise. Auf Insektenjagd, oft in großen Höhen, begibt er sich jedoch in kleinen Scharen. Er gehört zu den ausgezeichneten Fliegern und fängt besonders Schmetterlinge und schnelle Libellen und, wenn sie ausschwärmen, auch fliegende Termiten. Gelegentlich ernährt er sich während der Baumblüte auch vom Nektar der Erythrina indica.

Gern sitzt er ruhig auf Palmen, in denen sich das Paar auch oft sein Nest am Grund der fächerartigen Blätter baut. Dieses Nest ist flach und schalenförmig, aus feinen Wurzeln, zartem Gras und Pflanzenfasern gefertigt und weich mit Federn ausgepolstert. Das Weibchen legt 2 oder 3 weißliche, braun gefleckte, kleine Eier und bebrütet das Gelege abwechselnd mit seinem Gefährten. Auch die Jungen, die nach 17 Tagen schlüpfen, werden von beiden Eltern gemeinsam gefüttert.

Hirtenmaina *(Acridotheres tristis)*

Die Hirtenmaina ist von Afghanistan bis Ceylon und Südostasien beheimatet und hat sich auch in den südlichen Gebieten der UdSSR ausgebreitet. In Australien, auf Neuseeland, in Südafrika und in vielen anderen Gebieten wurde sie eingeführt und hat sich dort gut eingelebt. In seiner Heimat gehört dieser etwa 25 cm große

Star zu den häufigsten Vogelarten. Die Hirtenmaina bevorzugt die Randgebiete der Wälder, Gärten und Parks und gehört bis in Höhenlagen um 1600 m zum üblichen Vogelbestand. Im Himalaja geht sie bis in 3000 m Höhe hinauf, zieht aber im Winter in die Tallagen herab. Die Hirtenmaina hält sich gern in der Nähe menschlicher Siedlungen auf.
Außerhalb der Brutzeit schließen sich die Hirtenmainas zu großen Schwärmen von mehreren hundert Tieren zusammen und suchen vor Einbruch der Dämmerung ihre ständigen Schlafplätze in den Kronen hoher Laubgehölze auf. Wenn ein Schwarm in den Schlafbaum einfällt, ist weithin ihr Schwatzen und Schreien zu hören. Häufig sucht sich die Maina auch dichte Bambusbestände zum Übernachten aus. Morgens bei Sonnenaufgang fliegen die einzelnen Gruppen dann wieder auf Nahrungssuche aus. Die Hirtenmainas ernähren sich von weichen Früchten, nehmen vor allem die der Ficus-, Ziziphus- und Morus-Arten, aber auch Blütennektar und sammeln Sämereien. Um Wanderheuschrecken zu fangen, machen sie oft weite Ausflüge in die Steppengebiete. Hin und wieder tun sie sich auch an Käfern und Jungen der Kleinnager gütlich.
Während der Brutzeit leben sie paarweise. Das Nest baut sich das Hirtenmainapärchen in einer Höhlung im Baum oder im Gestein, aber auch inmitten der Siedlungen in Hausmauern aus kleinen Zweigen, Grashalmen, Würzelchen und Federn. Die gleiche Niststelle benutzt das Paar oft über Jahre. Auf dem Gelege aus 4—6 blaugrünen Eiern wechseln sich beide Eltern beim Bebrüten ab. Nach 17 Tagen schlüpfen die Jungen. Bis sie im Alter von 22—24 Tagen das Nest verlassen, beteiligen sich beide Altvögel gemeinsam an ihrer Aufzucht.

Beo *(Gracula religiosa)*

Der etwa 30 cm große Beo ist über ganz Süd- und Südostasien und weiter bis zu den Sundainseln und nach Palawan hin ziemlich verbreitet. Er bewohnt lichte Waldbestände bis in Höhenlagen um 1200 m, steigt jedoch im Himalaja bis in 2000 m Höhe hinauf. Gewöhnlich halten sich kleinere Gruppen aus 5—8 Vögeln zusammen und streichen auf der Suche nach reifen Beeren durch die Kronen der Bäume oder hoher Sträucher. In Waldbestände, in denen Feigen reifen, fallen oft mehrere Schwärme ein, und es kann vorkommen, daß sich mehr als 100 Beos zusammen mit Bartvögeln, Jahrvögeln und anderen fruchtfressenden Arten mit Vergnügen über die schmackhaften Früchte hermachen. Während des Mahles machen sie sich dauernd durch ihre lauten Stimmen bemerkbar und „unterhalten" sich miteinander. Ihre Kost ergänzen sie durch verschiedene Sämereien, vor allem durch die Samen der Baumart Michelia champaca. Gern suchen sie die Blüten von *Erythrina suberosa, Grevillea robusta* oder *Helicteres isora* auf. Hin und wieder fangen sie Insekten und bemächtigen sich kleiner Baumeidechsen.
Das Beopaar hält seine „Ehe"beziehungen oft das ganze Leben lang aufrecht. Als Brutplätze dienen verlassene Spechthöhlen in 10—15 m Höhe über dem Boden, am liebsten an Waldrändern oder in hohen Schattenbäumen auf Teeplantagen. Das Nest errichten sie aus zarten Zweigen, Moos, Blättern, Grashalmen und Federn. Beim Bebrüten der 2—3 hellblauen, rotbraun und schokoladenbraun gefleckten Eier wechseln sich beide Geschlechter ab. Die nach etwa 16 Tagen geschlüpften Jungen werden auch von beiden Eltern gemeinsam gefüttert.
Der Beo ist eine der bekanntesten Vogelarten. Diese Bekanntheit hat ihm seine bemerkenswerte Fähigkeit eingebracht, verschiedene Stimmen und Laute nachzuahmen. In Gefangenschaft läßt er sich sogar dazu abrichten, ganze Sätze deutlich „nachzusprechen". Wenn er im Freien lebt, macht er sich vor allem durch laute Pfiffe, aber auch durch Gekreische und Krächzen bemerkbar. Er pfeift auch Melodien nach, die er von anderen Vogelarten abgelauscht hat.

Schwarznackenpirol

Schwarznackenpirol *(Oriolus chinensis)*

Wälder, Parks und Mangrovebestände in Ost- und Südostasien, aber auch auf den Sundainseln, auf Celebes und den Philippinen bewohnt der etwa 27 cm große Schwarznackenpirol. Das Weibchen ähnelt dem Männchen, hat aber eine gelblicholive Oberseite. In den Wintermonaten ist er häufig in Indien als Wintergast und gelegentlich auch in Ceylon anzutreffen. Im Osten des Himalajagebirges ist er bis in Höhenlagen um 2000 m anzutreffen. In seinen Lebensbereichen, den dichten Baumwipfeln der Laubwälder, sucht er sich seine Nahrung: Insekten, Früchte und Beeren, vorzugsweise die der Trema orientalis. Aber auch Nektar aus den Blüten der Korallenbäume verschmäht er nicht.

Indischer Purpurpirol

Während der Brutzeit ist das melodische Pfeifen des Männchens zu hören. Beide Partner flechten gemeinsam ihr napfartiges Nest in einer Astgabel am Zweigende 6—20 m hoch über dem Boden. Der obere Nestrand ist fest an die Zweige angeflochten. Das Gelege aus 2—3 rosaroten, dunkelrot, violett und grau gefleckten Eiern bebrütet in der Regel das Weibchen 14—15 Tage allein. Nur selten wird es vom Männchen abgelöst. Die Jungen werden von beiden Eltern hauptsächlich mit Insekten und Spinnen gefüttert und verlassen im Alter von 2 Wochen das Nest.

Indischer Purpurpirol *(Oriolus traillii)*

Der etwa 28 cm große Indische Purpurpirol gehört zu den schönsten Pirolarten. Das Weibchen ist dem Männchen ähnlich, hat aber einen schwarzbraunen Kopf, einen dunkelroten Rücken und ein weißes, dicht schwarzgeflecktes Kehl-, Brust- und Bauchgefieder. Er bewohnt die bewaldeten Hügelgelände Südostasiens und des östlichen Himalaja, wo er bis in Höhenlagen um 2400 m zu finden ist. Er hält sich in den Kronen der Bäume auf, wo er auch seine Nahrung — wilde Feigen, Beeren, Insekten und Blütennektar — findet.
Gewöhnlich lebt er paarweise, außerhalb der Brutzeit auch als Einzelgänger. Gemeinsam errichtet sich das Paar in 4—10 m Höhe über dem Boden sein Nest in den Zweigen der Bäume. Es ähnelt einem tiefen Korb und ist ein Geflecht aus Pflanzenfasern und Spinnweben. Das Weibchen legt 2 oder 3 rosaweiße, schwarz und rotbraun gefleckte Eier, die es auch überwiegend allein 15 Tage lang bebrütet. Ab und zu wird es von seinem Partner dabei abgelöst. Die Nestlinge werden nach 14 Tagen flügge, werden aber noch etwa 10 Tage nach dem Ausfliegen von beiden Eltern gemeinsam gefüttert.

Grünkitta oder Jagdelster *(Cissa chinensis)*

Die etwa 40 cm lange Grünkitta bewohnt das Gebiet vom Himalaja bis nach Südostasien und weiter bis nach Borneo und Sumatra. Beide Geschlechter haben die gleiche Färbung. In den immergrünen Regenwäldern kommen sie bis in Höhenlagen um 2000 m vor, ihr Hauptbereich liegt aber bis 1500 m. Am häufigsten halten sie sich in den Kronen hoher Bäume auf. Wenn sie nicht brüten, ziehen sie paarweise, einzeln oder in kleineren Gruppen umher, oft zusammen mit Drongos.
Die Grünkitta ist zwar recht häufig, aber mehr zu hören als zu sehen, denn sie ist sehr scheu und vorsichtig und versteht es meisterhaft, sich im Blattgrün zu tarnen. Hin und wieder ist ihr melodisches Pfeifen zu hören, häufig ahmt sie aber auch die Stimmen anderer Vögel nach. Sie ist sehr aktiv und kann kaum einen Augenblick stillsitzen. Ständig hält sie nach Insekten Ausschau, fängt aber auch kleine Eidechsen, Baumfrösche, kleine Vögel und raubt mit Vorliebe Vogeleier. Ihre Eigenschaften nutzen die Einwohner des Himalaja-Gebietes. Sie fangen junge Grünkittas und richten sie zur Jagd auf kleine Vögel ab.

Grünkitta oder Jagdelster

Die Brutzeit ist nach dem Verbreitungsgebiet verschieden, meist brütet die Grünkitta jedoch von Januar bis März. Das Nest, das sich das Grünkittapärchen im Wipfel eines hohen Strauches oder Baumes errichtet, ähnelt dem einer Krähe. Es besteht aus Zweigen, Bambusblättern, Moos und Wurzeln und ist mit Flechten ausgepolstert. Das Weibchen legt 3—5 weißliche, braun gefleckte Eier, aus denen nach 17 Tagen die Jungen schlüpfen. Beide Eltern sorgen sich um die Aufzucht der Nestlinge.

Rotschnabelkitta oder **Rotschnabelschweifkitta** *(Urocissa erythrorhyncha)*

Die Rotschnabel- oder Rotschnabelschweifkitta, die eine Gesamtlänge von 70 cm erreicht, zeichnet sich durch ihren bis zu 50 cm langen Schwanz aus. Ihr Lebensraum sind die feuchten Gebirgsregenwälder mit Mischbaumbestand vom Himalaja bis nach Südostasien. Sie ist ein Bewohner der Bergregionen zwischen 800—1500 m, geht aber im Himalaja bis in Höhenlagen um 2100 m hinauf. Wenn sie nicht brütet, streicht sie in Schwärmen umher, zu denen sich manchmal auch andere Rabenvogelarten gesellen. Die ruflustige, lärmende Rotschnabelkitta kann auch die Stimmen anderer Vögel täuschend echt nachahmen. Ihre Beutetiere, Insekten und kleine Wirbellose, besorgt sie sich gewöhnlich in den Kronen der Bäume.

Die Brutzeit liegt im Himalaja-Gebiet zwischen April und Juni, in Burma zwischen März und April. Das schalenförmige Nest baut sich das Paar 6—8 m über dem Boden im Baum aus kleinen Zweigen, Würzelchen und Blättern. Das Weibchen legt 5—6 weißliche, mit dichten, braunen und rotbraunen Flecken bedeckte Eier und wechselt sich beim Bebrüten des Geleges mit dem Männchen ab. Beide Eltern füttern gemeinsam die Nestlinge, die nach etwa 17 Tagen schlüpfen.

Faltengecko *(Ptychozoon kuhli)*

Der Faltengecko, der zu den interessantesten Geckoarten gehört, bewohnt Malaysia. Seinen Namen erhielt er wegen seiner Hautfalten zu beiden Seiten des Rumpfes. Sie liegen unter dem Bauch so zusammen, daß sich die Säume überdecken. Von unten sieht es dann aus, als trüge der Faltengecko eine Weste. Am Kopf zieht sich ein ähnlicher, aber schmalerer Saum entlang. Der Schwanz ist gezackt, platt und immer ausgebreitet. Auch an den Zehen befindet sich eine breite Hautfalte. Unterseits befinden sich an den Zehen Haftlamellen. Der Faltengecko paßt seine Hautfärbung der des Baumes an, auf dem er lebt. Bei einem Sprung spannen sich alle Hautsäume und ermöglichen ihm, sobald er in der Luft ist, den Gleitflug schräg nach unten. Aktiv fliegen kann er nicht.

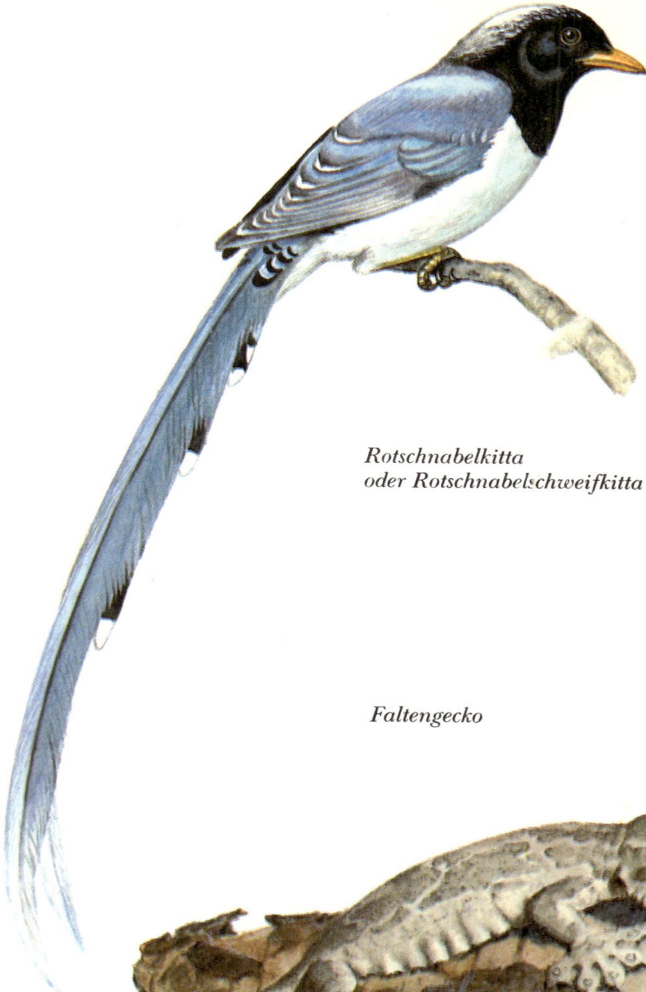

Rotschnabelkitta oder Rotschnabelschweifkitta

Faltengecko

Gewöhnlicher Flugdrache

Schönechse

Das Geckoweibchen klebt seine halbkugelförmigen Eier paarig an die Baumrinde. Manchmal legt es sie auch hoch in der Baumkrone unter Orchideen ab. Es benutzt immer die gleiche Eiablagestelle, so daß das neue Gelege an den Resten des alten klebt, aus dem bereits die Jungen geschlüpft sind. Die Eier sind zunächst weichschalig, härten aber an der Luft sehr schnell. — Die meisten Tiere bewohnen ihr ganzes Leben lang den selben Baum und verlassen ihn nur bei ernstlicher Gefahr. Die Jungen schlüpfen nach 10 Wochen. Der Faltengecko ernährt sich von Kerbtieren und ihren Larven, aber auch von Spinnen.

Gewöhnlicher Flugdrache *(Draco volans)*

Der Gewöhnliche Flugdrache ist die am weitesten verbreitete und häufigste Flugdrachenart. Er bewohnt Indonesien und den Süden der Halbinsel Malakka. Das Weibchen dieser etwa 20 cm lang werdenden Art ist bräunlich, dunkel gefleckt und hat gelbliche, schwarz gefleckte, flügelartige Hautlappen an den Flanken. Die Flugdrachen haben seitlich an der Kehle zwei besondere Hautlappen, die sie durch Knorpelstäbe bewegen können. Dazwischen befindet sich der Kehlsack, der bei den Männchen strahlend orangerot, bei den Weibchen aber blau oder grün ist. Die Pupille ist rund, weist also darauf hin, daß das Tier bei Tage wach ist.

Das Interessanteste an den Flugdrachen ist ihr „Flugapparat“. Sie können zwar nicht wie die Vögel oder Fledermäuse aktiv fliegen, aber sie vermögen bis zu 50 m weite Gleitflüge von einem Baumwipfel zum anderen zu unternehmen. Ihre Rippen sind zu knorpeligen Stäben verlängert, die an den Flanken aufgerichtet werden können und die Hautlappen, wenn sie aufgefaltet werden, stützen. Diese „Flügel“ sind normalerweise am Körper zusammengefaltet, so daß sie auf den ersten Blick nicht sichtbar sind. Wenn der Flugdrache den Baum wechseln will, stößt er sich kräftig ab, entfaltet die breiten Hautsäume und gleitet durch die Luft. Bei diesem Flug sind die prächtig gefärbten „Flügel“ äußerst auffällig.

Die Männchen spreizen ihre Flügel auch beim Zusammentreffen mit einem Nebenbuhler und versuchen, ihn einzuschüchtern. Auch ihre Weibchen umwerben sie mit ausgebreiteten Flügeln. Der Flugdrache ist farblich so gut getarnt, daß er im Grün der Blätter kaum zu sehen ist. Seine Anwesenheit verrät er eben gerade durch das Öffnen dieser bunten Hautsäume; dann leuchtet es plötzlich in der Baumkrone orangerot auf. Für die Flugdrachen hat dieses Verhalten Signalfunktion, denn das Männchen grenzt dadurch Eindringlingen gegenüber sein Revier ab. Als Nahrung dienen vor allem Insekten und deren Larven. Die zu den Agamen gehörenden Flugdrachen vermehren sich durch Eier.

Schönechse *(Calotes jubatus)*

Die Schönechsen bewohnen offenes Gesträuch, vor allem Waldränder, aber auch Parks in ganz Süd- und Südostasien. Sie werden etwa 40 cm lang und sind in der Färbung recht variabel. Die Männchen können ihre Farbe auch während der Territorial- und Paarungskämpfe ändern. In dieser Zeit sind sie besonders bunt gefärbt. Wenn die Schönechse aber erschrickt, verblassen diese bunten Farben fast augenblicklich.

In manchen Gebieten ist diese Agamenart sehr häufig. Man kann sie beobachten, wie sie sich auf einem Ast oder auf Felsvorsprüngen sonnen, aber auch wie sie behende an Felsen, Bäumen und im Gebüsch klettern. Sie jagen dort verschiedene Insekten und ihre Larven, aber auch Spinnen und kleinere Eidechsen. Das Weibchen legt in kleine, ausgescharrte Löcher 6—12 Eier, die mit einer häutigen Hülle umgeben sind.

Blindschlange

Blindschlange *(Typhlops lineatus)*

Die Verbreitungsgebiete der bis zu 150 cm langen Blindschlange sind Indonesien, die Halbinsel Malakka, Vietnam und Südchina. In den Randgebieten der tropischen Regenwälder ist sie häufig. Dort führt sie ihr verborgenes Dasein in den oberen Humusschichten und lauert in der Dunkelheit auf Beute. Gern sucht die Blindschlange Termiten- oder Ameisenbaue auf, verschmäht aber auch andere Insekten und Würmer nicht. Sie verschlingt jedoch nur kleine Arten. Oft trifft man sie abends, wenn sie über die Wege kriecht. Es handelt sich um eine harmlose Schlange, die den Menschen nicht einmal beißen kann, weil sie ihre kleinen Kiefer nur wenig zu öffnen vermag. Das Weibchen legt unter Rindenstücken oder in Erdgängen mehrere Eier ab.

Walzenschlange

Walzenschlange *(Cylindrophis rufus)*

Die Walzenschlange ist eine seltsame Schlange. Ihr Körper ist oval, und die Bauchschuppen sind nicht vergrößert wie bei den meisten Schlangenarten. Auch die Schädelknochen sind fest verbunden. Die bis zu 80 cm lange Walzenschlange bewohnt Burma, Kambodscha, Thailand, Malaysia und Indonesien und lebt hauptsächlich in den Erdgängen kleiner Säuger, aber auch unter gefallenen, großen Baumstämmen. Ihre Hauptnahrung bilden kleine Echsen. Wenn die Tiere beunruhigt oder von einem kleinen Raubtier überfallen werden, richten sie ihre leuchtend rot gefärbte Schwanzunterseite auf und schlagen den Angreifer oft in die Flucht. Das Weibchen bringt 5—10 lebende Junge je Wurf hervor.

Schneckennatter

Schneckennatter *(Aplopeltura boa)*

Die Schneckennatter ist wegen ihrer verlängerten Vorderzähne eine recht interessante Natternart. Sie ist über ganz Indonesien verbreitet, lebt aber auch in Malaysia und auf den Philippinen. In den Zweigen der Bäume und im Dickicht lauert sie auf Gehäuseschnecken. Sie bewohnt hauptsächlich Berglagen zwischen 800 und 1000 m und bevorzugt die sumpfige und feuchte Randzone des immergrünen, tropischen Regenwaldes sowie die Säume von Bergbächen und kleinen Flüssen, denn gerade dort findet sie reichlich Nahrung. Viele Schnekken laufen an den Baumstämmen nach oben und geraten so in den Jagdbereich dieser auf Gehäuseschnecken spezialisierten, eigenartigen Schlangen. Für den Menschen ist die Schneckennatter völlig ungefährlich.

Goldschlange

Goldschlange *(Chrysopelea ornata)*

Die Goldschlange ist über Sri Lanka, Südindien, Burma, Malaysia, Indonesien und die Philippinen verbreitet. Sie wird über 150 cm lang und ist äußerst variabel in

Baumschnüffler oder Grüne Peitschenschlange

ihrer Färbung. Die Goldschlange ist auch als „fliegende Schlange" bekannt, denn sie vermag sich im Gleitflug abwärts zu bewegen. Sie kann sich plötzlich vom Baum abschnellen und so wie ein Pfeil auf den niedriger liegenden Ast durch die Luft gleiten. Durch diesen „Flug" vermag sie aber nur kurze Entfernungen zu überwinden.

Die Goldschlange ist tagaktiv. Behende klettert sie in den Baumkronen oder im Dickicht und lauert auf Beute. Sie jagt verschiedene Echsenarten, hauptsächlich Geckos, aber auch Baumfrösche. Das Beutetier packt sie mit den Kiefern und beißt mit den vergrößerten, rückwärts gerichteten Giftzähnen zu. Das Gift, welches schnell wirkt, lähmt fast augenblicklich das gefangene Tier, so daß die Schlange ihre Beute leicht hinunterwürgen kann.

Mangroven-Nachtbaumnatter

Baumschnüffler oder **Grüne Peitschenschlange**
(Ahaetulla prasinus)

Der Baumschnüffler, der ganz Südostasien und Indonesien bewohnt, kann bis zu 200 cm lang werden und hat einen sehr schlanken, peitschenartigen Körper. Durch seine grüne Färbung ist er ausgezeichnet an seinen Lebensbereich, die grünen Baumkronen, angepaßt. Er macht Jagd auf kleine Echsen und Baumfrösche. Er züngelt viel, wenn er auf Beute lauert. Sein Gift wirkt bei Kleintieren sehr schnell tödlich. Das gefangene Beutetier versucht der Baumschnüffler so schnell wie möglich mit seinen Giftzähnen zu erreichen, die im rückwärtigen Teil des Oberkiefers sitzen. Die lebendgeborenen kleinen Schlangen sind sofort selbständig und kriechen munter an den Zweigen entlang.

Mangroven-Nachtbaumnatter
(Boiga dendrophila)

Die Mangroven-Nachtbaumnatter ist eine große, schöne Schlange. Sie wird über 200 cm lang und bewohnt die Wälder Malaysias, Thailands, Südvietnams, der Großen Sundainseln und der Philippinen. Die Mangroven-Nachtbaumnatter, von der mehrere Unterarten bekannt sind, ist auch in der Färbung recht variabel. Nachts lauert sie in ihrem Lebensbereich, in Baumkronen und hohen Sträuchern, auf Eidechsen, Frösche und Vögel. Mit besonderer Vorliebe holt sie Jungvögel aus dem Nest. Häufig ist sie aber auch in den weiten Mangrovegürteln der Uferregionen anzutreffen.

Königskobra *(Ophiophagus hannah)*

Die Königskobra, auch Riesenhutschlange genannt, bewohnt Ostindien, ganz Südostasien, Indonesien und sogar die Philippinen. Sie ist überhaupt die größte Giftschlange der Erde, denn sie kann bis zu 550 cm lang werden. Ihre Färbung ist ziemlich variabel. Gewöhnlich ist sie gelblich, braun, olivbraun oder sogar schwarz gefärbt und hat mehr oder weniger deutliche, oft nur am vorderen Körperteil quer verlaufende Bänder. Das Gift der Königskobra ist hochwirksam, schon in Anbetracht der erheblichen Menge, die ein Tier solcher Größe entwickelt. Ein Mensch, der von einer Königskobra gebissen worden ist, stirbt ohne Serumbehandlung nach ein paar Stunden, bei einem Biß in den Hals oder Kopf sogar schon nach wenigen Minuten. Es sind Fälle bekannt, wo auch Elefanten dem Biß der Königskobra erlagen. Das geschieht dann, wenn die Kobra den Elefanten in die weiche Rüsselspitze trifft, wo die Haut dünn ist.

Die Königskobra ist nachts am aktivsten. Sie lebt in den lichten Wäldern und im Dschungel mit reichem Bambusbestand. Aus abgebrochenen Bambusstengeln und

Königskobra

Blättern baut sie sich ein bis zu 50 cm hohes und 100 cm breites, kuppelartiges Nest. Das Kobraweibchen trägt das Baumaterial mit einer Schlinge ihres Vorderkörpers zusammen und häuft es zu einem zweigeschossigen Bau auf. In die untere Kammer legt es 30—40 lederartig-weichschalige Eier und legt sich dann zusammengerollt darüber, um das Gelege zu behüten. Auch Kobramännchen wurden dabei beobachtet, wie sie ihre Weibchen bei dieser etwa drei Monate dauernden Brutpflege ablösten. Die Jungtiere führen sofort nach dem Ausschlüpfen ein selbständiges Leben und bilden auch schon Gift in ihren Giftdrüsen.

Über die Königskobra laufen viele furchterregende Geschichten um, die aber alle übertrieben sind. Sie ist nicht angriffslustig und versucht gewöhnlich, ihre Feinde oder Eindringlinge durch Aufbäumen ihres Vorderkörpers und Auseinanderspreizen der losen Halshaut zum sogenannten „Hut" abzuschrecken. Wird sie bei der Brutpflege gestört, verscheucht sie den Gegner durch Ausfälle, ohne ihn aber zu verfolgen. Im Gegenteil, die einheimischen Schlangenfänger nutzen gerade diese Eigenschaft. Sie töten das Weibchen oder auch das Männchen und nehmen die Nester aus. Nicht nur die Eier werden von ihnen als Delikatesse betrachtet. Auch aus den getöteten Tieren bereiten sie Speisen zu, nachdem sie den Kopf mit den gefährlichen Giftzähnen und Giftdrüsen entfernt haben. Jagden auf Königskobras werden bei Tage veranstaltet.

In Burma werden Königskobras für Schaustellungen auf Märkten benutzt. Es ist interessant, daß dort nur Mädchen dieses Gauklergewerbe betreiben. Die Schlangenbeschwörerinnen stammen immer aus einer Familie und die „Kunst der Beschwörung" wird von der Mutter auf die Tochter vererbt. Das ist aber keine Ausnahme. Die Gaukler fangen sich jedes Jahr neue Tiere und entlassen die alten „ausgedienten" wieder in die Freiheit. Es ist nicht wahr, daß sie den Königskobras die Giftzähne ausreißen. Die burmesischen Schlangentänzerinnen benutzen zu ihren Vorstellungen keine Flöten wie ihre indischen Kollegen, sondern dirigieren die Schlange nur mit den Händen. Für die Zuschauer ist dieses Schauspiel voller Spannung. Die Königskobra vermag ihren Vorderleib bis in 130 cm Höhe aufzurichten. Als Nahrung dienen der Königskobra andere Schlangen, sowohl harmlose als auch giftige, und gelegentlich Echsen.

Malayen-Mokassinschlange
(Agkistrodon rhodostoma)

Diese Mokassinschlange wird etwa 80 cm lang und lebt auf Java, auf der Halbinsel Malakka und in Südvietnam. Ihre Färbung ist nach den Vorkommensgebieten recht unterschiedlich. Die Grundfarbe ist rötlich, grau oder hellbraun, der Bauch einfarbig gelblich oder grünbraun gefleckt. Am häufigsten trifft man die Malayen-Mokassinschlange auf den Plantagen Javas an, stellenweise in größerer Zahl.

Trotz ihres häufigen Vorkommens ist die Malayen-Mokassinschlange relativ selten für Todesfälle bei Menschen verantwortlich, da sie langsam reagiert und ihr Biß nicht tödlich verläuft. Natürlich wehrt sie sich durch Beißen, wenn sie von jemandem getreten wird.

Die Malayen-Mokassinschlange ernährt sich von lebenden Fröschen und kleinen Nagetieren. Im Unterschied zu anderen Arten ihrer Gattung bringt sie keine lebenden Jungen zur Welt, sondern legt in eine selbst ausgeworfene Grube 12—30 Eier.

Malayen-Mokassinschlange

Bambusotter

Bambusotter *(Trimeresurus gramineus)*

Die nur 1 m lange Bambusotter aus Südostasien wird von den asiatischen Eingeborenen auch „Bananenschlange“ genannt. Sie hält sich mit Vorliebe auf Bananenstauden auf und jagt dort kleine Eidechsen, Frösche und manchmal auch die Jungen kleiner Säuger. Auf einem Baum oder Strauch leben mehrere Exemplare, vor allem dann, wenn sie Junge haben. Das Weibchen bringt 6—12 lebende Junge zur Welt, die sich nach der Geburt mit ihrem kleinen, eingerollten Wickelschwanz kaum in den Zweigen festzuhalten vermögen. Und wenn dann ein Mensch oder ein Tier an den Zweig oder Stamm stößt, fallen sie auf den Boden. Daraus ist wahrscheinlich der Aberglaube entstanden, die Bambusotter sei besonders angriffslustig. Das Gift der Bambusotter ist relativ schwach. Daher gilt sie als eine der weniger gefährlichen Giftschlangen.

Tonkin-Bambusotter

Tonkin-Bambusotter *(Trimeresurus tonkinensis)*

Die Tonkin-Bambusotter ist in den nördlichen Regionen Vietnams heimisch. Sie wird ungefähr 80 cm lang und kommt stellenweise sehr häufig vor. Durch ihre grüne oder blaugrüne Färbung entgeht sie in den Zweigen der immergrünen Gehölze unserer Aufmerksamkeit. Tagsüber ruht sie um einen Zweig gewickelt im Schutz des Blattwerks aus, aber sobald es dunkelt, begibt sie sich auf die Jagd. Sie klettert in den Zweigen und erbeutet kleine Geckos und Frösche. Das Weibchen bringt etwa 10 lebende Junge zur Welt.

Java-Flugfrosch *(Rhacophorus reinwardtii)*

Der Java-Flugfrosch ist in den Bergwäldern Sumatras und Javas weit verbreitet. Bei diesem kleinen Frosch reichen die Schwimmhäute bis zu den Spitzen der Finger und Zehen und bilden damit eine so große Fläche, daß er bis zu 15 m weit zu springen vermag. Außerdem flacht der Java-Flugfrosch beim Sprung den Körper ab, zieht den Bauch ein und spreizt Finger und Zehen weit auseinander. Wie ein primitiver Fallschirm segelt er dann im Gleitflug. Aktiv fliegen kann er jedoch nicht. Landet er auf einem Blatt oder einem Zweig, so hält er sich mit seinen wie bei den Laubfröschen verbreiterten Haftscheiben an den Endgliedern der Zehen fest. Er frißt Insekten und ihre Larven, aber auch Spinnen.

Japanischer Ruderfrosch *(Rhacophorus schlegeli)*

Dieser Ruderfrosch bewohnt in seiner japanischen Heimat Wald- und dichte Buschbestände und hält sich auf Bäumen und Sträuchern auf. Wie sein bereits beschriebener Verwandter vermag er Entfernungen von mehreren Metern im Sprung zu überwinden. Zu seiner Beute gehören vor allem Insekten und andere kleine Wirbellose. Das Weibchen legt seine Eier an feuchten Stellen ab und schlägt mit Hilfe der Hinterbeine aus Sekreten einen Schaum, der die Eier schützend umhüllt und in dem sich die Kaulquappen entwickeln. Gewöhnlich sucht er sich dafür Stellen aus, die nahe dem Wasser gelegen sind.

Ameisenspinne *(Myrmarachne plataleoides)*

Der Lebensraum der Ameisenspinne sind lichtere Wälder und Waldränder in Ceylon. Diese seltsame, bis zu 10 cm große Spinne vermag Ameisen zum Verwechseln nachzuahmen. Zum Springen benutzt sie nur drei Paar Beine, die vorderen hat sie dabei wie Ameisenfühler nach vorn niedergebogen. Sie sucht die Nähe von Amei-

Java-Flugfrosch

Japanischer Ruderfrosch

senvölkern, baut sich jedoch kein Netz, um Beute zu fangen, sondern erjagt die Ameisen im Sprung.

Ameisenspinne

Riesen-Gespenstschrecke *(Cyphocrania gigas)*
Die Tropengebiete Südasiens bewohnt eine der größten Gespenstschreckenarten, die etwa 25 cm lange Riesen-Gespenstschrecke. Sie hält sich an Sträuchern und Bäumen in lichteren Waldbeständen auf und ähnelt in ihrem Aussehen einem trockenen Stück Holz. Obwohl sie sich dadurch ziemlich gut tarnt, wird sie häufig eine Beute größerer, insektenfressender Vögel oder Eidechsen. Während ihrer Entwicklung vom Ei zur fertigen Schrecke häutet sie sich mehrere Male, bis sie ihre volle Größe erreicht. Die Riesen-Gespenstschrecken besitzen gut entwickelte Beißwerkzeuge und ernähren sich von Blättern verschiedener Straucharten. Die Einheimischen schätzen sie als beliebte Speise. Über das ganze tropische Asien sind mehrere hundert Arten von Gespenstschrecken unterschiedlichster Größe verbreitet.

Riesen-Gespenstschrecke

Wandelndes Blatt *(Phyllium spec.)*
Das Wandelnde Blatt, das in Südostasien und auf den umliegenden Inseln heimisch ist, ähnelt mit seinem sehr breiten, flachen Körper wirklich zum Verwechseln einem Laubblatt. Dem Volksglauben nach entstand dieses Insekt wirklich aus einem Blatt, an dem Beine wuchsen. Das Weibchen wird etwa 10 cm lang, das Männchen ist kleiner und unterscheidet sich außerdem durch seine langen Fühler vom Weibchen, dem nur kurze Fühler wachsen. Nur die Männchen des Wandelnden Blattes können fliegen, was sie aber nur selten tun. Die Weibchen haben keine Hinterflügel und sind flugunfähig. Ihre Vorderflügel ahmen täuschend Blätter nach und besitzen sogar eine „Blattäderung“. Bei beiden Geschlechtern sind auch die einzelnen Beinabschnitte wie kleine Blättchen ausgebildet. Dadurch hebt sich das Wandelnde Blatt überhaupt nicht von seiner Umgebung, den Zweigen der Büsche und Bäume, ab.

Wandelndes Blatt

Asiatische Gottesanbeterin

Seebohm's Maskenzikade

Fast unbewegt sitzt es zwischen den Blättern, die es dann in der Nacht abzufressen beginnt. Wird es aufgeschreckt, so stellt es sich auf seinen dünnen Beinchen auf und beginnt zu schwingen, als ob es im Wind schaukele. Die großen, grauen Eier, die das Weibchen legt, ähneln Samenkörnern.

Asiatische Gottesanbeterin *(Theopompa serrillei)*

Die etwa 5 cm große Asiatische Gottesanbeterin hat einen auffallend breiten, braun gefleckten Körper und ist über ganz Südostasien und auf den Sundainseln verbreitet. Durch ihre Gestalt und Färbung geht sie völlig in ihrer Umgebung, den Zweigen von Bäumen und Sträuchern, auf. Sie ist geflügelt, gehört aber zu den schlechten Fliegern und legt im Flug nur kurze Entfernungen zurück. Die Raubgier der Gottesanbeterin ist sprichwörtlich. Stundenlang wartet sie völlig unbeweglich auf Insekten, die ihr als Nahrung dienen. Kommt dann aber ein Lebewesen in ihre unmittelbare Nähe, dann schlägt sie blitzschnell mit ihren Fangbeinen zu, die mit Dornen bewehrt sind und in einem Haken enden, und hält die Beute wie mit einer Zange fest. Dann beißt sie in Ruhe die Weichteile des gefangenen Tieres ab. Trotz ihrer Tarnfärbung wird die Asiatische Gottesanbeterin aber selbst häufig von insektenfressenden Vögeln und Eidechsen erbeutet.

Das Weibchen legt seine Eier in einer besonderen, schaumigen Eikapsel ab, die es an Pflanzen anklebt. Die Schaummasse wird schnell hart und schützt die Eier nicht nur vor Feinden, sondern auch vor dem Austrocknen und vor Wasser. Die geschlüpften Larven ernähren sich hauptsächlich von Läusen und anderen Kleininsekten. Während ihrer Entwicklung zum erwachsenen Insekt durchlaufen sie mehrere Häutungen.

Im tropischen Asien leben mehrere hundert weitere Arten dieser Familie, von denen sich viele durch bizarre Dornen am Körper und an den Fangbeinen auszeichnen. Manche werden bis zu 15 cm lang, andere sind recht bunt und ahmen bunte Blüten nach, so daß sich Insekten anlocken lassen und die „Blüten" leicht der Aufmerksamkeit ihrer Feinde entgehen.

Seebohm's Maskenzikade *(Tosena seebohmi)*

Seebohm's Maskenzikade ist mit 7,5 cm Körperlänge und über 15 cm Flügelspannweite eine der größten Zikadenarten. Sie ist in Südostasien heimisch, kommt jedoch auch bis nach Australien vor. Sie lebt in hohen Sträuchern oder auf Bäumen und zapft Zweige an, aus denen sie Pflanzensaft saugt.

Das Weibchen schneidet mit seinem Legestachel einen dünnen Trieb an und legt in dieser Öffnung seine Eier ab. Etwa nach 5—7 Tagen schlüpfen kleine Larven, kriechen auf den Boden, graben sich ins Erdreich ein und saugen dann aus Baum- und Strauchwurzeln den zu ihrem Wachstum nötigen Saft. Diese Entwicklungsphase dauert mehrere Jahre. Sind sie dann erwachsen, kommen sie aus der Erde, klettern am Baumstamm hinauf, halten sich am Stamm oder an einem Zweig fest und vollziehen die letzte Häutungsphase. Aus der geplatzten Haut schiebt sich das erwachsene Insekt heraus.

Die Männchen geben weithin hörbare Töne von sich, aber nur selten gelingt es, den „Sänger" im Blattgrün zu entdecken. Die Maskenzikade ist sehr scheu. Sobald sich ihr jemand nähert, hört sie auf zu singen und fliegt auch mitunter weg. Dieses bekannte „Zirpen" erzeugen die Männchen mit Hilfe zweier ein „V" bildender Muskeln im vorderen Teil des Hinterleibes. Die Muskeln sind unten zu einer Spitze zusammengewachsen und oben an zwei besonderen Platten befestigt, die sie in Schwingungen versetzen, so daß sie einen lauten Ton erzeugen. Vielerorts werden die Seebohm-Maskenzikaden von den Einheimischen gefangen, in kleine Käfige gesperrt und im Haus gehalten, um sich an ihrem „Gesang" zu erfreuen. Im Alten China waren die Zikaden das Symbol der Beschützerin der Jugend, der Kraft und des Lebens. In den Tropengebieten Asiens leben Hunderte von Zikadenarten, manche kleiner, manche größer, die in ihren Lebensformen sehr ähnlich sind.

Landkartenfalter *(Cyrestis thyodamas)*

Von Indien bis nach Neuguinea ist der zu den Tropenarten zählende Landkartenfalter verbreitet. Seine Flügel erreichen eine Spannweite von etwa 65 mm. Dieser große Schmetterling sitzt gern mit ausgebreiteten Flügeln auf dem Erdboden oder den Blättern der Sträucher. Er sucht sich aber immer Stellen mit Schatten und Licht aus, da er durch seine Flügelzeichnung dann fast nicht zu erkennen ist. Beim Flug wird er häufig zur Beute insektenfressender Vögel. Der Landkartenfalter saugt gern Feuchtigkeit an Pfützenrändern auf oder trinkt Tau von Blättern.

Landkartenfalter

Indischer Blattfalter oder **Kallima**
(Kallima inachus)

Die hübsche Kallima mit einer Flügelspannweite von 85 mm bewohnt die Waldgebiete Indiens und Ceylons. Sie hat eine eigenartige Form: Ihre Vorderflügel laufen in einer Spitze aus, eine bei Schmetterlingen recht ungewöhnliche Erscheinung. Wenn das Tier mit zusammengeklappten Flügeln auf einem kleinen Zweig sitzt, täuschen gerade diese Flügelspitzen ein Blatt vor. Wird der Blattfalter gestört, dann breitet er schnell die Flügel aus und zeigt seine beiden „Augen“, so daß seine Feinde, kleine Vögel oder Eidechsen, oft erschrecken und verjagt werden. Die Kallima hält sich meist im dichten Geäst auf und entgeht leicht der Aufmerksamkeit des Beobachters. Schmetterlingsfänger locken sie deshalb mit überreifem Obst an. In Südostasien leben zahlreiche weitere Arten dieser interessanten Gattung.

Indischer Blattfalter oder Kallima

Blauflügelwidderchen *(Erasmia sanguiflua)*

Das Blauflügelwidderchen gehört zu den größten und gleichzeitig zu den buntfarbensten Arten seiner Familie. Die Flügel erreichen eine Spannweite von ca. 95 mm. Tagsüber fliegt das Blauflügelwidderchen recht träge über Lichtungen oder an Waldrändern entlang und läßt sich oft auf hohen Staudenpflanzen nieder. Nachts verbirgt es sich unter einem großen Blatt. Die Heimat dieses sehr schönen Falters ist Südasien.

Blauflügelwidderchen

Edwards- oder **Pfauenspinner**
(Attacus edwardsii)

Der Edwards- oder Pfauenspinner mit einer Flügelspannweite von etwa 18 cm gehört zu den prächtigsten Nachtfaltern unserer Erde. Sein Verbreitungsgebiet sind die Wälder Indiens, seine größten Vorkommen leben jedoch im südlichen Vorland des Himalaja. Tagsüber ruht er versteckt zwischen Zweigen, in der Dunkelheit fliegt er an den Rändern der Regenwälder entlang, kommt aber auch in Gärten vor. Das Weibchen sucht sich zur Eiablage die Blätter von Laubbäumen aus.

Edwards- oder Pfauenspinner

Indischer Schwalbenschwanz

Vogelflügler

Auch die Raupen sind überwiegend grün und haben am ganzen Körper stumpfe Auswüchse. Die Raupen werden bis zu 10 cm lang und verpuppen sich in großen Kokons.

Indischer Schwalbenschwanz *(Papilio hectorides)*

Der Indische Schwalbenschwanz ist einer der farbenprächtigsten Falter. Er hat eine Flügelspannweite von etwa 10 cm und ist über ganz Indien verbreitet. Sein Lebensbereich sind die Waldränder, aber auch auf Plantagen, in den Parks und Gärten der Städte ist er anzutreffen. Sein segelnder Flug ist verhältnismäßig schnell. Morgens fliegt der Indische Schwalbenschwanz gern zu einer Pfütze, um Wasser zu saugen. Er ernährt sich vor allem vom süßen Saft überreifer, abgefallener Früchte.

Vogelflügler *(Trogonoptera brookianus)*

Bis zu 140 mm Spannweite erreichen die Flügel des wunderschönen Vogelflüglers, der zu den Ritterfaltern gehört. Das Männchen hat eine gelbe, grüne oder blaue Flügelzeichnung, das Weibchen dagegen ist einfarbig kastanien- oder schwarzbraun und wurde früher als andere Art betrachtet. Das Verbreitungsgebiet dieses Tagfalters sind die weiten Regenwälder auf Borneo und Sumatra. Er fliegt über den Baumwipfeln und segelt oft lange, ohne die Flügel zu bewegen. Auch die Blüten, von deren Nektar er sich ernährt, sucht er sich in den höchsten Baumkronen. Einen solchen Falter zu fangen, ist deshalb nicht so einfach. Manchmal fliegt er aber auch bis zu den inmitten des Urwaldes liegenden Hütten der Eingeborenen, denn ihn lockt der Saft der weggeworfenen Obstreste. Dieses Lockmittel nutzen die Entomologen, wenn sie diesen herrlichen Falter fangen wollen. Die Raupen des Vogelflüglers haben wie alle Ritterfalterraupen am Nacken eine farbige Gabel (Osmaterium), die sie ausschieben, bei drohender Gefahr ausstülpen und dadurch ihre Feinde oft verjagen können.

Brahmaeafalter *(Brahmaea wallichii)*

Der Brahmaeafalter zeichnet sich durch die schöne Zeichnung seiner rund 15 cm weit gespannten Flügel aus. Er ist ein Bewohner der tropischen Regenwälder Asiens und führt ein nächtliches Leben. Tagsüber ruht er in den Bäumen. Die Brahmaea-Raupe ist ein sehr bizarres Gebilde. Sie ist gelbgrün und hat eine schwarzgelbe Zeichnung. Sie häutet sich mehrmals und hat in den ersten Wachstumsstadien am vorderen Körperteil 4 und am Körperende 2 drahtartig gewundene Auswüch-

Brahmaeafalter

Mondspinner

Blaue Holzbiene

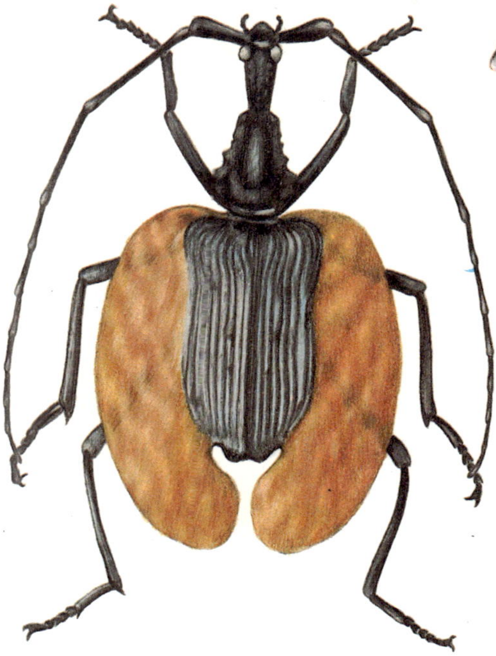
Gespenstlaufkäfer

Buntlaufkäfer

se. Nach der vorletzten Häutung verliert sie diese jedoch. Wird sie gestört, so bewegt sie heftig ihren Körper, so daß die glänzenden Fortsätze schwingen und oft kleinere Insektenfresser von der Raupe fernhalten. Das gesamte Entwicklungsstadium der Raupe dauert nur fünf Wochen. Kurz vor dem Einpuppen nimmt sie eine satt orange Färbung an, kriecht auf den Boden und verwandelt sich im weichen Erdreich in eine Puppe.

Mondspinner *(Actias selene)*

Dieser sehr schöne Nachtfalter kann seine Flügel bis zu 12 cm weit spannen. Der Mondspinner bewohnt die Waldgebiete von Japan über Südchina bis nach Indien und Ceylon. Tagsüber verbirgt er sich zwischen dichten, großen Blättern auf Bäumen und Sträuchern, nachts jedoch wird er aktiv und fliegt an den Rändern des Dschungels oder durch lichtere Waldbestände. Das Weibchen legt seine Eier an den Blättern verschiedener Baumarten ab, häufig sucht es sich Nußbäume dafür aus. Die Raupe ist grünlich gefärbt und hat rote Warzen.

Blaue Holzbiene *(Xylocopa caerulea)*

Die Blaue Holzbiene, ein 1,5 cm großer Hautflügler, lebt in den Regenwäldern Sumatras. In abgestorbene Baumstämme nagt sie eine etwa 2 cm breite und 30 cm lange, senkrechte Neströhre. Auf dem Röhrenboden trägt sie Blütenpollen zusammen, vermischt ihn mit Honig und legt in diesen Brei ein Ei. Mit einer waagerechten Scheidewand aus verklebten, abgenagten Spänen schließt sie die Kammer. Dann fügt sie Brutzelle an Brutzelle, bis die Röhre ausgefüllt ist. Nach ein paar Tagen schlüpfen die Larven und ernähren sich drei Wochen lang von dem eingeschlossenen Futterbrei. Dabei wachsen sie heran und verpuppen sich. In den Kammern schlüpfen dann die jungen Holzbienen aus den Puppen und nagen sich dann ins Freie durch, manche direkt durch das Holz, falls die Schicht dort schwächer ist. Andere warten, bis die Geschwister aus den oberen Kammern im Freien sind und ihnen dadurch den Weg freimachen. Das Holzbienenweibchen sucht oft schon fertige, alte, senkrechte Röhren auf, um seine Nestkammern anzulegen.

Gespenstlaufkäfer *(Mormolyce phyllodes)*

Der bis zu 8,5 cm lange Gespenstlaufkäfer ist ein Bewohner der Regenwälder Sumatras und Javas. Sein äußerst flacher Körper ist dem Leben unter der Borke umgefallener Bäume angepaßt. Er ist ein Nachttier, das erst bei Einbruch der Dunkelheit auf Futtersuche geht und hauptsächlich Jagd auf Regenwürmer, aber auch auf verschiedene Insekten und ihre Larven macht. Bei Gefahr scheidet der Gespenstlaufkäfer eine scharf riechende, ätzende Flüssigkeit aus, die bei Kleinlebewesen bis zur Lähmung führen kann. Das Weibchen legt seine Eier in Vertiefungen unter liegenden Stämmen. Auch die Larven sind sehr räuberisch und verfolgen kleine Wirbellose.

Buntlaufkäfer *(Coptolabrus coelestis)*

Der Buntlaufkäfer, einer der schönsten Käfer, wird bis zu 4 cm lang und hat metallisch glänzende Flügeldekken. Er liebt die wärmeren Gegenden Ostasiens und ist am häufigsten in den tropischen Gebieten Chinas anzutreffen. Er hält sich unter flachen Steinen und liegenden Baumstämmen an feuchten Waldstellen auf. Tagsüber verbirgt er sich in seinem Versteck. Bei Dunkelheit macht er sich auf Beutejagd. Er überfällt Würmer, Insekten und Insektenlarven und frißt nur ihre weichen

Fingerlaufkäfer

Fleckenprachtkäfer

Zweipunktprachtkäfer

Körperteile, die er erst zerkaut und mit einem Verdauungssekret durchsetzt, das dann in kurzer Zeit die weichen Organe zersetzt. Den flüssigen Brei saugt der Käfer dann auf. Das Weibchen legt die Eier in einer Erdrinne ab. Auch die Larven sind bereits sehr räuberisch.

Fingerlaufkäfer *(Mouhotia convexa)*

In Südostasien ist der etwa 4 cm große Fingerlaufkäfer heimisch, der sich durch einen breiten Körper und die ungewöhnlich mächtigen, Angst einjagenden Mundwerkzeuge auszeichnet. Auch wenn dieser kleine Käfer für größere Lebewesen nicht gefährlich ist, vermag er sogar dem Menschen schmerzhafte Bißwunden z. B. am Finger beizubringen. Dieser seltsame Laufkäfer lebt in Wäldern unter Steinen und liegenden Baumstämmen und führt ein Nachtleben. Er ernährt sich von Würmern, Insekten und anderen kleineren Wirbellosen.

Fleckenprachtkäfer *(Chrysochroa ocellata)*

Südasien ist die Heimat des 4 cm großen Fleckenprachtkäfers. Er bewohnt dort Waldgebiete und Plantagen mit hohen Baumbeständen. An sonnigen Tagen fliegt er. Häufig bohrt er sich in Stämme abgestorbener Bäume ein, in deren Holz das Weibchen seine Eier legt. Die Larven entwickeln sich im Holz und verpuppen sich nach 2—3 Jahren in einer kleinen Kammer. Durch einen Gang krabbelt dann der vollständig entwickelte Käfer ins Freie.

Zweipunktprachtkäfer *(Melagoxantha bicolor)*

Der Zweipunktprachtkäfer wird etwa 7,5 cm groß und hat herrlich glänzende, blaue oder grüne Flügeldecken. In seiner Heimat Indien bewohnt er Waldgebiete, wo er

Ostindischer Hirschkäfer

Atlasnashornkäfer

an sonnigen Tagen auch fliegt. Das Weibchen sucht sich Kakaobäume zur Eiablage aus. Im Holz der Stämme entwickeln sich dann die Larven bis zu einer Länge von 15 cm und puppen sich ein. Bei größerem Befall können die Larven an den Kakaobaumbeständen erhebliche Schäden anrichten.

Ostindischer Hirschkäfer
(Odontolabis delesserti)
Mit auffallenden, riesigen Mundwerkzeugen prunkt das bis zu 10 cm lange Männchen des Ostindischen Hirschkäfers. Das Weibchen ist mit 5 cm wesentlich kleiner. Der Hirschkäfer bewohnt die Laubwälder Südostasiens. Wenn das Männchen fliegt, erinnert es an ein Miniaturflugzeug. Mit den hirschgeweihähnlichen Oberkiefern kämpfen die Männchen miteinander. Tagsüber halten sich die Hirschkäfer gern an Baumstämmen mit verletzter, „blutender" Borke auf. Das Weibchen legt seine Eier in das morsche Holz toter Stämme oder in Baumstümpfe. Die Larven leben hier etwa drei Jahre lang und verpuppen sich anschließend, nachdem sie sich aus einer Kammer genagt haben. Schon im Puppenstadium ist das Männchen an den Umrissen der sich ausbildenden Mundwerkzeuge zu erkennen.

Atlasnashornkäfer *(Chalcosoma atlas)*
Bis zu 13 cm lang wird der Atlasnashornkäfer, ein prächtiges Tier mit drei Auswüchsen am Brustschild und einem nach oben gedrehten, gezähnten Auswuchs am Kopf. Das Weibchen ist jedoch um die Hälfte kleiner; ihm fehlen auch die großen Auswüchse. Diese interessante Käferart bewohnt die riesigen, tropischen Regenwälder der Großen Sundainseln. Am häufigsten ist sie zwar auf Java und Sumatra, doch auch auf Celebes ist der Atlasnashornkäfer zu finden.

Känguruhkäfer *(Sagra buqueti)*
Der bis zu 3 cm lange Känguruhkäfer hat riesige Hinterbeine, die beim Weibchen etwas schwächer sind. Sein Lebensbereich sind die Gebüsche und Baumlandschaften auf Java, wo er stellenweise ziemlich häufig ist. Er ernährt sich von Blättern und grünen Trieben.

Großer Langkopfkäfer *(Butrachelus temmincki)*
Der Große Langkopfkäfer ist die größte Art innerhalb der äußerst artenreichen Familie der Brenthidae. Dieser merkwürdige Käfer wird bis zu 8 cm lang und hat einen langgezogenen Körper. Sein Kopf ist eben so lang wie der ganze Körper. Seine Fühler sind an der Kopfspitze angewachsen. Der Butrachelus temmincki lebt im Wald auf den Blüten der Kräuter oder unter der Baumborke, wo er kleinere Insekten und ihre Larven jagt.

Känguruhkäfer

Großer Langkopfkäfer

Gebirge und felsige Hochländer

Asien ist nicht nur der größte, sondern auch der vielgestaltigste Kontinent. Während sich im Norden die weitesten Tieflandsgebiete erstrecken, begrenzen den Südrand Zentralasiens die mächtigsten und höchsten Gebirgsformationen der Erde. Im Westen erhebt sich zwischen dem Schwarzen und dem Kaspischen Meer der Kaukasus, setzt sich nach Südosten im Hochland von Iran fort und geht in den Hindukusch über. Dieses Hochgebirge ist durch sein vor allem im Winter äußerst rauhes Klima bekannt. Nicht wenige Wohnsiedlungen sind schon unter den immer wieder niedergehenden Lawinen begraben worden.

Nach Norden zu erstreckt sich das Hochland von Pamir, das „Dach der Welt", das sich von Taschkent aus ostwärts zu im Hochgebirge Tien-Shan fortsetzt. In Zentralasien selbst erhebt sich aus den umliegenden Becken das Altaigebirge mit seinen mehr als 4000 m hohen Berggipfeln. Nach Osten zu schließen sich an das Hochland von Pamir die Gebirgskette des Karakorum, das Hochland von Tibet und der Transhimalaja an; nach Süden zu erhebt sich das riesige Bergmassiv des Himalaja mit der hoch aufragenden, höchsten Erhebung unserer Erde, dem Tschomolungma oder Mount Everest. Viele, viele Menschenleben hat dieser Bergriese schon gefordert, der sich bis in 8847 m Höhe erhebt. Viele Wagemutige haben den Versuch, seinen mit ewigem Schnee bedeckten Gipfel zu erreichen, mit dem Leben teuer bezahlen müssen. Aber es gibt Dutzende von Bergsteigern, die seine Felswände überwanden und den höchsten Gipfel unseres Planeten bezwangen.

Das Himalaja-Gebirge setzt sich nach Südosten fort und reicht bis zur indonesischen Inselkette. Die Gebirgszüge dieser südostasiatischen Inselwelt sind zwar nicht mehr so hoch wie der Himalaja, dafür aber um so reicher an Vulkanen. In dieser geologisch labilen Zone ist aus Dutzenden von Vulkanen immer wieder ein unheilverkündendes Donnern und Tosen zu hören oder aus ihren Kratern eine graue, von gefährlicher Aktivität zeugende Rauchsäule zu sehen.

Aber nirgendwo sind die Klimabedingungen so vielfältig wie gerade im Gebiet des Himalaja. Die Hochgebirgskämme und Berggipfel über 6000 m liegen unter ewigem Schnee, und riesige, oft mehrere Kilometer lange Gletscher speisen das ganze Jahr über unzählige Wildbäche und Gebirgsflüsse mit ihren kristallklaren Wassern. Während auf den Kammlagen ewiger Winter herrscht und eisige Stürme todbringende Lawinen zu Tal reißen, liegen die niedrigeren Vorgebirgszonen im subtropischen Klimagürtel. In den Tiefländern am Fuß des Gebirges und vor allem an den Südhängen breiten sich riesige, noch ursprüngliche, immergrüne und ständig feuchte, tropische Regenwälder mit der üppigsten Vegetation aus. Da gibt es ein Gewirr aus Lianen, bizarren Baumstämmen und von kräftigen Luftwurzeln herrlichster, strahlend weißer oder rosaroter Orchideen.

Im Himalaja-Gebirge erhebt sich nicht nur der höchste Berg unserer Erde, sondern dort finden wir noch eine andere erstrangige geographische Erscheinung. Aus dem Nepal-Gletscher Kumbu entspringt nämlich in 5400 m Höhe der höchstgelegene Fluß unseres Planeten, der Dud-Kosi. Im Sommer bildet der Gletscher 200 m tiefer einen zauberhaften See, aus dem sich die blauen, klaren Wasser in ein flaches, steiniges Bett ergießen, ihren Weg weiter durch Felsklüfte und Pässe suchen, als schäumende Wasserfälle zu Tal stürzen und endlich nach 80 km wilder Jagd, nach Überwindung eines Höhenunterschieds von nicht weniger als 4000 Metern in einem breiten, ruhig dahinfließenden Strom ihren Weg fortsetzen.

Auch im Pflanzenreich hat der Himalaja seinen Rekord: Eine Sternmiere, *Stellaria decumbens,* ist die bis in die höchsten Lagen aufsteigende Pflanze. Dieses Kraut bildet zwischen den Steinen niedrige, aufgelockerte Rasen mit kleinen, glockigen Blüten. Es ist noch in 6130 m Höhe anzutreffen und muß während der Blüte auch eiskalten Stürmen und Schneestürmen widerstehen. Aber auch andere alpine Pflanzenarten wachsen in den asiatischen Hochgebirgen in unvorstellbaren Höhenlagen. Beispiele sind ein Rittersporn *(Delphinium brunonianum)* mit großen, dunkelvioletten Blüten, eine typische Hochgebirgsart in 3600 bis 5400 m Höhe, der Scheinmohn *(Meconopsis horridula),* eine der schönsten Pflanzen des Himalaja mit großen, himmelblauen, glockenförmigen Blüten und langen, gelblichen Stacheln an den Blättern mit Vorkommen von 3900 bis 5100 m Höhe, und das im Himalaja heimische Edelweiß *(Leontopodium stracheyi),* das sein Verbreitungsgebiet bis nach Tibet und in andere Hochgebirge dieses Kontinents ausgedehnt hat. Häufig ist *Leontopodium ochroleucum,* ein anderes Edelweiß, das über China bis in die Bergregionen Japans vordrang.

Während des kurzen Bergfrühlings blühen an den Almhängen der asiatischen Berge Enziane in reicher Fülle. Mit großen, blauvioletten Blüten präsentieren sich Teppiche von *Gentiana falcata.* In hellem Blau dagegen strahlen die Glocken der *Gentiana deprese.* Überall in den höheren Lagen sind gewölbte Polster mit kleinen, unauffälligen, rosafarbenen Blüten zu finden. Das ist das in dichten Halbsträuchern mit steifen, nadelartigen Blättern wachsende Igelpolster *Acantholimon lycopodoides,* eine recht häufige Pflanze der steinigen Berghänge. Schon zeitig im Frühling schmükken sich die weiten Almmatten mit den rosaweißen Blüten des Schaumkrautes *Cardamine loxostemoides,* und weithin leuchten die großen, rosaroten Blütensterne der *Aster flaccidus* mit den mittelständigen, gelben Röhrenblüten. Auch ein Springkraut, *Impatiens glandulifera,* wächst häufig an den Almhängen. Es öffnet im Frühjahr seine rosa angehauchten Blüten und „schießt" seine reifen Samen im Sommer bis zu 3 m weit in die Umgebung.
Bis in 4000 m Höhe, an den unmittelbar an die Gletscher anschließenden Hängen, wächst inmitten von Geröll, Felsbrocken und steifen Grasbülten in zarten, rosa Farben eine Schlüsselblume, die *Primula moorcroftiana.* Auch die keulenartigen Blüten der Alpenscharte *Saussurea gnaphalodes* schauen fast schüchtern zwischen den Steinen hervor. Zu Tausenden bedecken im Juni die Blüten der verschiedenen Anemonenarten die Almmatten in Höhenlagen zwischen 3600 und 4500 m. Auch die Iris-Gewächse mit ihren blauvioletten Blüten sind in den höheren Lagen heimisch. Es gibt wohl kaum einen Höhenzug in Asien, dessen Hänge sich im Frühling nicht mit dem leuchtenden Rot der Mohnblüten, Gattung *Papaver,* schmückten. Aber auch schneeweiße und orangefarbene Mohnarten gedeihen im Himalaja. Gar nicht so empfindlich, wie wir immer glauben, sind die Wildrosen. Bis in 4500 m Höhe reichen die üppigen Hecken der Hundsrose, die sich im Frühjahr mit Hunderten von rosa und rosaroten Blüten überziehen und auf den grünen Bergmatten und grauen Geröllhängen pastellfarbene Teppiche ausbreiten. In Mittel- und Südwestasien ist die Moschusrose *(Rosa moschata)* sehr häufig anzutreffen.
Eine Pflanzengattung jedoch übertrifft die farbenprächtige und vielfältige Hochgebirgsflora Asiens, das Rhododendron. Die verschwenderische Schönheit seiner Blüten belebt nicht nur die Natur der Wälder in 3000 m Höhe, sondern auch Regionen, die schon weit über der Baumgrenze liegen. Bis in Höhenlagen um 5000 m wachsen diese prächtigen Sträucher. In Nepal erreichen die

Rhododendrongewächse sogar die achtungsgebietende Höhe von 20 Metern! Kleinere Arten finden wir in Malaysia und nach Osten zu bis nach Südjapan. Die sich über weite Flächen ausdehnenden Rhododendronbestände bilden vor allem im Frühjahr mit ihren prächtigen Blüten ein buntes Farbmosaik auf dem grauen Hintergrund der Felswände. Sie bieten zahlreichen der im Himalaja lebenden Tierarten sicheren Unterschlupf.

Ein typischer Vertreter der Flora der asiatischen Hochgebirge ist der Wacholder. Viele Juniperus-Arten gedeihen noch über der Baumgrenze bis in 5000 m Höhe, wo sie sich zum Schutz vor den rauhen Naturgewalten an die Hänge schmiegen. In den niedrigeren Gebirgslagen, etwa im oberen Gürtel der oberen Baumgrenze über 3000 m, bildet der Wacholder oft selbständige, weit über die Felshänge und Almmatten verstreute Bestände. In diesen stacheligen Juniperus-Hainen finden viele Fasanenarten, aber auch andere Vogel- und Säugerarten ihren Lebensraum.

Die Baumgrenze verläuft in den einzelnen Hochgebirgszonen Asiens sehr unterschiedlich. Im Kaukasus liegt sie schon bei 2400 m, in den tropischen und subtropischen Regionen reicht sie bis in 3600 m hinauf. Für die asiatische Bergwelt ist ein großer Artenreichtum der Nadel- und Laubgehölze charakteristisch. Zahlreich und vielfältig sind die Koniferenarten, die in den Felsspalten und an den Berghängen wachsen, wie z. B. die Kiefer *Pinus longifolia,* deren Stämme und Äste durch die stoßartigen Stürme ein bizarres Aussehen bekommen haben. Häufig bildet sie zusammenhängende, aber lichte Bestände mit Bäumen, die nur wenige Meter hoch sind und in deren Wipfeln die Fasanen, aber auch Greif- und Rabenvögel die Nacht verbringen. Typisch sind die bis zur Waldgrenze aufsteigenden Mischbestände aus Tannen (Gattung *Abies*) und dichten Rhododendronbüschen. Auch Eichenarten mit bizarr verdrehten Stämmen und von nur wenigen Metern Höhe sind häufig. Die Eichenwälder der niedrigeren Berglagen sind jedoch dichter und mächtiger und bedecken im westlichen Himalaja bis zu 3000 m Höhe weite Flächen. Auch die kegelige Himalaja-Zeder *(Cedrus deodara),* mit bis zu 5,5 cm langen, dunkel blaugrünen Nadeln ist ein Gehölz dieser Region. Bis in 2000 m Höhe wächst in mehreren Arten ein strauchartiges Gehölz, die Berberitze (Gattung *Berberis*). In den Bergen Chinas beispielsweise ist es die *Berberis chinensis,* die mit duftenden, gelben Blüten Insekten anlockt, oder *Berberis julianae,* die sich durch blaurote Beeren und 3 cm lange Dornen auszeichnet.

An geschützten Stellen wächst sogar eine Feigenart als Strauch in den Bergpässen bis in Höhenlagen von 2000 m. Mit seinen dunkelgrünen, großen Blättern bietet er so manchem Kleinvogel Unterschlupf. Auch die Birke ist in Asiens Bergen heimisch, besonders östlich des Altaigebirges, wo Zwergformen bis in Höhen von über 2500 m zu finden sind. Aber was wären die Berge ohne die Fichte! In weiten Fichtenwäldern wächst beispielsweise die kegelige Kaukasusfichte *(Picea orientalis)* mit Zweigen, die von unten her weit ausladen, und kurzen, nur 6—10 mm langen Nadeln. Ihr Hauptverbreitungsgebiet sind die Berge Kleinasiens und des Kaukasus. *Picea morinda* des Himalaja-Hochlandes hat dagegen bis zu 40 mm lange Nadeln. In den Bergen Zentralchinas wachsen mehr als zehn verschiedene Fichtenarten. In den Hochgebirgen Japans ist die Fichte durch *Picea glehni* vertreten.
Und noch ein Gewächs darf nicht unerwähnt bleiben — der Bambus. Eigentlich ist es ein Gras, das in den tropischen und subtropischen Gegenden bis in fast 4000 m Höhe gedeiht und an manchen Stellen dichte, wenn auch in höheren Lagen ziemlich niedrige Bestände bildet. — Und so ließen sich Dutzende, ja Hunderte Pflanzen nennen, die die Flora der asiatischen Bergwelt ausmachen, seien es Gräser, Kräuter, Sträucher oder Bäume.
Die asiatischen Berge haben nicht nur bei den Vertretern der Pflanzenwelt Rekorde hinsichtlich der höchsten Vorkommen, sondern auch im Tierreich. Ein Verwandter des Hasen, der Großohrige Pfeifhase, lebt im Himalaja bis in 6000 m Höhe. Wunderschöne Bergschmetterlinge tummeln sich auf den 4000—5000 m hoch gelegenen Almmatten des Hindukusch, des Pamir und des Himalaja. Zu ihnen gehören ein Vertreter der Fleckenfalter *(Aglais cashmirensis)*, ein Bläuling *(Polyommatus sarta)*, ein Augenspinner *(Paralasa manioides)*, und ein Gelbling *(Colias erate)*. Die höchsten Regionen erreicht jedoch ein Apollofalter *(Parnassius acco)*, der noch in 5800 m Höhe anzutreffen ist. Aber selbstverständlich ist das nur ein Bruchteil der Schmetterlingsfauna der innerasiatischen Gebirgsregionen, denn fast jedes Bergmassiv hat seine eigenen, nur dort vorkommenden Arten. Die Bäume und Sträucher der Berghänge dagegen bieten prächtigen Käfern Lebensraum. Zu den schönsten gehören die Himalaja-Borkenkäfer.
Auch eines der größten Säugetiere Asiens gehört zur Bergfauna in Höhenlagen von 4500 bis zu 6000 m, wo im Winter die Quecksilbersäule auf —40 °C sinkt und Schneestürme mit eisigen

Winden wetteifern. Dieses am wenigsten frostempfindliche Tier ist ein Wildrind, das Yak, dessen domestizierte Form die Einheimischen schon seit Jahrtausenden als Haustier halten. Das Hausyak versorgt sie mit einer sehr fetten Milch, trägt Lasten und ist vielseitig verwendbar. Sogar sein Kot wird von den Menschen genutzt — getrocknet dient er als Brennmaterial.

Die Berghänge und die buschbestandenen Hochgebirgsplateaus sind die Heimat vieler Hühnervögel, Schneetauben und Greifvögel. Die Könige der Lüfte, die Adler, segeln majestätisch über Klüfte und Gebirgstäler, aber auch über die Beifußsteppen der Hochflächen, und halten Ausschau nach Beutetieren. Ihrem scharfen Auge entgeht weder das Langschwänzige Murmeltier *(Marmota caudata)* noch die Mongolische Gebirgsmaus *(Alticola roylei)*, die zu ihrer häufigen Beute werden. Stundenlang kreisen Bartgeier und andere Geier über dem Terrain auf der Suche nach einem größeren Bissen, etwa einem verendeten, größeren Säugetier wie einem Hirsch, Yak oder Wildschaf, deren Fleisch die Hauptnahrung dieser Greife bildet. — Außerdem leben in den asiatischen Hochgebirgen auch Großraubtiere wie der Kragenbär und der Schneeleopard.

Die Berge und Hochländer Zentralasiens haben neben bestimmten Pflanzen auch ihre typischen Vertreter der Tierwelt, und viele von ihnen sind in verhältnismäßig eng begrenzten Gebieten Endemiten, also Arten, die nur in diesen Gegenden vorkommen. Dazu gehören etwa der Große und der Kleine Panda, anmutige Kleinbären, von denen besonders der erstere eines der seltsamsten Tiere unserer Erde ist und eine recht interessante Entdeckungsgeschichte hat.

Auf alten, chinesischen Bildern ist ein eigenartiger, schwarzweißer Bär abgebildet. Den Historikern und Zoologen waren diese Malereien zwar gut bekannt, doch hielten sie sie lange Zeit für Ergebnisse der künstlerischen Phantasie. Aus japanischen Berichten, die erhalten geblieben sind, ist bekannt, daß der chinesische Kaiser dem japanischen Kaiser am 22. Oktober 685 siebzig Felle und zwei lebende, weiße Bären zum Geschenk machte. Den Berichten nach stammten die Tiere aus dem Innern Asiens. Niemand wollte dem Glauben schenken. Sie wurden eher für Eisbären gehalten, die aus den Polargebieten nach China gebracht worden waren. Wo kämen auch im Binnenland Chinas weiße Bären her?

So dachte auch der französische Jesuitenpater Armand David, der als Missionar in China lebte. „Vater David“, wie er genannt wurde, war ein leidenschaftlicher Naturforscher und Sammler all dessen, was die Natur zu bieten hatte. Den Winter 1868/69 verbrachte er auf der Missionsstation in Tscheng-Tu, der Hauptstadt der westchinesischen Provinz Szechuan, und hörte zum erstenmal von einem wunderschönen, von den Einheimischen als „Weißer Bär" bezeichneten Tier, das in den Bergen des Fürstentums Moupin leben sollte. Anfangs glaubte Pater David, es handle sich um irgendeine Legende, deren es in China mehr als genug gibt. Dann ließ es ihm doch keine Ruhe, und er machte sich auf den Weg.

Nach mehrtägiger, mühseliger Wanderung und oft halsbrecherischen Kletterpartien auf steilen Bergpfaden kam er am 1. März 1869 endlich nach Moupin. Mehrere Tage fragte er die Einheimischen nach diesem legendären Bären aus, aber vergebens. Enttäuscht verließ er die Gegend und kehrte zurück. Das war genau am 11. März. Auf dem Rückweg wurde er müde und wollte sich wenigstens ein bißchen ausruhen. Deshalb machte er bei einem ortsansässigen Bauern namens Li halt.

Der nahm ihn gastlich auf und führte ihn ins Haus. Müde setzte sich Pater David nieder, wäre aber beinahe wieder aufgesprungen: An der Wand vor ihm hing das Fell des weißen Bären! Es war aber gar nicht ganz weiß, sondern weiß und schwarz. In diesem Augenblick wurde sich Pater David mit Freude bewußt, daß er jenen „weißen Bären" der alten, chinesischen Niederschriften und der Erzählungen der Einheimischen entdeckt hatte. Dieses Tier war also keine Legende, es lebte tatsächlich. Und der japanische Kaiser hatte sein Geschenk auch von hier erhalten, und diese Region gehörte ja zu Innerasien!

Jeder Gedanke an Rückkehr war verflogen. Pater David blieb und fragte alle Einheimischen nach diesem seltsamen Tier aus. Und die Jäger des Dorfes versprachen ihm genau das, was er wollte. Schon am 23. März kamen sie von ihrem Streifzug in die Berge mit einem erlegten Jungtier zurück. Sie hatten das Junge lebend gefangen, aber unterwegs getötet, um sich den anstrengenden Transport zu erleichtern. Fell und Schädel wurden nach Paris geschickt, wo der Zoologieprofessor Milne-Edwards feststellte, daß er eine ganz neue, der Wissenschaft bisher unbekannte Tierart vor sich hatte. Anhand des Gebisses und der Pfoten wies er nach, daß dieses Tier nur entfernt mit echten Bären verwandt ist. So wurde der Große Panda oder Bambusbär entdeckt.

Spitzmauligel

Spitzmauligel *(Neotetracus sinensis)*
Das Verbreitungsgebiet des Spitzmauligels ist Szechuan, Yünnan, Nordburma und Thailand und reicht bis Vietnam. Von den 23 cm Gesamtlänge entfallen etwa 8 cm auf den Schwanz. Das Fell ist sehr fein, dicht und lang. Der Lebensbereich dieses Igels sind die feuchten Gebirgsregenwälder in Höhenlagen zwischen 2100 und 2800 m. Unter Steinen gräbt er sich einen Erdbau und polstert ihn mit Moos aus. Sobald es dunkel geworden ist, läuft er über den Boden und sucht nach Regenwürmern, Weichtieren und Insekten.
Das Weibchen ist 5—6 Wochen tragend und bringt im Nest, das weich mit Moos und Haaren ausgelegt wird, 2—5 Junge zur Welt. Sie werden blind geboren, beginnen erst nach 3 Wochen zu sehen und werden ungefähr 2 Monate lang gesäugt. Mit 5 Wochen jedoch nehmen sie zusätzlich noch feste Nahrung auf. Das Weibchen wirft zweimal jährlich.

Kleideraffe

Kleideraffe *(Pygathrix nemaeus)*
Der Kleideraffe ist in Laos, Vietnam und auf der Insel Hainan beheimatet und wird bis zu 150 cm lang. Die Hälfte davon macht aber der Schwanz aus. Er lebt in kleinen Familienverbänden, zu dem ein erwachsenes Männchen und mehrere Weibchen mit ihren Jungen gehören. Ältere Männchen leben auch als Einzelgänger, und junge Affen, die noch keine eigene Familie haben, schließen sich zu Gesellschaften bis zu 30 Mitgliedern zusammen. Tagsüber ziehen die Trupps durch die bergigen, feuchten Regenwälder oder auch hohes Gebüsch am Dschungelrand oder durch die Gebirgsbachtäler. Sie haben kein festes Revier und treffen dann oft bei ihrer Nahrungssuche auf andere Gruppen. So ein Treffen geht aber meist ohne Zwischenfälle ab, und nur selten kommt es zu Kämpfen.
Kleideraffen haben feste Schlafplätze, die sie noch vor der Dämmerung aufsuchen, meist sind das Felsspalten und Höhlen an Steilhängen, oft über dem Wasser. Schon bald nach Sonnenaufgang verlassen sie ihre Felsunterkünfte und gehen auf Nahrungssuche. Sie ernähren sich hauptsächlich von Blättern, Sprossen, Blüten und verschiedenen Früchten.
Das Weibchen trägt in etwa 168 Tagen 1 Junges aus, das sich fest am Bauchfell seiner Mutter festklammert. Aber auch andere Gruppenmitglieder tragen das Kleine ab und zu. Die Mutter säugt es 10—12 Monate lang, aber schon nach 2—3 Monaten beginnt der kleine Kleideraffe feste Nahrung zu sich zu nehmen. Die Weibchen sind nach $3^1/_2$ Jahren, die Männchen nach 4 Jahren erwachsen.

Bärenmakak *(Macaca arctoides)*
In Mittelchina, Tibet und Thailand lebt der Bärenmakak, ein etwa 65 cm großer Affe mit rotem Gesicht und kurzem Schwanz. Es ist ein recht kälteunempfindliches Tier, das bis in Höhenlagen um 4000 m vor allem an bewaldeten Felshängen an den Ufern der Gebirgsbäche zu finden ist. Er streift in Trupps von bis zu 40 Tieren

umher, manchmal sind auch Herden anzutreffen, die bis zu 100 Tiere stark sind. Jeder Trupp wird vom stärksten Männchen geführt und hat sein eigenes Wohnrevier, in dem er durch Gebüsch und durch die Kronen niedrigerer Bäume streift und Nahrung sucht.
Der Bärenmakak ist vor allem Pflanzenfresser und ernährt sich von Trieben, Blättern, Knospen, Obst und Beeren. Hin und wieder fängt er auch Insekten und kleine Wirbellose und nimmt gelegentlich Vogelgelege aus. Wenn sich der Trupp in die Nähe von Plantagen und Feldern wagt, verjagen die Bauern ihn durch Flintenschüsse und Geschrei. Die Nacht verbringt der Bärenmakak in Höhlen, vor allem in Felshöhlen über den Wasserflächen der Bäche. Bevor es dunkel wird, kehrt der Trupp regelmäßig zu diesem Schlafplatz zurück.
Das Weibchen bringt nach 170—180 Tagen Tragzeit nur ein einziges Junges zur Welt, das sich mit seinen Händchen und Füßchen fest im Bauchfell der Mutter anklammert. Trotzdem sichert die Mutter es in den ersten Tagen noch mit ihrer eigenen Hand ab. Muttermilch saugt das Junge 14—18 Monate lang, aber schon nach 2 Monaten beginnt es regelmäßig feste Nahrung zu sich zu nehmen.

Bärenmakak

Hulman *(Presbytis entellus)*

Eine der bekanntesten Affenarten ist der zu den Languren gehörende Hulman, der sich seinen Ruf dadurch erworben hat, daß er in Indien heilig ist und zu den Tieren gehört, denen seit uralten Zeiten niemand ein Leid zufügen darf. Und so sind Hulman-Herden in den Städten an den Tempelmauern keine Seltenheit. Sie verstehen es auch ausgezeichnet, ihre Privilegien zu nutzen. Sorglos plündern sie Gärten. Die Straßenhändler, denen sie Früchte stehlen, freuen sich dazu noch über den Besuch dieser heiligen Affen.
Der Hulman wird etwa 170 cm lang und hat einen 100 cm langen Schwanz. Bekannt sind mehrere Unterarten, die sich durch Färbung und Länge ihres Felles unterscheiden. In seinem Verbreitungsgebiet von Pakistan über Nepal und Assam bis nach Indien und Ceylon geht er in den Gebirgslagen bis über 2500 m hinauf, kommt aber im Winter in die niedrigeren Tallagen herunter. Tagsüber zieht er in Trupps umher, die aus einem Leittier, mehreren Weibchen und Jungtieren bestehen. In der Nähe dieser Familienverbände halten sich häufig einzeln lebende Männchen auf. Wenn sich die Trupps zusammenschließen, kann eine solche Herde mehr als 120 Mitglieder zählen.
Der ursprüngliche Lebensbereich des Hulman sind dichtbewaldete Hänge und gebüschbestandene Felsregionen. Als Nahrung dienen ihm hauptsächlich Blätter, Blüten und Früchte, hin und wieder auch Insekten.

Hulman

Schopflangur

Goldstumpfnase

Manchmal sammeln sich Familienverbände auf Gemüsefeldern und richten dann ziemlichen Schaden an. Aber niemand erlaubt sich, sie zu verjagen. In den Bäumen, aber auch auf dem Boden bewegen sie sich sehr gewandt und können sogar Sprünge bis zu 10 m ausführen. Die Nacht verbringt der Familienverband in einer Höhle, aber auch auf Vorsprüngen hoher Tempelmauern. — Das Weibchen ist 168—197 Tage lang trächtig und bringt nur 1 Junges zur Welt. Das Neugeborene hält sich fest am Bauch der Mutter fest und wird bis zu einem Jahr lang gesäugt. Aber schon nach 3 Monaten beginnt das Jungtier, junge Sprosse und weiche, saftige Früchte zu fressen.

Schopflangur *(Presbytis pileatus)*

Der Schopflangur wird etwa 60 cm groß und hat einen 70 cm langen Schwanz. Er bewohnt die tropischen Regenwälder von Assam über Burma bis nach Südchina und bevorzugt dort Felsregionen, vor allem in Bach- und Flußtälern. Er lebt im Familienverband und streift tagsüber durch die Wipfel der Bäume, um sich Blätter, Sprosse und verschiedene Früchte zu suchen. Vor Einbruch der Dunkelheit kehrt der Trupp zu seinem Schlafplatz zurück, der meist an einer steilen Felswand mit kleinen Höhlen liegt. Ungefähr eine halbe Stunde, bevor sich die Tiere am steilen Fels in ihre Schlafhöhlen hinablassen, sitzen sie über dem Felsen in den Zweigen eines hohen Baumes und beobachten sorgfältig die Umgebung. Erst wenn sie feststellen, daß keine Gefahr droht, klettert eines nach dem anderen am Stamm herab und sucht sein Nachtlager auf. Das Weibchen ist etwa 158 Tage trächtig und wirft dann 1 Junges, das es ständig am Bauch mit sich herumträgt.

Goldstumpfnase *(Rhinopithecus roxellanae)*

Die Heimat der Goldstumpfnase sind Tibet und die südwestlichen Gebiete Chinas. Die Gesamtlänge beträgt 140 cm, dabei entfällt aber die Hälfte auf den Schwanz. Charakteristisch ist das sehr dichte Fell, das einen ausgezeichneten Schutz vor der Kälte der Hochgebirge bietet. Das ist eine ausgezeichnete Anpassung, denn die Goldstumpfnase bewohnt die lichten Waldbestände in Hochgebirgslandschaften bis über 4000 m, also dort, wo mehrere Monate lang Schnee liegt.

Sie streift in Familienverbänden an den baumbewachsenen Hängen umher und sucht in den Bäumen nach Blättern, Sprossen und Früchten. Manchmal nimmt sie Vogelgelege aus und fängt Insekten. Die Nacht verbringen die Goldstumpfnasen in Höhlen an steilen, buschbestandenen Felswänden. Nach einer Tragzeit von 170 Tagen bringt das Weibchen 1 Junges zur Welt, das es am Bauch trägt.

Rothund *(Cuon alpinus)*

Von Südsibirien über China, Mittel- und Südasien bis nach Sumatra und Java erstreckt sich das Verbreitungsgebiet einer zur Familie der Hundeartigen gehörenden Raubtierart — des Rothundes. Stellenweise wurde er jedoch bereits ausgerottet. Der Rothund wird 14—20 kg schwer und bis zu 110 cm lang. Der Schwanz wird etwa 45 cm lang. In den Wäldern der Hochgebirgslagen um 4000 m jagt er immer in Gruppen von 5—20 Mitgliedern, aber auch in Rudeln bis zu 30 Tieren. Seine Beute verfolgt er am Tage wie in der Nacht. Größere Säugetiere wie junge Hirsche oder Wildschweine umzingelt die jagende Gruppe und verstellt ihnen den Fluchtweg. Rothunde gehören nicht zu den schnellsten Läufern, sind aber sehr ausdauernd bei der Verfolgung der Beutetiere, zu denen auch Rehe und Wildschafe gehören.
Um auszuruhen sucht der Rothund gern Höhlen oder Löcher in den Uferhängen entlang kleiner Flüsse auf, gräbt sich jedoch nur ausnahmsweise selbst einen Bau. In seinem eigenen Bezirk verhält er sich gewöhnlich ruhig. Nur wenn er einen Tiger, seinen ärgsten Feind, wittert, beginnt er wild zu bellen und warnt dadurch die Mitglieder des Rudels und die übrigen Tiere in seiner Umgebung. Während der Fortpflanzungszeit lebt er paarweise, oft aber erziehen auch mehrere Hündinnen die Kleinen gemeinsam. Das Weibchen ist 60—63 Tage trächtig und wirft 3—6 Junge. Sie werden schon behaart, aber blind geboren und beginnen zwischen dem 13. und 15. Tag zu sehen. Rothunde, die 1 Monat alt sind, reißen selbst Fleischstücke aus dem Beutetier, saugen aber noch weitere 4 Monate lang Muttermilch.

Rothund

Kragenbär *(Ursus thibetanus)*

Der Kragenbär ist in seinem Verbreitungsgebiet vom Ostiran über Indien bis zu den nördlichen Gebieten Südostasiens und weiter bis nach China, Mittel- und Ostsibirien, Korea, Japan, Taiwan und Hainan recht häufig anzutreffen. Er erreicht eine Schulterhöhe von 70 cm, eine Länge von 160 cm und ein Gewicht von 100 kg. Er bevorzugt bewaldete Hochgebirge bis in Höhenlagen um 4000 m, lebt im Norden jedoch auch in der

Kragenbär

Katzenbär oder Kleiner Panda

Taiga und in der Tundra. Er zeichnet sich durch seinen kurzen, 10 cm langen Schwanz und den weißen, V-förmigen Brustfleck aus. Während des Winters steigt er aus dem Hochgebirge in die Bergtäler herunter, denn er hält keinen Winterschlaf.
Seine Nahrung sucht er überwiegend auf Bäumen, denn er vermag recht gewandt zu klettern, und übernachtet auch manchmal im dichten Geäst der Baumkronen. Gern stöbert er Vogelnester auf und frißt Eier und Nestlinge. Ein weiterer Leckerbissen für ihn ist der Honig wilder Bienen. Aber auch Insekten, Weichtiere und andere Wirbellose verschmäht er nicht. Größtenteils besteht seine Kost jedoch aus Früchten, Blättern und Trieben. Hin und wieder besucht er Felder in der Nähe des Waldes, um sich dort verschiedene Früchte zu holen.

Der Kragenbär ist hauptsächlich tagsüber und in der Dämmerung aktiv, geht aber dort, wo er von Jägern verfolgt wird, erst nachts auf Nahrungssuche. Er ist ein Einzelgänger und lebt nur während der Brunstzeit mit einem Weibchen zusammen. Die Paarungszeit liegt im Juni/Juli. Das Weibchen ist 7—8 Monate lang trächtig und bringt dann in seinem Nest in einer Fels- oder Baumhöhle 1—2, selten bis zu 4 Junge zur Welt. Sie werden blind geboren und können erst nach 24—34 Tagen sehen. Die kleinen Bären verlassen das Nest zum erstenmal im Alter von 48—60 Tagen und beginnen nach 85—90 Tagen selbst feste Nahrung zu sich zu nehmen. Erwachsen sind sie nach $2^1/_2$ Jahren.

Katzenbär oder **Kleiner Panda**
(Ailurus fulgens)

In seiner Heimat von Nepal bis Nordburma und bis nach Südwestchina bewohnt der hübsche, kleine Katzenbär die Hochgebirge in Höhenlagen zwischen 1800 und 4000 m. Er wird $3-4^1/_2$ kg schwer und etwa 110 cm lang, aber der sehr dicht behaarte Schwanz mißt davon allein 50 cm. Der Katzenbär ist eines der schönsten Kleinraubtiere. Sein Lebensraum sind Bergwälder und dichte Bambusdickichte. Ältere, männliche Tiere sind Einzelgänger, aber Familien bleiben manchmal das ganze Jahr über zusammen. Ihre Reviere, die von festen Wechseln durchzogen werden, markieren die Tiere durch Ausscheidungen der Analdrüsen.

Großer Panda oder Bambusbär

Auf Nahrungssuche begibt sich der Katzenbär in der Dämmerung, bei bedecktem Himmel auch tagsüber. Er ernährt sich hauptsächlich von Bambusschößlingen, aber auch von saftigen Gräsern, kleinen Wurzeln und verschiedenen Früchten, verschmäht Eier oder Jungtiere kleinerer Vogelarten nicht und fängt hin und wieder Insekten. In seinem Revier hat er einen festen Wohnplatz, wo er ausruht und schläft. Dafür sucht er sich einen hohlen Baum oder eine Felshöhle aus, aber auch im dichten Geäst der Baumkronen findet er sein Lager.
Nach rund 130 Tagen Tragzeit bringt das Weibchen 1 oder 2, seltener bis 4 Junge zur Welt. Bei der Geburt sind sie zwar schon behaart, aber noch blind. Nach 21—30 Tagen beginnen sie zu sehen, im Alter von 16 Wochen nehmen sie zum ersten Mal feste Nahrung an, und nach 2—3 Jahren sind sie erwachsen.

Großer Panda oder **Bambusbär** *(Ailuropoda melanoleuca)*

Der Große Panda hat nur einen ganz kurzen Schwanz und wird bis zu 150 cm lang und 80—140 kg schwer. Er gehört zu den seltensten Tierarten, und nur wenige zoologische Gärten zeigen ihn außerhalb Chinas als Staatsgeschenk der Volksrepublik China. Insgesamt sind es zusammen nur etwa 10 Tiere. Seine Heimat ist das Bergland von Hsifan im Westen der Provinz Szechuan. Sein Lebensraum sind die weiten Bambusdschungel in 2000 m Höhe, in denen er seine Hauptnahrung — Bambusblätter und -schößlinge — findet. Er frißt 10—12 Stunden täglich. Der Große Panda lebt ungesellig und tut sich nur während der Paarungszeit mit einem Weibchen zusammen. Das Weibchen gebiert nur ein einziges Junges, das 2—3 Jahre bei der Mutter bleibt, dann selbständig wird und oft mit anderen Jungtieren durch die Gegend streift.

Schneeleopard oder **Irbis** *(Uncia uncia)*

Diese stattliche Großkatze bewohnt in ihrer Heimat, die sich ursprünglich von Ostturkestan bis nach dem Südosten Tibets und nördlich bis zum Aralsee und zum Baikalsee erstreckte, ausschließlich Hochgebirgslandschaften. Der Schneeleopard wird bis zu 250 cm lang, aber mehr als 100 cm mißt der dichte, buschige Schwanz. Das Gewicht dieser herrlichen Großkatze mit dem prächtigen, vor allem im Winter sehr dichten und langen Pelz bewegt sich zwischen 23 kg und 41 kg. Der Schneeleopard ist überall sehr selten geworden, weil man ihn wegen seines dichten und weichen Pelzes viel zu stark bejagt.
Er bewohnt die Berghänge in Hochgebirgslagen zwischen 3000 und 4000 m, steigt aber im Sommer auch bis zu 6000 m Höhe hinauf. Im Winter dagegen zieht er sich in die niedriger gelegenen Gebirgstäler zurück. Er lebt einzeln und beansprucht ein ziemlich großräumiges Revier, das er auf regelmäßigen Wechseln durchstreift und wo er feste Plätze zum Sonnen und Ruhen besitzt. Er verbirgt sich in Felshöhlen oder an steilen Hängen unter überhängenden Felsen. Am liebsten jagt er in der Dämmerung, manchmal aber auch nachts oder am Tag. Seiner Beute lauert er von einem erhöhten Platz aus auf einem Felsen auf und bemächtigt sich ihrer in schnellem, 6—15 m weitem Sprung. Dabei bevorzugt er Wildschafe, Ziegen, Hirsche, Steinböcke und Wildschweine. Aber auch Mäuse, Murmeltiere, Pfeifhasen und Fasanen erbeutet er.
Zur Brunstzeit lebt ein Pärchen mehrere Tage zusammen. Das Weibchen polstert vor dem Werfen ein Versteck mit Haaren, die es sich am Bauchfell ausgezupft hat, aus. Nach einer Tragzeit von 98—103 Tagen bringt das Weibchen zwischen April und Juni 1—5 Junge zur Welt. Sie werden blind geboren und beginnen nach 7—9 Tagen zu sehen. Muttermilch trinken sie 6 Monate lang, obwohl sie schon mit 2 Monaten versuchen, das Beutetier, das ihnen die Mutter heranschafft, zu verzehren. Die kleinen Schneeleoparden verlassen das Nest zum erstenmal im Alter von etwa 45 Tagen. Bei der Mutter bleiben sie bis zum kommenden Sommer, so daß das Schneeleopardenweibchen nur alle zwei Jahre Junge bekommt. Die jungen Weibchen werden mit 2—3 Jahren, die Männchen mit 4—5 Jahren erwachsen.

Moschustier *(Moschus moschiferus)*

Die Nadelwälder und Rhododendronbestände der Hochgebirge von Nepal bis nach China, Korea und Ostsibirien sind der Lebensraum des Moschustieres. Es bewohnt die Gebirgshänge in Höhenlagen von 2600 bis zu 3600 m und geht gern in Täler, die von Bergbächen und Bergflüssen durchzogen werden. Es wird 60 cm hoch und erreicht zusammen mit dem nur 4 cm langen Schwanz eine Körperlänge von 100 cm. Sein Gewicht beträgt 9—11 kg. Das Moschustier gehört zur Familie der Hirsche, die männlichen Tiere tragen aber kein Geweih, dafür aber stark verlängerte, bis zu 7,4 cm lange Hauer. Und sie verstehen es, sich damit zu wehren und sie als Waffen zu gebrauchen. Die Moschustiere leben paarweise oder einzeln in ihren Revieren, die sie auch verteidigen und in denen sie selbst Erdvertiefungen als Ruheplätze auswerfen.
Auf Nahrungssuche begeben sie sich auf regelmäßigen, mit Ausscheidungen aus den Afterdrüsen markierten Pfaden. Ihre Kost besteht aus Blättern, Gras, Fallobst, Moosen und Flechten. Wenn ein Tier sich durch einen Tiger oder Leoparden gefährdet fühlt, stößt es einen lauten Pfiff aus, mit denen es die übrigen Tiere seiner

Schneeleopard oder Irbis

Moschustier

Umgebung warnt. Die Brunftzeit liegt zwischen November und Januar. Nach einer Tragzeit von etwa 160 Tagen bringt das Weibchen in einem Versteck im dichten Gebüsch 1 oder 2 gefleckte Junge zur Welt, die es dann 4—5 Monate lang säugt.

Weißlippenhirsch *(Cervus albirostris)*

Die Hochgebirgslandschaften Tibets und Westchinas bewohnt ein stattlicher Hirsch, dessen Kopfhöhe 140 cm mißt — der Weißlippenhirsch. Die Hirschkuh ist allerdings kleiner und schwächer und hat kein Geweih. Das Winterfell des Weißlippenhirsches ist lang und dicht und schützt ihn vor den eisigen Schneestürmen. Die erwachsenen Männchen leben einzeln. Im Winter schließen sie sich jedoch zu kleineren Rudeln zusammen. Auf der Suche nach Nahrung, Gras, Blättern, Früchten, Bambusschößlingen und im Winter auch Moosen und Flechten, benutzt er regelmäßig begangene Wechsel.

Zur Brunft, gewöhnlich im September und Oktober, tragen die Männchen Zweikämpfe um die Weibchen aus. Nach einer Tragzeit von 200—240 Tagen setzt die Kuh, meist im Juli, gut versteckt im Dickicht, ein Junges. Die Kälber werden von den Muttertieren bis zum 8. Monat gesäugt, obwohl sie nach einem Monat bereits selbst feste Pflanzennahrung zu sich nehmen. Die Jungen bleiben bis zu 2 Jahren bei der Mutter. Zu den Feinden des Weißlippenhirsches gehören vor allem Leopard und Bär, aber auch hundeartige Raubtiere, die vor allem den Jungtieren gefährlich werden.

Wildyak *(Bos mutus)*

Der Wildyak ist ein Bewohner der Hochgebirgsflächen Tibets, wo er in Höhenlagen bis zu 5100 m lebt. Im Winter zieht er sich jedoch in niedrigere Lagen zurück, wo er vor strengen Frösten und Schneestürmen sicher ist. Der Yakbulle ist ein mächtiges Tier: Er wird bis zu 200 cm hoch, etwa 900 kg schwer und hat bis zu 90 cm lange Hörner. Die Yakkühe sind kleiner und haben auch schwächere Gehörne. Seit der Wildyak vor etwa 3000 Jahren domestiziert wurde, gehört der Hausyak zum festen Haustierbestand in den Berggebieten Zentralasiens. Die Hausyakkühe geben zwar nicht viel, dafür aber um so fettere und nahrhaftere Milch.

Die Wildyakbullen leben meist einzeln oder in eigenen, kleinen Herden. Die Kühe, Jungtiere und Kälber bilden große Herden. Zur Brunftzeit kommen die Bullen in die Weibchenherden und liefern sich untereinander heftige Kämpfe. Die Yaks ernähren sich von Gräsern, Laub, Bambusschößlingen, Flechten und Moosen. Die Kuh ist 255—270 Tage lang tragend und bringt dann ein Junges zur Welt, das oft schon eine halbe Stunde nach der Geburt auf seinen kleinen Beinen zu stehen vermag und nach einer Stunde auch schon saugt.

Goral *(Nemorhaedus goral)*

Vom Himalaja bis nach China, Korea und Ostsibirien reicht das Verbreitungsgebiet des Goral, einer Waldziegenantilope, die mit den Gemsen verwandt ist. Sie wird 55—75 cm hoch, bis zu 130 cm lang, wobei der 20 cm lange Schwanz eingeschlossen ist, und 22 kg bis 32 kg schwer. Sie bevölkert die felsigen Gebirgslagen bis in

Weißlippenhirsch

Wildyak

Goral

2500 m Höhe, ist aber auch in den niedrigeren Buschsteppen anzutreffen. An den steilen Berghängen klettert sie behende und schnell und entkommt dadurch so manchem Feind. Außerhalb der Brunftzeit leben die Tiere in Rudeln, ältere Böcke sind Einzelgänger.
Während der Brunft verteidigen die Männchen kleinere Reviere und markieren sie mit einer Ausscheidung der hinter den Hörnern liegenden Drüsen, die sie an kleinen Zweigen oder hohen Kräutern abstreifen. Die Paarung erfolgt zwischen September und Dezember. Nach einer 210—214tägigen Tragzeit, also im Mai oder Juni, wirft das Weibchen an einem versteckten Platz ein Junges, selten Zwillinge. Das Kleine kann schon nach einer Stunde auf seinen Beinchen stehen, ist sehr lebhaft und klettert schon am zweiten Tag seiner Mutter an den Felswänden nach. Volle 2 Jahre bleibt es in der Obhut des Muttertieres. Die kleinen Gorale werden oft von großen Adlern angefallen. Ist jedoch die Mutter in der Nähe, so verteidigt sie ihr Kind mit Hufschlägen. Deshalb gelingt es den Greifen meistens nur, versprengte Jungtiere zu schlagen.

Takin *(Budorcas taxicolor)*

Die Hochgebirgslandschaften östlich von Tibet bis nach Mittelchina bewohnt der stattliche Takin. Im Widerrist wird er 110—130 cm hoch. Das Gewicht eines erwachsenen Bockes kann bis zu 300 kg betragen. Die Hörner sind recht massiv und etwa 60 cm lang. In Höhenlagen zwischen 2000 und 5000 m lebt er in lichten Bergwäldern, Rhododendrongebüschen oder Bambusdschungeln. Aktiv ist der Takin vor allem am späten Nachmittag und abends, zur Winterzeit auch tagsüber. Er hält sich in kleineren Rudeln auf, und nur die Böcke sind gewöhnlich Einzelgänger. In ihrem Revier wandern sie auf ausgetretenen Pfaden und halten feste Ruhe- und Kotplätze ein.
Ihre Kost bilden Gräser, Kräuter, Blätter und Früchte und im Winter, wenn sie in die Gebirgstäler kommen, auch Bambusschößlinge. — Nach 200—220 Tagen Tragzeit wirft das Weibchen ein Junges, selten Zwillinge. Vor der Geburt trennt sich die Geiß vom Rudel und verbirgt sich im dichten Gestrüpp. Die Jungen werden meist im März oder April geboren und folgen schon eine halbe Stunde nach der Geburt dem Muttertier. Im Alter von 14 Tagen beginnen sie, saftige Schößlinge anzuknabbern. Sie trinken nur kurze Zeit Muttermilch — etwa 2 Monate lang. Die weiblichen Tiere sind mit $2^1/_2$ Jahren, die männlichen erst mit 4—5 Jahren erwachsen.

Schraubenziege oder **Markhor** *(Capra falconeri)*

Die Gebirge Usbekistans und der Tadschikischen SSR,

Takin

Afghanistans, Kaschmirs und Pakistans sind die Heimat der stattlichen Schraubenziege. Der Bock wird im Widerrist etwa 110 cm hoch, 170 cm lang einschließlich des 15 cm langen Schwanzes und bis zu 100 kg schwer. Sehr auffallend sind seine starken, schraubenartig gedrehten, langen Hörner. Die Geiß ist kleiner und wiegt höchstens 40 kg. Die Schraubenziege ist zwar ein tagaktives Tier, aber auch in hellen Nächten recht lebhaft. Behende vermag sie an den steilen Felswänden zu klettern und auch mehrere Meter tiefe Schluchten und Kamine zu überspringen. Dadurch rettet sie sich vor gefährlichen Feinden. Geiß und Jungtiere halten sich im Rudel auf, zu dem sich während der Brunft auch die Böcke gesellen.
Zur Paarungszeit, also im Dezember, kommt es zwischen den Nebenbuhlern zu Zweikämpfen. Das Aufeinanderschlagen ihrer Hörner ist dann weithin zu hören. Aber diese Duelle enden meist ohne Verletzung eines der Kämpfer. Jeder Bock hat mehrere Geißen, die nach einer Tragzeit von etwa 155 Tagen ein oder zwei Zicklein zur Welt bringen. Die Kleinen sind sehr munter, werden von den Muttertieren 5—6 Monate gesäugt und bleiben 2 Jahre in der mütterlichen Obhut. Die Schraubenziege ernährt sich von Gräsern, Kräutern, Blättern und kleinen Zweigen, im Winter auch von Flechten und Moosen. Bei Gefahr läßt sie einen scharfen, weithin hörbaren Pfiff hören.

Schraubenziege oder Markhor

Bezoarziege *(Capra aegagrus)*

Die Bezoarziege ist in ihrer Heimat, die sich vom Südkaukasus über Armenien bis nach Pakistan, dem Iran und der Türkei hin erstreckt, ziemlich häufig anzutreffen. Bekannt sind mehrere Unterarten. Der Bock wird bis zu 100 cm hoch und hat mächtige Hörner, die Geiß ist schwächer und hat auch ein kleineres Gehörn. Die Bezoarziege ist die Stammform unserer Hausziege. Sie wurde wahrscheinlich in Vorderasien schon vor mehr als 9000 Jahren zum Haustier. Die Bezoarziege lebt in größeren Rudeln an den mit Wacholder und Gebüschen bewachsenen, aber auch an den mit Laubwald bestandenen Felshängen der Hochgebirge.
Die Gruppen bestehen aus weiblichen Tieren und Jungtieren sowie jungen Böcken bis zu 4 Jahren. Die älteren Böcke leben einzeln oder außerhalb der Brunftzeit in selbständigen Gruppen. Zur Brunft, also von Oktober bis Januar, führen die Böcke erbitterte Zweikämpfe um die kleinen Geißherden. Das Muttertier ist 155 Tage lang trächtig und wirft 1—3 Junge, die schon am zweiten Tag munter hinter ihrer Mutter an den Felswänden herumklettern. Muttermilch trinken sie etwa 5 Monate. Die Bezoarziegen leben von Laub, Gras, verschiedenen Früchten, im Winter auch von Moosen und Flechten.

Bezoarziege

Tahr

Zu ihren ärgsten Feinden zählen Leopard und hundeartige Raubtiere.

Tahr *(Hemitragus jemlahicus)*

Von Südwestindien bis zum Himalaja erstreckt sich die Heimat des Tahrs, der mit einem sehr langen und im Winter dazu noch dichten Haarkleid ausgestattet ist. Außerdem variieren die einzelnen Tiere auch in ihrer Färbung ziemlich stark zwischen hellbraun bis rotbraun. Der Tahrbock wird etwa 100 cm hoch und 100 kg schwer, die Geiß ist kleiner und hat zwar ebenso lange, aber schwächere Hörner. Der Tahr bewohnt steinige Gebirgslandschaften im Waldgürtel bis in 3000 m Höhe.

Er führt ein geselliges Leben in Herden zu 10—40 Tieren, die während des Weidens von mehreren Herdenmitgliedern bewacht und vor eventueller Gefahr gewarnt werden. Die Tahre sind ziemlich scheu und fliehen beim geringsten Verdacht. Ihre Kost besteht aus Gräsern, Kräutern, Laub und Früchten. Während der Brunft im November und Dezember strömen die Tahrböcke einen intensiven Geruch aus. Die Geiß bringt nach 180—240 Tagen Tragzeit an einer geschützten Stelle auf einem Felsvorsprung ein, selten zwei Junge zur Welt. Die sehr munteren Zicklein kehren schon wenige Stunden nach der Geburt mit der Mutter in die Herde zurück.

Argali oder Altai-Wildschaf

Argali oder Altai-Wildschaf
(Ovis ammon ammon)

Das Argali ist die größte unter allen Unterarten des Wildschafes. Seine Heimat erstreckt sich vom Altai bis zum Baikalsee und bis in die Westmongolei. Der Argalibock erreicht eine Widerristhöhe von 125 cm, eine Länge von 200 cm und ein Gewicht von 230 kg. Das Weibchen ist kleiner und hat auch schwächere Hörner. Die Altaischafe bewohnen buschbestandene und rasenbewachsene Hochgebirgshänge. Sie bilden kleine Rudel, sind tagaktiv und ernähren sich von Gras, Kräutern und Laub.

Die Brunft beginnt im Oktober und November und zieht sich manchmal bis in den Januar hinein. Zur Paarungszeit kämpfen die Böcke häufig miteinander. Das Mutterschaf bringt nach einer Tragzeit von 150—190 Tagen meist ein Lämmchen, selten Zwillinge, zur Welt und kehrt mit den Jungen schon am zweiten Tag in die Herde zurück. Die weiblichen Tiere werden nach $1^1/_2$ Jahren, die jungen Widder erst nach $3^1/_2$ Jahren erwachsen.

Streifengans *(Anser indicus)*

Zentralasien ist das Verbreitungsgebiet der 75 cm großen Streifengans, die vor allem an Bergseen und Bergbächen, aber auch oft auf grasbewachsenen Hochgebirgsplateaus lebt. Sie ernährt sich von Gras, Pflanzensprossen, Beeren und Samen, aber auch ab und zu von Getreidekörnern. Im Winter zieht sie nach Indien und Burma. Die Tiere leben dann gemeinsam in Familienverbänden oder auch in Herden, die bis zu 100 Tieren umfassen.

Während der Brut leben sie paarweise in ihren Brutgebieten in Gebirgslagen bis zu 4300 m. Ihr Nest bauen sich die Streifengänse zwischen Steinen im hohen Gras oder auf kleinen Inseln der Bergseen. Das Weibchen legt 3—6 weißliche Eier und bedeckt das Gelege reichlich mit Flaumfedern, um es vor Kälte zu schützen. Auf den Eiern sitzt es allein 28—30 Tage lang. Das Männchen hält sich während dieser Zeit in der Nähe auf und sorgt für den Schutz seiner brütenden Partnerin. Beide Eltern führen die Jungen gemeinsam. Besonders der Ganter kämpft beherzt mit Feinden, die den Küken zu nahe kommen, am häufigsten mit Raubvögeln, die er meist in die Flucht jagt.

Indischer Schopfbussard *(Aviceda jerdoni)*

Das Verbreitungsgebiet des Indischen Schopfbussards reicht von Südindien und dem östlichen Himalaja über Burma, Thailand und Süd-Laos bis zu den Philippinen, Sumatra, Borneo und Celebes. Er erreicht eine Länge von etwa 50 cm. Das Weibchen ist heller gefärbt und hat eine rostrot weiße Brust. Der Indische Schopfbussard bewohnt bewaldete Berghänge bis in 1800 m Höhe und lebt paarweise, nach dem Nisten in Familienverbänden. Er gehört zu den Dämmerungsjägern und jagt an den Waldrändern der Regenwälder, wo er vor allem nach Echsen, z. B. der Gattung Calotes, ausspäht. Er fängt auch Baumfrösche und größere Insekten, manchmal auch kleine Nagetiere.
Die Tiere horsten in hohen Waldbäumen in 7—20 m Höhe. Die Mulde des aus kleinen Zweigen gemeinsam angefertigten Nestes polstern sie weich mit Grashalmen und frischen, grünen Blättern aus. Das Weibchen legt 2—3 grünweiße Eier und bebrütet sie abwechselnd mit ihrem männlichen Partner etwa einen Monat lang.

Bartgeier *(Gypaëtus barbatus)*

Einer der größten Greifvögel ist der Bartgeier, denn er wird über 120 cm lang und erreicht eine Flügelspannweite von 280 cm. Er ist ein häufiger Bewohner Mittel- und Zentralasiens und des Himalaja, kommt aber auch in Südeuropa und in Nordafrika vor. Außerhalb der Brutzeit ist er Einzelgänger. Majestätisch kreist dieser Hochgebirgsvogel in weitem Bogen über Felshängen, Gebirgsschluchten und Bergtälern in Höhen von 1200—4000 m. Im Sommer steigt er sogar bis zu 7000 m hinauf.
Oft segelt er über Bergdörfern und Berghöfen und hält nach toten und kranken Haustieren Ausschau, denn seine Hauptnahrung bilden die Leichen großer Säugetiere, gleichgültig ob Haustier oder Wild. Oft frißt er auch Knochen. Aus großen Knochen holt er das Mark heraus. Der Bartgeier ist als „Knochenbrecher“ bekannt, denn er vermag es, so große Stücke wie beispielsweise den Oberschenkelknochen eines Esels mit seinem Schnabel zu ergreifen, aufzufliegen und ihn aus 50 bis

Streifengans

70 m Höhe auf den unter ihm liegenden Felsen fallen zu lassen. Durch den starken Aufprall zerschellt der Knochen, so daß der Geier die Knochenstücke leichter verzehren kann.
Zur Paarungszeit führen beide Partner ihre Hochzeitsflüge hoch über Tälern und Schluchten aus und zeigen ihre Flugkünste in plötzlichen, akrobatischen Wendungen. Den Horst bauen sie auf Felsvorsprüngen aus einem großen Haufen von Zweigen, Haut- und Fellresten und Knochen. Gewöhnlich hat jedes Bartgeierpaar 2—3 Horstnischen, unter denen es sich seine Niststelle

Indischer Schopfbussard

Bartgeier

auswählt. In den asiatischen Verbreitungsgebieten verläuft das Brutgeschäft von Dezember bis März. Das Weibchen legt 1 oder 2 hell cremefarbene, rotbraun gefleckte Eier und bebrütet das Gelege abwechselnd mit seinem männlichen Partner. Während der Brutzeit, die

Schneegeier

55—60 Tage lang dauert, sitzt das Weibchen aber häufiger. Beide Eltern ziehen aber gewöhnlich nur einen Nestling groß. Erst nach 5—6 Jahren ist der junge Bartgeier erwachsen. Die Jungtiere erkennt man an ihren schwarzen Köpfen. Selten läßt der Bartgeier seinen hellen, durchdringenden Pfeifton hören; meist verhält er sich lautlos.

Schneegeier *(Gyps himalayensis)*

Die Hochgebirgszüge des Himalajas, des Tibet und des Pamir sind die Heimat des Schneegeiers, eines bis zu 125 cm großen Greifvogels mit einer Flügelspannweite von mehr als 260 cm. Dieser große Vogel bewohnt offene Gebirgstäler und Felshänge in Höhenlagen von 600—2500 m und fliegt zur Nahrungssuche in Gebirgslagen über 4500 m. Er lebt nicht nur einzeln oder in Paaren, sondern manchmal auch in kleineren Gesellschaften. Stundenlang können die Schneegeier über Felsen und Schluchten kreisen und nach Beute ausspähen. Sobald ein Tier verendet und am Wege liegenbleibt, stellen sich die Schneegeier zum Mahl ein. Aus dem oft noch warmen Körper reißen sie heißhungrig Fleisch- und Hautstücke sowie Knochen heraus. Am liebsten halten sie sich über Schafweiden auf, denn dort ist nie Mangel an Nahrung.

Von Januar bis März errichten sie auf unzugänglichen Felswandvorsprüngen ihre Horste aus Zweigen, die sie mit dem Schnabel von den Bäumen brechen. Die Nistmulde füttert der Schneegeier mit Fellresten von Säugetieren aus. Es kommt vor, daß 5—6 Paare in unmittelbarer Nachbarschaft nisten und so Kolonien bilden. Das Weibchen legt ein einziges weißes, seltener rotbraun geflecktes Ei, das von beiden Altvögeln abwechselnd 50 Tage lang bebrütet wird. Der Nestling wird nach 80 Tagen flügge und wird von den Eltern mit vorverdauter Nahrung aus dem Kropf gefüttert.

Mönchsgeier *(Aegypius monachus)*

Die Hochgebirge Kleinasiens bis nach Mittelasien und Tibet hin sind die Heimat eines mächtigen Greifvogels — des Mönchsgeiers, der auch in Südeuropa vorkommt. Er bevorzugt offene Landschaften in 2400—3000 m Höhe. Schon Mitte Februar errichtet das Paar in den Wipfeln der Bäume aus Zweigen seinen riesigen Horst, den es oft über Jahre benutzt und jedes Jahr aufstockt. Der Nestbau kann so bis zu 2 m hoch und 1,5 m breit werden. Auf den asiatischen Hochflächen stehen die Mönchsgeierhorste meist in 8—12 m Höhe auf hohen Wacholderbäumen. Das Baumaterial wird mit dem scharfen, mächtigen Schnabel abgebrochen.

Auf dem Gelege, das aus einem einzigen, hell gelblichweißen, rotbraun gefleckten Ei besteht, wechseln sich beide Altvögel beim Bebrüten ab. Nach 55 Tagen schlüpft der Nestling, den die Eltern mit vorverdautem Brei aus dem Kropf füttern. Im Nest bleibt der junge Mönchsgeier 90—105 Tage und ist erst dann zum ersten Ausflug fähig. Die Hauptnahrung des Mönchsgeiers bilden verendete, große Säugetiere. Nur ausnahmsweise schlägt dieser Geier auch lebende Tiere, wie Schlangen, Lurche und Kleinsäuger.

Mönchsgeier

Kaiseradler *(Aquila heliaca)*

Das recht große Verbreitungsgebiet des Kaiseradlers erstreckt sich von Südeuropa bis zum Baikalsee. Besonders häufig ist er in Nordindien und China. Außerhalb der Brutzeit zieht er bis nach Vietnam und Laos. Er erreicht eine Länge von 90 cm und eine Flügelspannweite von 180 cm. Der Kaiseradler bewohnt Vorgebirgsregionen und Waldlandschaften und horstet in 6—9 m Höhe in Bäumen. Seinen Horst aus Zweigen und stärkeren Ästen benutzt das Altvogelpaar über Jahre, richtet ihn jedes Jahr neu her und erweitert ihn. Gewöhnlich errichtet ein Paar 2—3 Horste, die in der Umgebung beieinander liegen, und wechselt sie unregelmäßig.

Das Weibchen legt 2 weiße, rotbraun gefleckte Eier und bebrütet sie zusammen mit dem Männchen 42—45 Tage lang. Auch die Nestlinge werden 65—77 Tage im Horst von beiden Eltern versorgt. Auch wenn die Jungtiere schon selbst ausfliegen, tragen ihnen die Altvögel Beute zu. Der Kaiseradler erbeutet hauptsächlich Kleinsäugetiere, seltener Vögel, aber auch Schlangen. Seine Beute erspäht er von einer erhöhten Stelle aus oder während seiner Flüge über offene Landschaften. Häufig vertilgt er aber auch das Fleisch von Fallwild.

Kaiseradler

Traueradler *(Nisaëtus alboniger)*

In den bewaldeten und offenen Hochgebirgslandschaften Thailands, Malaysias, Sumatras und Borneos ist der Traueradler heimisch. Dieser etwa 70 cm große Greifvogel bevorzugt Höhenlagen zwischen 400 und 1800 m. Während der Paarungszeit ist sein metallischer Pfeifton zu hören. Er horstet in mächtigen Bäumen, wie beispielsweise in der Shorea robusta in einer Höhe von 12—25 m über dem Boden. Zum Bau der Unterlage benutzt er eine Menge Zweige, zum Ausfüttern der Mulde frische, grüne Blätter. Ein Adlerpaar hat gewöhnlich zwei Horste, die es wechselt und regelmäßig instandsetzt und ausbaut.

Das Weibchen legt meist 1, selten 2 weiße, manchmal vereinzelt gelblich oder rötlich gefleckte Eier. Das Weibchen bebrütet das Gelege etwa 40 Tage lang allein und wird während der Brutzeit vom Männchen mit Futter versorgt. Auch in den ersten Tagen nach dem

Traueradler

Braunschwanz-Seeadler

Ausschlüpfen der Jungen trägt es für die ganze Familie Beute heran und übergibt sie der Mutter. Hauptbeute des Traueradlers sind Hühnervögel, meist Fasanen. Er fliegt aber auch auf Raub in die Nähe menschlicher Ansiedlungen und raubt Hühnerküken oder auch Hennen.

Braunschwanz-Seeadler *(Icthyophaga humilis)*
Der Himalaja, Südostasien, Sumatra, Borneo und Celebes sind die Heimat des Braunschwanz-Seeadlers, eines etwa 65 cm großen Greifvogels. Er bevorzugt Waldbestände nahe den Gebirgsbächen in Höhen von 1000—2400 m. Er sitzt dann auf einem über die Wasseroberfläche reichenden Ast und lauert auf Fische, von denen er sich hauptsächlich ernährt. Die Beute greift er im Wasser mit seinen langkralligen Fängen. Aber auch Vögel oder Kleinsäuger, die sich an den Bachsäumen aufhalten, verschmäht er nicht.
Während der Brutzeit von März bis Mai ertönt sein lauter, glockenartiger Schrei. Den Horst, den sich das Paar aus Zweigen und Aststücken in der Krone hoher Bäume errichtet, benutzt es über Jahre, so daß sich der Bau von Jahr zu Jahr vergrößert. Die Nistmulde polstert das Weibchen reichlich mit frischen, grünen Blättern aus und legt 2—3 weiße Eier hinein.

Chukar-Steinhuhn *(Alectoris chukar)*
Das Verbreitungsgebiet des Chukar-Steinhuhnes reicht von Bulgarien bis nach Mittelasien und in die Mongolei. Es bewohnt die Felsenregionen der Hochgebirge bis in 4000 m Höhe und gehört zu den häufigsten und von den Einheimischen gern gejagten Vogelarten. Das Chukar-Steinhuhn vermag schnell und gewandt an steilen Gebirgshängen zu laufen und nutzt diese Fähigkeit vor allem, wenn es sich gefährdet glaubt. Dann läuft es plötzlich den Steilhang hinauf und fliegt von oben ins Tal hinunter. Auf diese Weise entkommt es leicht seinen Feinden. Beim Laufen warnt es mit seinem lauten, schrillen „tschuktschukor" die übrigen Mitglieder der Familie. Außerhalb der Brutzeit lebt das Chukar-Steinhuhn in Familienverbänden. Im Herbst vereinigen sie sich zu größeren Gruppen.
Während der Fortpflanzungszeit lebt das Chukar-Steinhuhn jedoch paarweise. Die Henne legt ihr Nest in einer Erdmulde an und polstert es mit Pflanzenteilen oder Blättern aus. Gewöhnlich sucht sie einen geschützten Nistplatz unter niedrigen Büschen in Grasbülten unter Felsvorsprüngen. Dort bebrütet sie allein 25—26 Tage lang ihr Gelege aus 8—15 beigegelben, zart braun getupften Eiern. Die Küken werden von beiden Eltern geführt. Als Nahrung dienen den Chukar-Steinhühnern Insekten, Insektenlarven und andere wirbellose Kleinle-

bewesen, aber auch Samen, Beeren, Körner und grüne Pflanzenteile. Zu seinen Feinden gehören vor allem Greifvögel und kleine Raubtiere, die sich oft die Nestküken als Beute aussuchen.

Chukar-Steinhuhn

Haldenhuhn *(Lerwa lerwa)*

Das Verbreitungsgebiet des 40 cm langen Haldenhuhnes reicht von Afghanistan über den Himalaja bis nach Süd-Tibet und West-China. Beide Geschlechter haben die gleiche Färbung. Es lebt in schroffen Hochgebirgslagen zwischen 3000 und 5000 m und kommt auch im Winter nur selten bis auf 2500 m herunter. Es liebt steinige Halden und Stellen, wo nur spärliches Gras und niedrige Rhododendronbüsche wachsen. Bis hierher reichen schon Reste des ewigen Schnees. Das Haldenhuhn hält sich in Familienverbänden von 6—8 Tieren, im Winter in Gruppen bis zu 25 Exemplaren auf. Während der Brutzeit lebt es paarweise.
Im Mai oder Juni baut sich das Weibchen in einer Erdmulde unter überhängenden Felsen oder an steilen Hängen unter einem Strauch ein Nest, das es mit Moos und Blättern auspolstert. Das Gelege besteht aus 3—6 rahmfarbenen, rötlich gefleckten Eiern. Wie lange die Brutzeit dauert, ist uns bis jetzt noch nicht bekannt. Beobachtungen nach hilft auch das Männchen bei der Aufzucht und beim Führen der Küken. Das Haldenhuhn ernährt sich von Flechten, Moosen, Samen und grünen Grasspitzen. Während der Brutzeit lassen die Haldenhühner ihr melodisches Gackern hören, bei Gefahr dagegen ertönt ihr schrilles Pfeifen.

Hügelhuhn *(Arborophila torqueola)*

Das Hügelhuhn ist im Himalajagebiet verbreitet und hat sich bis Burma, Malaysia und Nord-Vietnam ausgebreitet. Es wird etwa 30 cm lang. Die Henne ist dem Hahn recht ähnlich, Bart und Kehle sind jedoch rostrot und schwarz gefleckt, die Brust ist braun und der Kropf rostrot gesäumt. Hügelhühner leben in lichten Waldbe-

Haldenhuhn

Hügelhuhn

Tibet-Königshuhn

ständen in Höhenlagen zwischen 1500 und 4000 m. Tagsüber scharren sie im Humus nach Insektenlarven, Würmern, Schnecken und Spinnen. Sie verachten aber auch Beeren und Pflanzenspitzen nicht. Abends baumen sie auf ihren Schlafast auf und verbringen dort die Nacht. Außerhalb der Brutzeit leben sie in kleinen Gruppen zu 5—10 Tieren, während der Fortpflanzungszeit paarweise. Die Henne scharrt sich unter einem niedrigen Strauch oder am Fuß eines Baumes eine flache Mulde, die sie mit Gras auslegt. Die 3 bis 5 weißlichen Eier werden von der Henne 24 Tage lang bebrütet.

Tibet-Königshuhn *(Tetraogallus tibetanus)*

In seinem Verbreitungsgebiet, dem Tibetischen Hochgebirge, lebt es in Höhenlagen zwischen 3500 und 5500 m auf Felshängen und Geröllhalden. Verwandte Arten des 70 cm langen Tibet-Königshuhnes sind auch in anderen asiatischen Hochgebirgsregionen zu finden. Die Henne ähnelt dem Hahn, hat aber gelbliche Flekken in dem grauweißen Querstreifen, der über die Brust verläuft. Außerhalb der Brutzeit schließen sich die Tibet-Königshühner zu Scharen zusammen.

Während der Brutzeit leben sie in Einehe. Der Hahn läßt dann häufig laute, pfeifende Töne hören. Das Weibchen baut sein Erdnest am Steilhang zwischen Geröll oder dünnen Grasbüscheln und polstert die Mulde spärlich mit Grashalmen oder Blättern aus. Das Gelege, das aus 6—9 gefleckten Eiern besteht, bebrütet es selbst etwa 4 Wochen lang. Die Küken werden von beiden Eltern geführt. Die Jungtiere leben bis in den September mit den Altvögeln so lange im Familienverband, bis für die Winterperiode größere Gesellschaften gebildet werden.

Das Tibet-Königshuhn ernährt sich hauptsächlich von Pflanzenkost, wie grünen Pflanzenteilen, vielen Moosarten, Wurzeln und verschiedenen Beeren. Nur die Jungtiere suchen auch nach Insekten und Insektenlarven. Wird das Tibet-Königshuhn verfolgt, so läuft es schnell den Hang hoch, wendet und gleitet sturzflugartig zu Tal und auf den nächsten Hang zu.

Himalaja-Glanzfasan *(Lophophorus impejanus)*

Der Himalaja-Glanzfasan bewohnt den ganzen Gebirgszug von Ostafghanistan bis nach Bhutan und Südtibet. Der Hahn wird etwa 70 cm lang und 2—2,4 kg schwer, die etwas kleinere Henne erreicht nur 2 kg. Sie ist oberseits überwiegend graubraun, an der Unterseite hellbraun gefärbt und hat am Hals einen weißen Streifen. Der Himalaja-Glanzfasan, der in Gebirgslagen zwischen 2600 und 5000 m lebt, gehört zu den farbenprächtigsten Hühnervögeln. Meist bilden 3—4 Tiere, und zwar immer ein Hahn und 2—3 Hennen, einen kleinen Trupp. Der Himalaja-Glanzfasan ist vermutlich vielehig, wurde aber auch schon mit nur einer Henne beobachtet. Im Winter sind auch kleine Scharen anzutreffen, die nur aus Hennen oder nur aus Hähnen bestehen.

Himalaja-Glanzfasan

Die Brutzeit liegt zwischen April und Juni. Die Henne scharrt unter einem Strauch oder gut versteckt unter einem liegenden Stamm eine flache Mulde und polstert sie mit Blättern, Nadeln, Grashalmen oder Federn aus. Auf dem Gelege aus 4—6 gelbbraunen bis rötlichbraunen, dicht rötlich gefleckten Eiern sitzt sie allein etwa 29—30 Tage lang. Die jungen Hähne sind im ersten Jahr von ihren Schwestern nicht zu unterscheiden, haben aber manchmal schon ein paar schwarze Federn. Ihr Prachtgefieder erhalten sie erst im zweiten Jahr.
Die Himalaja-Glanzfasanen ernähren sich von Sämereien, Beeren, Sprossen, Würzelchen, Gräsern, Kerbtieren, Würmern und anderen Wirbellosen. Mit ihrem Schnabel „graben" sie die Beute aus dem Boden und scharren sie dann vollständig heraus. Auch während des Winters hacken sie mit ihrem Schnabel den Schnee weg, um an die Pflanzenwurzeln heranzukommen. Gern bewohnen sie Birken- oder Rhododendronbestände oder auch lichtere Buchenwälder. Während des Winters ziehen sie in die Täler.

Satyr-Tragopan oder Rot-Satyrhuhn
(Tragopan satyra)

Der Satyr-Tragopan ist im Himalajagebiet und im südlichen Tibet beheimatet. Der Hahn wird etwa 70 cm lang; die nahezu vollständig dunkelbraune, hellgelb gefleckte Henne erreicht 60 cm. Die Junghähne erhalten erst im zweiten Lebensjahr die prächtige Färbung erwachsener Tiere. Erwachsene Hähne werden etwa 2,1 kg schwer, die Hennen nur 1,5 kg.
Der Satyr-Tragopan bewohnt bewaldete Hochgebirgshänge zwischen 2400 und 4250 m Höhe und wandert während der Winterperiode gewöhnlich bis auf Höhen von etwa 1800 m herab. Im März beginnen die Hähne zu balzen. Im Balzspiel spreizt der Hahn vor der Henne seine prächtig bunte Kehlhaut, seinen Brustlatz und richtet hinter den Augen seine „Hörner" auf. Die Henne richtet sich ihren Nistplatz auf Bäumen, oftmals in verlassenen Nestern anderer Vögel ein. Sie legt 2—4 rotbraun gesprenkelte Eier und bebrütet das Gelege allein 25—28 Tage lang. In den ersten Tagen nach dem Ausschlüpfen bringen beide Eltern den Küken das Futter, meist grüne Blätter und Insekten, das ihnen die Nestlinge vom Schnabel nehmen.
Die nach dem Schlüpfen recht gut entwickelten Jungen können schon nach ein paar Tagen fliegen und neben den Eltern auf den Ästen sitzen. Der Satyr-Tragopan ernährt sich von grünen Blättern der verschiedenen Pflanzenarten, und es ist unglaublich, was für große Blätter schon kleine Tiere zu verschlucken vermögen. Außerdem pickt er Pflanzentriebe, Beeren, Wurzeln, Samen, Insekten und andere Wirbellose auf.

Satyr-Tragopan oder Rot-Satyrhuhn

Blutfasan

Blutfasan *(Ithaginis cruentus)*

Das Verbreitungsgebiet des Blutfasanes zieht sich vom Himalaja über Tibet bis nach Kansu, Yünnan und reicht bis nach Nordostburma. Der Hahn wird etwa 47 cm lang, die nicht so bunt gefärbte Henne erreicht nur 40 cm. Die Läufe des Männchens sind mit zwei und mehr Sporen bewehrt. Der Blutfasan gehört zu den Hühnervögeln der Hochgebirge und bewohnt Höhenlagen zwischen 3600 und 4500 m, in manchen Fällen steigt er bis zur Schneegrenze hinauf. Während der Winterzeit kommt er in die lichten Kiefernwälder der Gebirgstäler, in den Sommermonaten bevorzugt er dichte Rhododendronbestände. In den Wintermonaten

Blauer Ohrfasan

zieht er in kleineren Gruppen zu 5—10 Tieren herum. Der Blutfasan ist auf Geröll wie auf Almmatten ein gewandter, schneller Läufer. Er fliegt aber nur ungern und steigt nur dann auf, um zu Tal zu fliegen, wenn Gefahr droht.

Während der Brutzeit lebt er monogam. Das Weibchen scharrt sich im April bis Mai unter einem Rhododendronstrauch eine weiche Nestmulde und legt sie mit Grashalmen und Blättern aus. Das Gelege, das aus 5—10 rosa angehauchten, braun gefleckten Eiern besteht, bebrütet die Henne allein 28—29 Tage lang. Erwachsene Blutfasanen ernähren sich von verschiedenen Beeren, Flechten, Moosen und Trieben der Zwergbirken und Kiefern, die Jungtiere außerdem noch von Insekten und ihren Larven. Zur Äsung kommt der Blutfasan auf Almmatten, bleibt aber immer in der Nähe dichter, schützender Gebüsche.

Blauer Ohrfasan *(Crossoptilon auritum)*

Der Ohrfasan verdankt seinen Namen den steif abstehenden, verlängerten Federbüscheln am Kopf. Interessant ist an dieser Gattung, daß beide Geschlechter gleich gefärbt und die Schwanzfedern haarartig aufgesplissen sind. Diese herrlichen Schwanzfedern sind auch der Grund dafür, daß dieser Fasan stark verfolgt wurde, denn schon die chinesischen Mandarine verwendeten sie zum Zeichen ihrer Würde als Hutschmuck. Dann wurden sie in Europa in der Damenmode modern und massenhaft exportiert.

Der Ohrfasan ist ein typischer Hochgebirgsbewohner und bevölkert die Gebirgszüge der chinesischen Provinzen Kansu, Tsching-Tschai und die Berge um Ala Shan. In Höhenlagen zwischen 1500 und 4000 m sucht er am liebsten Bergwälder und Almmatten auf, die von Bergbächen durchzogen werden, denn er geht regelmäßig zum Trinken. Während der Brutzeit lebt er paarweise. Dann erklingt auch morgens und abends der scharfe, charakteristische, weithin hörbare Ruf des Männchens. Der Hahn steht dabei an einem erhöhten Platz. Das Balzspiel dieser Fasanen unterscheidet sich völlig von dem anderer Fasanengattungen. Während die meisten Fasanenhähne beim Balzen kräftig mit den Flügeln wirbeln, tut das der Ohrfasan nicht. Er läuft um die Henne mit ihr zugekehrten, hängenden Flügeln und mit gesenkter Schwanzhälfte herum. Die Henne scharrt unter einem Strauch im dichten Unterholz eine flache Mulde aus, die sie mit wenig Gras und Blättern auspolstert. Der Hahn folgt ihr dabei, hält sich in ihrer Nähe auf und sorgt für ihre Sicherheit. Das Gelege aus 5—12 hellbraun gefärbten Eiern bebrütet sie allein 26—28 Tage lang. Bevor sie hin und wieder das Nest für ungefähr eine halbe Stunde verläßt, um sich Futter zu suchen und zu trinken, deckt sie die Eier sorgfältig mit Gras und Blättern zu.

Haben die Jungfasanen das elterliche Nest verlassen, schließen sich die Ohrfasanen zu Scharen von etwa 30 Mitgliedern zusammen und baumen über Nacht auf Ästen auf. Am Morgen begeben sie sich wieder am Boden auf Nahrungssuche. Mit dem kräftigen Schnabel gräbt der Ohrfasan den Boden förmlich um und holt Würmer, Weichtiere, Insektenlarven, Gras- und Kräuterwurzeln heraus. Auch Sämereien, Sprosse und Beeren von Sträuchern und Bäumen dienen ihm als Nahrung. Seine Füße benutzt er im Unterschied zu anderen Hühnervögeln nicht zum Scharren. Die Ohrfasanen sind Standvögel und verlassen ihren Wohnbereich nicht. Meist halten sie sich an einem Hügel auf. Wenn sie verfolgt werden, laufen sie schnell den Berg hinauf und fliegen dann frei zu Tal. Ihr Flug ist jedoch schwerfällig, und deshalb laufen diese Vögel lieber. Außer dem Menschen gehören Leopard, Fuchs und von den Vögeln hauptsächlich der Sperber zu ihren Feinden.

Weißer Ohrfasan

Silberfasan

Weißer Ohrfasan *(Crossoptilon crossoptilon)*
Die Heimat des Weißen Ohrfasanen sind die Gebirgszüge von Osttibet bis nach Nordwestyünnan und nach Süden zu bis Nordostassam. Bekannt sind 5 Unterarten, die sich in ihrer Färbung unterscheiden. Alle Unterarten werden etwa 95 cm lang, haben einen samtschwarzen Scheitel, ein rotes, nacktes Gesicht und weiße Ohrfederbüschel, die nur bis zum Nacken reichen. Der Weiße Ohrfasan kommt in den Hochgebirgslagen zwischen 3000 und 4500 m vor und geht selten höher hinauf. Im Winter zieht er in die Wälder hinunter, aber nur in wenigen Fällen unterschreitet er Höhenlagen von 3000 m.
Während der Brutzeit lebt er paarweise in dichten Rhododendronbeständen oder in schwachbestandenen Waldgebieten. Auf offene Matten kommt er morgens oder am späten Nachmittag, um zu äsen. Immer hält er sich jedoch in der Nähe von Gebüschen auf. Die Henne legt 4—9 hellgraue oder bräunliche, hin und wieder dünn rostbraun gefleckte Eier in die flache, mit Pflanzenteilen ausgepolsterte Nistmulde und bebrütet das Gelege allein 24—26 Tage lang. Sind die Jungen der elterlichen Obhut entwachsen, leben die Weißen Ohrfasanen in Familienverbänden, um sich im Herbst zu kleineren Trupps zusammenzuschließen. Sie ernähren sich wie der Blaue Ohrfasan.

Wallich-Fasan *(Catreus wallichii)*
Der Wallich-Fasan ist im West- und Mittelhimalaja in Höhenlagen von 1300 bis zu 3300 m heimisch. Der Hahn wird etwa 110 cm, die Henne nur etwa 75 cm lang. Beide Geschlechter sind ähnlich gefärbt, die Henne ist aber am unteren Teil des Körpers kastanienbraun und kleiner gefleckt. Außerhalb der Brutzeit hält sich der Wallich-Fasan in kleinen Gruppen zu 5—7 Tieren auf. Wahrscheinlich sind das Familien. Die Vögel ziehen über die steilen Berghänge und suchen nach Wurzeln, Knollen, Sämereien, Beeren, Kerbtieren, Würmern und Weichtieren. Oft graben sie den Boden mit ihrem starken Schnabel nach dieser tierischen und pflanzlichen Nahrung um. Im Frühjahr und während der Sommerzeit fressen sie auch Gras und machen sich über die grünen Triebe der Sträucher her. Während der Brutzeit lebt der Wallich-Fasan paarweise. Die Henne baut ihr Nest unter einem dichten Busch und legt die Nestmulde mit Blättern und Gras aus. Dann legt sie 7—14 cremeweiße bis hellbraune, rotbraun gefleckte Eier und bebrütet das Gelege etwa 26 Tage lang allein.

Wallich-Fasan

Diamantfasan

Silberfasan *(Gennaeus nycthemerus)*

In seinem Brutgebiet im Himalaja und bis nach Südostasien ist der Silberfasan ziemlich häufig. Bekannt sind etwa 13 Unterarten, die sich durch ihre hellere oder dunklere Färbung, schmalere Streifen an den Schwanzfedern u. ä. voneinander unterscheiden. Der Hahn wird bis zu 125 cm lang. Etwa 75 cm davon mißt allein der Schwanz. Die 60 cm lange Henne ist oberseits überwiegend braun, an der Unterseite graubraun und hat dunkelgesäumte Federn. Der Silberfasan lebt in Gebirgslagen zwischen 700 und 2000 m und sucht dort lichtere Wälder mit dichtem Unterholz auf.
Der Hahn ist polygam und hat meist 2—4 Hennen, die in das Erdnest unter einem Busch oder dicht am Baumstamm im Gras 10—18 Eier legen. Die Eier sind rosarot und haben manchmal weiße Flecken. Das Gelege bebrütet die Henne 25 Tage allein und führt und beschützt dann auch allein die Küken. Der Silberfasan ernährt sich von Sämereien, Beeren, grünen Pflanzenteilen, Früchten, aber auch von Kerbtieren, anderen kleinen wirbellosen Lebewesen oder kleinen Wirbeltieren wie Geckos, jungen Schlangen usw.

Diamantfasan *(Chrysolophus amherstiae)*

Der Diamantfasan ist von Westchina bis nach Nordostburma verbreitet. Der Hahn erreicht eine Länge von 170 cm. Die verlängerten Schwanzfedern allein aber messen volle 110 cm. Die Henne hat eine einheitlich graubraune Färbung mit schmaler, schwarzer Wellung und wird nur etwa 90 cm lang. Der Hahn ist polygam und hat meist 3—4 Hennen. Die Henne legt ihre Nestmulde unter einem Strauch an und polstert sie mit Gras und Blättern aus. Auf dem Gelege aus 6—12 cremefarbenen Eiern sitzt sie allein 23 Tage lang. Auch die Küken führt und beschützt sie allein. Die Kost besteht aus Sämereien, grünen Pflanzenteilen, Beeren und verschiedenen kleinen Wirbellosen, meist Kerbtieren und deren Larven. Der Lebensbereich des Diamantfasanes sind die Hochgebirgslagen zwischen 2000 und 5000 m.

Ibisschnabel

Ibisschnabel *(Ibidorhyncha struthersii)*

An den steinigen Ufern der Bergflüsse und Gebirgsbäche von Turkistan und im Himalaja bis nach Nordchina und der Mongolei lebt ein seltsamer Vogel: der etwa 40 cm große Ibisschnabel. Er hält sich in Höhenlagen zwischen 1700 und 4400 m auf, kommt aber während der Wintermonate in die Gebirgstäler. Die in den nördlichen Gebieten brütenden Ibisschnäbel ziehen dann sogar in kleinen Trupps von 6—8 Vögeln nach Süden und überwintern in den Bergen Nordostburmas. Seine Nahrung sucht er in flachen Bächen unter Steinen und schiebt dabei seinen recht langen, kräftigen Schnabel darunter, um Wasserinsekten und deren Larven, Schalen- und Weichtiere herauszuziehen.
Während der Paarungszeit läßt er im Flug schnell aufeinanderfolgende, pfeifende Töne hören. Ibisschnäbel sind Standvögel und verteidigen ihre Reviere. Das Paar richtet sich sein Nest in einer flachen Mulde dicht am Bachufer im dichten Gras her und polstert es mit trokkenen Grashalmen aus. Das Gelege besteht meist aus 3 gefleckten Eiern. Beim Bebrüten wechseln sich beide Vögel ab, das Weibchen sitzt aber häufiger auf dem Gelege. Die Jungen, die nach etwa 28 Tagen schlüpfen, verlassen das Nest, sobald sie trocken sind. Es sind Nestflüchter. Sie werden von beiden Eltern geführt und beginnen im Alter von etwa 40 Tagen zu fliegen.

Felsentaube *(Columba livia)*

Süd- und Südostasien ist die eigentliche Heimat eines etwa 33 cm großen, auch in Südeuropa und in Nordafrika anzutreffenden Vogels: der Felsentaube. Sie ist die Stammform der Haustaube. Ihr ursprünglicher Lebensraum sind Felsen, besonders Felswände längs der Täler. In Nepal und Bhutan ist sie noch in Höhenlagen von etwa 3000 m anzutreffen. Die Felsentaube lebt gesellig in Kolonien, zu denen meist mehr als 100 Tiere gehören.

Das Felsentaubenpärchen baut sein dürftiges Nest in kleinen Höhlen und Felsspalten aus Knüppeln und Grashalmen. In den Städten reichen ihr Balken auf Böden oder Mauerspalten. Manchmal besetzt das Paar auch Höhlen in Palmen und anderen Baumarten. Das Weibchen legt 2 weiße Eier, die es abwechselnd mit dem Männchen 16—17 Tage lang bebrütet. Die Nestlinge werden gefüttert, anfangs mit einem im Kropf gebildeten, schleimigen Brei, später mit vorverdauten Getreidekörnern und Sämereien. Nach drei Wochen verlassen die kleinen Tauben das Nest, werden aber von den Eltern noch kurze Zeit gefüttert.

Erwachsene Felsentauben ernähren sich hauptsächlich von Sämereien und grünen Pflanzenteilen. Die Felsentaubenschwärme fliegen oft zu Getreide- und Reisfeldern und richten dann erhebliche Schäden an der Ernte an. Auf Nahrungssuche begeben sich die Tauben morgens und am Nachmittag und entfernen sich dabei sogar bis zu 10 km von ihren Nistplätzen. Zu ihren Feinden gehören besonders Greifvögel, allen voran die Falkenarten.

Schneetaube *(Columba leuconota)*

In den Hochgebirgslagen des Himalaja von 3000 bis zu 5000 m ist die 35 cm große Schneetaube zu Hause. Sie lebt gesellig in Kolonien und baut ihr Nest auch an den steilsten Felswänden. In Schwärmen zu mehr als 150 Tieren fliegt sie zur Nahrungssuche auf grasbewachsene Almhänge, oft bis zum Rand des ewigen Schnees. Ihre Nahrung bilden Grassamen, Getreidekörner, grüne Pflanzenteile, besonders der Knöterich, und verschiedene Beeren. Im Sommer kommt sie gern auf die nahe der Siedlungen gelegenen Felder.

Zur Brutzeit lassen sie eine Art Krächzen hören, das sich sehr von den Stimmen anderer Taubenarten unterscheidet. Ihr flaches Nest baut sich die Schneetaube aus kleinen Knüppeln und Federn auf einem geschützten Felsvorsprung oder in kleine Höhlen in der Felswand. Auf dem Gelege aus 2 weißen Eiern wechseln sich beide Partner beim Bebrüten ab. Auch um die nach 17 Tagen schlüpfenden Nestlinge kümmern sich beide Eltern gemeinsam.

Felsentaube

Schneetaube

Fahlbach-Fruchttaube *(Ducula badia)*

Die von Wäldern bewachsenen Hochgebirge vom Himalaja und Indien bis nach Südwestchina und über Thailand bis zu den Großen Sundainseln hin bewohnt die bis zu 50 cm große Fahlbach-Fruchttaube. Ihr Lebensbereich sind die Kronen der an den Berghängen bis in 2400 m Höhe wachsenden Bäume. Sie ernährt sich hauptsächlich von verschiedenen Früchten, bevorzugt aber wilde Feigen und die Früchte der Muskatnußgewächse, die sie ganz verschluckt. Am Morgen und am späten Nachmittag wärmen sich die Tiere gern in den warmen Strahlen der Sonne hoch in den Baumwipfeln. Als ständigen Schlafbaum sucht sich die Fruchttaube meist einen großen Baum aus.

Sein Nest baut sich das Taubenpärchen aus kleinen Reisern 5—8 m über dem Boden im Geäst und bebrütet das Gelege aus meist einem einzigen Ei abwechselnd

Fahlbach-Fruchttaube

etwa 17 Tage lang. Häufig leben die Fahlbach-Fruchttauben in Brutkolonien, in denen die einzelnen Nester etwa 1 m voneinander angelegt werden. Nach dem Ausfliegen der Jungen ziehen die Taubenschwärme oft wie Nomaden weite Strecken zu den Futterplätzen und kehren zum Brüten wieder zu ihren Heimatorten zurück.

Bänderschweiftaube

Bänderschweiftaube *(Macropygia unchall)*

Die bewaldeten Höhen von 450 bis zu 2700 m von Kaschmir bis nach Südostasien, Sumatra und Java bewohnt die etwa 40 cm große Bänderschweiftaube. Kopf und Brust des Weibchens sind dunkelbraun gestreift. Die Bänderschweiftaube lebt paarweise oder außerhalb der Brutzeit in kleinen Schwärmen. Ihre Nahrung — vor allem Kernobst und Beeren — sucht sie in den Baumkronen, pickt aber auch Sämereien vom Erdboden auf. Die meiste Zeit des Jahres verhält sie sich still, nur zur Paarungszeit läßt sie ihre etwas brummende Stimme hören. Das Pärchen baut sein Nest aus kleinen Zweigen in 2—3 m Höhe über dem Boden auf den Ästen von Laubbäumen. Gewöhnlich bringt das Weibchen ein einziges Ei hervor und bebrütet es abwechselnd mit dem Männchen etwa 17 Tage lang. Beide Eltern füttern auch die Jungen gemeinsam.

Tibetisches Steppenhuhn *(Syrrhaptes tibetanus)*

Die Hochflächen Tibets, aber auch Zentralasien und die Steppen Kirgisiens sind die Heimat des etwa 45 cm großen Tibetischen Steppenhuhnes. Die Henne ähnelt dem Hahn, hat aber auf dem Rücken eine schwarze Wellenzeichnung. In Tibet lebt dieses Steppenhuhn in Höhenlagen zwischen 4200 und 5400 m. Es ist in Gegenden zu Hause, die praktisch ohne Wasser sind und muß deshalb regelmäßig weite Strecken zurücklegen — oft bis zu mehreren Dutzend Kilometern —, um trinken zu können. Diese Flüge zu Trinkstellen, Bachquellen und Bächen absolviert es am frühen Morgen und vor der Dämmerung. Es lebt gesellig und streicht außerhalb der Brutzeit in Trupps, die 10—30 Mitglieder zählen, umher, gelegentlich sind die Herden auch noch größer. Auf Flächen, die mit Rasen bewachsen sind, sammelt das Tibetische Steppenhuhn verschiedene Sämereien, pflückt sich grüne Triebe ab und fängt auch ab und zu Käfer.

Während der Brutzeit verteidigt das Paar nur ein kleines Territorium, so daß die Nester nicht weit voneinander liegen. Als Nest wird eine flache, mit wenigen trokkenen Halmen ausgepolsterte Grube auf Geröll benutzt, die auch ungepolstert sein kann. Das Weibchen legt 3 hellgelbe, braun und violett gefleckte Eier. Am Tage brütet die Henne, nachts der Hahn, der seiner Gefährtin auch oft Wasser im Kropf bringt. Die Jungen schlüpfen nach 28 Tagen und werden von beiden Eltern mit Futter und Wasser versorgt.

Rotkopf-Spechtpapagei *(Micropsitta bruijnii)*

Der bis zu 9 cm große Rotkopf-Spechtpapagei bewohnt die gebirgigen Gegenden der Molukken, Neuguineas, des Bismarck-Archipels und der Salomonen. Das Weib-

Tibetisches Steppenhuhn

Rotkopf-Spechtpapagei

chen ist grün und hat einen blauen Hinterkopf. Gesicht und Stirn sind weißlich-orange. Diese Papageienart ist in den Berggebieten um 1800 m häufig und lebt paarweise oder nach der Brutzeit in kleineren Gruppen. Der Rotkopf-Spechtpapagei klettert an den Stämmen und Zweigen der Bäume und ernährt sich von Flechten, Baumpilzen und Insektenlarven. In einem abgestorbenen, etwa 3 m über dem Boden stehenden Ast hämmert er sich eine ungefähr 4 cm tiefe Höhle, in der die Tiere auch schlafen. Das Weibchen bebrütet das Gelege aus 3—4 Eiern 18 Tage lang allein. Die Nestlinge werden von beiden Eltern gefüttert.

Himalajasittich oder **Schwarzkopf-Edelsittich** *(Psittacula himalayana)*

Der Schwarzkopf-Edelsittich stammt aus Ostafghanistan und Kaschmir und verbreitete sich über das ganze Himalaja-Gebiet bis nach Assam. Er wird etwa 40 cm lang. Das Weibchen ähnelt dem Männchen, hat aber einen helleren Kopf und keinen roten Schulterfleck. Dieser Papagei bewohnt die bewaldeten Berghänge in 250 bis zu 3800 m Höhe und streift außerhalb der Brutzeit in kleinen Trupps umher. Seine Nahrung bilden Sämereien und verschiedene Früchte und Sprossen.

In das Nest, das sich das Paar in einer Höhle errichtet, legt das Weibchen 4—5 Eier, die es auch selbst 22 Tage lang bebrütet. Das Männchen versorgt seine Gefährtin regelmäßig mit Futter. Die Jungen werden von beiden Eltern gefüttert, zuerst 6—7 Wochen im Nest und dann noch kurze Zeit nach dem Ausfliegen. Manchmal befinden sich im selben Baumstamm 2 oder 3 Nisthöhlen dieses Papageien. Nach der Aufzucht der Jungen bleibt die Familie noch in der Nähe ihrer Höhle und schließt sich dann mit anderen Familien zusammen.

Motmotpapagei *(Prioniturus platurus)*

Der Motmotpapagei wird etwa 28 cm groß und ist auf Celebes und den umliegenden Inseln sowie auf den Talaud-Inseln heimisch. Das Weibchen unterscheidet sich vom Männchen durch seine kürzeren Schwanzfedern und den grünen Bauch. Der Motmotpapagei bewohnt

Himalajasittich oder Schwarzkopf-Edelsittich

Motmotpapagei

die Gebirgsregenwälder in 1800—3000 m Höhe und sucht sich seine Nahrung in den Baumkronen. Er frißt reife Früchte und Beeren, knabbert aber auch grüne Triebe und sammelt verschiedene Samen. Sein Nest legt das Pärchen in einer Baumhöhle an und wählt dafür meist abgestorbene, große Äste und Stämme. Über die eigentlichen Brutgewohnheiten dieses Papageien wissen wir jedoch recht wenig.

Rajah-Eule *(Otus brookii)*

Über ganz Süd-, Südost- und Ostasien, aber auch über die Großen Sundainseln und die Philippinen erstreckt sich das Brutgebiet der etwa 25 cm großen Rajah-Eule. Sie lebt in den Kiefern- und Eichenwäldern der Berge in 900 bis 2400 m Höhe, kommt aber auch häufig in die Parks und Gärten der Städte. Dann ist in den Nächten ihr monotones, oft wiederholtes „wut" zu hören. Tagsüber verbirgt sie sich im dichten Gezweig der Bäume oder in ihrer Wohnhöhle. Nach Einbrechen der Dunkelheit geht sie auf Beutejagd. Kerbtiere und kleine Vögel sind ihre Hauptkost.

Als Brutplatz sucht sie sich Baumhöhlen aus, meist in Palmen, aber auch in anderen Baumarten und siedelt sogar in den Spalten der Häuserwände. Das Weibchen polstert das Nest nicht aus und legt 2—3 Eier direkt auf den Boden. Das Gelege bebrütet es dann allein etwa 26 Tage lang. Während der Brutzeit bringt das Männchen seiner Gefährtin regelmäßig Futter. Ihre Jungen verteidigen die Eltern beherzt gegen Feinde und greifen auch selbst den Eindringling mit ihren scharfen Krallen an, so daß selbst Tiere, die viel stärker sind als die Rajah-Eule, in die Flucht geschlagen werden.

Rajah-Eule

Brauner Waldkauz *(Strix leptogrammica)*

In ganz Süd- und Südostasien und auf den Großen Sundainseln ist dieser häufige, etwa 50 cm große Kauz heimisch. Er lebt in den dichten Urwäldern der Gebirgslagen zwischen 750 und 2500 m, ist aber stellenweise, zum Beispiel im Himalaja, bis in 4000 m anzutreffen. Den Tag verschläft er im Schutz der dichten Baumkronen oder in seiner Höhle. Sobald es dunkel ist, geht er auf Jagd. Gewandt fliegt er durchs Gezweig und fängt sich vor allem Vögel bis zur Größe unseres Haushuhnes, erbeutet aber auch Kleinsäuger oder kleine Eidechsen.

Die Brutzeit fällt in die erste Jahreshälfte, meist in die Zeit von Januar bis März. Das Weibchen legt nur ein oder zwei weiße Eier in eine Baumhöhle oder auch in einen Felsspalt und bebrütet das Gelege allein 28—30 Tage lang. Das Männchen trägt ihm in dieser Zeit Beute zu. Die ersten beiden Tage nach dem Schlüpfen verläßt das Weibchen seine Nestlinge überhaupt nicht, und der Vater versorgt die ganze Familie. Später geht auch die Mutter mit auf Beutejagd. Nach 35 Tagen verlassen die jungen Waldkäuze das Nest und setzen sich auf die nächstliegenden Äste, wo sie weiter von den Eltern mit Nahrung versorgt werden. Im Alter von 50 Tagen wagen die Käuzchen den ersten Flug und lernen, selbst zu jagen.

Brauner Waldkauz

Tulu-Spornkuckuck *(Centropus toulou)*

Von Indien über Südchina bis nach Taiwan und Hainan und weiter bis zu den Philippinen, den Sundainseln und den Molukken erstreckt sich das Verbreitungsgebiet des langschwänzigen Tulu-Spornkuckucks. Das Männchen wird etwa 35 cm lang, das Weibchen ist mit 40 cm etwas größer. Meist ist er Standvogel. Populationen aus den nördlicheren Brutgebieten ziehen jedoch zum Überwintern nach Thailand. Der Tulu-Spornkuckuck hält sich am liebsten am Fuß der Berge auf, geht im Himalaja-Gebiet jedoch sogar bis zu 2000 m hinauf. Er lebt überall dort, wo Dickichte und hohes Gras wachsen. Gewandt läuft er über den Erdboden, schlüpft lebhaft durch die dichte Vegetation und macht Jagd auf Insekten, Spinnen, Weichtiere und andere Wirbellose, fängt aber auch kleine Eidechsen.

Gewöhnlich bleibt das Paar das ganze Jahr über zusammen, verteidigt sein Revier und baut sich sein eigenes Nest, einen kugeligen Bau aus kleinen Wurzeln, Grashalmen, kleinen Zweigen, Blättern und Holzstücken. Zum Auspolstern verwendet es kleine, grüne Blätter. Der Eingang zum Nest, das etwa 1—1,5 m hoch im Gestrüpp, manchmal aber auch im Wipfel einer Palme liegt, ist seitlich angeordnet. Das Weibchen legt 2—4 rein weiße Eier und bebrütet sie etwa 18 Tage allein. Ob ihm der Partner dabei hilft, ist nicht bekannt. Der Tulu-Spornkuckuck fliegt recht langsam und schwerfällig und wagt sich nur ungern auf offene Landschaften, wo er zur leichten Beute eines Greifes werden könnte.

Grauer Ziegenmelker *(Caprimulgus indicus)*

Über ganz Süd- und Südostasien bis zu den Philippinen, den Großen Sundainseln und nach Neuguinea erstreckt sich das Brutgebiet des Grauen Ziegenmelkers. Er lebt einzeln ober in der Brutzeit in Paaren in lichten Waldgebieten und Gebüschen an den Berghängen bis in 3300 m Höhe. Den Tag über ruht er in den Zweigen der Bäume, manchmal auch im Gras unter Büschen. Wenn

Grauer Ziegenmelker

Tulu-Spornkuckuck

Ceylon-Froschmaul

er aufgeschreckt wird, fliegt er schnell und lautlos auf, um sich ein paar Meter weiter wieder auf den Boden zu setzen. Nach Einbruch der Nacht fliegt er dicht über dem Gras hin und her und jagt Schmetterlinge, Käfer, Wanderheuschrecken und andere Insekten, die er ganz verschluckt.

Eil-Stachelschwanzsegler

Zur Paarungszeit erklingt sein dunkles Brummen oft bis zu fünfzigmal hintereinander. Das Ziegenmelkerweibchen brütet auf bloßer Erde und wechselt sich mit dem Männchen auf dem Gelege aus 2 rosaweißen, mit ein paar braunen Flecken gesprenkelten Eiern ab. Die nach 17 Tagen geschlüpften Jungen werden von den Eltern mit Insekten gefüttert. 18 Tage lang hocken sie am Boden und beginnen dann aufzufliegen. Die Altvögel versorgen sie aber noch einige Tage mit Nahrung. Je nach dem Verbreitungsgebiet schwankt die Brutzeit. Auf Ceylon liegt sie beispielsweise zwischen Februar und Juni.

Ceylon-Froschmaul *(Batrachostomus moniliger)*

In den Bergen Ceylons ist in Höhenlagen von 300 bis zu 1800 m das etwa 25 cm große Ceylon-Froschmaul zu finden. Es lebt in den dichten Dschungelwäldern und führt ein strenges Nachtleben. Und deshalb kann sich kaum jemand rühmen, es beobachtet zu haben, auch wenn es häufig ist. Tagsüber sitzt es in den Zweigen, aber nicht längs wie die echten Ziegenmelker, sondern quer, und dreht den Kopf ähnlich wie eine Eule, wenn sie nach hinten sehen will. Das Froschmaul schläft am Tag so fest, daß man es doch findet und sogar mit der Hand fangen kann. Sobald es dunkel geworden ist, erwacht es. Seine Beute fängt es nicht im Flug wie Ziegenmelker, sondern nimmt sie vom Boden auf.

Das erste Gelege bebrütet es im Februar bzw. März, das zweite im September. Sein Nest baut sich das Froschmaul aus Rinde, Moos und Flechten auf einem waagerechten Ast. Es ist etwa 6 cm breit, 1,5 cm tief und dicht mit eigenen Daunenfedern ausgelegt.

Das einzige Ei, das das Weibchen legt, bebrüten beide Vögel.

Eil-Stachelschwanzsegler
(Hirundapus giganteus)

In Süd- und Südostasien und auf den Großen Sundainseln ist der etwa 25 cm große Eil-Stachelschwanzsegler beheimatet. Er brütet jedoch nicht auf Ceylon, wo er außerhalb der Brutzeit regelmäßig anzutreffen ist. Sein Lebensbereich sind die Gebirgsregenwälder bis in Höhenlagen um 2000 m. Er pflegt in großen Schwärmen zu jagen, die in schnellem Flug über Wälder, Flüsse und Teeplantagen dahinziehen. Wenn er im Flug seine Hauptkost, verschiedene Insekten, fängt, spreizt er oft seine stachelartigen Schwanzfedern. Sein Nest baut sich das Paar in einer von Spechten verlassenen Baumhöhle oder in Felsspalten. Auf den 3—5 weißen Eiern, die es auf die bloße Erde legt, sitzt das Weibchen 19 Tage lang allein. Die Jungen werden aber von beiden Eltern gefüttert.

Weißnest-Salangane *(Collocalia fuciphaga)*

Die südlichen Gebiete Südostasiens, die Sundainseln, Palawan und die südlichen Philippinen, aber auch Ceylon und Südindien sind die Brutgebiete der Weißnest-Salangane. Ihr Name ist vor allem denen ein Begriff, die ihre eßbaren Nester als ungewöhnliche, aber schmackhafte Delikatesse betrachten. Die etwa 13 cm große Salangane ist in mehreren Unterarten bekannt. Sie lebt überall dort, wo es Felsen, Höhlen und Mauern gibt, in den Niederungen genau so wie in Gebirgslagen. Sie hält sich in großen Kolonien auf und gehört mancherorts zu den häufigsten Vögeln. Während ihres schnellen, etwas schaukelnden Fluges fängt sie Insekten, hauptsächlich Fliegen, schwärmende Ameisen und Termiten.

Sein Nest legt sich das Salangane-Pärchen in oft sehr tiefen Felsspalten und Höhlen an, wo absolute Dunkelheit herrscht. Die Tiere stoßen im Dunkeln kurze, scharfe Peillaute aus, die von den Wänden zurückgeworfen und vom Ohr der Salangane wieder aufgefangen werden. Auf diese Weise orientieren sie sich im Flug, ohne an die Höhlenwände anzustoßen. Die Nester sind oft dicht an dicht neben- oder übereinandergeklebt. Baustoff ist hauptsächlich Speichel, der manchmal mit Moos, Flechten und anderen zarten Pflanzenteilen durchsetzt ist, den sich die Salanganen von den Zweigen der Bäume und den langen Lianen aus dem Wald holen. Der Boden des Nestes ist stark und ähnelt in seiner Form einer flachen Tasse. Der Speichel wird schnell steif und hart wie Gelatine, die sich dann nach dem Kochen essen läßt.

Das Weibchen wechselt sich beim Bebrüten der 2 weißen Eier mit dem Männchen ab. Nach etwa 16 Tagen schlüpfen die Jungen aus und werden von beiden Eltern gefüttert.

Feuertrogon *(Harpactes erythrocephalus)*

Von Nepal bis nach Südostasien und bis nach Sumatra hin ist in den immergrünen Gebirgsregenwäldern in Höhenlagen zwischen 700 und 1800 m der etwa 35 cm große Feuertrogon heimisch. Beim Weibchen sind Kopf, Kehle und Brust orangebraun gefärbt. Er ist ein Einzelgänger. In der Brutzeit lebt er paarweise. Der Feuertrogon sitzt auf einem Ansitz und fliegt auf, um Nahrung, hauptsächlich Insekten, im Flug zu erhaschen. Das Männchen läßt zur Paarungszeit seine fünf- bis sechsmal wiederholten, pfeifenden Rufe ertönen. Als Nistplatz wählt das Paar eine Baumhöhle. Auf den 2–5 weißen Eiern wechseln sich beide Tiere beim Bebrüten ab, bis nach etwa 18 Tagen die Jungen schlüpfen, um die sich ebenfalls beide Eltern kümmern.

Weißnest-Salangane

Feuertrogon

Haubeneisvogel oder Großer Rüttelfischer

Feuerliest

Haubeneisvogel oder **Großer Rüttelfischer**
(Ceryle lugubris)

Der Haubeneisvogel ist von Kaschmir über China bis nach Japan und Südostasien hin weit verbreitet. Er wird etwa 40 cm lang. Beide Geschlechter sind sich recht ähnlich. Die hellere, rostrote Färbung des Weibchens unter den Flügeln ist vor allem während des Fluges sehr leicht zu erkennen. Der Haubeneisvogel lebt an kleinen Flüssen und Bergbächen in Gebirgslandschaften bis in 2000 m. Im klaren Wasser macht er Jagd auf Fische, erbeutet aber auch Insekten und andere wirbellose Wassertiere. Oft steht er im Rüttelflug über der Wasserfläche. Sobald er ein Beutetier ausmacht, läßt er sich plötzlich mit angelegten Flügeln wie ein Stein ins Wasser fallen.

Gewöhnlich lebt er paarweise. Gemeinsam gräbt sich das Pärchen einen etwa einen Meter langen Tunnel als Bruthöhle in lehmigen oder sandigen Ufern. In die ungepolsterte Brutkammer am Ende der Höhle legt das Weibchen 2–5 weiße Eier und bebrütet sie etwa 22 Tage lang allein. Die Jungen schlüpfen nacheinander, weil das Weibchen schon zu brüten beginnt, sobald es das erste Ei gelegt hat. Manchmal löst das Männchen seine Gefährtin für kurze Zeit beim Brüten ab. Die Nestlinge schlüpfen blind und sind fast nackt und werden von den Eltern mit Insekten und kleinen Fischen gefüttert. Im Alter von 25 Tagen sind die Jungen flügge, werden aber von den Altvögeln noch 10 Tage versorgt und lernen von ihnen, auch selbständig Beute zu jagen.

Feuerliest *(Halcyon coromanda)*

Der etwa 25 cm große Feuerliest ist über Süd- und Südostasien und bis nach Ostindien und Japan hin verbreitet. Er wohnt an bewaldeten Flüssen, Bächen und Teichen in Gebirgslagen bis in 2000 m Höhe. Er ist ein sehr scheuer Vogel, der sich dicht belaubte Zweige als Sitzwarte aussucht, wo er kaum zu sehen, dafür aber sehr deutlich seine kichernde Stimme zu hören ist. Dieser Eisvogel lebt außerhalb der Brutzeit als Einzelgänger, während der Fortpflanzungsperiode paarweise. Sein Nest legt das Feuerliestpärchen in einer verlassenen Spechthöhle an.

Das Weibchen legt 2 oder 3 weiße Eier. Seine Nahrung bilden kleine Fische und Insekten.

Grauer Puderspecht
(Muelleripicus pulverulentus)

Bis zu 50 cm lang kann der Graue Puderspecht werden, dessen Verbreitungsgebiet sich von Nordindien bis nach Südwestchina und über Südostasien bis zu den Großen Sundainseln und Palawan erstreckt. Beim

Weibchen fehlt der rote Streifen vom Schnabel bis hinter das Auge. Der Graue Puderspecht bewohnt die immergrünen Gebirgsregenwälder seiner Heimat meist in etwa 1000 m Höhe. Seltener steigt er bis in 2000 m hinauf. Während des Fluges, der eher dem eines Raben als dem typischen Wellenflug der Spechte ähnelt, läßt er oft seinen lauten Ruf hören.

Wie alle Spechtvögel trommelt auch er während der Paarungszeit mit seinem Schnabel an die Baumäste. Ein Pärchen zimmert sich in den Stamm eines großen Baumes eine bis zu 60 cm tiefe Bruthöhle. Dafür braucht es etwa 10 Tage. Eine solche Höhle wird mehrere Jahre benutzt. Das Weibchen legt 2—4 Eier und löst sich beim Bebrüten mit seinem Partner ab. Nach 14 Tagen schlüpfen die Jungen. Den Nestlingen, die etwa 24 Tage im Nest bleiben, bringen beide Eltern vor allem Ameisen und Holzkäferlarven. Erwachsene Tiere ernähren sich hauptsächlich von Käfern und deren Larven, die im Holz leben. Nach dem Ausfliegen streicht die Familie zusammen noch mehrere Wochen durch ihr Revier.

Grauer Puderspecht

Goldkehlbartvogel *(Megalaima franklinii)*

Die Bergwälder von Nepal bis nach Südchina und Südostasien bewohnt der etwa 23 cm große Goldkehlbartvogel. Seine Standorte sind die feuchten Dschungelwälder an den Gebirgshängen in Höhenlagen zwischen 600 und 2400 m. Hoch in den Kronen der Bäume geht er tagsüber auf Nahrungssuche. Seine Kost besteht aus weichen Früchten, meist denen der Ficus-Arten, aber auch aus Insekten und deren Larven. Über die Mittagsstunden jedoch ruht er auf einem Zweig und läßt oft seinen eintönigen, mehrmals wiederholten Gesang hören. In modernden Ästen abgestorbener Bäume legt sich das Paar eine nicht sehr große Höhle an oder sucht und besetzt eine bereits fertige, verlassene Spechthöhle. Das Weibchen wechselt sich beim Bebrüten des Geleges, das aus 2—3 weißen Eiern besteht, mit dem Männchen ab. Auch die Jungen, die nach 17 Tagen schlüpfen, füttern die Eltern gemeinsam.

Goldkehlbartvogel

Blaunackenpitta *(Pitta nipalensis)*

Das Verbreitungsgebiet der etwa 25 cm großen Blaunackenpitta erstreckt sich von Nepal bis nach Südwestchina, Burma und die nördlichen Gebiete von Laos und Vietnam. Sie bewohnt die mit Wald bedeckten Gebirgshänge bis in 2000 m Höhe und sucht hauptsächlich Gebüsche und dichte Bambusbestände auf. Im Unterschied zum Männchen hat das Weibchen einen goldgelben Nacken. Die Blaunackenpitta lebt als Einzelgänger, während der Brutzeit aber paarweise. Recht gewandt bewegt sie sich in langen Sprüngen zwischen den Pflan-

Blaunackenpitta

Schwarzkehl-Niltava

Weißkopfrotschwanz

zen und wendet die abgefallenen Blätter um, unter denen sie vor allem Ameisen, Käfer und andere kleine Wirbellose sucht.

Während der Paarungszeit wirbt das Männchen – hauptsächlich am frühen Morgen und abends vor Einbrechen der Dämmerung – mit melodischem Pfeifen um die Gunst des Weibchens. Sein kugeliges Nest mit einem seitlichen Eingang baut sich das Paar aus Blättern, Halmen und kleinen Wurzeln meist in den Zweigen eines hohen Strauches. Das Weibchen legt 3–5 gefleckte Eier und bebrütet sie mit seinem Partner 14 Tage lang. Gemeinsam ziehen die Eltern auch die Jungen groß.

Schwarzkehl-Niltava *(Niltava sundara)*

Der etwa 15 cm lange Schwarzkehl-Niltava ist vom Himalaja bis nach Südostasien beheimatet. Das Weibchen ist oberseitig olivbraun, hat einen blauen Fleck zu beiden Seiten des Halses, einen rotbraunen Schwanz, ein weißes Band an der Kehle und eine hellbraune Körperunterseite. Dieser Fliegenschnäpper lebt an den gebüschbewachsenen Gebirgshängen in Höhenlagen zwischen 1800 und 3200 m, kommt aber im Winter in die Bergtäler um 1000 m herunter. Während der Winterzeit schließen sich die Vögel manchmal zu kleineren Schwärmen zusammen, aber auch Einzelgänger sind anzutreffen.

Während der Brutzeit leben sie paarweise. Das Pärchen baut sein Nest aus Moos zwischen die dichten Zweige der Büsche. Dann bebrütet das Weibchen allein etwa 13 Tage lang das Gelege aus 3–5 rostbraun gefleckten, kleinen Eiern. Die Nestlinge werden von beiden Eltern gefüttert. Die Nahrung besteht meist aus Insekten, die die Vögel geschickt im Flug fangen, aber auch aus Insektenlarven und anderen kleinen Wirbellosen, die sie von den Zweigen absuchen.

Weißkopfrotschwanz
(Chaimarrornis leucocephalus)

Felsiges Gelände der Berglandschaften von Turkestan bis China, Nordostburma, Nordlaos und Nordvietnam sind der Lebensraum des Weißkopfrotschwanzes. Er wird 19 cm lang, und beide Geschlechter haben die gleiche Färbung. Seine Standorte sind die Hochgebirgsregionen bis zu 5000 m hinauf, die er jedoch im Herbst verläßt, um in den Bergtälern zu überwintern. Außerhalb der Brutzeit lebt er allein. Am häufigsten ist er an den steinigen Ufern der Bergbäche und raschen Gebirgsbäche anzutreffen. Von den herausragenden, gischtumspülten Felsblöcken aus hat er eine gute Sicht auf die Wasserfläche, von der er im Flug Insekten sammelt, die ins Wasser gefallen sind. Er fängt jedoch auch

fliegende Käfer, Fliegen und Schmetterlinge, sammelt kleine Weichtiere und pflückt weiche Beeren.
Während der Brutzeit läßt das Männchen sein langes, melodisches Pfeifen hören. Als Bauplatz für sein Nest aus Zweigstücken, Grashalmen, Moos und Flechten sucht sich das Pärchen einen Spalt oder eine Höhle im Felsen. Zum Auspolstern verwendet es Säugerhaare. Das Gelege aus 3—5 Eiern bebrütet das Weibchen allein etwa 14 Tage lang. Die Jungen, die nach 2 Wochen das Nest verlassen, werden von beiden Eltern mit Insekten und deren Larven gefüttert.

Bülbüldrossel

Bülbüldrossel *(Turdus boulboul)*

Von Westpakistan über Indien bis nach Südchina und bis zu den nördlichen Gebieten Südostasiens erstreckt sich das Verbreitungsgebiet der etwa 30 cm großen Bülbüldrossel. Das Weibchen ist aschgrau und hat rostbraune Flecken an den Flügeln. Ihr Lebensbereich sind die Gebirgswälder in Höhenlagen von 1800 bis zu 3000 m. Den Winter verbringt sie jedoch in den Gebirgstälern in Höhenlagen um 1000 m und sucht dann häufig Gärten und Parks auf. In der Sommerperiode hält sich die Bülbüldrossel meist in Eichenwäldern und Rhododendronbeständen auf.
Das Männchen sucht sich im Frühjahr einen erhöhten Platz im Geröll oder einen trockenen Ast hoch im Baum und singt mit flötender Stimme. Ihr Nest aus Grashalmen, kleinen Wurzeln, Moos und anderem Pflanzenmaterial richten sich die Vögel im Gebüsch oder auf Bäumen, oft aber auch in Felsspalten her. Das Weibchen legt 3—5 gefleckte Eier und bebrütet sie zwei Wochen lang. Die Nestlinge werden von beiden Eltern mit Insekten, Würmern, Spinnen und Weichtieren gefüttert. Im Alter von 14 Tagen verlassen die Jungen das Nest, ohne daß sie bereits flügge wären und verbergen sich zwischen Steinen und im Gebüsch. Außer von tierischer Kost ernähren sich erwachsene Bülbüldrosseln auch von Beeren und suchen sich auch weiche, saftige Früchte.

Weißscheitelrotschwanz oder Bergrotschwanz

Weißscheitelrotschwanz oder **Bergrotschwanz** *(Phoenicurus erythrogaster)*

Der Weißscheitelrotschwanz ist ein typischer Bewohner der Hochgebirgslandschaften vom Kaukasus bis zum Himalaja hin und lebt in Höhenlagen zwischen 3600 und 5200 m. Für diesen nur 16 cm großen Vogel ist das eine bewundernswerte Leistung. Den Winter verbringt er in niedrigeren Lagen, niemals jedoch unter 1500 m. Das Weibchen ist an der Unterseite überwiegend hell gelbbraun, oberseits hellbraun und am Schwanz rostrot gefärbt. Im Sommer bevorzugt der Weißscheitelrotschwanz gebüschbestandene Grasmatten, im Winter hält er sich in den Tälern längs der Berggewässer auf. Sein Nest aus Würzelchen, Halmen, Moos und Blättern, das er in einem Spalt in der Felswand oder auch nur zwischen Geröll errichtet, polstert er mit Federn und Säugerhaaren aus. Das Weibchen legt 3—6 kleine Eier und bebrütet das Gelege 14 Tage lang allein. Nach dem Schlüpfen sorgen die Altvögel sich aufopferungsvoll um die Sättigung ihrer ewig hungrigen Nestlinge. Beide Eltern tragen fleißig Fliegen, Käfer, Schmetterlinge und Spinnen heran. Insekten fangen sie oft aus der Luft. Erwachsene Bergrotschwänze leben auch von Beeren. Nach 2 Wochen sind die Jungen flügge, werden aber von den Altvögeln noch etwa 10 Tage lang gefüttert.

Gefleckte Gabeldrossel *(Enicurus maculatus)*

Die insgesamt etwa 25 cm lange Gefleckte Gabeldrossel fällt besonders durch ihren langen, gegabelten Schwanz auf. In ihrer Heimat von Pakistan bis zum Nordrand Südostasiens lebt sie in den weiten Hochgebirgsland-

Gefleckte Gabeldrossel

schaften in Höhenlagen zwischen 600 und 3000 m. Ihr Lebensbereich sind die die Bachläufe begleitenden Uferböschungen, wo sie über die Felsbrocken läuft und Insekten und Spinnen fängt, aber auch kleine Weichtiere sammelt. Das Nest aus Halmen, Würzelchen und Moos baut sie in Felsspalten nahe der Bergbäche oder in Baumhöhlen, polstert es mit Säugerhaaren aus, legt 3—4 kleine Eier hinein und bebrütet sie 2 Wochen lang. Die Jungen werden von beiden Eltern meist mit Insekten und deren Larven gefüttert.

Weißschwanzschmätzer

Weißschwanzschmätzer *(Oenanthe alboniger)*
Auf Felsen und in einsamen Bergtälern der nördlichen Gebiete Südasiens ist der 16 cm lange Weißschwanzschmätzer heimisch. Gern hält er sich an den Ufern der Bäche und der raschen Wasserläufe auf, wo er schnell über den Boden läuft oder von Stein zu Stein hüpft oder auf erhöhter Stelle sitzt, um einen guten Ausblick in die Umgebung zu haben. Seine Nahrung sind Käfer, Schmetterlinge, Spinnen und andere kleine Wirbellose. Sein Nest baut er zwischen Geröll oder in einem Felsspalt aus Würzelchen, Halmen und Blättern und polstert es mit Federn und Säugerhaaren aus. Auf dem Gelege aus 3—4 kleinen Eiern sitzt meist das Weibchen. Die Nestlinge schlüpfen nach 14 Tagen und werden von beiden Eltern gefüttert.

Haubenhäherling

Haubenhäherling *(Garrulax leucolophus)*
Das Brutgebiet des etwa 30 cm großen Haubenhäherlings liegt im Himalaja und erstreckt sich bis nach Südchina, Taiwan, Malaysia und Westsumatra. Beide Geschlechter haben die gleiche Färbung. Er lebt in Hochgebirgslagen bis 2000 m und sucht mit Vorliebe bewaldete Hänge mit dichtem Unterholz und Bambusdikkichte auf, aus denen man dann oft seine laute, kichernde Stimme vernehmen kann. Außerhalb der Brutzeit zieht er in Schwärmen zu 10—20 Vögeln umher und sucht häufig Dorfgärten und Parks in den Randgebieten der Städte auf. Seine Nahrung sucht er oft auf dem Boden, wo er umherhüpft und mit seinem Schnabel Blätter wendet. Darunter findet er Insekten, Spinnen und Weichtiere, er fängt aber auch kleine Eidechsen. Selten überfällt er Nester kleiner Vögel und frißt ihre Nestlinge. Auch Beeren reißt er ab.
Sein Nest baut er sich auf einem Strauch aus trockenen Grashalmen und Bambusblättern und füttert es mit weichem Moos und Säugerhaaren aus. Das Weibchen legt gewöhnlich 3 Eier, die einfarbig blaugrün sind. Auf dem Gelege wechseln sich beide Partner ab, bis nach 14 Tagen die Jungen schlüpfen, die beide Eltern gemeinsam füttern. Das Weibchen brütet aber häufiger als das Männchen.

Silberohr-Sonnenvogel *(Leiothrix argentauris)*

Der etwa 16 cm lange Silberohr-Sonnenvogel ist vom Himalaja bis nach Südchina und über Burma, Laos und Vietnam bis nach Sumatra hin verbreitet. Das Weibchen unterscheidet sich vom Männchen durch die olivgelben, unteren Schwanzdeckfedern und die insgesamt mattere Färbung. Der Silberohr-Sonnenvogel lebt in den dichten, immergrünen Gebirgsregenwäldern bis in 2100 m, bevorzugt aber Höhenlagen um 1000 m. Bei seinen Flügen durch Gesträuch und Baumkronen sucht er an den Zweigen nach Insekten, Insektenlarven und Spinnen, aber auch nach Sämereien und Beeren. Außerhalb der Brutzeit bildet er Schwärme von 30 und mehr Tieren, schließt sich jedoch auch anderen Arten, beispielsweise Häherlingsgruppen, an.

Während der Paarungszeit sitzt das Männchen in der Spitze eines hohen Strauches und singt laut. Das Nest baut das Weibchen nicht weit über dem Boden im dichten Gesträuch. Das Männchen trägt dafür seiner Gefährtin das Baumaterial zu — Würzelchen, Grashalme, verschiedene Naturfasern, Säugerhaare und Federn. Das Gelege aus 3—4 kleinen Eiern bebrütet das Weibchen dann wieder überwiegend allein und wird nur ab und zu dabei vom Partner abgelöst. Nach 13—14 Tagen schlüpfen die Jungen und werden von beiden Eltern gefüttert.

Graurückenwürger *(Lanius tephronotus)*

Der Graurückenwürger ist vom Himalaja bis nach West- und Südchina und fast in ganz Südostasien heimisch. Bei diesem großen, etwa 25 cm langen Würger sind beide Geschlechter gleich gefärbt. Sein Lebensbereich sind die mit Gebüsch bewachsenen Hänge und die offenen Hochgebirgsalmen in Höhenlagen zwischen 2700 und 4500 m. Im Winter kommt er jedoch in die Bergtäler herunter.

Gewöhnlich lebt er paarweise und nur, wenn er nicht brütet, sind auch Einzelgänger zu finden. Dieser stattliche Vogel fängt hauptsächlich im Flug große Insekten; aber auch kleine Eidechsen, Frösche, Nestlinge kleiner Vogelarten und Säuger, wie z. B. Mäuse, werden seine Beute. Wenn er genügend Nahrung findet, spießt er Tierreste, aber auch unversehrte Beutetiere auf die scharfen Dornen der Dorngebüsche als Vorrat für schlechte Zeiten.

Während der Brutzeit sitzt das Männchen in einem hohen Strauch und singt Melodien, auch solche, die es von anderen Vogelarten übernommen hat. Der Graurückenwürger baut sein Nest in 2—3 Meter Höhe über dem Boden in einem hohen, meist dornigen Busch. Dazu verwendet er trockene Zweige, Wurzeln und Grashalme und zum Auspolstern der Nestmulde Federn und

Silberohr-Sonnenvogel

Graurückenwürger

Bergmeise

Sultansmeise

Felsenkleiber

Feuerschwanznektarvogel

Säugerhaare. Das Weibchen bebrütet das Gelege aus 3—5 gefleckten Eiern überwiegend allein. Nach 15 Tagen schlüpfen die Jungen, die von beiden Eltern im Nest etwa 19 Tage und nach dem Ausfliegen noch 14 Tage lang gefüttert werden.

Bergmeise *(Parus monticolus)*
Alle bewaldeten Berghänge gleich welchen Typs, Gärten und Parks in Gebirgslagen zwischen 2000 und 3500 m bewohnt die etwa 13 cm große Bergmeise. Zur Winterzeit zieht sie in die Täler und hält sich oft mit anderen kleineren Vogelarten in Schwärmen auf. Ihre Heimat erstreckt sich vom Himalaja bis nach Westchina, Burma und bis in die nordwestlichen Gebiete Vietnams.
Wenn im Frühjahr Bäume und Sträucher in voller Blüte stehen, baut sie ihr Nest in Baumhöhlen oder in Felsspalten. Zuerst trägt sie Moos- und Flechtenstücke heran und formt eine Mulde, dann polstert sie sie aus. Das Weibchen legt 5—8 weißliche, rotbraun gefleckte Eier — jeden Tag eines — und bebrütet das Gelege 13—14 Tage allein. Das Männchen versorgt es mit Raupen, Termiten oder anderen Insekten. Sobald die Nestlinge geschlüpft sind, beginnt für beide Eltern erst richtig die Jagd nach Futter für ihre ständig hungrigen Kinder. Unermüdlich tragen sie kleine, kahle Raupen heran, um ihre Jungen satt zu bekommen. Nach ungefähr 18 Tagen sind die kleinen Meisen flügge, werden aber noch etwa 10 Tage lang von den Eltern gefüttert. Zusammen mit den selbständigen Jungen streifen die Altvögel dann durch das Gebiet um ihren Nistplatz.

Sultansmeise *(Melanochlora sultanea)*
Vom Himalaja bis nach Südchina und Hainan und über Südostasien bis nach Sumatra hin erstreckt sich das Verbreitungsgebiet der wunderschönen, 20 cm großen Sultansmeise. Das Weibchen hat einen dunkel olivgrünen Rücken und eine gelbolive Kehle. Die Sultansmeise ist häufig an bewaldeten Hängen mit hohem Baumbestand in Höhenlagen zwischen 300 und 1000 m anzutreffen.
Wenn sie nicht nistet, streicht sie in kleinen Herden durch die Baumwipfel. Gewandt turnt sie an Zweigen und Blättern, oft mit dem Kopf nach unten, und sucht nach Insekten und deren Larven. Aber auch an Sämereien und weichen Beeren versucht sie sich. Die Vögel halten untereinander ständigen Kontakt und lassen oft ihr dreimal wiederholtes, glockenreines Trillern hören.
Im Frühjahr besetzt jedes Pärchen sein Revier und verteidigt es gegen Eindringlinge. Sein Nest baut es meist höher als 3 m über dem Boden in Baumhöhlen, die von Spechten verlassen worden sind. Auf dem Gelege aus

3—5 rostrot gefleckten, kleinen Eiern sitzt das Weibchen allein und läßt sich während dieser Zeit vom Männchen mit Futter versorgen. Die Nestlinge, die nach 2 Wochen schlüpfen, werden von beiden Eltern mit Insekten, Insektenlarven und Spinnen gefüttert.

Felsenkleiber *(Sitta neumayer)*

In den felsigen Bergregionen Mittelasiens kann man eigenartige, an die Steilwände angeklebte, schmalhalsige „Flaschen" entdecken, deren Oberseiten im Sonnenlicht glitzern. Wer ist wohl der Künstler, der in solchen Höhen seine mit Edelsteinen übersäten Werke anbringt? Und wenn man dann eine Weile wartet, zeigt sich auch der Meister selbst. Es ist ein 19 cm großer Vogel, der Felsenkleiber, der mit einem Schrei angeflogen kommt und geschwind durch den Eingang in seine flaschenförmige Wohnung schlüpft.

Dieses seltsame Nest baut sich der Kleiber aus nassem Schlamm, den er mit Speichel vermischt, Schicht auf Schicht klebt und dann das Bauwerk mit seinem Schnabel glättet. Die Bruthöhle schließt mit einem engen Flugloch ab. Auf die Wände klebt er dann die metallisch glänzenden Deckflügel, die sehr oft von äußerst seltenen Prachtkäfern stammen.

Das Weibchen bebrütet die 3—5 rotbraunen, zart gefleckten Eier 13 Tage lang allein. Die Nestlinge werden aber von den Eltern gemeinsam gefüttert. Zur Nahrungssuche fliegen die Kleiber meist auf den Boden und zu den Bergbächen, wo sie auf den Steinen und zwischen Kräutern Insekten fangen. Hauptbeute sind Wanderheuschrecken, Heuschrecken und Käfer. Im Alter von etwa 3 Wochen verlassen die jungen Bergkleiber ihre ungewöhnliche Kinderstube und streifen durch die Umgebung.

Feuerschwanznektarvogel *(Aethopyga ignicauda)*

Der Feuerschwanznektarvogel ist vom Himalaja bis nach Südwestchina heimisch. Das Männchen wird 15 cm lang und hat einen langen, schmalen Schwanz, das nur 10 cm große Weibchen ist olivfarben und an Bauch und Bürzel gelblich. Dieser lebhafte Vogel lebt in lichten Nadelwäldern mit reichem Unterholz, sucht aber auch oft Rhododendron- und Wacholderbestände in Höhenlagen von 3000 bis zu 4000 m auf. Den Winter verbringt er in Tallagen. Seine Nahrung sind Blütennektar und zum geringeren Teil kleine Insekten. Sein napfartiges Nest, das er sich auf Bäumen baut, besteht aus Moos, Halmen und Federn und ist mit Flechten maskiert, die in der nächsten Umgebung wachsen. Das Weibchen legt 2—3 rotbraun gefleckte, kleine Eier, aus denen nach 2 Wochen die Jungen schlüpfen. Beide Eltern sorgen dann für ihre Aufzucht.

Nepalgimpel

Flaggendrongo

Nepalgimpel *(Pyrrhula nipalensis)*

Im Himalaja und in den Hochgebirgen bis nach Südchina, Nordburma und Nordvietnam ist der etwa 17 cm große Nepalgimpel heimisch. Das Weibchen ähnelt dem Männchen, hat aber anstelle der rötlichen Farben ein gelbliches Gefieder. In der Sommerperiode hält sich der Nepalgimpel in Höhenlagen zwischen 2100 und

Gelbschnabelkitta

3000 m, in Sikkim sogar um 4000 m in Nadel- oder Eichenwäldern auf, sucht aber auch dichte Rhododendronbestände auf. Auf Bäumen und Sträuchern findet er auch seine Nahrung: verschiedene Sämereien, Beeren, Knospen und nicht zuletzt Blütennektar.
Das Weibchen baut sein Nest allein aus abgezwickten, kleinen Zweigen und polstert es mit Flechten und Säugerhaaren aus. Das Männchen begleitet seine Gefährtin meist dabei oder hält sich in der Nähe im Schutz der Zweige auf und singt. Auch das Gelege aus 3—5 fein rostbraun gefleckten, kleinen Eiern bebrütet das Weibchen nahezu allein. Nur ab und zu übernimmt der Partner für kurze Zeit das Brutgeschäft. Den Jungen bringen beide Eltern anfangs Insekten und Insektenlarven. Nach 14 Tagen sind die jungen Nepalgimpel flügge und halten sich im Familienverband mit den Altvögeln auf. Sie streifen durch die weite Umgebung und fliegen zu Winterbeginn in die Bergtäler und niedrigeren Berge. Dabei gehen sie jedoch nicht weiter hinunter als auf 1500 m.

Flaggendrongo *(Dicrurus paradiseus)*
Über ganz Süd- und Südostasien bis zu den Großen Sundainseln hin ist der Flaggendrongo verbreitet. Er wird 35 cm groß einschließlich eines verhältnismäßig langen Schwanzes. Er hält sich in den immergrünen Regenwäldern und Bambusdschungeln der Niederungen und der Gebirge bis in Höhenlagen um 1500 m auf und kommt oft auf Teeplantagen mit einzelnen, hohen Bäumen, um in den Kronen nach Futter zu suchen. Von den Blättern sammelt er Kerbtierlarven, sehr viele Raupen, aber auch Käfer und Gottesanbeterinnen und fängt im Flug geschickt Schmetterlinge und ausschwärmende Termiten. Sogar die schnellen Libellen werden seine Beute. Gelegentlich überfällt er in den Zweigen kleine Geckos und frißt sie. Er sucht bevorzugt stattliche Riesenbäume auf, z. B. die Korallenbäume, aus deren herrlichen, roten Blüten er süßen Nektar holt.
Während der Brutzeit läßt der Flaggendrongo besonders am frühen Morgen und vor Einbruch der Dämmerung sein melodisches, weit hörbares Pfeifen hören. Gemeinsam baut sich das Paar aus zarten Zweigen und Rindenstreifen sein 5 cm tiefes und 15 cm breites Nest, das es mit Spinnweben verwebt und in 5—15 m Höhe am Ende eines Zweiges anbringt. Aber auch am Grunde riesiger Palmblätter bauen sie ihr Nest. Das Weibchen legt meist 3 gefleckte, in der Färbung sehr variable Eier, bei deren Bebrüten sich beide Partner abwechseln. Auch die Jungen, die nach 16 Tagen schlüpfen, werden von beiden Eltern gemeinsam gefüttert.

Gelbschnabelkitta *(Urocissa flavirostris)*
In Kiefern- und Eichenmischwäldern und in den weiten Rhododendronbeständen vom Himalaja bis nach Südwestchina und Nordwestvietnam hin ist die bunte Gelbschnabelkitta anzutreffen. Sie wird etwa 66 cm lang, wobei aber ein großer Teil auf den Schwanz entfällt. Diese Kitta lebt in Hochgebirgslagen zwischen 2100 und 3300 m, verbringt aber den Winter in niedrigeren Lagen, meist um 1000 m. Außerhalb der Brutzeit zieht sie meist mit anderen Vogelarten etwa der gleichen Größe in kleinen Gruppen umher. Der Schwarm fliegt von Baum zu Baum und pflückt Beeren und Früchte, fängt aber auch Insekten und manchmal kleine Echsen, wie z. B. Geckos. Sie jagt auch Baumfrösche und nimmt kleineren Vogelarten Eier oder Junge aus dem Nest. Auch abgefallene Beeren liest sie vom Boden auf, obwohl sie sich mit ihren Sprüngen auf dem Erdboden recht unharmonisch bewegt. Hin und wieder sucht sie Obstgärten und Plantagen auf und gehört dort nicht gerade zu den gerngesehenen Gästen.
Während der Brutzeit, die zwischen Mai und Juni liegt, lassen die Gelbschnabelkittas oft ihr kreischendes Pfei-

Asiatischer Halbzehergecko

fen hören. Das Paar baut sich sein flaches Nest aus kleinen Zweigen 5—6 m über dem Boden in der Spitze einer niedrigen Eiche oder eines Rhododendronbusches. In die Nestmulde, die dicht mit Wurzeln und zarten Blättern ausgepolstert ist, legt das Weibchen 3—4 rahmfarbene, rotbraun gefleckte Eier. Beim Bebrüten wechseln sich beide Partner ab und füttern auch die Jungen, die nach etwa 17 Tagen schlüpfen, gemeinsam und ausreichend, meist mit Insekten.

Tokee oder Tokeh *(Gekko gekko)*

Der Tokee wird bis zu 40 cm lang und gehört zu den größten Haftzehern. Am häufigsten hält er sich zwischen Steinen auf, aber als Kulturfolger auch in menschlichen Behausungen — sogar in solchen großen Städten wie Singapur. Die Malaien sehen ihn gern als Hausbewohner, denn er soll Glück bringen, solange er in ihren Häusern wohnt. Wenn nach der Geburt eines Kindes der Ruf eines Tokee erschallt, wird das nach dem Volksglauben als Voraussage für ein glückliches Leben des Neugeborenen betrachtet.

Den Tag verschläft der Tokee in seinem Versteck in Felsspalten, Mauerritzen und an ähnlichen Stellen. Abends geht er auf Jagd und läßt dann oft sein lautes, weit hörbares Bellen ertönen. Er ist ein Nachttier. Behende bewegt er sich an steilen Felsen und senkrechten Wänden, an denen er sich mit verbreiterten Haftpolstern an Fingern und Zehen hält. Diese Haftpolster werden von lamellenförmig angeordneten, zahlreichen mikroskopisch kleinen Häkchen gebildet, mit denen er sich auch auf glatten Flächen, sogar an Decken, gut „festsaugen" kann. Der Tokee ernährt sich von Kerbtieren, verschmäht aber auch kleinere Echsen, halberwachsene Mäuse und junge, noch ungefiederte Vögel nicht. Trotz seiner ziemlich scharfen Zähne, mit denen er sich erfolgreich zu wehren vermag, wird er eine Beute von Eulen, Schlangen und kleinen Raubtieren.

Das Weibchen setzt während der Fortpflanzungszeit mehrere Gelege zwischen Felsritzen oder unter rissiger Baumrinde ab. Jedes Gelege hat nur 2 Eier, deren pergamentartige, weiche Haut nach dem Legen schnell erhärtet. Die jungen Tokees haben eine ziemlich lange Entwicklungszeit. Manchmal schlüpfen sie erst nach 200 Tagen. Sie sind sofort selbständig und suchen sich ihr eigenes Revier, das sie gewöhnlich das ganze Leben lang beibehalten. Das Weibchen legt sein paariges Gelege in der Regel immer an der gleichen Stelle ab.

Der Schwanz der Geckos kann bei Gefahr an einer vorgebildeten Bruchstelle plötzlich abgeworfen werden. Wenn ein Feind den Gecko am Schwanz packt, dann rettet ihm diese Fähigkeit gewöhnlich das Leben. Der Schwanz wächst wieder nach, doch nicht mehr in der ursprünglichen Länge und Schönheit.

Asiatischer Halbzehergecko *(Hemidactylus frenatus)*

Der Asiatische Halbzehergecko gehört zu den kleineren Arten, denn er wird nur 6—8 cm lang. Er bewohnt ganz Südostasien, und sein Verbreitungsgebiet reicht bis nach Australien. Der Asiatische Halbzehergecko ist eine der Arten, die am häufigsten vorkommt. Er lebt nicht nur auf Felsen, sondern auch auf Bäumen und in großer Anzahl in menschlichen Behausungen, sei es auf dem Dorf oder in der Stadt. Tagsüber verbirgt er sich in Ritzen und Spalten in Mauern, Wänden oder Decken, unter Baumrinden, in Gesteinsritzen und an anderen dunklen Plätzen. In der Dunkelheit kommt er aus seinem Versteck und geht auf Jagd. Lebhaft läuft er an Wänden und Decken entlang und fängt Kleininsekten, vor allem Mücken. Das macht ihn ungewöhnlich nützlich. Aber auch Fliegen und kleine Falter verschmäht er nicht. Das Weibchen legt seine beiden Eier, deren weiche Schalen sofort an der Luft trocknen, immer an der gleichen Stelle. Die Jungen schlüpfen nach 2 Monaten.

Dunkler Tigerpython *(Python molurus bivittatus)*

Der Dunkle Tigerpython ist ein sehr naher Verwandter des Tigerpython, aber schlanker und etwas länger, denn

Tokee oder Tokeh

Dunkler Tigerpython

Japanischer Krallenfingermolch

er kann bis zu 800 cm lang werden. Sein Verbreitungsgebiet sind die Bergtropenwälder und Dschungel Burmas, Südchinas, Vietnams, Malaysias und Javas. Am häufigsten ist er in den Bergregionen Vietnams anzutreffen.
Die einheimischen Schlangenjäger bieten ihn hier sehr oft auf dem Markt an, gewöhnlich sind das Tiere von etwa 300 cm Länge. Die ortskundigen Schlangenfänger bemächtigen sich der Schlangen vor allem im Winter, wenn die Tiere in Höhlen die ungünstige Jahreszeit verschlafen. Damit er nicht beißen kann, werden ihm die Kiefer mit einem Bambusstock zusammengebunden. So wird der Dunkle Tigerpython auf dem Markt feilgeboten.
Das Weibchen sucht sich eine geschützte Stelle, wie z. B. eine große Baumhöhlung oder dichtes Bambusgestrüpp, um mehrere Dutzend Eier mit pergamentartiger Haut zu legen und sich dann mit seinem langen Körper in mehreren Schlingen über das Gelege zu winden. Es schützt damit nicht nur die Eier, sondern erwärmt sie auch in kühlen Nächten. Seine Körpertemperatur steigert es durch besondere Muskelbewegungen.
Die Jungen schlüpfen etwa nach 80 Tagen. Während dieser Zeit nimmt das Weibchen keine Nahrung zu sich und verläßt das Gelege nur, um aus dem nächstliegenden Wassertümpel zu trinken. Der Dunkle Tigerpython frißt vor allem kleinere Säugetiere, verschmäht aber auch Vögel nicht. Die jungen Schlangen machen Jagd auf Mäuse und junge Ratten.

Japanischer Krallenfingermolch
(Onychodactylus japonicus)

Die Heimat dieses etwa 18 cm großen Krallenfingermolches ist Japan. Typisch für ihn sind die fehlenden Lungen und die Aufnahme von Sauerstoff durch die atmende Haut. Er hält sich unter Steinen an den Ufern der Bergbäche in Höhenlagen über 1000 m auf und lebt von kleinen Insekten, Würmern und Weichtieren. Zeitig im Frühjahr kommen die Männchen aus ihren Bodenverstecken heraus und gehen ins stehende Wasser. Ein paar Tage später stellen sich auch die Weibchen ein, um ihre Eier abzulegen, die in besonderen Beuteln eingeschlossen sind. Die Männchen übernehmen sie und befestigen sie an einem Stein oder an einer Wasserpflanze. Die Larven haben an den Zehen hornige Krallen.

Japanischer Riesensalamander

Japanischer Riesensalamander

(Megalobatrachus japonicus)

Bis zu 150 cm lang wird dieser Riesensalamander, der in den Bergen der japanischen Inseln Hondo und Kyushu beheimatet ist. Seinen ihm vertrauten Lebensraum in Bergflüssen und Wildbächen in Höhenlagen zwischen 300 bis zu 1000 m verläßt er niemals. Tagsüber verbirgt er sich unter Baumwurzeln, die ins Wasser wachsen, und an den Ufern oder unter großen Steinen. In der Nacht kommt er aus seinem Versteck, um Insekten, Weichtiere, Würmer und Schalentiere, aber auch Fische und Lurche zu jagen.

Zur Zeit der Eiablage ziehen die Japanischen Riesensalamander stromaufwärts zu Stellen, wo die Wasser wilder und deshalb sauerstoffreicher sind. Das Weibchen legt vom August bis zum September in zwei Schnüren gelblich gefärbte und etwa 5 mm große, runde Eier. Die netzartigen Schnüre sind 14—18 m lang und enthalten 400 bis 500 einzelne Eier, deren Befruchtung das Männchen im Wasser vornimmt. Bei einer Wassertemperatur von etwa 13 °C kriechen nach 2 Monaten die Larven aus. Zu ihrer Metamorphose kommt es erst nach 3 Jahren, wenn sie eine Länge von 20 cm erreicht haben und die Kiemen verlieren. —

In den Bergen Chinas lebt eine weitere große Art, der Chinesische Riesensalamander (Megalobatrachus davidianus).

Bergdanaus *(Danaus tytia)*

Die Spannweite der Flügel dieses herrlichen Tagfalters beträgt rund 10 cm. Der Bergdanaus bewohnt die Hanglagen in den Hochgebirgen Indiens und Assams, ist aber in den Vorgebirgen des Himalaja noch bis in 2500 m Höhe zu finden. Häufig sitzt er tagsüber auf den Blüten der Sträucher und Bäume.

Himalaja-Apollo *(Parnassius autocrator)*

Die Hochgebirge des Pamir sind die Heimat des schönen, aber seltenen Himalaja-Apollo. Seine Flügel erreichen eine Spannweite von etwa 60 mm. Es scheint, daß er nur auf Bergwiesen in 3300 bis 3500 m Höhe in den Hochgebirgen Afghanistans vorkommt. An warmen Sonnentagen schwärmt er von Blüte zu Blüte. Da er ausgezeichnet zu fliegen vermag, läßt er sich nur schwer fangen.

Bergritterling *(Atrophaneura horishanus)*

Die Flügel dieses schönen Ritterlings erreichen eine Spannweite von 10 cm. Er kommt in Südchina und auf Taiwan vor und bewohnt dort Bergwiesen in Höhen über 2000 m.

Im Juni läßt er sich in segelndem Flug über die gras-

Bergdanaus

Himalaja-Apollo

Bergritterling

Himalaja-Falter

bewachsenen, von Blüten übersäten Berghänge tragen und besucht auch die Blüten von Sträuchern, um mit seinem langen Rüssel Nektar zu saugen.

Himalaja-Falter *(Bhutanitis spec.)*

Der Himalaja-Falter gehört zu den schönsten Schmetterlingen. Seine Flügel erreichen eine Spannweite von etwa 10 cm. Er bewohnt die Hochgebirge von Bhutan, Nordindien, Burma und Szechuan und hat sich als Lebensraum die schwer zugänglichen, bewaldeten Steilhänge ausgesucht. Er fliegt hoch in den Wipfeln der Bäume und kommt nur selten auf den Boden.

Wüsten und Steppen Asiens

Die asiatischen Wüsten nehmen eine riesige Fläche Innerasiens ein und erstrecken sich östlich vom Kaspischen Meer quer über den Kontinent bis in die Mongolei, nur unterbrochen von den Gipfeln des Tien-Shan-Gebirges. Am bekanntesten ist die Wüste Gobi, die sich in die Mongolei hinein erstreckt und von Geröll bedeckt ist. Die größte Sandwüste ist die Taklamakan-Wüste östlich des Tien-Shan, gefolgt von der Karakorum- und Kysylkum-Wüste. Diese zentralasiatischen Trockengebiete haben also teils Sand-, teils Steinwüstencharakter und werden durch umfangreiche Gras- und Baumsteppengebiete unterbrochen. Stellenweise bilden sich ganz kahle Salzwüsten ohne jeglichen Pflanzenwuchs, deren Oberfläche von weithin silbrig glitzernden Salzkristallen bedeckt ist. Andere sind nur ganz spärlich mit niedrigwachsenden, salzliebenden Kräutern oder Zwergsträuchern bewachsen.

Auf dem indischen Subkontinent liegt die Wüste Thar, die zwar auch ausgedehnte Salzwüsten hat, aber gerade die Thar ist nicht ganz so ausgetrocknet wie die innerasiatischen Wüsten. Sie ist reich mit Kräutern und Dornbüschen bedeckt, und bei Regen wachsen die Gräser üppig. Dann treiben die Schaf-, Zebu- und Kamelzüchter ihre Herden in die reichlich Nahrung bietende Wüste. In den Jahren, in denen es stärker regnet, bauen die Einheimischen sogar in einigen Gegenden Hirse an. Die Thar wird von Norden nach Südosten vom Fluß Luni durchzogen, der stellenweise große, oft sehr flache Salzlagunen bildet, aus denen die einheimische Bevölkerung durch Verdampfen Salz gewinnt. Dieser Fluß verläuft sich aber allmählich im Sand. Dort halten sich reiche Wasservorräte, die durch Brunnen wieder zutage gefördert werden können, auch wenn es sich um Wasser mit ziemlich hohem Salzgehalt handelt.

Nach Süden zu geht die Thar-Niederung in unwirtliche, salzreiche Sümpfe über, in denen keine Pflanzen mehr gedeihen. In den Salzwüsten sind die Meldengewächse, z. B. die Sode (Gattung *Suaeda)* häufig, die auf diesen Böden gedeiht, weil sie gegen Salz resistent ist. Sie tragen bunte Härchen und sehen aus, als ob sie bereift wären. Auch die salzliebende Trichterwinde *(Ipomoea biloba)* wächst hier. Sie blüht herrlich rot und bildet ausgedehnte Teppiche. Sie durchzieht mit

ihrem dichten Wurzelgeflecht den Sand und verhindert größere Sandbewegungen durch den Wind.
In den Sand- und Steinwüsten Innerasiens, auf Felsen und in den Steppen, überall ist ein kleiner, kriechender Strauch zu finden, der Kapern- oder Felsenstrauch *(Capparis spinosa)*, dessen große, weiße Blüten sich am frühen Morgen öffnen. Seine langen, dornigen Zweige breiten sich förmlich über die ganze Umgebung aus und sind im Frühjahr von den herzförmigen Knospen fast ganz bedeckt. Diese Knospen werden in Essig eingelegt und sind als echte Kapern allgemein bekannt. In den zentralasiatischen Wüsten kommen verschiedene Capparis-Arten vor, die stellenweise dichte Teppiche bilden.
Es gibt Gebiete, die von den Halbsträuchern des Kameldorns bedeckt sind. In den Sandwüsten und Steppen West- und Mittelasiens ist der echte Kameldorn, der im Frühjahr mit roten Blüten übersäte *Alhagi camelorum*, häufig und wird von der einheimischen Bevölkerung als „Kamelgras" bezeichnet, wohl deshalb, weil der Kameldorn die Hauptnahrung der Kamele bildet, die als einzige Haustiere auch Dornengestrüpp verzehren können. Solange die Alhagi-Sträucher jung sind, haben sie biegsame Dornen, so daß auch die Schafe die kleinen Blätter abweiden können. Wenn sie wachsen, verholzen die Dornen, und ein Gang durch einen Alhagibestand wird dann ein qualvolles Unternehmen.
Typisch für die west- und mittelasiatischen Wüsten- und Steppenregionen sind die Salzsträucher oder Salzbäume. Am bekanntesten ist der Saxaul *(Haloxylon ammodendron)*, ein 2—6 m hoch werdender, krüppeliger Baum, der als charakteristische Pflanze der dortigen Salzsteppen gilt.
Gewöhnlich ist der Saxaul bestandsbildend und spendet mit seinen Kronen vielen Lebewesen sicheren Schutz vor der alles versengenden Hitze.
In Gesellschaft des Saxauls gedeiht die eigenartige Cistanche aus der Familie der Sommerwurzgewächse, die ihren im Frühjahr dicht mit gelbbraunen bis rotvioletten Blüten übersäten Stengel bis 40 cm aus dem glühend heißen Sand steckt. Wegen der großen Menge Wasser, die diese Pflanze speichert, wird sie von vielen Wüstennagern aufgesucht. Aber woher nimmt sie diese Feuchtigkeit in einer Umwelt, wo nicht ein Tropfen Wasser fällt? Die Antwort ist so überraschend wie einfach. Die Cistanche schmarotzt auf den Wurzeln des Saxauls und entzieht ihm das Wasser. Auch auf einer tief wurzelnden Ephedra-Art führt sie ihr Schmarotzerdasein.

Zur Flora der asiatischen Salzwüsten gehören mehrere Queller-Arten der Gattung *Salicornia,* eigenartiger, blattloser Kräuter mit fleischigen Sprossen aus der Familie der Meldengewächse. Die Wüsten Zentralasiens bedecken sich nach Regenfällen im sehr kurzen Frühling mit einer Vegetation kurzlebiger Pflanzen, die rasch sprießen, blühen, Samen bilden und dann verdorren, denn die Sommermonate sind fast ohne Niederschläge. Dann zeigt das Thermometer im Schatten bis zu 50 °C, und der Sand ist glühendheiß.

Trotzdem existiert auch in diesen wasserlosen und ausgedörrten Wüstengebieten Leben. Hauptsächlich in der Dämmerung und in der Nacht, wenn die Temperaturen auf etwa 40 °C absinken, machen sich die meisten Lebewesen auf Nahrungssuche. Aber auch während des Tages lassen sich hier und da, vor allem im Frühjahr und Herbst, verschiedene wärmeliebende Wesen antreffen.

Am überraschendsten ist die große Zahl der Prachtkäfer aus der Gattung *Julodis.* In den Wüsten Zentralasiens, vor allem am Rand der Karakorum, wächst allenthalben der bis 2 m hohe, besenartige Strauch *Calligonum,* ein Knöterichgewächs. Und gerade auf seinen fast blattlosen Zweigen finden diese wunderschönen Käfer alles, was sie brauchen. Wie von Beeren überschüttet sehen seine kleinen Zweige aus, wenn sie sich Anfang Juni mit dem Riesenprachtkäfer *(Julodis variolaris)* oder mit einem schwarzen Prachtkäfer *(Capnodis excisa)* bedecken.

Aus dem Insektenreich sind jedoch Wanderheuschrecken in den verschiedensten Arten, Größen und Körperformen die häufigsten Bewohner der Wüstengebiete. Die niedrige, oft nur spärliche Pflanzendecke wimmelt nur so von ihnen. Hunderte dieser Tiere springen bei jedem Schritt auf und fliegen hin und her. Vor vielen Arten kann man direkt Angst haben, denn sie geben beim Auffliegen rasselnde Töne von sich, mit denen sie auch wirklich oft ihre Feinde erschrecken.

Aber einige insektenfressende Tierarten lassen sich davon nicht beeindrucken, denn auf diesen Heuschreckenteppich läßt sich oft eine riesige, rosa Wolke von Hunderten, ja Tausenden von Rosenstaren herab, die hier leicht Beute finden. Auch die wüstenbewohnenden Agamen und Eidechsen, z. B. die Wüstenrenner der Gattung *Eremias,* machen auf Wanderheuschrecken und andere Kerbtiere Jagd. Die insektenfressenden Echsen sind ein bedeutendes Glied in der Nahrungskette der Wüste, denn sie werden ihrerseits von Schlangen, Würgern und Greifvögeln gefressen.

Wenn abends die Sonne untergeht und es schnell zu dämmern beginnt, erfüllt ein eigenartiges, brummendes Brausen die Luft. Wie ein kleines Flugzeug fliegt ein großer, schwarzer Käfer dicht über dem Boden, ein Pillendreher *(Scarabaeus)* verläßt sein Versteck im Sand und sucht nach tierischen Ausscheidungen, aus denen er sich die bekannten Kugeln dreht, von denen er sich selbst ernährt und die er seinen Larven als Vorrat besorgt. Am Rande der Wüsten, auf den Schafweiden, verfolgt er in großen Trupps die weidenden Tiere. Auch die Kamele bieten diesem typischen Wüstenkäfer willkommenen, reichen Vorrat.

Im feinen Sand wimmelt es aber auch von anderen Käferarten, die sichtbare Spuren hinterlassen, beispielsweise von den häufig vorkommenden, schwarzen Käfern der Gattung Pimelia, die sich tagsüber in ausgegrabenen, verschütteten Sandlöchern verbergen. Auch die kleinen Sandboas (Gattung *Eryx*) machen sich auf ihre abendliche Jagd auf kleine Echsen. Ihrer Beute lauern sie entweder eingegraben im Sand auf, oder sie kriechen langsam über den Boden und suchen Eidechsen- oder Agamenverstecke.

Sobald es vollkommen dunkel geworden ist, schwirren kleine, weißliche Käfer und viele winzige, kleine Nachtfalter um die blühenden Sträucher. Wenn man die Taschenlampe aufleuchten läßt, sind im ersten Moment nur die märchenhaften Sanddünen und die eigenartig gekrümmten Büsche zu sehen, nicht mehr. Aber sobald man dann die Umgebung ableuchtet, ist die Wüste voll Überraschungen. Am Boden blinkt ein helles, grünes Licht, verlöscht sofort wieder und leuchtet dann um so intensiver wieder auf. Wenn man die Taschenlampe ausmacht, verschwindet dieses eigenartige Laternchen. Und wenn dann die Lampe wieder aufleuchtet, ist anstelle des erwarteten, grünen Blinklichtes nur für einen Augenblick eine feuerrote Flamme zu sehen. Dann springt sie fort und verschwindet, um sofort wieder aufzutauchen. Dieses Geheimnis der Wüste läßt sich leicht aufklären. Das grün blinkende Laternchen gehört einer kleinen Wüstenspinne, deren Hinterteil im Lampenlicht grün leuchtet. Und das flackernde Feuer, das ist das reflektierte Licht aus den Augen des Wundergeckos *(Teratoscincus scincus)*. Auch er hat sein Tagesversteck verlassen und sich auf Beutejagd begeben. Stellenweise sind diese niedlichen Geckos ziemlich häufig.

Auf Nahrungssuche machen sich auch die Säugetiere mit nächtlicher Lebensweise. Über die Sanddünen trippelt der stachelige Ohrenigel und sucht mit seinem feinen Rüssel nach Insekten und kleinen Wirbeltieren. Auch die Füchse werden aktiv. Mit dem ersten Schimmer des neuen Tages verschwinden alle diese Nachtlebewesen, nur in alle Richtungen führende Spuren sind im

Sand zurückgeblieben und zeigen den Weg zu ihren Verstecken. Und bald kommt der Wind und weht alle Spuren des Lebens mit Sand zu.

Aber auf dem angewehten Sand erscheinen neue, frische Spuren, diesmal die der tagaktiven Lebewesen. Sie könnten einem räuberischen Reptil gehören, dem Wüstenwaran, der wiederum sehr schnell im lockeren Sand zu laufen vermag. In den Wüsten und Steppen lauert noch eine Gefahr, denn hier sind Giftschlangen recht häufig. Eine der größten Wüstenschlangen ist die Levanteotter *(Vipera lebetina),* die sich in ihrer Färbung kaum von der Umgebung abhebt und deshalb leicht übersehen wird. Äußerst giftig ist auch die mittelasiatische Kobra, die aber ein verborgenes Leben führt, so daß Menschen von ihr nur sehr selten gebissen werden.

Wie bereits erwähnt, gehen die asiatischen Wüsten- und Halbwüstengebiete oft in Steppen über, die sich in den Bergen bis in Höhenlagen über 2000 m ziehen können. In diesen Steppengebieten weideten früher Wildschafe, Wildpferde und Wildkamele. Heute sind sie jedoch verdrängt von Haustierherden aus Schafen, Zwergrindern, Eseln und Kamelen, in den westlichen Gebieten überwiegen das einhöckrige Kamel, im Osten die zweihöckrige Art. Stellenweise, vor allem in den Hügelländern, ist durch Überweidung mit Haustierherden die ursprüngliche Landschaft völlig verändert worden. Auf den Steppenhochflächen Mittelasiens wächst das riesige, bis 3 m hohe Steckenkraut (Gattung *Ferula*) in größeren Beständen. Diese interessante Pflanze hat rübenartig verdickte Wurzeln, aus denen früher Drogen hergestellt wurden. Auf den verschiedenen Ferula-Arten halten sich wunderschöne Bockkäfer auf, beispielsweise die Gattungen *Melosia* oder *Agapantia,* deren Larven sich in den Wurzeln der Ferula entwickeln.

Zu diesen Pflanzengesellschaften gehören auch die verschiedenen krautigen und strauchigen Tragant-Arten (Gattung *Astragalus*); allein in Zentralasien sind es über 150 Arten. Die Büsche werden bis zu 1 m hoch, sind sehr dicht und ungewöhnlich stachelig. Meist bilden sie niedrige, polsterartige Inseln, die sich während der Blütezeit mit kleinen, weißen Blüten überziehen. Eine häufige Pflanze der Hügellandschaften sind die dornigen Büsche des gelb blühenden Christus- oder Stechdorns *(Paliurus),* die über 2 m hoch werden. Auf seinen duftenden Blüten stellen sich im Frühjahr ein wunderschöner, roter Prachtkäfer *(Purpuricenus budensis),* aber auch andere Käferarten und eine Unmenge Fliegen ein, die vom Duft der Blüten angelockt werden. Auf den hohen Staudenpflanzen wiederum halten sich die grün glänzenden Sphenoptera-Prachtkäfer auf.

In den westlichen Steppengebieten, sei es in den Niederungen oder Hügellandschaften, kommen die Schildkröten der Gattung *Testudo* vor, beispielsweise die Maurische Landschildkröte *(Testudo graeca)* oder die Vierzehen-Landschildkröte *(Testudo horsfieldii)*. Zu den besonders auf Grassteppen lebenden Kerbtieren gehören unzählige Wanderheuschrecken und andere Heuschreckenarten. Der Insektenreichtum dieser Landschaften lockt ungewöhnlich viele insektenfressende Vogelarten an, die sich als Sommergäste einfinden, um von der kurzen Periode des Nahrungsreichtums der Steppe zu profitieren. Dazu gehören verschiedene Ammernarten und der Rotkopfwürger.

Auf Heuschreckenfang begeben sich nicht nur die Rosenstare, sondern auch die Bienenfresser und die Blauwangenspinte und viele andere mehr. Im Hügelland sind die Ziegenmelker häufig, die im Dunkel der Nacht dicht über den Boden fliegen und gewandt in ihrem breit geöffneten Schnabel Insekten fangen. Zu den häufigsten Steppenbewohnern gehören zahlreiche Nagetiere, die wiederum Steppenweihe, Steppenadler, Weißschwanzbussarde und andere Greifvögel anlocken.

Zur Flora der Hochlandsteppen West- und Mittelasiens und des Himalaja gehört auch die bis zu 2 m hohe Steppenlilie der Gattung *Eremurus*. Aus dem kräftigen Wurzelstock dieser Staude wächst ein reiches Büschel schmaler, langer Blätter und auf einem hohen Stengel der dicht mit kleinen weißen, gelben oder rosa sternförmigen Blüten bestandene lange Blütenstand. Am bekanntesten ist der gelb blühende *Eremurus olgae*. An den Hängen leuchten weithin und in großer Zahl die großen, roten Blüten des Mohns (Gattung *Papaver*). Im Frühjahr sind die zentralasiatischen Steppen mit Hunderten von wunderschönen Blüten der Wildtulpen (Gattung *Tulipa*) geschmückt. Einige Arten haben gelbe, andere rotgelbe oder violett längsgestreifte Blütenkelche.

Zu den interessanten Steppenformationen Turkestans und Persiens gehören die intensiv duftenden Beifußsteppen, wo Beifußarten der Gattung *Artemisia*, insbesondere *Artemisia cina*, bestandsbildend sind. Die getrockneten, noch nicht erblühten Blütenstände des Beifußes wurden früher oft als Wurmheilmittel verwendet. In Zentralasien, in seinen Niederungen, Steppen und Wüsten, gehören die Tamariskengewächse *(Tamarix)* zu den typischen, häufig ganze Bestände bildenden Pflanzen. Ihre Blüten locken eine Unmenge Insekten an, besonders Fliegen und Wespen. In ihren Zweigen nisten Kleinvögel.

Und noch eine Pflanze ist an den die Steppen durchziehenden Bächen und kleinen Flüssen zu finden — der Maulbeerbaum, vielleicht einer der bekanntesten Bäume Asiens. Die Schwarze

Maulbeere *(Morus nigra)* stammt aus Westasien, die Weiße Maulbeere *(Morus alba)* dagegen aus China. Die süßen, reifen Früchte der Schwarzen Maulbeere dienen vielen Vögeln als Nahrung, aber auch für den Menschen sind sie ein willkommener Leckerbissen. Berühmt wurde der Weiße Maulbeerbaum, von dessen Blättern sich die Raupen des Seidenspinners ernähren. Die Kokons, in denen sich die Raupen dieses ungewöhnlichen Schmetterlings verpuppen, werden in China seit uralten Zeiten zu feiner Seide versponnen. Der Seiden- oder Maulbeerspinner ist ebenfalls in China beheimatet und wurde von hier aus auf abenteuerlichen Wegen ins Abendland gebracht. In den Mittelmeerländern gab es schon im 12. Jahrhundert Seidenraupenzuchten.

Abschließend sollen noch einige asiatische Pflanzen erwähnt werden, die zu wichtigen Kulturpflanzen wurden. Das Zuckerrohr *(Saccharum officinarum)* ist ein aus den feuchten Tropen Südostasiens stammendes, ausdauerndes Gras, dessen dicht gegliederte Halme 2—5 m hoch und bis zu 5 m dick werden. Heute wird das Zuckerrohr in den Subtropen und tropischen Gebieten mit hohen Niederschlägen auf der ganzen Welt auf großen Plantagen angebaut, hauptsächlich in Bengalen, auf den Sunda- und Westindischen Inseln. Das saftige Stengelmark hat einen Zuckergehalt von 12—18 %, und die Melassereste lassen sich zu Rum vergären.

Aus den Steppengebieten Zentralasiens stammt eine wichtige Kulturpflanze, die Hirse *(Panicum miliaceum)*, die als Brotgetreide schon seit prähistorischen Zeiten angebaut wird und noch heute in manchen Ländern, etwa in Indien, planmäßig angebaut wird.

Weltberühmt wurde auch der Teestrauch *(Camellia sinensis)*, eine meist an Hanglagen kultivierte Plantagenpflanze. Wir kennen viele Sorten, die im tropischen und subtropischen Bergland angebaut werden. Die Teepflanze ist ein Strauch oder ein niedriger Baum, der wahrscheinlich aus den Monsunwäldern abstammt. In China ist er seit dem 4. Jahrhundert, in Japan seit dem 9. Jahrhundert in Kultur und wurde durch portugiesische, holländische und englische „Seefahrer“ in Europa bekannt und bald wichtigstes Erzeugnis der asiatischen Kolonien.

Afghanischer Ohrenigel
(Hemiechinus megalotis)

Mittelasien und Afghanistan sind die Heimat des etwa 30 cm großen Afghanischen Ohrenigels. Dieser Insektenfresser mit auffallend großen Ohren lebt hauptsächlich in buschbewachsenen Sandsteppen und Trockensteppen. Den Tag verbringt er in seinem Bau, den er sich gewöhnlich unter einem Busch 50 cm in den Boden gräbt. Diesen Bau mit nur einem einzigen Ausgang benutzt er das ganze Jahr über. Der Afghanische Ohrenigel hat ein ständiges Jagdrevier, wo er nach einbrechender Dunkelheit auf Beutesuche geht. Er fängt vor allem Heuschrecken, aber auch Käfer, kleine Eidechsen und Schlangen. Nur selten nimmt er auch Aas an.

Das Afghanische Ohrenigelweibchen ist etwa 40 Tage tragend und bringt dann im Bau, der mit Gras und Blättern ausgepolstert wird, 1—5 Junge zur Welt. Bei den Jungen, die blind geboren werden, sind die weichen Stacheln noch in der Haut verborgen, treten aber noch am ersten Lebenstag aus der Hautoberfläche heraus. Die Augen öffnen die kleinen Ohrenigel erst nach 2 Wochen.

Steppenpfeifhase *(Ochotona pusilla)*

Der etwa 15 cm lange, sehr kurzschwänzige Steppenpfeifhase ist ein Bewohner der Fels- und Steinplätze in den Steppengebieten, aber auch der Halbsteppen Kasachstans. Die Tiere leben in größeren Kolonien. Als Bodenbewohner graben sie sich etwa 40 cm tiefe Erdbaue mit einer Nistkammer am Ende und meist nur zwei Schlupflöchern. Der Steppenpfeifhase, ein Verwandter der Hasen, polstert sich seine Höhle mit zartem Gras und Laub aus. Jedes Weibchen hat sein kleines Revier innerhalb der Kolonie, in dem es während der Paarungszeit vom Männchen aufgesucht wird. Nach einer Tragzeit von 20—24 Tagen wirft es in der weich mit Bauchhaaren und Blättern ausgepolsterten Nestkammer 7—13 blinde, nackte Junge. Nach 8—12 Tagen öffnen die kleinen Häschen die Augen. Nach 2 Wochen verlassen sie zum erstenmal den Bau und spielen vor dem Schlupfloch. Von Muttermilch ernähren sie sich 20—22 Tage lang und sind danach schon völlig selbständig. Jedes Weibchen hat 3—4 Würfe im Jahr, ohne daß sich die Kolonie vergrößert. Die Ursache ist wohl, daß die Steppenpfeifhasen viele Feinde unter den Greifvögeln und Raubtieren haben. Oft bilden gerade sie bis zu 90 % der Beutetiere dieser Jäger. Der Steppenpfeifhase lebt von Gras und Blättern. Häufig legt er sich unter Steinen eine Vorratskammer an, in die er große Blätter und Kräuter einträgt. Auf ein Tier kommen bis zu 8 kg Trockenfutter. — Andere Pfeifhasenarten sind in Mittelasien, im Himalaja und in Ostasien heimisch.

Japanischer Hase *(Lepus brachyurus)*

Der Japanische Hase wird insgesamt etwa 55 cm lang und hat einen kurzen, nur 5 cm langen Schwanz und verhältnismäßig kurze Ohren. Seine Heimat sind die japanischen Inseln. Interessant ist, daß die im Nordosten der Insel Hondo und die in den Berglandschaften Japans lebenden Tiere im Winter ein weißes Fell bekommen. Die Biotope, die dieser Hase bewohnt, sind äußerst unterschiedlich. Sein Lebensraum sind hauptsächlich Steppen, Felder und Halbwüsten, aber auch Waldränder und Gärten. Tagsüber verbirgt er sich im Gebüsch oder im hohen Gras, wo er feste Schlafstellen, sogenannte „Sassen“, hat. Mit Einbruch der Dämmerung macht er sich auf Nahrungssuche. Er lebt von Gras, Blättern, Trieben, Feld- und Gartenfrüchten, im Winter auch von Sämereien und Rinde.

Die Häsin ist 42 Tage tragend und wirft in der ausgepolsterten Nestmulde 1—5 Junge. Gewöhnlich bringt sie 2 Würfe jährlich. Die Jungen sind bei der Geburt behaart und können sehen. Obwohl sie 19—21 Tage lang Muttermilch trinken, versuchen sie, sich schon im Alter von 7—9 Tagen an Grünfutter. Nach 5 Wochen sind die kleinen Häschen völlig selbständig.

Bobak oder Steppenmurmeltier
(Marmota bobac)

Steppen, Halbwüsten und Kulturlandschaften Mittelasiens sind der Lebensraum des insgesamt etwa 65 cm langen Steppenmurmeltieres. Der Schwanz mißt etwa

Afghanischer Ohrenigel

Steppenpfeifhase

Japanischer Hase

Bobak oder Steppenmurmeltier

12 cm. Dieser gesellige Nager lebt paarweise in Kolonien. Die einzelnen Paare graben sich Erdbaue, deren Zugänge sie an einem Hang anlegen. Im Flachland werfen sie zu diesem Zweck einen kleinen Hügel auf, wohl um ihren Bau vor dem Eindringen von Regenwasser zu schützen. In seinem Bau verbringt der Bobak die Nacht, tagsüber geht er auf Nahrungssuche. Er lebt von Wurzeln, Gräsern, Kräutern, Früchten und Sämereien, nimmt aber auch Insekten und Eier aus den Nestern der bodenbrütenden Vögel.
Nach einer Tragzeit von 40—42 Tagen bringt das Weibchen in der Wohnkammer des Erdbaus etwa 6 Junge zur Welt. Sie werden blind geboren und öffnen nach 3 Wochen ihre Augen. Mit etwa 5 Wochen kommen sie zum erstenmal aus dem Bau. Die Mutter säugt ihre Jungen 6—8 Wochen lang. Sobald es Herbst wird, tragen die Tiere trockenes Gras in ihren Bau, verstopfen alle Zugänge und bereiten sich zum Winterschlaf vor. Im allgemeinen verbringen die Eltern den Winter zusammen mit den Jungen. Die Gruppe eines Baues kann bis zu 15 Mitglieder haben. Während des Winterschlafes sinkt die Körpertemperatur des Bobaks beträchtlich ab, und auch die Atmung ist verlangsamt.

Syrischer Goldhamster *(Mesocricetus auratus)*

Dieser kleine Goldhamster ist nicht nur eines der bekanntesten Versuchstiere in Laboratorien, sondern wird auch gern als Heimtier in Wohnungen gehalten. Zusammen mit dem 1,2 cm langen Schwanz wird der Syrische Goldhamster 18 cm lang. Das Weibchen ist etwas stärker. Er stammt aus dem Vorderen Orient, sein Verbreitungsgebiet reicht aber vom Balkan bis zum östlichen Kaukasus. Der Syrische Goldhamster wurde schon im Jahre 1839 beschrieben. Das Interesse an seiner Haltung in Gefangenschaft datiert jedoch erst aus dem Jahre 1930, als ein Goldhamsterweibchen mit 12 Jungen aus Syrien nach Europa mitgebracht wurde. So kam er auch zu seinem Namen.
Der Lebensraum des Syrischen Goldhamsters sind Steppen- und Halbsteppengebiete. Tagsüber schläft er in seinem tiefen Erdbau, in der Dämmerung begibt er sich auf Nahrungssuche. Er lebt von Sämereien, Gräsern und Kräutern, frißt aber auch Insekten, Weichtiere und Würmer.
Nach nur 16 Tagen Tragzeit wirft das Weibchen in der bis zu 1 m tief unter der Erde liegenden Nestkammer 4—8 Junge. Die Goldhamster sind an keine feste Fortpflanzungszeit gebunden. Die Neugeborenen sind nackt und blind, öffnen nach 14 Tagen ihre Augen und ernähren sich 3 Wochen lang von Muttermilch. Sobald sie 7—8 Wochen alt sind, sind die kleinen Hamster schon völlig selbständig. Dieser kleine Nager kann 2—3 Jahre alt werden. Sein Durchschnittsalter beträgt jedoch nur knapp 2 Jahre. Er ist auch im Winter aktiv und kommt dann nicht nur in der Dämmerung, sondern auch am Tage aus seinem Bau.

Syrischer Goldhamster

Dshungarischer Zwerghamster

Dshungarischer Zwerghamster
(Phodopus sungorus)

Dieser vor allem in den Steppengebieten und Halbwüsten der Mongolei und der anliegenden Gebiete Nordchinas und Sibiriens beheimatete Zwerghamster wird nicht größer als 6—11 cm. Sein 1 cm langes Schwänzchen ist im Fell verborgen. Er lebt bevorzugt in den Kolonien der Pfeifhasen. Zur Winterzeit ist sein Pelzchen in den nördlichen Gebieten weiß und dazu sehr dicht. Der Dshungarische Zwerghamster gräbt sich Erdbaue, in denen er den Tag zubringt und auch seine Jungen aufzieht. Auf Nahrungssuche macht er sich in der Dämmerung. Er ernährt sich von Sämereien, Beeren und Gräsern, verschmäht aber auch Insekten und Würmer nicht. Das Weibchen ist 17—18 Tage tragend und bringt im Nest meist 4—6 Junge zur Welt. Sie werden nackt und blind geboren und können nach 12 Tagen sehen. Im Alter von 3 Wochen können die kleinen Zwerghamster schon selbst ihre Nahrung suchen.

Indischer Mungo *(Herpestes edwardsi)*

Von den Süd- und Ostgebieten der Arabischen Halbinsel bis nach Indien, Sri Lanka und Burma reicht das Verbreitungsgebiet einer der bekanntesten, kleinen Schleichkatzen, des Mungos. Er wird etwa 85 cm lang. Davon mißt aber der Schwanz allein 35 cm. Der Mungo ist ein Bewohner der Steppen, aber auch sandiger und steiniger Gelände, buschbewachsener Landschaften und in selteneren Fällen auch lichter Wälder.

Populär ist er besonders durch seine Leidenschaft, mit der er Kobras, aber auch andere Schlangenarten jagt. In Büchern finden wir oft Darstellungen, wie er erbittert mit der giftigen Brillenschlange kämpft. Wegen seiner größeren Wendigkeit und wegen seines spröden, dichten Felles, in das die Kobra Gift einspritzt, ohne ihn zu verletzen, bleibt der Mungo meistens Sieger in diesem erbitterten Zweikampf, wenn es ihm gelingt, den Nakken der Schlange zu durchbeißen. Aber Schlangen bilden nicht die Hauptnahrung des Mungos. Er lebt eher von kleinen Nagetieren, Vogeleiern, Insekten und Weichtieren. Der Mungo ist gewöhnlich recht gesellig und hält sich in Familienverbänden oder in kleinen Gruppen auf. Unterschlupf findet er in Felshöhlen oder in Erdlöchern. Dort legt sich das Weibchen auch sein Nest an.

Wildpferd *(Equus przewalskii)*

Das Przewalski-Pferd ist das einzige heute noch lebende Wildpferd. Dieses recht stattliche Tier erreicht im Widerrist eine Höhe von 140 cm, eine Körperlänge von 250 cm und eine Schwanzlänge um 90 cm. Das Gewicht eines erwachsenen Hengstes, der stärker ist als die Stute, beträgt meist etwa 300 kg. Das Sommerfell der Wildpferde ist sehr kurz, das Winterfell länger und dichter, denn es muß ihm ausreichenden Schutz vor den in seiner Heimat herrschenden Frösten bieten.

Das Wildpferd wurde im Jahre 1879 von dem russischen Forscher Przewalski auf seiner Reise durch die Steppengebiete der mongolischen Dsungarei entdeckt. Damals war das eine Weltsensation, denn man war der Meinung, daß die wilden Vorfahren unserer Pferde schon längst ausgestorben seien. Przewalski brachte einen Schädel und ein Fell dieses Pferdes mit. Erst 1899 gelang es, die ersten lebenden Wildpferde nach Europa zu bringen. Sie wurden in Askania Nowa in der Ukraine gehalten. Im Jahre 1901 unternahm dann der bekannte Hamburger Tierhändler Carl Hagenbeck eine Expedition in die Mongolei und brachte 28 junge Przewalski-

Indischer Grauer Mungo

Wildpferd

Pferde nach Hamburg. Diese Tiere wurden die Stammeltern der in Gefangenschaft gezüchteten Przewalski-Pferde.

Selbstverständlich kannten die Einheimischen das Wildpferd lange, bevor es für die wissenschaftliche, zivilisierte Welt entdeckt wurde, und jagten es voller Leidenschaft. Zum Rückgang der letzten Wildpferde hat nicht nur die Jagd beigetragen, sondern die Erweiterung der Weidelandschaft für die Haustiere. Ob es heute noch Wildpferde in freier Wildbahn gibt, ist ungeklärt. Sie wurden in den letzten Jahren nicht mehr beobachtet.

Das Przewalski-Pferd war in früheren Zeiten in großen Teilen des Südwestens der Mongolei verbreitet. Sein Biotop sind Bergsteppen und Halbwüsten der Gebirgsebenen in Höhenlagen zwischen 700 und 1800 m, selten geht es bis auf 2500 m hinauf. Es lebt in diesen vegetationsarmen Regionen nur von Trockengräsern oder Kräutern, nimmt aber auch Blätter oder kleine Zweige von Zwergsträuchern. Zu den Wasserstellen zieht es regelmäßig nach Sonnenuntergang.

Das Przewalski-Pferd ist ein geselliges Tier und lebt in kleineren Herden. Die von einem starken Hengst geführte Herde besteht aus 5—15 Stuten mit ihren Fohlen. Fliehen die Pferde vor drohender Gefahr, so bleibt der Hengst hinter der Herde und schützt seine Stuten und Fohlen vor dem Feind. Werden die Tiere im Winter von einem Wolfsrudel angefallen, so bilden sie eine Kreisformation, in deren Mitte die Fohlen stehen. Die Köpfe der erwachsenen Herdenmitglieder zeigen nach innen, so daß sie mit starken Schlägen der Hinterbeine die Angriffe abwehren. Beim Laufen erzielen Pferde auf kurzen Strecken eine Geschwindigkeit von bis zu 70 km in der Stunde, bei ausdauerndem Laufen noch über 50 Stundenkilometer.

Bei Wanderungen zur Sommerzeit gehen die Wildpferde in einer Reihe dicht hintereinander, so daß das vorn gehende Tier mit seinem Schwanz den Kopf des Hintermannes umwedelt und ihm dadurch die lästigen Insekten fernhält. Bei Schneestürmen dagegen bildet die Herde einen Kreis, in dem die innen stehenden Jungtiere durch die Atmung der Erwachsenen erwärmt und durch deren Körper vor den Unbilden der Witterung geschützt werden. Im Frühjahr bringt die Stute nach

Asiatischer Wildesel oder Halbesel

einer Tragzeit von etwa 336 Tagen ein etwa 45 kg wiegendes Fohlen zur Welt. Das Kleine vermag sich schon nach wenigen Stunden auf die eigenen Beinchen zu stellen und läuft nach zwei, drei Tagen munter hinter seiner Mutter her.

Asiatischer Wildesel oder **Halbesel** *(Equus hemionus)*

Der Asiatische Wildesel ist in mehreren Unterarten bekannt. Die Systematik ist jedoch nicht einheitlich. Im Norden des Iran und in den angrenzenden Gebieten der Sowjetunion lebt der Onager *(E. h. onager)*, der im Widerrist eine Höhe von etwa 120 cm erreicht. Ihm ähnlich ist der Khur *(E. h. khur)* aus den Trockengebieten Südwestindiens, Pakistans und Südostpersiens. In Turkestan und Kasachstan ist der Kulan *(E. h. hemionus)* heimisch. Der größte Asiatische Wildesel ist der bis zu 150 cm hohe Kiang *(E. h. kiang)*, dessen Verbreitungsgebiet sich über die Hochgebirgsebenen Tibets in 4000 m Höhe erstreckt. Es gibt jedoch Zoologen, die den Kiang als selbständige Art betrachten, dafür aber als weitere Unterart des Asiatischen Wildesels den Syrischen Halbesel *(E. h. hemippus)* unterscheiden.

An vielen Stellen ist der Asiatische Wildesel allerdings schon nahezu ausgerottet oder erheblich bedroht. In früheren Zeiten zogen große Wildeselherden durch die asiatischen Wüsten, wurden dann jedoch von den immer weiter ins Innere der riesigen Wüstengebiete vordringenden Hirten mit ihren großen Pferde- und Schafherden schnell aus ihren ursprünglichen Lebensräumen abgedrängt. Als dann die modernen Schußwaffen aufkamen, taten die Jäger das ihrige, denn sie schossen die sonst sehr scheuen Tiere aus der Deckung ab. In Ostasien wurde der Asiatische Wildesel auch von Einheimischen leidenschaftlich verfolgt, da man von diesen Tieren behauptete, ihrem Fleisch und Blut wohne eine wundersame Macht inne. Neben dem Menschen gehört zu seinen natürlichen Feinden vor allem der Wolf, der für die Auslese kranker oder geschwächter Tiere sorgt. An eine Herde, die zusammenhält, traut sich der Wolf jedoch nicht heran.

Am Tage suchen sich die Asiatischen Wildesel Weideplätze, wo sie Gras, salzliebende Kräuter und an Sträuchern Blätter finden. Am Abend geht die Herde dann zu den Tränken. In den riesigen Einöden kommen die Tiere zwei oder drei Tage ohne Wasser aus. Zum Übernachten sucht sich der Asiatische Halbesel eine geschützte Stelle im Tal oder zwischen dichten Büschen. Die einzelnen Gruppen, zu denen 6—10 Mitglieder zählen, werden von einem erwachsenen Hengst beherrscht, der bei drohender Gefahr auch versucht, dem Verfolger den Weg zu kreuzen und auf diese Weise seinen Lauf zu verlangsamen, um Stuten und Fohlen die Flucht zu erleichtern. Im Herbst, wenn sich die Halbesel aus den unwirtlichsten Gebieten auf ihre weiten „Züge" zu besseren Weidegründen machen, schließen sich die kleineren Gruppen zu Herden zusammen, die oft sogar mehrere hundert Mitglieder zählen.

Mit Beginn des Sommers tritt die Brunst ein, in der die Hengste um die kleinen Stutenherden kämpfen. Diese Kämpfe der Nebenbuhler werden oft sehr erbittert geführt. Die Stute ist 330—360 Tage trächtig und bringt

Kamel

dann nur ein Junges zur Welt, das sich schon nach einigen Stunden munter bewegt. Das neugeborene Fohlen wiegt 25—30 kg. Anfangs versteckt sich das Kleine im dichten Bestand, aber schon nach einer Woche vermag es auch auf der Flucht mit der Herde Schritt zu halten. Im Alter von einem Monat weidet es bereits selbst, trinkt aber noch das ganze Jahr bei der Mutter, obwohl es, was die Ernährung betrifft, nach 4 Monaten vollkommen selbständig ist. Die Stuten sind mit 3 Jahren, die Hengste erst mit 4—5 Jahren erwachsen. In der freien Wildbahn wird der Asiatische Halbesel etwa 15 Jahre alt, in Gefangenschaft erreicht er sogar 25 Jahre.
Auf der Flucht vor einer Gefahr entwickelt die Herde eine Geschwindigkeit von bis zu 60 Stundenkilometern. Auf kürzeren Entfernungen, etwa mehrere hundert Meter, kann der Asiatische Halbesel sogar 70 Kilometer pro Stunde erreichen. Über längere Strecken, etwa mehrere Dutzend Kilometer, vermag die Wildeselherde eine Geschwindigkeit von durchschnittlich etwa 40 km/h aufrechtzuerhalten.

Hirschziegenantilope

Kamel *(Camelus ferus)*

Das zweihöckrige Kamel oder Trampeltier ist ein großer Paarhufer, der eine Körperhöhe von 230 cm, eine Länge von 340 cm und ein Gewicht bis zu 600 kg erreicht. Das Kamel ist uns als ein in Asien und im Vorderen Orient gehaltenes Haustier als Hauskamel bekannt. Die wilde Stammform, das Wildkamel, kommt nur noch in unzugänglichen Gebieten der Mongolei vor und ist auch dort sehr selten. In den Trockengebieten Innerasiens war das Wildkamel einst weit verbreitet. Am häufigsten war es in Höhenlagen zwischen 1500 und 2000 m anzutreffen, wo es genügend Weideplätze gibt. Aber aus diesen Gebieten wurde es in den meisten Fällen von den Hirten verdrängt.
Kamele sind durch ein langes und dichtes Winterfell vor Kälte geschützt. Im Frühjahr wechseln sie das Haarkleid. Im Sommer wandern die Wildkamele in verstreuten kleinen Trupps über die weiten Steppen, im Winter schließen sie sich zu Gruppen bis zu 20 Tieren zusammen und suchen sich geschützte Plätze. Die Gruppe besteht aus Weibchen und Jungtieren unter Führung eines männlichen Kamels. Die überzähligen Hengste leben meist einzeln. Während der Paarungszeit, also meist im Februar, vertreibt der Leithengst die Jungtiere. Manchmal muß er mit anderen Hengsten erbitterte Kämpfe ausfechten. Bei diesen Auseinandersetzungen beißen sich die Tiere und bringen sich manchmal auch tiefe Wunden bei.
Nach einer Tragzeit von 13 Monaten bringt die Kamelstute ein Junges zur Welt, bei dem die Höcker schon zu erkennen sind. Das Kleine steht schon ein paar Stunden nach der Geburt auf eigenen Beinen und folgt seiner Mutter. Kamele sind Wiederkäuer und haben einen mehrhöhligen Magen. Sie leben von Gräsern, verschiedenen Kräutern, kleinen Zweigen von Dornbüschen und Früchten. Kamele können auch ohne Wasser lange aushalten — bis zu 12 Tagen. Dafür trinkt dann aber ein durstiges Kamel in 10 Minuten über 135 l Wasser. Anders ist es, wenn es zur Arbeit in der Karawane herangezogen wird. Dann muß es mindestens täglich getränkt werden.
Das Kamel hat den typischen, wiegenden Gang eines Paßgängers, denn es schreitet mit beiden rechten bzw. linken Beinen gleichzeitig aus. Von allen Sinnen ist das Gehör am besten ausgebildet. Aber auch der Ge-

Saiga

Bengalgeier

Lappengeier

ruchssinn ist gut entwickelt. Das zweihöckrige Kamel hat nur eine unangenehme Eigenschaft für uns Menschen: es bespuckt seinen Feind mit dem unangenehm riechenden Magensaft und läßt dabei ein lautes Gebrüll hören. In der Natur haben erwachsene Tiere kaum Feinde, nur versprengte Fohlen können von Wölfen angefallen werden.

Die zahmen, seit 5000 bis 6000 Jahren gezüchteten Hauskamele werden als Lastenträger verwendet, denn sie vermögen bis zu 250 kg schwere Lasten zu tragen. Eine Kamelkarawane kommt verhältnismäßig langsam vorwärts. Sie legt höchstens 20 km am Tag zurück. In den Wüstengebieten wird das Kamel zwar immer noch genutzt, aber seine Bedeutung geht stetig zurück, seitdem sich Wüsten mit dem Auto und Flugzeug überqueren lassen.

Hirschziegenantilope *(Antilope cervicapra)*

Die Hirschziegenantilope bewohnt die Steppengebiete und lichteren Wälder Indiens zwischen Indus und Ganges. Die in Nordindien lebende Unterart wurde jedoch ausgerottet. Der erwachsene Bock erreicht eine Körperhöhe von 85 cm, wird 140 cm lang und etwa 40 kg schwer. Das Weibchen ist kleiner und hat keine Hörner. Die Hirschziegenantilopen leben in Gruppen zu 15—50 Tieren, gelegentlich können sich an einem Platz auch mehrere hundert Tiere zusammenfinden. Ältere Männchen sondern sich aber oft von der Herde ab und führen das Leben von Einzelgängern.

Nur zur Brunft suchen sie die Geißen auf. Dann kämpfen die Böcke miteinander um die Weibchentrupps. Nach einer etwa 180tätigen Tragzeit bringt die Geiß dann 1, selten 2 Junge zur Welt. Das kann zu jeder beliebigen Jahreszeit sein. Die Zicklein werden etwa 5 Monate von der Mutter gesäugt, nehmen aber schon ab dem zweiten Lebensmonat regelmäßig Gräser, Kräuter und Laub zu sich. Die Hirschziegenantilopen suchen hauptsächlich am Morgen und am Abend die Weideplätze auf und verbringen den Tag im Schatten der Bäume und Sträucher. In früheren Jahrhunderten verwendeten die indischen Fürsten zur Jagd auf Hirschziegenantilopen eigens dafür abgerichtete, zahme Geparden.

Saiga *(Saiga tatarica)*

Kasachstan, Turkestan, der Süden Sibiriens, die westliche Mongolei und Nordwestchina sind die Heimat der eigenartig aussehenden Saiga. Heute finden wir sie am häufigsten in Kasachstan, wo nach Schätzungen der Fachleute der Bestand etwa 2—3 Millionen Tiere beträgt. Im Winter unternehmen die Saigas weite Wanderungen vom Norden nach dem Süden und kehren dann

im Frühjahr wieder in ihre Wohngebiete zurück. Scharen von mehr als 100 000 Saigas zogen früher gemeinsam zurück. Ein erwachsener Saigabock hat eine Widerristhöhe von 60—70 cm, eine Körperlänge von 120—140 cm und ein Gewicht von 26—36 kg. Die Geißen sind schwächer und haben keine Hörner. Nur selten wachsen den älteren Weibchen schwache Gehörne. Die bis 35 cm langen und spitzen Hörner der Böcke sehen aus, als wären sie beringt. Das Fell der Saigas ist im Sommer kurz, im Winter dagegen lang und dicht.
Die Saiga ist ein Steppenbewohner, lebt aber auch in Wüstensteppen und sucht Felder auf, solange sie vom Menschen nicht verjagt wird. Saigas haben keine festen, eigenen Reviere und wandern ständig umher. An zwei Tagen können sie 120—200 km zurücklegen. Sie durchschwimmen auch Flüsse. Den Hauptteil der oft mehrere tausend Köpfe zählenden Herde bilden Weibchen und Jungtiere, am Schluß läuft eine kleinere Gruppe männlicher Tiere. Zu Beginn der Brunft, gewöhnlich im November, tragen die Böcke untereinander erbitterte Kämpfe aus. Der Sieger kann 5, manchmal sogar 50 Geißen wegführen. Während der Brunftzeit nehmen die Böcke keine Nahrung auf und magern stark ab. Wenn das Frühjahr zu Ende geht, werfen die Weibchen nach einer 140—150 Tage dauernden Tragzeit 1, selten 2 Junge. Dafür suchen sie sich meist hohes Gras aus, wo sich die Kleinen leicht vor Feinden, wie Wölfen, Füchsen und großen Adlern, verstecken können. Muttermilch trinken die Zicklein 2—2½ Monate lang. Die jungen Geißen sind mit 8 Monaten, die Jungböcke erst mit 15 Monaten erwachsen.
Auf der Flucht entwickeln die Saigas eine Geschwindigkeit von 70—80 Stundenkilometern, auf größere Entfernungen halten sie 60 km in der Stunde durch. Die Kost der Saigas besteht aus bis zu 140 Kräuter- und Grasarten und enthält sogar Pflanzen, die für andere Tiere giftig sind. Wenn sie saftige Weiden vorfinden, brauchen die Saigas nicht zu trinken.

Bengalgeier *(Pseudogyps bengalensis)*

Über ganz Indien und weiter bis nach Südwestchina und zum westlichen Teil Südostasiens ist der etwa 90 cm große Bengalgeier verbreitet. Dieser Greifvogel bewohnt offene Gras- und Buschlandschaften und Gegenden mit vereinzeltem Baumbestand bis in Höhenlagen um 2500 m. In den Gebirgen ist er jedoch nur im Süden seines Verbreitungsgebietes anzutreffen. Gewöhnlich hält er sich in kleineren Gruppen auf, nicht selten in Gesellschaft mit anderen Geierarten. Gemeinsam ziehen sie weit in der Gegend umher, um nach verendeten Tieren zu suchen, von deren Fleisch und Innereien sie sich ernähren. In seinem Schnabel hat dieser Aasbeseitiger

Steppenweihe

eine solche Kraft, daß er auch die festesten Sehnen zu zerreißen vermag. Nach dem Mahl lassen sich die Vögel, oft zu Dutzenden, auf ihrem ständigen Sitzbaum nieder. Diese Bäume sind dann so von Exkrementen bedeckt, daß sie völlig kahl werden. Manchmal schlagen sich die Bengalgeier ihren Magen so voll, daß sie nicht einmal auffliegen können und 2—3 Tage ausruhen müssen, bis sie verdaut haben. Dann fliegen sie wieder auf Futtersuche und segeln stundenlang hoch in den Lüften. Sie beobachten oft tagelang weidende Rinder oder Schafherden und warten geduldig auf ihre Gelegenheit. Als gäben sie sich über Funk gegenseitig Nachricht, kommen die Geier weit aus der Umgebung zusammen, um das verendete Tier zu verzehren. Es ist keine Seltenheit, daß sich weit über 50 Geier an diesem Mahl beteiligen.
Die Brutzeit des Bengalgeiers liegt zwischen Oktober und Februar. Die meisten Gelege finden wir jedoch im Dezember. Auch dann liebt er Gesellschaft und bildet große Brutkolonien. Auf einem kleinen Gebiet horsten dann am Waldrand manchmal 20, aber auch bis zu 40 Paare. Als Horstbäume suchen sich die einzelnen Paare mit Vorliebe so mächtige Baumarten aus wie *Ficus bengalensis, Ficus religiosa, Mangifera indica* oder *Dalbergia latifolia.* Der Horst besteht aus Ästen und kleinen trokkenen Knüppeln. Zum Auspolstern der Nestmulde ver-

Elster- oder Scheckweihe

wenden die Bengalgeier Fellreste und Haare von Säugetieren. Das Gelege aus meist einem weißlichen, grünlich angehauchten und nur selten rotbraun gefleckten Ei bebrüten beide Partner abwechselnd. Nach etwa 47 Tagen schlüpft das Junge, dem die Altvögel vorverdaute Nahrung vorlegen. Im Alter von etwa 80 Tagen sind die jungen Bengalgeier voll gefiedert und fliegen zum erstenmal aus.

Shikra

Lappengeier *(Sarcogyps calvus)*

Indien und die westliche Hälfte Südostasiens sind die Heimat des Lappengeiers, eines stattlichen, etwa 80 cm großen Greifvogels mit kahlem Kopf und zu beiden Seiten des Kopfes herabhängenden Lappen. Sein Lebensraum sind die offenen, buschbestandenen Wüstensteppen, aber auch die lichten Wälder der Hochebenen. Im Himalaja und in Nepal bewohnt er die steppenartigen Berghänge bis in 2000 m Höhe. Gewöhnlich lebt er paarweise, und nur selten teilen sich mehrere Tiere die Leichen großer Säugetiere. Diese Geier kommen bis an den Rand großer Städte, um Abfälle zu verzehren. Sie bilden einen Säuberungstrupp, denn sie beseitigen alle Fleischreste, die zum Brutherd von Krankheitserregern werden könnten.

Während der Paarungszeit lassen sowohl Männchen als auch Weibchen ihre an Pferdewiehern erinnernden Stimmen hören. Die Brutzeit dauert von Dezember bis April. Beide Altvögel bauen ihren Horst gemeinsam 9—12 m über dem Boden im Wipfel der Bäume, meist in Ficus- oder Mangifera-Arten, auch in der Nähe von Städten oder Dörfern. Der mächtige, flache Horst besteht aus Zweigen und ist mit Blättern und Grashalmen ausgepolstert. In Wüstensteppen errichten die Vögel ihr Nest nur 2—3 m über dem Boden und suchen sich dafür vorzugsweise Prosopis-Büsche aus. Das Weibchen legt ein einziges weißes Ei und wechselt sich beim Bebrüten mit seinem Partner ab. Das nach 45 Tagen geschlüpfte Junge füttern beide Eltern gemeinsam.

Steppenweihe *(Circus macrourus)*

Die Steppen und offenen Buschlandschaften Mittelasiens, der gemäßigten Klimazonen Asiens bis zum Baikal und Osteuropas bewohnt die etwa 50 cm große Steppenweihe. Dieser prächtige Raubvogel hat eine Spannweite von 100 cm. Das Weibchen hat eine überwiegend dunkelbraune Oberseite, das Gefieder am Kopf und an der Körperunterseite ist rostbraun. In Mittelasien treffen wir die Steppenweihe in Höhenlagen bis 1350 m häufig an, im Altai geht sie bis auf 2300 m und im Hochland von Pamir sogar bis auf 2750 m hinauf. Sie ist eine der häufigsten Greifvogelarten in den Steppengebieten.

Im Suchflug zieht sie flach über den Boden und schlägt ihre Beute überwiegend am Boden. Sie jagt kleine Nagetiere und Insektenfresser, verschmäht aber auch Vögel, große Wanderheuschrecken und Heuschrecken nicht. Hin und wieder greift sie kleine Eidechsen und an feuchten Stellen auch Frösche. Im Herbst fliegt sie in ihre Winterquartiere in Indien, Sri Lanka und Burma. Die westlich lebenden Bevölkerungen überwintern im tropischen Afrika. Zu ihren Brutplätzen kehren die Vögel schon paarweise meist im April zurück.

Den Horst baut sich die Steppenweihe in einer flachen Erdmulde und polstert die Nestmulde mit trockenen Grashalmen aus. Das Gelege aus 3—6 weißen, leicht braun gefleckten Eiern brütet das Weibchen allein aus. Während der Brutzeit von etwa 29 Tagen wird es vom Partner mit Nahrung versorgt. Auch für die Nestlinge bringt das Männchen in der ersten Zeit die Beute allein. Bevor das Männchen die Beute an das Weibchen zum Portionieren und Verfüttern übergibt, rupft es sie teilweise. Für die älteren Nestlinge geht auch die Mutter mit auf Jagd. Die jungen Steppenweihen sind im Alter von 40—45 Tagen flügge.

Hochlandbussard

Elster- oder **Scheckweihe** *(Circus melanoleucus)*

In Ostasien erstreckt sich das Brutgebiet der 45 cm großen Elster- oder Scheckweihe vom Amur und Transbaikal bis zur Mandschurei, nach Korea und Nordchina hin. Das Weibchen ist an Scheitel, Flügelspitzen, Schwanz und Rücken bräunlich, sonst am Kopf weißlich gefärbt. Die Elsterweihe bewohnt in ihrem Brutgebiet Busch- und Graswüstensteppen, kommt aber auch auf Felder und im Küstengebiet des Nordens in die sumpfigen Regionen der Tundra. Im Herbst begibt sie sich auf weite Wanderungen nach Süden oder Südosten bis nach Indien, Sri Lanka, Borneo und sogar bis zu den Philippinen. In diesen Winterquartieren hält sie sich meist auf Reisfeldern auf.

Schon bald nach dem Eintreffen am Brutplatz, etwa Anfang Mai, baut sich das Pärchen seinen Horst auf dem Erdboden in einer etwa 5 cm tiefen und 40 cm breiten Mulde im Gras und polstert ihn mit trockenen Grashalmen und Laub aus. Das Weibchen bebrütet die 4—5 grünlichen, braun gefleckten Eier allein. Es wurde aber auch beobachtet, daß Männchen Gelege selbst ausbrüteten, wenn das Weibchen aus irgendeinem Grund ums Leben kam. Während der etwa 28 Tage dauernden Brutzeit und nach dem Schlüpfen der Nestlinge besorgt das Männchen der ganzen Familie Nahrung. Später jagen dann beide Eltern wieder gemeinsam. Die Elsterweihe fliegt gleitend 1—2 m über dem Boden und späht nach Nagetieren, bodenbrütenden Vögeln, Schlangen und Fröschen. Die Beute muß sie am Boden schlagen, denn Vögel kann sie im Flug nicht greifen.

Shikra *(Accipiter badius)*

Die Heimat dieses Habichts sind Mittelasien, Indien und Südostasien. Der Shikra ist überwiegend Standvogel, nur im Gebiet des Kaspischen Meeres (ebenso wie in Südosteuropa) zieht er im Herbst in seine Winterquartiere auf der Arabischen Halbinsel. Er gehört zu den kleinen Greifen, denn das Männchen wird nur etwa 30 cm lang und hat eine Flügelspannweite von 60 cm. Das Weibchen ist etwas größer. Es wird 36 cm lang und spannt die Flügel bis zu 80 cm. Der Shikra ist ein häufiger Wüstenbewohner, lebt dort jedoch nur in Oasen. Aber auch Kulturland mit Walbeständen hat er gern. Im Himalaja geht er bis in 1500 m Höhe hinauf. Um Beute zu jagen, entfernt er sich oft 3—4 km von seinem

Steppenadler

Adlerbussard

Brutplatz. Er fängt in den Sandwüstengebieten kleine Kriechtiere, vorwiegend bodenbewohnende Geckos, Skinke, Echsen und Agamen, bemächtigt sich aber auch kleiner Nagetiere und bis rebhuhngroßer Vögel. Auch Wanderheuschrecken und Heuschrecken verschmäht er nicht.

Der Shikra horstet in Bäumen und besetzt auch manchmal die Nester anderer Vögel. Den Horst aus kleinen Zweigen baut er auf einem Ast 5—12 m über dem Boden und polstert die Nistmulde mit Haaren aus. Manche Paare haben 2—3 Horste, die nahe beieinander liegen, von denen sie jedoch immer nur einen bewohnen. Im Mai legt das Weibchen 3—4 Eier, die manchmal auf weißlichem, leicht grünlichem Grund wenige hellgraue Flecken tragen. Während es das Gelege etwa einen Monat allein bebrütet, bringt ihm das Männchen regelmäßig Beute und übergibt sie ihm an einer bestimmten Stelle in der Nähe des Horstes. In der ersten Woche nach dem Schlüpfen der Nestlinge versorgt es die ganze Familie weiter allein mit Nahrung. Erst dann geht auch das Weibchen jagen, dem auch das Zerkleinern der Beute und das Füttern der Jungen obliegt. Mit einem Monat sind die Kleinen flügge, beginnen zu fliegen und lernen, Beute zu machen.

Hochlandbussard *(Buteo hemilasius)*

Über Ost- und Zentralasien und nach Süden zu bis nach Tibet erstreckt sich die Heimat eines etwa 70 cm großen Greifvogels, des Hochlandbussards. Obwohl er Standvogel ist, ziehen einzelne Tiere im Winter in die südostasiatische Region. Er bewohnt vor allem die Steppengebiete mit Felsformationen und Hochgebirge und geht im Altai-Gebirge bis auf 2300 m hinauf, im Tibet sogar bis in Höhenlagen von 4000 m.

Im Hochland von Tibet bevorzugt er Gegenden, in denen Pfeifhasen leben, denn sie bilden hier seine Hauptbeute. Seine Nahrung sind im wesentlichen Steppen- und Wüstennagetiere, Hühnervögel und Kriechtiere. Er fängt aber auch große Insekten, hauptsächlich Heuschrecken. Seine Beute schlägt er am Boden und fliegt deshalb beim Jagen niedrig über dem Boden.

Jedes Hochlandbussardpaar hat in seinem weiten Jagd- und Wohnrevier 2 Horste, die es in den einzelnen Jahren wechselt. Diese Bauten fertigt es aus Zweigen auf unzugänglichen Felsen und in den ebenen Steppen auch auf Bäumen an und polstert sie mit Moosen, Blättern und Fellresten von Säugern aus. Einen Monat lang bebrüten beide Partner das Gelege aus 2—4 gelblichen, rotbraun gefleckten Eiern, aber das Weibchen sitzt häufiger. Anfangs füttert das Weibchen die Nestlinge mit Beutetieren, die ihm das Männchen übergibt. Später werden sie aber auch vom Vater gefüttert. Im Alter von

Laggarfalke

45 Tagen sind die Jungbussarde flügge, die Altvögel kümmern sich aber noch etwa 4 Wochen um ihre Nahrung und lehren sie, selbst Beute zu machen.

Rötelfalke

Steppenadler *(Aquila rapax)*

In den Steppen und Halbwüsten Mittel-, Ost- und Südasiens ist der 70 cm große Steppenadler zu Hause. Dieser große, häufig anzutreffende Greif ist in den südlichen Vorkommen Standvogel, während die im Norden lebenden Populationen zum Überwintern nach Indien ziehen, die westlicheren von ihnen nach Nordostafrika. Der Steppenadler bevorzugt Niederungsebenen mit Gras- und Buschbeständen, fliegt aber auch in reine Sandsteppengebiete.

Gleich nach der Ankunft im Brutgebiet finden die Paare zueinander. Während der Paarungszeit vollführen die Vögel hoch in den Lüften ihre anmutigen Hochzeitsflüge. Das Paar errichtet seinen Horst aus Zweigen und trockenen Gräsern auf einzeln stehenden, hohen Bäumen, am liebsten auf Pappeln oder Saxaulgewächsen nur 1—2 m über dem Boden. Oft nistet es aber auch direkt auf Sandbänken oder auf einem alten Heu- oder Strohhaufen. Der Horst hat einen Durchmesser von 70—120 cm.

Das Weibchen brütet das Gelege aus 1—3 weißen, braun gefleckten Eiern 45 Tage lang allein aus. Da es vom Partner nicht mit Beute versorgt wird, muß es sich die Nahrung in der Umgebung des Horstes selbst fangen. Beute für die Nestjungen bringen beide Eltern, auch wenn die Mutter anfangs die vom Männchen zugetragene Nahrung den Kleinen selbst vorlegen muß. Die jungen Adler sind mit 55 Tagen schon ganz befiedert und versuchen ein paar Tage später, auch selbst kurze Flüge zu unternehmen. Dem Steppenadler fallen hauptsächlich Nagetiere und viele Eidechsen sowie Schlangen zum Opfer. Seine Beutetiere schlägt dieser Greifvogel am Boden.

Adlerbussard *(Buteo rufinus)*

In Kleinasien und über Mittelasien und Afghanistan bis in die Mongolei erstreckt sich das Brutgebiet des 51—66 cm großen Adlerbussards. Er tritt in zwei Farbformen auf, von denen die rotbraune Form häufiger ist als die dunkelbraune. Die in den nördlichen Gebieten brütenden Tiere überwintern in Indien oder in Nordostafrika. Der Adlerbussard ist ein Bewohner der Wüsten- und Steppengebiete sowie der Hochgebirge. Im Pamir und in Kaschmir geht er beispielsweise bis in Höhenlagen um 4000 m.

In den Jahren, in denen die Nagetiere, die seine Hauptnahrung bilden, zu sehr überhandnehmen, wurden auf einem 3 km langen Abschnitt bis zu 10 belegte Horste gezählt. Manchmal sind die Brutplätze der einzelnen Paare nur 50 m voneinander entfernt. Die Brutzeit liegt im März bis April. Seinen Horst aus kleinen Zweigen und Trockengräsern baut sich das Adlerbussardpärchen auf Felsen oder in Bäumen, in der Wüste Karakum auch auf niedrigen Saxaulgewächsen.

Das Gelege besteht aus 2, bei ausreichend vorhandenem Futter auch 5 Eiern, die dunkelbraune Flecke auf weißlichem Grund tragen. Beim Bebrüten wechseln sich beide Partner während der 29 Tage dauernden Brutzeit ab. Die Fütterung der jungen Adler geht wie beim Hochlandbussard vor sich. Die Hauptbeute dieses Greifvo-

Halsbandfrankolin

Persisches Sandhuhn

Bartrebhuhn

Jungfernkranich

gels bilden Ziesel, in geringerem Maße nimmt er junge Igel, Eidechsen und Schlangen, sogar Giftschlangen, aber auch junge Vögel.

Laggarfalke *(Falco jugger)*

Ganz Indien, Afghanistan, Assam und Burma sind die Heimat des etwa 45 cm großen Laggarfalken, dessen Flügelspannweite 120 cm erreicht. Wie ein Blitz erscheint die Silhouette dieses Jagdfalken in den Lüften. Bald darauf legt er die Flügel an und stößt kopfunter auf die erspähte Beute herab. Er gehört zu den schnellsten Vögeln, und nur selten entkommt ihm ein Beutetier. Er jagt hauptsächlich Mainas, Drongos und Tauben, schlägt aber am Boden auch Nager und Eidechsen. Manchmal fängt er Heuschrecken und Wanderheuschrecken, hin und wieder am Dorfrand Hühner.

Die Brutzeit verläuft in den einzelnen Verbreitungsgebieten unterschiedlich; in Südindien im Januar, in Nordindien im Februar und im Himalaja im März und April. Das Paar errichtet sich seinen Horst gemeinsam auf einem Felsvorsprung, in Städten auch oft auf einem Minarett oder auf einem Baum 10—15 m über dem Boden. Das Männchen schafft kleine Zweige, Grashalme und Blätter heran, und das Weibchen baut daraus das Nest.

Das Gelege aus 2—5 meist rosaroten, rot oder rotbraun gefleckten Eiern brütet das Weibchen überwiegend allein aus. Nur selten wechselt sich der Partner mit ihm ab. Nach 29 Tagen schlüpfen die mit dichten Daunen bekleideten Jungen. In den ersten Tagen muß der Vater die Nahrung beschaffen, der die Beute unter lautem Geschrei seiner Gefährtin übergibt. Das Weibchen rupft sie sorgfältig und zerteilt sie in Portionen. Erst wenn die Nestlinge etwa 14 Tage alt sind, füttert auch der Vater direkt. Im Alter von 35—40 Tagen sind die jungen Laggarfalken flügge und unternehmen ihre ersten Ausflüge.

Rötelfalke *(Falco naumanni)*

Vor allem in Mittelasien, aber auch in Ost- und Südeuropa und in Nordafrika brütet der 30 cm große Rötelfalke. Im Herbst zieht er oft in großen Schwärmen nach Süden, um in Indien, auf der Arabischen Halbinsel und in Afrika zu überwintern. In seiner Heimat bewohnt er Steppen und Halbwüsten, kommt aber auch in die Städte und horstet auf Minaretten, Tempeln und anderen hohen Gebäuden. Während der Brutzeit ist er genau so gesellig wie sonst und brütet in Kolonien. Die Brutpaare legen ihre Horste in Dachluken, Mauerlöchern, Steinbrückenlöchern, Baumhöhlen und Höhlungen in Felswänden an.

Das Weibchen legt meist 5, selten bis zu 8 Eier, die auf weißlichem Grund dicht rotbraun gefleckt sind. Das

Gelege brütet es meist selbst aus und wird nur hin und wieder vom Männchen abgelöst. Nach 28 Tagen schlüpfen die Jungen, die die Mutter in den ersten Tagen auch nicht einen Moment verläßt, so daß der Vater die ganze Familie mit Beute versorgen muß. Später fliegt auch das Weibchen auf Beutejagd. Mit 26—28 Tagen verlassen die jungen Rötelfalken zum erstenmal das Nest, werden aber noch von beiden Eltern gefüttert und im Beutefangen unterwiesen. Der Rötelfalke ernährt sich hauptsächlich von kleinen Nagetieren und Eidechsen, aber auch Wanderheuschrecken und andere Heuschrecken nimmt er gern.

Halsbandfrankolin *(Francolinus francolinus)*

Der Halsbandfrankolin ist von Kleinasien bis nach Assam und nach Süden zu bis nach Zypern verbreitet. Die Henne hat ein bräunliches Gefieder mit schwarzen Flecken und einen rostbraunen Streifen im Nacken. Außerdem fehlen ihr die Sporen, die beim Hahn jedoch vorhanden sind. Außerhalb der Brutzeit lebt der Halsbandfrankolin in kleinen Trupps zu 3—6 Tieren, während der Brutzeit paarweise in seinem Revier. Als Lebensraum wählt er dichte Vegetation mit Gebüschen und hohen Grasbeständen.

Die Henne legt meist unter einem Tamariskenbusch eine flache Nestmulde an und polstert sie mit Blättern und Gras aus. Die Brutzeit dauert von April bis Oktober. Das Gelege aus 4—8 gelbbraunen, dunkel gesprenkelten Eiern bebrütet sie etwa 22 Tage lang allein. Diese Hühnervögel ernähren sich von Sämereien, Sprossen, Insekten und anderen kleinen, wirbellosen Lebewesen. Zu ihren Feinden gehören Greifvögel und kleine Raubtiere.

Persisches Sandhuhn *(Ammoperdix griseogularis)*

Das Brutgebiet des etwa 25 cm langen Persischen Sandhuhns erstreckt sich vom oberen Euphrat über Buchara bis nach Nordwestindien. Die Henne ist etwas kleiner als der Hahn und auf der Oberseite braun mit hellen, kleinen Wellen und an der Unterseite hellgrau mit feinen, braunen Wellen gefiedert. Das rebhuhnartige Persische Sandhuhn bewohnt steinige Einöden mit spärlicher Vegetation und hält sich meist an Berghängen auf. Außerhalb der Brutzeit lebt es in kleinen Herden zu 20 und mehr Tieren, während der Fortpflanzungszeit paarweise.

Ihr Nest legt die Henne in einer flachen Rinne zwischen Steinen oder in einer niedrigen Grasbülte am steilsten Felshang an und polstert es mit trockenen Grashalmen nur spärlich aus. Das Gelege von 6—8 einfarbigen, meist hell gelblichen Eiern brütet sie allein

Kragentrappe

aus. Die Küken, die nach 21—23 Tagen schlüpfen, führen jedoch beide Eltern. Nachts und zum Ausruhen nimmt sie die Mutter unter ihre Flügel. Solange die Kleinen noch nicht fliegen können, bringt sie ihnen außerdem Wasser und tränkt sie. Da auch die Altvögel trinken müssen, fliegen sie zwei- bis dreimal täglich an den Bach oder zu anderen Wasserstellen. Das Persische Sandhuhn lebt von Sämereien, grünen Pflanzenteilen und Insekten, Insektenlarven und Spinnen.

Bartrebhuhn *(Perdix dauuricae)*

Das Bartrebhuhn, ein etwa 30 cm großer Hühnervogel, brütet in Zentral- und Ostasien bis zum Ussuri und zur Mongolei. Nach Süden reicht sein Verbreitungsgebiet bis zum nordöstlichen Tibet. Bei der Henne fehlt der große Bauchfleck. Das Bartrebhuhn ist ein Standvogel und hält sich in Buschsteppen, an rasenbewachsenen Berghängen sowie an Waldrändern bis in 3000 m auf.

Im Winter schließt es sich zu Trupps von 15—30, selten bis zu 100 Tieren zusammen und zieht aus den Hochgebirgen in die Täler. Auf Nahrungssuche begibt es sich am häufigsten morgens und vor Einbruch der Dunkelheit; aber auch tagsüber sammelt es Sämereien, Getreidekörner, Beeren, Insekten, Spinnen und Weichtiere und zupft Gräser und grüne Kräutertriebe ab. Als Schlafstelle bevorzugt es steile Felshänge.

Versteckt in einem Grasbüschel oder unter einem Busch legt sich die Henne im Frühjahr eine flache Nestmulde an und polstert sie mit Gräsern oder zarten Blättern

Bengaltrappe

Steppenkiebitz

Wüstenregenpfeifer

aus. Auf dem Gelege aus 8—10 Eiern sitzt sie allein. Während der 23—25 Tage dauernden Brutzeit hält sich der Hahn in ihrer Nähe auf und sorgt für ihre Sicherheit. Um die Küken sorgen sich beide Eltern.

Jungfernkranich *(Anthropoides virgo)*

Die kleinste, aber dafür häufigste Kranichart ist der Jungfernkranich, ein etwa 95 cm langer und 2,5 kg schwerer Vogel. Seine Brutheimat sind die Steppengebiete West- und Zentralasiens bis zur Mongolei. Er kommt jedoch auch in Afrika und in Südspanien vor. Im Winter ziehen sie nach Indien, Burma und an die Küsten des Roten Meeres. In seiner Heimat sucht er am liebsten Flußtäler und gebüschbewachsene Gras- und Steinsteppen und Halbwüsten auf.

Jedes Paar beansprucht während der Brutzeit ein etwa 1 km^2 großes Revier. Dort, wo die Vögel häufiger sind, liegen ihre Nester nur 200—300 m auseinander. Die Paare beziehen oft viele Jahre lang das gleiche Brutrevier. Gebrütet wird im Süden im April, aber in Südsibirien erst ab Juni. Das Nest ist nur eine flache Bodenmulde zwischen Gräsern, die mit Grashalmen oder überhaupt nicht gepolstert wird.

Das Weibchen bebrütet sein Gelege aus 2 gefleckten Eiern überwiegend 27—28 Tage allein, aber das Männchen hilft hin und wieder aus. Der nicht brütende Partner hält sich etwa in hundert Meter Entfernung vom Nest auf und beobachtet sorgfältig, ob keine Gefahr im Verzug ist. Um die Jungen, die sofort nach dem Abtrocknen schon sehr munter sind, kümmern sich beide Eltern.

Sobald die Kleinen die Obhut der Altvögel verlassen, schließen sich die Familien zu großen Scharen bis zu mehreren hundert Tieren zusammen und ziehen in die Winterquartiere. Im Frühjahr kehren sie dann in kleineren Gruppen zu 10—30 Vögeln zurück, von denen sich die schon Verpaarten bald trennen. Die Nahrung des Jungfernkranichs besteht hauptsächlich aus Insekten, besonders aus Wanderheuschrecken, aber auch aus grünen Pflanzenteilen, Sämereien und Beeren.

Kragentrappe *(Chlamydotis undulata)*

Vom Norden der Arabischen Halbinsel über Armenien bis nach Zentralasien ist die Kragentrappe verbreitet. Das Männchen wird etwa 65 cm groß und 2,3 kg schwer, das Weibchen ist etwas kleiner und erreicht höchstens 1,4 kg. Die Kragentrappe ist ein Bewohner der Steppen und Wüsten mit spärlicher Vegetation, siedelt sich aber auch auf Feldern an. In den südlichen Verbreitungsgebieten ist sie Standvogel, von den nördlicheren Brutplätzen zieht sie im Winter nach Südarabien und nach Pakistan.

Während der Brutzeit, also im Mai und Juni, verteidigt das Paar ein ausgedehntes Revier. Die einzelnen Nester sind meist 5—10 km voneinander entfernt, sehr selten nur 1—2 km. Das Weibchen baut grundsätzlich kein Nest, sondern legt die 2—3 olivenfarbenen, dunkelgrau und hellgrau gefleckten Eier in eine flache Mulde neben eine Grasbülte oder unter einen Strauch. Auf dem Gelege sitzt es allein 28 Tage lang. Oft kommt es in Sandwüsten vor, daß Gelege und brütende Weibchen bei einem Sandsturm zugeschüttet werden. Das Männchen hält sich während der Brutzeit in der Nähe des Nestes auf und wacht, aber um die Familie kümmert es sich nicht und überläßt die Aufzucht der Kleinen allein der Mutter.

In dieser Zeit ist das Weibchen sehr mutig und vertreibt auch größere Tiere. Es wurden sogar Fälle beschrieben, in denen eine Trappe nicht zögerte, einen Menschen anzugreifen. Feinde lockt sie vom Nest und den Jungen weg, indem sie eine Verletzung vortäuscht, mit den ausgebreiteten Flügeln auf den Boden schlägt und dabei „in die Knie sinkt". Hat sie den Eindringling weit genug weggeführt, fliegt sie plötzlich auf und entwischt. Nach der Aufzucht der Jungen bleibt die Familie zusammen. Dann kehrt auch das Männchen langsam zur Gruppe zurück, das sich vom Weibchen getrennt hatte. Die Kragentrappe gehört zu den Allesfressern. Sie macht Jagd auf Heuschrecken und kleine Eidechsen, sammelt Sämereien und nimmt gern Kapernfrüchte und grüne Pflanzenteile.

Bengaltrappe *(Eupodotis bengalensis)*

In den Grassteppen von Nordindien bis nach Burma ist die Bengaltrappe zu Hause. Das Männchen erreicht 70 cm, das Weibchen ist etwas kleiner und ein bißchen heller gefärbt. Die Bengaltrappe ist nicht sehr gesellig und lebt meist als Einzelgänger. Nur selten schließen sich 4—8 Tiere zusammen.

Die Brutperiode fällt meist auf den Monat März, aber auch auf die Sommermonate. Das Weibchen legt in eine mit Gras ausgepolsterte Mulde 2 olivgrüne Eier mit kleineren und größeren, purpurnen, bräunlichen und grauen Flecken und bebrütet das Gelege allein 32 Tage lang. Das Männchen kümmert sich nicht im geringsten um die Familie und bleibt nur während der Balz mit dem Weibchen zusammen. Dann läßt es auch seinen metallisch klingenden Schrei hören. Die Bengaltrappe ist hauptsächlich Pflanzenfresser und lebt von Sämereien, Trieben, Beeren und Gräsern, zum geringen Teil von Kerbtieren.

Steppenkiebitz *(Chettusia leucura)*

Die Grassteppen Zentralasiens und nach Süden zu bis nach Pakistan sind die Brutheimat des 28 cm langen Steppenkiebitzes. Im Herbst zieht er in Scharen von mehreren Hunderten nach Nordindien und bis zum Stromgebiet des Nils in Ägypten. Zu ihren Brutplätzen in der Nähe von Sümpfen kehren die Steppenkiebitze Ende März oder im April zurück.

Dann zerfällt der Schwarm, und die einzelnen Paare beschäftigen sich mit ihrem Nest, das sie auf dem Erdboden im Gras anlegen und nur spärlich mit Blättern und Gras auspolstern. Auf dem Gelege aus 4 birnenförmigen, dicht oliv gefleckten Eiern wechseln sich beide Partner beim Bebrüten 24 Tage lang ab. Die Jungen verlassen nach 2 Tagen das Nest und werden von den Eltern in die Steppen geführt.

Dort finden sie ausreichend Nahrung, vor allem Wanderheuschrecken, aber auch andere Insekten, Spinnen, Würmer und Weichtiere. Im Alter von 35 Tagen begin-

Sandflughuhn

Halsband-Zwergohreule

Indischer Waldkauz

nen die kleinen Steppenkiebitze zu fliegen und streichen bis zum gemeinsamen Abflug in die Winterquartiere in kleinen Trupps durch die Steppe.

Wüstenregenpfeifer *(Charadrius leschenaultii)*

In den zentralasiatischen Gebieten bis zur Mongolei und nach Nordwestchina erstreckt sich das Brutgebiet des etwa 21 cm großen Wüstenregenpfeifers. Er bewohnt Wüstengebiete mit spärlicher Vegetation und fast ohne Wasser, das außerdem meistens salzig ist. Dort sucht er die Pflanzen nach Kerbtieren ab, etwa nach kleinen Wanderheuschrecken, nach Käfern, etwa den herrlich metallisch schimmernden Prachtkäfern *Sphenoptera,* u. ä. Aus dem seichten Wasser pickt er Würmer und kleine Krustentiere heraus.

Sein Nest, eine flache Mulde mit spärlicher Graspolsterung, errichtet er im Schutz einer Grasbülte oder zwischen Steinen. Das Gelege aus 3—4 dicht gefleckten Eiern bebrütet tagsüber hauptsächlich das Weibchen, am Abend und in der Nacht aber das Männchen. Die Jungen schlüpfen nach 25 Tagen und verlassen das Nest, sobald sie trocken sind, und werden von den Altvögeln zu Nahrungsstellen geführt. Nach 3 Wochen sind die kleinen Wüstenregenpfeifer flugfähig. Im Herbst schließen sich die Vögel zu Scharen zusammen und machen sich auf ihren weiten Weg in die Winterquartiere an den Küsten Ostafrikas, nach Madagaskar, Indien, zu den Sundainseln und sogar nach Australien.

Sandflughuhn *(Pterocles orientalis)*

Von Persien über Mittelasien bis zur westlichen Mongolei erstreckt sich das Brutgebiet des Sandflughuhnes. Es wird 35 cm lang. Beide Geschlechter unterscheiden sich in der Färbung. Beim Weibchen sind Rücken, Flügel, Kopf und Kropf überwiegend gelblich mit dichter, brauner Wellung und der Hals gelblich. Der Lebensraum des Sandflughuhnes sind die Sandgebiete der Steppen und Wüsten.

Während der Brutzeit lebt es paarweise. Das Weibchen legt in eine flache Erdmulde direkt auf den Boden 2 oder 3 Eier mit recht stark zwischen Rotgelb und Rötlich variierendem Grund und braun und hell rotbraun marmorierten Flecken. Abwechselnd bebrüten beide Partner 21—22 Tage lang das Gelege und kümmern sich auch gemeinsam um die Küken. Sie führen sie zu den Futterstellen und tragen für die Jungvögel im Bauchgefieder Wasser herbei, das dann die Kleinen mit ihren Schnäbeln absaugen.

Die Nahrung des Sandflughuhnes besteht aus Sämereien, grünen Pflanzenteilen und in geringeren Mengen aus Kerbtieren. Wenn die Jungen die Obhut der Eltern verlassen haben, schließen sich die Familien zu großen Herden zusammen und ziehen in der Gegend umher. In der Winterzeit ziehen sie bis nach Nordwestindien.

Halsband-Zwergohreule *(Otus bakkamoena)*

Über ganz Süd-, Südost- und Ostasien und auf den Sundainseln und den Philippinen ist die etwa 23 cm große Halsband-Zwergohreule verbreitet. Innerhalb dieses ausgedehnten Verbreitungsgebietes unterscheidet man auf Grund verschiedener Färbung 18 Unterarten. Diese Eule bevorzugt baumbestandene Felshänge bis in Höhenlagen von 1600 m, bewohnt aber auch Waldsäume und die Gärten und Parks in den Städten.

Als Nistplatz wählt sie sich eine Baumhöhle, am liebsten

Brahmanenkauz

in abgestorbenen Palmstämmen, oder Spalten in Hausmauern. Das Weibchen legt die 2—3 weißen Eier direkt auf den Boden und bebrütet sie etwa 26 Tage lang allein. Die Jungen werden von den Eltern hauptsächlich mit Kerbtieren gefüttert. Erwachsene Tiere ernähren sich von Kleinnagern und Vögeln. Als Nachtvogel begibt sich die Halsband-Zwergohreule erst in der Dunkelheit auf Beutefang.

Indischer Waldkauz *(Strix ocellata)*

Der 50 cm lange Indische Waldkauz bewohnt in Indien und Westburma offene Buschlandschaften und bewirtschaftete Felder mit einzeln stehenden Bäumen. Sein Gelege aus 3—5 weißen Eiern legt das Weibchen in Höhlungen großer Bäume oder in Tempeltürme und bebrütet es allein 28—30 Tage lang. Das Männchen bringt ihm während dieser Zeit Futter. Auch die ersten 10 Tage nach dem Schlüpfen der Jungen versorgt der Vater die ganze Familie, denn die Mutter verläßt die Kleinen nicht einen Augenblick.
Seine Beute, kleine Nager, Fledermäuse, aber auch Vögel und große Kerbtiere, sucht er erst in der Dunkelheit. Wenn die Jungen größer sind, trägt auch das Weibchen Futter herbei, wacht aber tagsüber in der Nähe des Nestes. Nach etwa einem Monat verlassen die kleinen Waldkäuze das Nest, sitzen auf den Zweigen in der Nähe des Nestes und lassen sich von den Altvögeln Beute bringen. Mit 50 Tagen sind sie dann flugfähig.

Brahmanenkauz *(Athene brama)*

Die Brutheimat des etwa 21 cm großen Brahmanenkauzes sind Indien und ganz Südostasien. Er bewohnt offene Landschaften und siedelt sich häufig in größeren Tempeln, Pagoden oder auf Hausböden an, ist aber auch auf Teeplantagen auf einzeln stehenden Bäumen zu finden. In den Bergen lebt er noch in 1400 m Höhe. Als Nachtvogel verbirgt er sich tagsüber in Höhlen oder zwischen dichten Zweigen.
Während der Paarungszeit läßt das Männchen seine bellende Stimme hören. In das Nest, das sich das Weibchen in einem hohlen Baum oder in geborstenen Mauern, Felsspalten oder Felshöhlen sucht, legt es 3—5 Eier direkt auf den ungepolsterten Boden und bebrütet sie 28 Tage lang allein. Die Jungen, die nach einem Monat das Nest verlassen, werden von beiden Altvögeln mit Kerbtieren, kleinen Nagern und Eidechsen gefüttert.

Bengalenracke *(Coracias benghalensis)*

Vom Mittleren Osten bis nach Südwestchina und Südostasien erstreckt sich das Brutgebiet der etwa 33 cm langen Bengalenracke. Ihr Lebensraum sind offene

Bengalenracke

Blauwangenspint

Uguisu oder Buschsänger

Kaspische Grasmücke

Lärmdrossel

Isabellsteinschmätzer

Rotohrbülbül

Buschlandschaften, Plantagen und lichtere Waldbestände, aber auch städtische Garten- und Parkanlagen. Häufig sitzt die Bengalenracke auf den Leitungsdrähten längs der Straßen, denn sie bieten ihr einen ausgezeichneten Ausblick. Ihre Beute, Schmetterlinge oder Termiten, fängt sie im Flug. Aber sie kommt auch auf den Boden, um Heuschrecken, Frösche oder kleine Kriechtiere zu jagen. Hin und wieder pickt sie mit ihrem Schnabel ein kleines Nagetier tot oder nimmt Kleinvögeln Eier oder noch nackte Junge aus dem Nest. Während der Balzzeit vollführt das Bengalenrackenpärchen Hochzeitsflüge, bei denen es ausgesprochen akrobatische Flugkünste vorführt. Als Brutplatz wählt das Pärchen meist Höhlen, die in 5—8 m Höhe und in abgestorbenen Palmen oder anderen Baumarten liegen, und polstert das Nest weich mit zarten Grashalmen aus. Das Gelege aus 2—4 rein weißen Eiern bebrüten die Eltern abwechselnd 17—19 Tage lang und kümmern sich auch beide um die Fütterung der Jungen.

Blauwangenspint *(Merops superciliosus)*
Der etwa 30 cm große Blauwangenspint ist in seinem Brutgebiet, dem Mittleren Osten bis nach Mittelasien und von Indien bis nach Südostasien, recht häufig. Spinte sind Zugvögel. Die westlichen Populationen ziehen ins tropische Afrika, die östlichen dagegen überwintern auf Ceylon, den Großen Sundainseln und den Philippinen. Die Blauwangenspinte ziehen in kleineren Gruppen vor allem in den Morgenstunden zwischen 4.30 Uhr und 9.30 Uhr. Tagsüber ruhen sie sich aus und fangen Beute. Im Flug erjagen sie vor allem Libellen, Wespen, Bienen und andere Insekten. Sie suchen sich Ansitze aus, beispielsweise Telegrafendrähte längs der Straßen, um Beute zu machen.
In seine Brutheimat kehrt der Blauwangenspint im April oder Mai zurück. Er brütet in Kolonien und gräbt seine 1—2 m lange Brutröhre in Erd- oder Sandwände. Die Nestkammer am Ende der Höhle polstert das Pärchen nur spärlich mit Grashalmen aus. Beim Bebrüten des Geleges aus 4—5 weißen Eiern wechseln sich beide Partner während der Brutzeit, die 3 Wochen dauert, ab und versorgen auch die Nestlinge gemeinsam mit Insekten, die sie oft weit vom Nestplatz entfernt fangen.

Uguisu oder **Buschsänger** *(Cettia diphone)*
Ostasien, die japanischen Inseln und die Philippinen sind die Heimat des Uguisu. Das Männchen dieser Grasmückenart wird 16 cm lang, das Weibchen ist etwa 2 cm kleiner. Der Uguisu sucht Grasdickichte auf, bewohnt gebüschbestandene Berghänge und das Unterholz lichter Wälder. Das Männchen läßt während der Brutzeit seine zirpende Stimme hören.

Sein Nest baut sich das Uguisupärchen zwischen kleinen Zweigen oder steifen Halmen dicht über dem Erdboden in Dornbüschen oder im hohen Gras. Es wird aus Grashalmen und Blättern verwoben und ist 10—13 cm hoch. In die bis zu 9 cm tiefe Nestmulde legt das Weibchen 4—5 Eier und bebrütet sie abwechselnd mit dem Männchen 13—14 Tage lang. Den Jungen im Nest tragen die Eltern Insekten und Insektenlarven zu, meist Raupen und kleine Fliegen. Im Herbst zieht der Uguisu in sein Winterquartier, meist nach Südostchina.

Kaspische Grasmücke *(Sylvia mystacea)*

Die Brutheimat der 13,5 cm großen Kaspischen Grasmücke liegt in den südlichen Gebieten Mittelasiens bis zum Kaspischen Meer und nach Syrien. Die Wintermonate verbringt sie am Nil. Als Lebensraum sucht sie sich in ihrer Heimat Tamariskenbüsche an Bächen und Flüssen, Saxaulbestände und in Armenien auch Felshänge bis in Höhenlagen um 1350 m aus.

Die Rückkehr aus den Winterquartieren Ende März/Anfang April meldet das Männchen, das auf einem hervorstehenden Zweig im Gebüsch sitzt, mit lautem Gesang. Sein etwa 8 cm breites und gleich hohes Nest mit einer 4 cm tiefen Nestmulde baut sich das Pärchen aus dünnen Gerten und Grashalmen im Mai meist in Tamariskendickichten dicht über dem Boden oder sogar auf der Erde. Zum Auspolstern der Nestmulde verwendet es feine Würzelchen oder Pferdehaare und brütet das Gelege aus 3—4 weißlichen, fein braun und grau gefleckten Eiern gemeinsam aus. Nach 12—13 Tagen schlüpfen die Jungen. Bis sie nach weiteren 12 Tagen das Nest verlassen, werden sie von den Eltern mit Insekten und Spinnen gefüttert.

Rotohrbülbül *(Pycnonotus jocosus)*

Der bis zu 20 cm lange Rotohrbülbül ist in seinem Brutgebiet, das sich über ganz Süd- und Südostasien erstreckt, ein sehr häufig anzutreffender Singvogel. Er wurde in Australien, auf Mauritius und sogar im Süden der USA ausgesetzt und hat sich gut eingelebt. Er besiedelt die Gärten und Parks großer Städte genauso wie die Gebirge bis in Höhenlagen von etwa 1600 m. Am liebsten hat er Gebüschlandschaften, wo er im Dickicht aus kleinen Wurzeln, trockenen Gräsern, Blättern und Wolle sein Nest baut und die Nestmulde mit Flechten auspolstert. Diese Arbeiten obliegen hauptsächlich dem Weibchen. Das Männchen hilft durch Heranbringen des Baumaterials.

In das 1,5—2 m, aber auch nur 15 cm hoch über dem Boden im Gebüsch befindliche Nest legt das Weibchen 1, selten bis zu 4 kleine, weißliche, rot oder rotbraun gefleckte Eier. Während der 12- bis 14tägigen Brutdauer und der Aufzucht der Jungen wechseln sich beide Eltern beim Brüten und Füttern ab. Den Nestlingen, die nach 12 Tagen flügge sind, tragen die Eltern noch einige Tage lang Futter zu. Haben die Jungvögel das Nest verlassen, streichen die Bülbüls in Schwärmen bis zu 30 Mitgliedern durch die Gegend. Die Pärchen brüten oft zwei- bis dreimal im Jahr. Die Kost des Rotohrbülbüls besteht aus Beeren, Sämereien, aber auch aus Insekten und Spinnen. In den Gärten und Obstanlagen werden sie von süßen Früchten oder Blütennektar angelockt.

Schachwürger

Lärmdrossel *(Turdoides caudatus)*

Die etwa 23 cm große Lärmdrossel gehört zur Familie der Timalien und sieht mit ihrem langen Schwanz wie ein Miniaturfasan aus. Sie bewohnt trockene, gestrüppbewachsene, offene Landschaften, oft auch Kulturland und Gärten von Mittelpersien bis nach Pakistan und in ganz Indien. Im Himalaja ist sie noch in 2100 m Höhe anzutreffen.

Am liebsten hält sie sich in Tamariskengebüschen auf, wo sich das Pärchen sein tiefes, napfartiges Nest aus kleinen Zweigen, Blättern, Moosen und Flechten baut. Beide Partner wechseln sich beim Bebrüten des Geleges aus 3—5 blaugrünen Eiern 13—15 Tage lang ab. Gemeinsam füttern sie auch die Nestlinge mit Sämereien, Beeren und Blütennektar, vor allem von einer kriechenden Kapernart *(Capparis aphylla)*. Ihre Nahrung findet

Rötelschwalbe

Wüstengimpel

Wüstensperling

Rosenstar

die Lärmdrossel vor allem auf dem Erdboden, wo sie geschickt und schnell umherhüpft. Auch in den Zweigen bewegt sie sich behend. Dagegen fliegt sie recht schlecht. Nach dem Ausfliegen der Jungen streichen die Lärmdrosseln in kleineren Gruppen von 6—20 Vögeln umher, kommen aber nachts immer wieder zu ihrem festen Schlafbaum bzw. Strauch zurück, in dessen dichter Krone sie sich verbergen. Die Lärmdrossel zieht oft Kuckucksjunge groß.

Isabellsteinschmätzer *(Oenanthe isabellina)*

Die Steppen, Wüsten und steinigen Gebiete von Syrien über ganz Mittelasien bis in die Mongolei und nach Süden zu bis nach Pakistan bewohnt der Isabellsteinschmätzer. Er ist zwar noch in 4000 m Höhe anzutreffen, brütet jedoch nur in Gebirgslagen bis zu 2000 m. Aus seinen Winterquartieren in Afrika, den Küsten des Persischen Golfs und in Nordwestindien kehrt dieser bis zu 16,5 cm große Vogel im März in seine Heimat zurück, um zu brüten.

Schon bald nach der Ankunft beginnt das Weibchen mit dem Nestbau. Das Männchen hält sich dabei in der Nähe auf. Das verhältnismäßig große Nest aus trockenen Grashalmen und Pflanzenteilen ist nach etwa 5 Tagen fertig. Als Bauplatz wählt sich das Weibchen Erdlöcher, verlassene Erdbaue oder Felsspalten. Die Nestkammer liegt oft bis 1 m tief im Boden und am Ende eines bis zu 3 m langen Ganges. Dort bebrütet das Weibchen allein das Gelege aus 4—6 hell bläulichen Eiern. Die Jungen, die nach 13—14 Tagen schlüpfen, werden von beiden Eltern mit Insekten und Spinnen gefüttert. Die jungen Isabellsteinschmätzer verlassen nach 2 Wochen das Nest und werden von den Altvögeln noch etwa 10 Tage lang gefüttert.

Schachwürger *(Lanius schach)*

Ganz Süd-, Mittel- und Südostasien bis zu den Sundainseln, den Philippinen und Neuguinea hin gehören zum Brutgebiet des etwa 25 cm großen Schachwürgers. Er besiedelt weite Gebüschlandschaften, Plantagen, Waldränder und Gebirgshänge. Die Brutzeit verläuft von Februar bis Juni. Das Schachwürgerpärchen baut sich sein Nest aus kleinen Zweigen und Grashalmen 2—3 m über dem Erdboden meist in einem Dornbusch oder auf einer Akazie und polstert es mit feinen Wurzeln oder Gras aus. Das Gelege aus 2—4 hellgrünen bis gelblichen, am stumpfen Pol kranzförmig grau und braun gefleckten Eiern bebrütet das Weibchen überwiegend allein. Nur hin und wieder besorgt das Männchen das Brutgeschäft.

Die Jungen, die nach 2 Wochen schlüpfen, werden von den Alten mit Insekten und Insektenlarven etwa 14

Tage lang, bis sie flügge sind, und dann noch ungefähr 10 Tage lang nach dem Ausfliegen gefüttert. Erwachsene Schachwürger erbeuten kleine Geckos und manchmal Jungvögel kleinerer Vogelarten, die sie meist aus dem Nest holen.
Der Schachwürger ist häufig Wirt verschiedener, brutschmarotzender Kuckucksarten, wie des auch bei uns heimischen Kuckucks *(Cuculus canorus)*, des Gewöhnlichen Häherkuckucks *(Hierococcyx varius)* und des Jakobinerkuckucks *(Clamator jacobinus)*, denen er nicht nur die Eier ausbrütet, sondern auch noch die Jungen großzieht.

Rötelschwalbe *(Hirundo daurica)*

Die Rötelschwalbe wird 18 cm lang und brütet in ganz Süd-, Südost- und Ostasien bis nach Japan hin, aber auch in Südeuropa und in Afrika. Ihr Lebensraum sind meist Felsregionen und Städte mit hohen Bauwerken. Diese häufig vorkommende Schwalbe nistet meist einzeln. Nur selten schließen sich mehrere Paare zu einer Brutkolonie zusammen.
Als Baumaterial verwendet die Rötelschwalbe Schlamm, den sie vom Erdboden aufnimmt. Die kleinen Schlammkügelchen klebt sie an Felswänden, unter Überhängen, an Brückenpfeilern oder an Gebäudewänden an. Das eigentliche Nest hat die Form einer geschlossenen Halbkugel von 20 cm Durchmesser, aus der dann noch ein etwa 19 cm langer Tunnel herausführt, so daß der gesamte Bau etwa 40 cm lang ist. Die Wände sind 1,5 cm dick, der Einflug 4 cm breit und das Gewicht des ganzen Nestes beträgt mehr als 1 kg. Die Nesthöhle polstert das Pärchen mit zartem Moos und Federn aus.
Auf dem Gelege aus 2—7 kleinen Eiern wechselt sich das Pärchen beim Bebrüten ab. Auch die Jungen, die nach 13—16 Tagen schlüpfen, werden von beiden Eltern gemeinsam mit Insekten gefüttert. Nach 20—21 Tagen verlassen die jungen Rötelschwalben das elterliche Nest.

Wüstengimpel *(Rhodopechys obsoleta)*

Mittelasien, Persien und Afghanistan sind die Brutheimat des etwa 14 cm großen Wüstengimpels. Verstreut sind jedoch auch Vorkommen in Nordchina und in der mittleren Mongolei zu finden. Das Weibchen ist nicht so auffällig gefärbt und hat auch nicht den dunklen, vom Schnabel zum Auge führenden Streifen. Der Wüstengimpel besiedelt die in der Nähe von Wasserläufen und Seen liegenden Buschsteppen- und Wüstengebiete. In den Bergen Turkmeniens lebt er bis in 2000 m Höhe. Er ist recht gesellig und hält sich auch während der Brutzeit in kleineren Kolonien auf. Oft stehen in einem

Saxaulhäher

einzigen Strauch etwa 2 m über dem Erdboden mehrere Nester.
Anfang April finden sich innerhalb des Schwarms die einzelnen Pärchen zusammen. Sein Nest errichtet der Wüstengimpel aus zarten Gerten und kleinen Zweigen und polstert es mit Pflanzenwolle aus. Die 3—7 blaßblauen, braun und schwarz gefleckten, kleinen Eier bebrütet das Weibchen 13—14 Tage allein. Die Eltern füttern die Nestlinge gemeinsam, bis sie im Alter von zwei Wochen das Nest verlassen. Der Wüstengimpel ernährt sich von Sämereien.

Wüstensperling *(Passer simplex)*

Die Wüstengebiete Mittelasiens bewohnt der 13 cm große Wüstensperling, der durch seine helle Färbung ausgezeichnet an das Leben in den endlosen Wüsten angepaßt ist. Aber auch in Städten und Dörfern siedelt er sich an. Sein kugeliges Nest aus trockenen Gräsern, dünnen Saxaulzweigen und anderem Pflanzenmaterial baut sich das Pärchen auf Saxaulgewächsen oder Akazienbäumen meist 2—3 m über dem Boden. In die dicht mit feinen Fasern und Federn ausgepolsterte Nestmulde legt das Weibchen 5—6 Eier, die auf weißlichem Grund dicht mit braunen und grauvioletten Flecken bedeckt sind. Die Eltern beteiligen sich beide sowohl am Ausbrüten der Eier als auch an der Fütterung der nach 13—14 Tagen geschlüpften Jungen. Zuerst bekommen die Kleinen Insekten, später die Hauptnahrung der Wüstensperlinge: Sämereien, besonders die Samenkörnchen eines Borstengrases *(Aristida pennata)*.

Sternschildkröte

Vierzehen-Landschildkröte

Bärtiger Krötenkopf

Schneller Wüstenrenner

Felseneidechse

Rosenstar *(Pastor roseus)*

Einer der bekanntesten und auch nützlichsten Vögel Zentralasiens ist der Rosenstar, dessen Verbreitungsgebiet sich bis nach Jugoslawien und zum Persischen Golf erstreckt. Weibchen und Männchen dieses 21 cm großen Singvogels sind völlig gleich gefärbt. Der gesellige Rosenstar lebt in den Steppen und Kultursteppen seiner Heimat. Da Wanderheuschrecken seine Hauptnahrung bilden, fliegt er auch in die Wüsten. Wie eine riesige, rosa Wolke fallen die großen Rosenstarschwärme überall dort ein, wo die Wanderheuschrecken in Massen auftreten. Sie sind eine ausgezeichnete Hilfe gegen diese Insektenplage, die alles Pflanzenleben zunichte macht.

Außer Heuschrecken nehmen sie auch andere Insekten, und wenn die Maulbeeren reifen, finden sie sich recht zahlreich in den Maulbeerbäumen ein, die diese süßen Früchte spenden. Den Winter verbringt der Rosenstar in Indien, auf Ceylon und im Gebiet des Persischen Golfes und kehrt schon zeitig im Frühjahr in sein Brutgebiet zurück. Er brütet in großen Kolonien von oft Hunderten, ja sogar Tausenden von Paaren. Der Rosenstar hat kein ständiges Brutrevier, denn er muß sich nach den Vorkommen der Wanderheuschrecken und den Felsformationen richten, die zur Verfügung stehen. Sein Nest baut er an Felsen, siedelt sich aber auch in Baumhöhlen, Strohhaufen und unter den Dächern der Dorfgebäude an. Wenn es an ausreichender Nistgelegenheit fehlt, legt er das Nest auch direkt am Erdboden an. Eigentlich ist das kein Nest, sondern eine ungeordnete Anhäufung von kleinen Zweigen, Grashalmen, Stroh und Blättern sowie von kleinen Wurzeln und Federn als Polstermaterial. Auf dem Gelege aus 3—7, selten sogar 9 hell blaugrünen Eiern sitzt das Weibchen 12—14 Tage allein. An der Aufzucht der Jungen, die nach 14—19 Tagen das elterliche Nest verlassen, beteiligen sich beide Eltern.

Saxaulhäher *(Podoces panderi)*

In den Wüstengebieten Zentralasiens, vor allem in der Karakorum und in der Kysylkum, brütet der Saxaulhäher, der durch seine hohen Läufe besonders gut an das Bodenleben angepaßt ist. Seine Nahrung, hauptsächlich Wanderheuschrecken, aber auch andere Kerbtiere, Spinnen und sogar kleine Eidechsen und im Winter Sämereien, sucht er am Boden. Er kann seinen Flüssigkeitsbedarf weitgehend aus seinen Beutetieren decken. Aber hin und wieder sucht er doch Wasserstellen auf.

Die Brutzeit des Saxaulhähers fällt in den Monat Mai. Sein napfförmiges Nest baut sich das Pärchen dicht über dem Boden in den Ästen des Saxauls oder in anderen Sträuchern aus trockenen Zweigen. In die Nestmulde, die mit Gras ausgefüttert ist, legt das Weibchen 3—5 in der Färbung stark variierende Eier. Am häufigsten sind sie dicht violettgrau gefleckt. Das Gelege brütet das Weibchen allein aus. Während der Brutdauer von 16—19 Tagen hält sich das Männchen in der Nähe auf und warnt vor Gefahren. Den Jungen tragen beide Eltern Kerbtiere zu.

Sternschildkröte *(Testudo elegans)*

In Indien und Sri Lanka ist die wunderschöne, etwa 35 cm große Sternschildkröte mit buckeligem, stark gewölbtem Panzer beheimatet. Sie bewohnt grasbewachsene Gebüsche und ist recht zahlreich, versteht es aber ausgezeichnet, sich vor ihren Feinden, vor allem dem Menschen, der ihr wegen ihres schmackhaften Fleisches nachstellt, im Pflanzengewirr zu verstecken. Die Sternschildkröte ernährt sich hauptsächlich von Pflanzen wie Gräsern, grünen Trieben, Beeren und Fallobst. Aber sie frißt auch Insekten und andere tierische Kost. Das Weibchen gräbt im weichen Erdreich eine Grube und legt darin seine 6—8 hartschaligen Eier ab, aus denen etwa nach 3 Monaten sofort selbständige, lebensfähige Junge schlüpfen. Die jungen Sternschildkröten haben unzählige Feinde unter den Greifvögeln und kleinen Raubtieren.

Vierzehen-Landschildkröte *(Testudo horsfieldii)*

Die Vierzehen-Landschildkröte lebt im Gebiet des Kaspischen Meeres und in Turkestan, Persien, Afghanistan und im nördlichen Westpakistan. Diese Schildkröte, deren Panzer bei erwachsenen Tieren etwa 30 cm lang wird, hat vier Zehen an den Vordergliedmaßen. Sie bewohnt Steppen- und Halbsteppengebiete und ist in den Gebirgen noch in 1200 m Höhe anzutreffen. Ihre Kost besteht aus Gräsern, Kräutern und verschiedenen Früchten, aber auch aus tierischer Nahrung, beispielsweise aus Kerbtieren. Zum Überwintern gräbt sie sich Höhlen, bezieht aber auch Baue, die von Säugetieren verlassen worden sind.
Im Frühjahr kriecht sie dann heraus. Im Mai oder in der ersten Junihälfte bringen ältere Weibchen 3—4, jüngere Tiere nur 2 Eier hervor. Dafür folgen aber in einer Saison noch 1 oder 2 Gelege. Die Eier sind etwa 5 cm lang und werden vom Weibchen im Boden vergraben, den sie dann festdrücken. Die jungen Schildkröten schlüpfen nach 80—110 Tagen aus. Fleisch und Eier der Vierzehen-Landschildkröten werden als Delikatesse betrachtet.

Bärtiger Krötenkopf
(Phrynocephalus mystaceus)

Diese etwa 20 cm lange Agame bewohnt Mittelasien

Panthergecko

Wundergecko

und Afghanistan. Sie ist meist einfarbig sandgelb und manchmal dunkler gefleckt, so daß sie im Sand völlig „unsichtbar" ist. Der Bärtige Krötenkopf ist ein Wüstenbewohner und gräbt sich 70—80 cm lange Erdhöhlen, in denen er auch überwintert und die er erst Anfang April wieder verläßt.
In den Sommernächten wühlt er sich durch kräftige Seitenbewegungen seines Körpers nur flach in den Sand und verbirgt sich auf diese Weise auch vor Feinden. Es dauert nur ein paar Sekunden, bis er völlig im Sand verschwunden ist. Nur die unklaren Umrisse seines Körpers weisen auf seine Anwesenheit hin. Wenn man in seiner Nähe im Sand wühlt, läßt er sich überhaupt nicht stören. Erst wenn man ihn berührt, macht er sich auf die Flucht. Manchmal dreht er sich aber auch um und versucht, durch Aufreißen des Maules und Ausbreiten der Hautfalten um das Maul seinen Feind zu erschrecken. Und bei vielen Vögeln und kleinen Raubtieren gelingt ihm das auch.
Die Kost des Bärtigen Krötenkopfes besteht aus Würmern, Käfern und Käferlarven, Schmetterlingen, Wanderheuschrecken, Spinnen und anderen kleinen Wirbellosen. Zweimal jährlich bringt das Weibchen Gelege hervor, das erste Ende Mai/Anfang Juni und das zweite Anfang Juli. Jedes Gelege besteht aus 2—6 Eiern, die mit einer Haut umgeben sind, aus denen nach 4—6 Wochen Junge schlüpfen, die schon 3,5 cm lang sind.

Schneller Wüstenrenner *(Eremias velox)*

Der etwa 18 cm lange Schnelle Wüstenrenner ist im Süden der Mongolei, in Nordwestchina, Mittelasien und bis Afghanistan und Persien verbreitet. Bei jungen Tieren ziehen sich drei schwarzbraune oder schwarze Streifen über den Rücken, von denen sich der mittlere am

Wüstenwaran

Tüpfelskink

Sandboa

Taphronetopon lineolatum

Ravergiers Zornnatter

Scheitel verzweigt. Diese Echse lebt auf sandigen und halbsandigen, aber auch auf steinigen, leicht mit Gras und Gebüschen bewachsenen Böden. Stellenweise ist sie auch auf lehmigem Gelände und an den Flußufern zu finden. In den Gebirgen geht sie bis zu 1500 m Höhe hinauf.

Sie gräbt sich etwa 15—20 cm tiefe, senkrechte Erdhöhlen oder verbirgt sich in den Bauen anderer Lebewesen oder unter Steinen. In den nördlichsten Gegenden ihres Verbreitungsgebietes hält sie ihren Winterschlaf bis in den April, im Süden nur bis Ende Februar, Anfang März. Das Weibchen bringt Ende Mai oder Anfang Juni das erste Gelege aus 4—12 Eiern und im Juli das zweite Gelege hervor, aus denen jeweils nach einem Monat die Jungen schlüpfen. Der Schnelle Wüstenrenner ernährt sich von Käfern, Wanderheuschrecken, Termiten und Spinnen.

Felseneidechse *(Lacerta saxicola)*

Die Felseneidechse ist auf der Krim, im Kaukasus, in Kleinasien, Nordpersien und Südturkmenien beheimatet. Sie wird etwa 15 cm lang und ist in der Färbung recht variabel. Ihr Lebensraum sind Felsen und steinige Gelände meist längs der Fluß- und Bachufer, manchmal aber auch Baumstämme an den Rändern der Wälder. Sie klettert auch schnell und gewandt an senkrechten Felswänden und springt bis 40 cm weit. Ihre Verstecke sucht sie sich in Felshöhlen und Felsspalten. Die Felseneidechse fängt Insekten und Spinnen. Ende Juli bis Anfang August legt das Weibchen 2—4 Eier, aus denen nach etwa 2 Monaten schon etwa 2,5 cm lange Junge schlüpfen.

Panthergecko *(Eublepharis macularius)*

Der bis zu 30 cm lange Panthergecko ist in Indien, Afghanistan, Persien und im Irak heimisch, aber hin und wieder auch in Südturkmenien anzutreffen. Tagsüber verbirgt er sich unter großen Steinen oder in den Löchern verschiedener Nagetiere und macht sich erst in der Dämmerung auf die Jagd. Langsam läuft er über Sand und Steine, um Käfer, Wanderheuschrecken, Heuschrecken und andere Insekten zu fangen. Er mag aber auch Spinnen und Skorpione und überfällt manchmal andere kleine Geckos. Das Weibchen legt meist 2 Eier unter Steine oder in Felsspalten.

Wundergecko *(Teratoscincus scincus)*

Der über 15 cm lange Wundergecko ist in mehreren Unterarten über Mittelasien verbreitet. Am häufigsten ist er in der Wüste Karakum, aber auch in Persien und nach Osten zu bis zum Tien-Shan-Gebirge. Auch im Pamir und im Altai kommt er vor. Sein Lebensraum sind Sandböden, die mit schütterem Gras und niedrigen Sträuchern bewachsen sind. Er gräbt bis 80 cm lange Erdhöhlen, in denen er sich tagsüber verbirgt. Wo der Boden zu hart ist, bezieht er verlassene Baue anderer Lebewesen. Vom Wind, der tagsüber in den Wüsten weht, wird der Eingang zu seinem Bau meist von feinem Flugsand zugeweht.

Erst nach Einbruch der Dunkelheit kriecht er aus dem Versteck und zieht langsam durch sein Revier auf Nahrungssuche. Er fängt verschiedene Kerbtiere und Spinnen. Auch bei vollkommener Dunkelheit ist er gut auszumachen, wenn man mit einer Taschenlampe in Höhe seiner Augen den Boden absucht. Wenn der Lichtkegel die Augen dieses wunderschönen Geckos trifft, leuchten sie grellrot auf. Im Schein der Taschenlampe können wir dann bis zu ihm herangehen und ihn mit der Hand fangen. Dabei ist aber sehr darauf zu achten, daß die sehr feine und empfindliche Haut nicht dadurch verletzt wird, daß man zu grob zufaßt. Das Weibchen bringt im Juni gewöhnlich zwei Gelege von je zwei etwa 18 mm langen Eiern hervor.

Tüpfelskink *(Eumeces schneideri)*

Der über 30 cm lange Tüpfelskink ist in Mittelasien heimisch und hat sich bis nach Nordwestindien und Nordafrika ausgebreitet. In diesem weiten Verbreitungsgebiet bildet er mehrere Unterarten. Der Tüpfelskink lebt auf Felsen unmittelbar in Bergnähe, aber auch an steinigen Waldrändern und am Rande von Sandwüsten. In den Gebirgen bewohnt er gebüschbewachsene Berghänge bis in 1500 m Höhe. Er versteckt sich unter Steinen und in den Erdbauen anderer Lebewesen, gräbt sich aber auch selbst 40—100 cm lange Erdhöhlen. In Mittelasien legt das Weibchen seine Eier Ende Juli und scharrt sie in den Boden ein. Die Nahrung dieser Glattechse besteht hauptsächlich aus Wanderheuschrecken, Käfern und anderen Insekten. Große Exemplare können auch kleine Eidechsen verzehren.

Wüstenwaran *(Varanus griseus)*

Der Wüstenwaran ist ein Bewohner Mittel- und Südwestasiens, ist aber auch in Nordafrika anzutreffen. Er

Dione-Natter

wird etwa 130 cm lang und hat sich trockene Sand- und Steinwüsten als Lebensraum gewählt. Er bezieht die Baue von Nagetieren oder gräbt sich selbst Löcher in die Erde. Auf die Jagd begibt er sich vormittags oder nachmittags, während der größten Mittagshitze ruht er jedoch im Schatten oder in seinem tiefen, angenehm kühlen Erdbau. Er kann nicht nur sehr schnell laufen, sondern klettert auch gewandt in Gebüschen oder an schrägen Baumstämmen, um an Vogelnester heranzukommen, aus denen er Eier und Nestlinge herausnimmt. Am Boden macht er Jagd auf kleine Echsen, Schlangen und Nagetiere. Die jungen Wüstenwarane fangen auch Insekten. Das Weibchen vergräbt sein Gelege aus 10—20 Eiern im Sand, unter Blättern oder unter Steinen.

Sandboa *(Eryx miliaris)*

Diese kleine, etwa 60 cm lange Schlange ist ein Bewohner der mittelasiatischen Sandwüsten. Sie lebt im Sand, in den sie sich schnell einwühlen kann. Gegen Abend geht sie auf Beutefang. Langsam kriecht sie über den Sand und hält nach kleinen Nagern oder Eidechsen Ausschau. Aber oft liegt sie im Sand vergraben und wartet, bis sich eine kleine Agame oder Eidechse nähert, die sie dann blitzschnell ergreift und erdrosselt. Manchmal überfällt sie einen kleinen Waran und führt mit ihm einen erbitterten Kampf. Für so eine kleine Schlange entwickelt die Sandboa eine ungewöhnliche Kraft. Für den Menschen bedeutet sie allerdings keine Gefahr. Den Winter verschläft die Sandboa tief im Boden in Mauselöchern und kommt im Frühjahr wieder an die Oberfläche. Das Weibchen bringt im Juni oder Juli lebende Junge zur Welt. Je Wurf werden 6—10 etwa 13 cm lange Junge geboren, die sofort sehr lebhaft sind und sich anfangs von Insekten und Würmern ernähren.

Dhaman

Taphronetopon lineolatum

Diese Schlange bewohnt nur Afghanistan, den Süden des mittelasiatischen Teils der UdSSR und den Iran. Sie wird selten einen Meter lang und hat große, goldleuchtende Augen und einen sehr dünnen und deshalb recht auffälligen Körper. Sie lebt in Sandwüsten, ist aber auch an Waldrändern und in Halbwüsten anzutreffen. In den Gebirgen steigt sie bis in 1500 m Höhe hinauf. Gern versteckt sie sich in Nagetierbauen. Erwachsene Tiere ernähren sich hauptsächlich von Eidechsen, die sie umschlingen und mit ihrem Körper erdrücken. Außerdem beißt sie ihre Beute noch mit Giftzähnen, die im hinteren Teil des Kiefers sitzen. Innerhalb weniger Sekunden ist die Eidechse tot. Menschen werden von ihr nur selten gebissen. Da die Bißstelle etwas anschwillt, ist sie ungefährlich.

Ravergiers Zornnatter *(Coluber ravergieri)*

Diese Zornnatternart bewohnt ein großes Verbreitungsgebiet, das sich über Palästina, Syrien, den Irak, Persien, Armenien, Nordwestindien, Afghanistan und Ägypten erstreckt. Sie wird etwa einen Meter lang. Die Zornnatter lebt in steinigen Halbwüsten, an Steinhängen, in bewaldeten Vorgebirgen und Oasen, aber auch hoch im Gebirge. Ihre Kost besteht aus Kleinnagern, Vögeln und Eidechsen. Im Juli legt das Weibchen 5—10 etwa 4—5 cm lange Eier, aus denen Ende August und im September bis zu 20 cm lange Junge schlüpfen.

Dione-Natter *(Elaphe dione)*

Das Verbreitungsgebiet der Dione-Natter erstreckt sich von Nordpersien und Grusinien über Mittelasien nach Osten bis nach Südsibirien, den Fernen Osten und nach China hin. Selten wird diese Kletternatter, die in Wäldern wie in Steppengebieten lebt, länger als 1 m. Bis hoch in die Berge dringt sie vor, liebt aber auch Wasser. Ihre Hauptnahrung bilden Kleinnager, aber auch Fische mag sie. Seltener fängt sie Vögel oder Vogeleier. Wird sie gestört, oder will sie ihren Unwillen kundtun, dann schwingt ihre Schwanzspitze schnell hin und her. Im Laub klingt das wie schwaches Klappern, so daß mancher vor dieser Schlange erschrickt.

Die Eier legt das Weibchen je nach den Klimaverhältnissen ihres Vorkommens am häufigsten im Juli, im Fernen Osten erst im August. Ein Gelege besteht aus 5—16 etwa 5 cm langen Eiern. Die Inkubationszeit beträgt etwa einen Monat, in den nördlichsten Gebieten auch etwas länger. Die geschlüpften Jungen sind schon bis zu 20 cm lang.

Dhaman *(Ptyas mucosus)*

Der Dhaman ist über 2 m lang und eine sehr weit verbreitete Rattenschlange. Er ist nicht nur in ganz Südasien, sondern auch in Südchina, auf Taiwan, in Afghanistan und Turkmenien heimisch. Er fällt durch seine großen Augen auf. Einige Tiere sind ganz schwarz, haben aber einen gelben Bauch. Der Dhaman sucht feuchtere Gegenden auf, am liebsten nahe am Wasser. Aber auch in Gärten, Parks und in Buschsteppen ist er häufig. Seine Hauptnahrung sind Frösche und Kaulquappen, aber auch Nagetiere verschmäht er nicht. In Erregung kann er seinen Körper nach Kobraart leicht aufrichten.

Das Weibchen legt 8—16 bis zu 6,5 cm lange Eier. In China geschieht das im Mai, in Indien dagegen im Juli und August. Wer einen Dhaman in freier Natur fangen will, muß sich vor seinen scharfen Zähnen in acht nehmen. Auch wenn diese Schlange nicht giftig ist, kann ihr Biß blutende Wunden hervorrufen, die sehr schlecht heilen. Selbstverständlich ziehen die Dhamans wie andere Schlangen die schnelle Flucht vor einem Menschen in ein Versteck unter Steinen oder in ein Loch vor. Wird er jedoch eingeholt und sieht keine Fluchtmöglichkeit, wendet er sich gegen den Angreifer, um ihn abzuwehren.

Brillenschlange *(Naja naja)*

Die häufigste Kobra, die in mehreren Unterarten bekannte Brillenschlange, bewohnt ein riesiges Verbreitungsgebiet. Die in Ceylon und Indien lebende Unterart zeichnet sich durch eine typische, wenn auch nicht einheitliche Zeichnung am Hals aus. Nur die in Südindien lebende Unterart hat die „richtige Brille", die in Nordin-

Brillenschlange

dien heimischen Tiere besitzen nur zwei einfache Flekken. Bei den in Ostindien lebenden Exemplaren besteht die Zeichnung nur aus einem einfachen Auge, das entweder allein steht oder seitlich noch zwei Flecken hat. Nach Norden und Osten zu sind die Unterarten ohne Zeichnung am Hals. Die Brillenschlange ist in Indien, Ceylon, Persien, im Süden der mittelasiatischen Sowjetrepubliken, in Südchina, auf Taiwan, in Burma, Thailand, Laos, Vietnam, Indonesien und auf den Philippinen heimisch. Sie hat also eine wirklich erstaunliche Verbreitung. Ihr wissenschaftlicher Name „Naja" kommt aus dem Sanskrit; „naga" bedeutet „Schlange".

Die Brillenschlange wird bis zu 2 Meter lang und ist recht variabel in ihrer Färbung. Sie kann vom einfarbigen Hellbraun bis zum Dunkelbraun mit oft gelb- oder hellbraunen Flecken oder Streifen reichen. Die Brillenschlange hält sich überall dort auf, wo sie ausreichend Nahrung findet. Sie ernährt sich von Nagetieren und lebt am Rand der Wüsten, Halbwüsten und Steppen genauso wie in unmittelbarer Nähe menschlicher Behausungen, in Kellern und Mauerlöchern. Tagsüber sucht sie ihr Versteck auf — Erdhöhlen, Felsspalten und Mauerhöhlungen. Nach Einbruch der Dämmerung macht sie sich auf Nahrungssuche. In menschlichen Siedlungen besucht sie auch Hühnerställe und Taubenschläge. Es wurde sogar beobachtet, wie sie im seichten Wasser Fische fing. Ihre Hauptbeutetiere sind jedoch Mäuse, Ratten und andere Nager. Eine erwachsene Brillenschlange kann an einem Tag bis zu 10 Mäuse fangen. Danach kann sie aber auch 3 Wochen lang fasten. Ihre Beute packt sie mit den Giftzähnen und wartet, bis sie tot ist. Das dauert bei kleinen Tieren nur wenige Sekunden.

Während der Fortpflanzungszeit lebt die Brillenschlange paarweise. Das Weibchen gräbt im Sandboden mit seinem Maul ein Loch mit zwei Eingängen und legt dort seine lederartigen Eier ab; in Indien etwa 20, in Turkmenien nur etwa die Hälfte. Beide Eltern bewachen das Gelege gemeinsam, einer meist am Ausgang des Nestes. Während dieser Zeit sind die Tiere leicht in Erregung zu versetzen. Und sobald irgendein Lebewesen, auch ein Mensch, dem Nest mit den Eiern zu nahe kommt, stößt die wachsame Brillenschlange aus ihrem Versteck hervor und versucht, den Eindringling zu erschrecken und zu verjagen. Niemals verfolgt sie ihn, wie oft erzählt wird.

In Gefangenschaft gewöhnen sich die meisten Brillenschlangen sehr schnell ein und sind dann ruhige Tiere. Diese Eigenschaften wissen die einheimischen Fakire und Schlangenbeschwörer ausgezeichnet zu nutzen. Dennoch müssen die Schlangenliebhaber sehr vorsichtig sein, denn es reicht, sich an einem Giftzahn zu stechen, um eine gefährliche Dosis zu erwischen. Das Bild des sitzenden Fakirs und der vor ihm aufgerichteten, nach den Tönen der langen Flöte „tanzenden" Brillenschlange ist allgemein bekannt. Weniger bekannt ist, daß diese Schlange eigentlich taub ist und die Musik überhaupt nicht wahrnimmt. Das als „Tanzen" bezeichnete Schwingen des aufgerichteten Schlangenkörpers ist nur die Reaktion auf die Bewegungen der Flöte, denn Kobras sind „Augentiere". Die Flötenmusik wirkt nur auf die Zuschauer. Ein müdes Tier kann manchmal einen Scheinangriff unternehmen, hält dabei aber meist das Maul geschlossen. Es gibt Fakire, die den Tieren die Giftzähne ausreißen.

In Indien und Sri Lanka sind Fakire in fast jeder Stadt anzutreffen. In Indien gibt es sogar besondere Schulen für sie, beispielsweise nahe der indischen Hauptstadt Delhi in Molarbunda. Die Schüler, die diese Schule absolvieren, werden allenthalben als Meister ihres Faches geschätzt. Schon im Alter von 6 Jahren lernen die kleinen Jungen, mit der Flöte umzugehen, auf ihr zu spielen, sich dabei richtig hinzusetzen und anderes mehr. Später werden sie dann unterwiesen, Schlangen an den verschiedenen Stellen zu fangen, sie kennenzulernen, richtig mit ihnen umzugehen und ihnen mit Hilfe eines Stückes Stoff die Giftzähne auszureißen. Nach 3 Jahren haben sie ausgelernt und sind in der Lage, ihr sonderbares Gewerbe auszuüben. Fakir zu werden ist gar nicht so schwierig. Das kann jeder, der sich nicht vor Schlangen fürchtet, weil er der Schlange selbst nichts beibringen muß.

Aber trotz ihres verträglichen Charakters bleibt die Brillenschlange wegen des sehr wirksamen Giftes eine recht gefährliche Schlange. Besonders in Indien, wo die einheimische Bevölkerung barfuß läuft und Brillenschlangen sehr häufig sind, kommt es sehr oft vor, daß man in der Dunkelheit auf sie tritt, so daß sie zur Selbstverteidigung beißen. Ohne Serumbehandlung endet das meistens mit dem Tod des Gebissenen. Laut Statistik gibt es in Indien jährlich etwa 20 000 Todesfälle infolge einer Vergiftung, die durch einen Schlangenbiß verursacht wurde. Das Schlangengift führt nach Eindringen in den Blutkreislauf sehr schnell zur Ein-

Gelber Bungar oder Krait

Kettenviper

Halysschlange

stellung der Herz- und Atemtätigkeit. Eine erwachsene Brillenschlange hat in ihren Giftdrüsen so viel Gift vorrätig, daß es 15 Menschen den Tod bringen könnte. Die Länge der Giftzähne dieser Schlange ist verglichen mit ihrer Gesamtlänge nur unbedeutend. Meist sind sie nur 3,5 mm, bei besonders großen Exemplaren höchstens 5—7 mm lang. In Malaysia und Vietnam lebt eine Unterart der Kobra, die ihr Gift 2—3 m weit „zu spucken" vermag. Tatsächlich spritzt die Schlange das Gift aus den Giftzahnöffnungen bei geöffnetem Maul heraus und richtet den Strahl auf die Augen des Feindes, der sie aufgestört hat.
Zu den natürlichen Feinden der Brillenschlange gehören der Mungo, der auch Kobraeier frißt, große Warane und Greifvögel. Weder der Mungo noch die übrigen kobrafressenden Tiere sind gegen deren Gift immun, auch wenn der Mungo eine recht hohe Giftdosis verträgt, die das Achtfache der tötlichen Menge für ein Kaninchen beträgt.

Gelber Bungar oder **Krait** *(Bungarus fasciatus)*

Der Gelbe Bungar ist von Indien bis nach Südchina und nach Südostasien verbreitet. Diese auffällige Giftnatter kann bis zu 175 cm lang werden, erreicht aber gewöhnlich nur 150 cm. Als nachtaktive Art verbirgt sie sich am Tage in Löchern und Spalten. Nach Einbruch der Dämmerung macht sie Jagd auf andere Schlangen, Echsen, Frösche und selten auf Fische und kleine Nagetiere. Der Bungar ist tagsüber sehr friedlich und schwer reizbar. Es ist bekannt, daß Kinder mit Bungars spielten, ohne daß die Schlangen versuchten, zuzubeißen.
Wenn sie am Tag gestört wird, steckt sie ihren Kopf unter den Körper oder sogar ins Gras oder in ein Loch, um ihn auf diese Weise vor einem feindlichen Angriff zu schützen. Dabei windet sie ihren Körper zu einer Schlinge, wirft ihn ein paarmal hin und her, so daß er wie eine große, farbige Scheibe aussieht, und verjagt dadurch oft den Angreifer. In den Gegenden, wo die einheimische Bevölkerung barfuß geht, kommt es nachts in der Dunkelheit oft zu Bißverletzungen. Viele Vergiftungen enden tödlich. Das Bungarweibchen legt seine 10—15 Eier, aus denen dann nach 2 Monaten die Jungen schlüpfen, in Erdlöchern ab.

Kettenviper *(Vipera russelli)*

Die Kettenviper ist in Indien, Sri Lanka, Burma, Thailand, auf Sumatra und Java zu Hause und dort in 3 Unterarten bekannt, die sich in der Färbung unterscheiden. Sie wird bis zu 175 cm lang und hat einen sehr starken Körper. Die von den Einheimischen „Daboya" genannte Otter ist stellenweise sehr häufig. Oft kommt sie auch in Gärten und wurde sogar in den Parks von Kalkutta gefangen. Meist ist sie in Buschlandschaften anzutreffen.
Wird sie vom Menschen aufgeschreckt, so flieht sie nicht, sondern bläht sich auf und zischt böse und laut. Sie selbst greift jedoch nicht an, wie oft behauptet wird. Ihr Gift ist sehr wirksam, und ein zufälliger Biß, vor allem, wenn nachts jemand auf sie tritt, endet ohne Se-

Fadenskorpion

Vorderasiatischer Skorpion

rumbehandlung auch meist tödlich. Auf Beutefang geht die Kettenviper erst in der Dunkelheit. Den Tag verbringt sie in allen möglichen Löchern, die sie immer wieder aufsucht. Ihre Hauptnahrung sind kleine Nagetiere. Das Weibchen bringt bei einem Wurf gewöhnlich etwa 10 lebende Junge zur Welt.

Halysschlange *(Agkistrodon halys)*

Die Halysschlange bewohnt ein riesiges Verbreitungsgebiet, das sich von der Wolga über Mittelasien bis nach Sibirien und den Fernen Osten, bis in die Mongolei, nach China, Japan und Thailand erstreckt. Diese bis 60 cm lange Grubenotter kommt in mehreren Unterarten vor, die sich in Färbung und Zeichnung voneinander unterscheiden. Einige haben an den Seiten eine Reihe kleiner, dunkler Flecken.

Die Halysschlange hält sich am häufigsten in Gras- und Buschlandschaften auf, zieht aber in den Bergen sogar bis in 3000 m Höhe hinauf. Sie lebt zwischen Steinen oder unter Büschen und ist stellenweise sehr zahlreich. Tagsüber ruht sie in ihrem Versteck, am Abend macht sie sich auf die Jagd nach kleinen Nagetieren, Nestjungen am Boden brütender Vögel und Eidechsen. Ihr Gift ist nicht sehr stark, kann jedoch Kindern oder Erwachsenen mit schwacher Konstitution gefährlich werden. Das Weibchen bringt im Sommer lebende Junge zur Welt; meist etwa 6 – 8 Stück.

Fadenskorpion *(Thelyphonotus caudatus)*

In den steinigen und sandigen Gegenden Südasiens ist der sonderbar aussehende Fadenskorpion anzutreffen. Er wird 3,5 cm lang und hat am Endabschnitt eine lange Geißel. Er hält sich unter Steinen auf oder gräbt sich im Sand Gänge, in die er auch seine Beute, meist kleine Insekten, hineinzieht. Das Weibchen legt in ein kleines Säckchen 20 – 35 kleine Eier, die es unter dem Hinterleib mit sich herumträgt. Die geschlüpften Jungen bleiben bis zur ersten Häutung auf dem Rücken ihrer Mutter, also etwa eine Woche lang.

Vorderasiatischer Skorpion *(Leiurus dufoureis)*

Die steinigen Wüsten- und Halbwüstengebiete Kleinasiens bewohnt der bis zu 7 cm lange Vorderasiatische Skorpion, ein Tier, das nachts rege ist, sich aber tagsüber unter größeren Steinen verbirgt, wo im heißen Wüstenklima noch ein, wenn auch nur winziger Rest der für das Leben dieses Tieres so notwendigen Feuchtigkeit vorhanden ist, ohne die der Skorpion nicht überleben könnte. Erst nach Einbruch der Dunkelheit macht sich der Skorpion auf Nahrungssuche. Langsam wandert er durch sein Revier und sucht nach Insekten oder Spinnen. Sein Opfer ergreift er mit den Scheren und

Walzenspinne

Gewächshausschrecke

Weißfleckeneule

tötet es. Bei größeren Beutetieren benutzt er dazu noch seinen Giftstachel, der am Schwanzende sitzt. Dann zerpflückt er seine Beute, durchsetzt sie mit Verdauungssäften und saugt den flüssigen Brei als Nahrung auf.

Das Weibchen bringt etwa 30 lebende Junge zur Welt, die es dann auf dem Rücken mit sich herumträgt. Die Kleinen halten sich bis zur ersten Häutung, also ungefähr eine Woche lang, ziemlich fest an der Mutter. Danach laufen sie behende über den Rücken der Skorpionin und verlassen sie erst nach mehreren Wochen, wenn sie vollkommen selbständig sind. Die ganze Zeit über teilt sich die Mutter mit ihren Jungen die Beute. Ein Stich dieses Skorpions ist für den Menschen nicht besonders gefährlich, unangenehmer ist die sehr schmerzhafte Schwellung um den Einstich.

Walzenspinne *(Galeodes orientalis)*

Die bis zu 5 cm lange Walzenspinne ist eine Bewohne-

China-Sandlaufkäfer

Wüstenlaufkäfer

rin der steinigen und sandigen Gebiete der asiatischen Tropen und Subtropen. Sie hat einen behaarten Körper und bewegt ihre mächtigen Scheren vertikal. Mit den gezähnten Schneiden vermag sie sehr kräftig zuzupakken und sogar kleine Eidechsen zu töten. Auch den Finger eines Menschen kann sie recht fühlbar verletzen, auch wenn das nicht gefährlich ist, denn sie ist nicht giftig. Die Einheimischen fürchten sie jedoch und behaupten, sie sei schlimmer als eine Giftschlange. Die Walzenspinne ernährt sich vor allem von Insekten und bevorzugt Wanderheuschrecken und am Boden lebende Käfer, Termiten und nimmt sogar Weichtiere. Sie hält sich unter großen Steinen auf und geht erst in der Dunkelheit auf Beutejagd.

Gewächshausschrecke *(Tachycines asynamorus)*

Die Gewächshausschrecke, ein etwa 18 mm großes Insekt, ist in den wärmeren Zonen Ostasiens heimisch. Sie hat fadenförmige Fühler, die länger sind als ihr Körper. Das Weibchen hat einen langen Legestachel. Tagsüber hält sich die Schrecke in Löchern, unter Steinen oder in verschiedenen Ritzen versteckt. Nach Einbruch der Dunkelheit begibt sie sich auf Nahrungssuche. Sie erbeutet vor allem Insekten, beißt aber auch Pflanzentriebe ab. Das Weibchen legt im Boden etwa 400 kleine Eier, aus denen die Larven schlüpfen, die sich mehrere Male häuten, bis sie sich zum erwachsenen Insekt entwickeln. Diese Schrecke wurde auch nach Europa eingeschleppt und hat sich als Lebens- und Vermehrungsraum warme Gewächshäuser gewählt.

Weißfleckeneule *(Phyllodes verhuelli)*

Ostindien und die Andamanen sind die Heimat eines der größten Nachtfalter der Welt. Es handelt sich um die Weißfleckeneule, denn ihre Flügel erreichen eine Spannweite von etwa 150 mm. Diese große Weißflekkeneule sitzt an Baumstämmen oder in Sträuchern, wo sie sich durch ihre Deckfärbung kaum von ihrer Umgebung abhebt. Auf den Hinterflügeln hat sie jedoch große Augen. Wenn sie gestört wird, öffnet sie plötzlich ihre Flügel, zeigt ihre „Augen“ und vertreibt damit oft ihre Feinde, Vögel oder Eidechsen.

China-Sandlaufkäfer *(Cicindela sinensis)*

Der etwa 20 mm lange China-Sandlaufkäfer ist eine der schönsten Käferarten. Er ist in China beheimatet und lebt auf sandigen und steinigen Böden. Schnell läuft er über den Boden und macht Jagd auf kleine Insekten oder Spinnen. Wenn er gestört wird, fliegt er sofort auf und läßt sich ein paar Meter weiter nieder. Bei Regen oder bei bewölktem Himmel versteckt er sich in Löchern oder unter Steinen. Das Weibchen legt seine Eier in die Erde. Schon die Larven sind recht räuberisch. Sie graben im weichen Boden mehr als 1 m tiefe, senkrechte Gänge und lauern am Ausgang auf Insekten, die sich nähern und die sie mit ihrem kräftigen Beißwerkzeug ergreifen und in das Loch ziehen. In ihrer Nestkammer fressen sie dann den unaufmerksamen Wanderer. Die Larvenentwicklung dauert 2 Jahre.

Wüstenlaufkäfer *(Anthya bucharica)*

In den Wüstengebieten Zentralasiens ist stellenweise ein wunderschöner, bis zu 60 mm langer Raubkäfer recht häufig anzutreffen, der Wüstenlaufkäfer, der an seinen ungewöhnlich mächtigen Mundwerkzeugen zu erkennen ist. Er sucht Sandböden mit Gebüschen und spärlicher Grasnarbe als Lebensraum auf, die jedoch immer in der Nähe einer Wasserstelle oder eines Sumpfes liegen müssen. Den Tag verbringt er in Löchern, die er sich unter einem Busch im Sand gräbt.

In den Morgen- und Abendstunden läuft er schnell und behende über den Sandboden und überfällt Insekten, Würmer und Weichtiere, von deren weichen Teilen er sich ernährt. Zuerst zerkaut er sie, speichelt den entstandenen Brei mit Verdauungssäften ein und nimmt erst dann den durch Zersetzung entstandenen Saft auf. Aus den Eiern, die das Weibchen in die Erde legt, entwickeln sich ebenfalls sehr räuberische Larven.

Gewässer und Sümpfe der warmen Regionen

Der himmelstrebende Himalaja und alle Hochgebirge Asiens versorgten fast das ganze Jahr über die mächtigen indischen und südasiatischen Ströme mit den Wassern ihrer ewigen Gletscher. Wenn im Frühling, meist im März, die Gletscher- und Schneeschmelze einsetzt, schwellen die Wasserläufe stark an. Und später, etwa im Juni und Juli, kommen plötzlich die Monsunregen und führen zu so starken Hochwassern, daß riesige Gebiete in den Niederungen überschwemmt werden. Aber nicht nur das; viele Flüsse ändern durch die übermächtige Kraft der kilometerbreiten Wassermassen, die nicht aufzuhalten sind, ihr Flußbett.

Der Ganges beispielsweise floß früher einmal direkt nach Süden im Bett der heutigen kleinen Flüsse Bhagarathi und Hugli. Und bis heute betrachten die Brahmanen diese westlichen Zuflüsse als den wahren, heiligen Ganges. Im 16. Jahrhundert begann sich der Ganges seinen Weg nach Südosten zu bahnen und vereinigte sich später mit dem Brahmaputra zu einem einzigen mächtigen Strom, der bis heute nicht sein endgültiges Bett gefunden hat. Besonders im riesigen Delta, das tief in das Landesinnere reicht, ändern die einzelnen Flußarme fast jährlich ihren Lauf. Diese beiden, zu einem Strom vereinigten Flüsse spülen nämlich bei Hochwasser nicht nur den weicheren Grund weg und schaffen so neue Korridore, sondern führen auch große Mengen Schwemmland mit sich, das sie überall auf ihrem Weg, am meisten aber im Delta, ablagern. Die dadurch entstehenden, natürlichen Deiche verfestigen sich schnell durch eine Pflanzendecke, so daß sich die Flußarme selbst zu Abzweigungen und Richtungsänderungen zwingen. Die vom Ganges mitgeführten Anschwemmungen erreichen wirklich riesige Ausmaße. Bei normalem Wasserstand enthält jeder Kubikmeter Wasser etwa 200 g Schwemmboden, bei Regen jedoch bis zu 2500 g. Deshalb sind die Fluten des Ganges auch immer trüb und von Erde gefärbt, die der Fluß unablässig aus den Ufern auswäscht. Aber seine Quellwasser sind von kristallklarer Reinheit. Der Ganges entspringt in mehr als 3000 m Höhe aus den Gletschern des Himalaja. Die größte der Gangesquellen ist für die einheimische Bevölkerung heilig, geradeso wie für die meisten Hindus der ganze Fluß. Nach 2700 km mündet der Ganges in einem weitverzweigten Delta in den Golf von Bengalen. Auch der Schwesterfluß, der mächtige Brahmaputra, entspringt im Himalaja und bildet auf seinem 2960 km langen Weg ein breites Tal, das nach starken Monsunregen häufig überschwemmt ist.

Aber einen noch größeren Anteil an Schwemmland führt ein zweiter Fluß des indischen Subkontinents, der Indus oder Sindh. Seine Quellen liegen an der Scheide von Himalaja und Hindukusch, seine Mündung aber in einem weit verzweigten, breiten Delta südlich von Karachi am Arabischen Meer. Normalerweise führt er auf einen Kubikmeter Wasser 2500 g Schwemmland mit sich, bei Hochwasser jedoch bis zu 4500 g — eine unglaubliche Menge. Auch der Indus weicht oft von seinem Bett ab und bildet an seinen sehr flachen Ufern stellenweise mächtige Anschwemmungen. Während des Hochwassers, das mit der Schneeschmelze in den Bergen einsetzt, kommt es zu riesigen Überschwemmungen auf der ganzen Länge des 3190 km langen Flußlaufes. Unter weithin hörbarem Getose stürzen die Uferböschungen ab. Die Wasser schwemmen eine neue Flußrinne aus, oftmals kilometerweit vom ursprünglichen Flußbett entfernt, und begraben unter ihren Fluten sogar Dörfer.
Es ist bis heute nicht gelungen, dieses Naturelement, das unvorstellbare Vernichtung bringt, zu beherrschen, obwohl es sich fast regelmäßig Jahr für Jahr im Juli wiederholt. Während der Monsunregen ist der Wasserstand am höchsten, im September und Oktober geht er schnell zurück. In den Wintermonaten führt der Indus sogar recht wenig Wasser, weil einige kleinere Nebenflüsse fast versiegen und sich praktisch in Sümpfe verwandeln. Außerhalb der Regenzeit ist das Flußgebiet des Indus überraschenderweise ungewöhnlich wasserarm, und nur wenige Meter vom Flußbett entfernt ist der Boden ausgetrocknet und wüstenähnlich.
Zu den größten Strömen Südostasiens gehört der Mekong. Seine Quellen liegen weit weg, im Hochland von Tibet in mehr als 3000 m Höhe, und werden von den ewigen Gletschern und den Frühlingsschmelzwassern, später von den Niederschlägen, die während der Monsunregen fallen, gespeist. Im Oberlauf suchen sich die Wasser des Mekong schäumend und brausend ihren Weg durch tiefe Felsenschluchten; nach Süden zu wird der Fluß immer mächtiger, nimmt die Wasser zahlreicher Nebenflüsse auf und ist schon in China auch für größere Barken und Schiffe befahrbar. Er durchzieht Laos und Kambodscha und ergießt sich im Süden Vietnams nach einem mehr als 4500 km langen Weg in einem mächtigen Delta in das Südchinesische Meer. Der Mekong ist also der zweitgrößte Strom Asiens.
An erster Stelle steht jedoch der Jangtsekiang, der 5200 km lang ist und gleich nach dem Ganges

die größte Wassermenge führt. Auch der zweite chinesische Strom, der Huang He, gehört mit seinem 3343 km langen Lauf zu den längsten asiatischen Flüssen. Beide entspringen im Tibet aus riesigen Gletschern und steigen mächtig an, sobald die Monsunregen einsetzen. Beide fließen auch mehr oder weniger ostwärts und münden ins Gelbe Meer. Größere Monsunflüsse Südostasiens sind auch der Rote und der Schwarze Fluß in Vietnam, der Irawadi in Birma, der Salwin und viele andere.

Die Ströme der asiatischen Tropen nehmen einen erheblichen Einfluß auf die Lebensweise der Menschen, die in ihren riesigen Stromgebieten leben. Zwischen den einzelnen Strömen und kleinen Flüssen gibt es unzählige, teils künstlich angelegte, teils auf natürlichem Weg entstandene Kanäle, die von den Einheimischen als Transportwege, zum Fischfang und zur Bewässerung der Felder und kleinen Anwesen außerhalb der Regenzeit genutzt werden.

Wirklich unerschöpflich ist die Vielzahl der verschiedensten Bauarten von Schiffen, Barken, Booten und Flößen, die diese Gewässer durchqueren. Sie transportieren Bambus, Getreide, Haustiere und unzählige Handelsgüter. In den Buchten ankern Wohnbarken, die mit Bambusmatten und Palmblättern bedeckt sind und auf denen große Familien oft ihr ganzes Leben lang wohnen. Kleine Fischerboote, die durch die verschiedenartigsten Ruder angetrieben werden, gehen dem Fischfang nach.

Und die Fische aus diesen Wassern sind auch eines der wichtigsten Nahrungsmittel der Menschen. Auf den Märkten der Städte bieten die Fischer ihre Fänge feil, oft genug bunte und bizarr geformte Fischexemplare. Auch Weich-Schildkröten (Trionyx-Arten), die sich in den Fischnetzen verfangen haben, liegen zum Verkauf aus. Vor dem Verkauf wird den Tieren der Kopf abgehackt, damit sie nicht beißen können, denn größere Exemplare sind wohl dazu in der Lage, mit ihren scharfen Kiefern einem unachtsamen Kunden ein Stück des Fingers abzuzwacken. Zu den auf den Märkten angebotenen Tieren gehören auch lebende Süßwasserkrabben. Sie werden einzeln mit Bambusfasern an ebenfalls aus Bambus angefertigten Leitern oft dutzendweise an den Beinen angebunden. Aber warum machen sich die Verkäufer diese Arbeit und bieten sie nicht — sagen wir — in kleinen Körben an? Das ist leicht zu erklären: sie sind kannibalisch und verstümmeln sich gegenseitig. Auch in den kleinen Bergflüssen und in zahlreichen Seen gehen die Eingeborenen

dem Fischfang nach. Die Stammesangehörigen der verschiedenen nationalen Minderheiten benutzen seit urdenklichen Zeiten sogenannte Einbäume, Boote aus einem einzigen, ausgehöhlten Baumstamm.
Die Gewässer ernähren jedoch auch räuberische Tiere; vor allem sind natürlich fischfressende Lebewesen häufig. Wasser- und Sumpfvögel aus den nördlichen Regionen Asiens beziehen hier an diesen tropischen Flüssen, Seen und Sümpfen ihre Winterquartiere. Auf den dicht am Wasser stehenden Bäumen siedeln sich ganze Kolonien von Reihern, Marabus und Ibisvögeln an. Im dichten Pflanzengürtel der Ufer nisten viele Entenarten. Watvögel durchstreifen auf langen Beinen die seichten Wasser und fangen Fische. Aber auch Schnecken wie *Melania tuberculata* oder *Corbicula orientalis* und Sandkrabben (Oxypode) werden für sie eine leichte Beute. In allen Flüssen leben Krokodile. Berühmt ist der „heilige" Ganges-Gavial Indiens.
An den sumpfigen Flußniederungen hat das seltene, heute streng geschützte Panzernashorn seine Heimat. Noch im 19. Jahrhundert war es ziemlich verbreitet. Heute aber leben nur noch etwa 600 Panzernashörner in einigen wenigen Schutzgebieten, beispielsweise im Kaziranga-Nationalpark in Assam. Zu den Sumpfstellen und Tümpeln oder zu entlegenen Flüssen und Teichen kommen die Restherden wilder Elefanten.
In der Nähe von Flüssen und Seen finden wir viele Gehölzarten. Typisch für die indische Region ist die Palmyrapalme *(Borassus belliformis)*, deren bis zu 15 cm große Früchte in einer ledrigen Schale drei in geleeartigem Fruchtfleisch eingebettete Samen umschließen. Der „Indische Mandelbaum" *(Terminalia catappa)* aus der Familie der *Compretaceae* hat eßbare, ölhaltige Kerne, die als „indische Mandeln" bekannt sind und aus denen Katappenöl gewonnen wird. Wegen ihrer schirmförmigen Kronen werden die Terminalia-Bäume als Schattenspender heute überall in den Tropen angepflanzt. Schirmartig ausladende Kronen haben auch die Leguminosen, die zu den Albizien-Bäumen, z. B. *Albizia lebbeck*, gehören und büschelig stehende, rosaviolette Blüten haben und ein sehr gutes, dunkelbraunes Holz liefern.
In Indien gedeiht der Tamarindenbaum *(Tamarindus indica)*, der ziemlich hoch wird. Seine braunen Feigenfrüchte sind als indische Datteln bekannt und werden frisch oder als Gemüse zubereitet gegessen. Dicke Hülsenfrüchte haben auch die Dalbergia-Bäume, die für die Baumflora der

feuchten süd- und südostasiatischen Wälder typisch sind. Sie sind wegen ihres sehr guten, dunkelroten oder schwarzen Holzes sehr bekannt, das als Ebenholz in den Handel kommt. Auf bewässerten oder regelmäßig überschwemmten Böden gedeiht der Mangobaum. Seine gelblichen oder grünlichen Steinfrüchte, die bis zu 10 cm groß und bis zu 1 kg schwer werden, sind ein sehr nahrhaftes Obst mit schmackhaftem, sehr zuckerhaltigem Fruchtfleisch und werden auch zu Säften verarbeitet.

Die Buchten der Flüsse, Seen und Sümpfe sind an manchen Stellen mit ausgedehnten, hohen und dichten Röhrichtgürteln aus Schilf bewachsen. Sie bieten vor allem Vögeln und großen Säugetieren Unterschlupf. In Mittelasien wächst das Schilf *(Phragmites)* auch längs der Bewässerungskanäle in mächtigen Beständen. Es durchzieht nicht nur die Sumpfböden, sondern dringt mit den Spitzen seiner Ausläufer auch in festen Grund ein, der oft schon mehrere Meter vom Ufer entfernt ist. Manchmal bildet es schwimmende Inseln, wenn nach starken Regenfällen von der Wucht der Wasser ganze Stücke aus dem Röhricht herausgerissen und von der Strömung in ruhigere Wasser oder in Buchten getragen werden.

Schilf findet in Asien auf vielerlei Art Verwendung: zum Abdecken der Wände in den Eingeborenenhütten, als Matten, Zäune usw. Zu den Sumpfpflanzen gehören auch die bis zu 3 m hohen Zyperusgräser *(Cyperus),* eine in den Tropen Asiens sehr artenreiche Gattung. Stellenweise bildet sie ausdauernde, mächtige Bestände, in deren Dickichten vor allem die kleinen Webervögel ihre Nester bauen. Bis zu 150 cm hoch wird auch die aus Sümpfen stammende Taropflanze *(Colocasia antiquorum)* mit großen, pfeilförmigen Blättern aus der Familie der *Araceae.* Ihre bis zu 2 kg schweren, stärkereichen Knollen verlieren beim Kochen ihre Giftstoffe und gehören zu den wichtigsten Volksnahrungsmitteln Indiens. Von hier aus gelangte diese Pflanze in alle Tropenregionen der Alten und Neuen Welt. Auch der Kalmus *(Acorus calamus),* eine Pflanze, die auf Schwemmland und an den Ufern vieler Gewässer wächst, stammt aus Indien. Die Kalmuswurzel ist eine sehr aromatische Droge und wurde deshalb im Mittelalter von Indien aus als Arzneipflanze in Europa eingebürgert.

In den Regenwäldern Indonesiens gedeihen viele andere feuchtigkeitsliebende Pflanzen, die während der Blütezeit eine verschwenderische Farbenpracht entfalten und zu dekorativen Gewächshauspflanzen wurden. Als Beispiel sei die Gattung *Typhonium* mit ihren pfeilartigen, in Blüten stehenden Blättern und scharlachroten, tütenförmigen Blütenscheiden erwähnt. Während der Blütezeit entwickelt sich ein intensiver Aasgeruch, wodurch Schwärme von Insekten aller Art angelockt werden, die die Pflanze bestäuben. Auch der indische *Amorphophallus campanulatus* mit auffälligen, bis zu 30 cm großen, dunkelvioletten, glockenartigen Blütenscheiden liebt Feuchtigkeit. Der ebenfalls nach Aas riechende Blütenstand von *A. titanum* in Sumatra wird sogar 2 m hoch.

Die Wasserflächen vieler seichter Gewässer und Buchten überziehen sich mit herrlich hellviolett blühenden Wasserhyazinthen *(Eichhornia)*. Diese Sumpfpflanze gehört nicht zur einheimischen Flora, sondern wurde zu Anfang des 20. Jahrhunderts aus Südamerika in Südasien eingeführt und hat sich schnell ausgebreitet und stellenweise wie Unkraut die Wasserflächen völlig überwachsen.

Eine sehr bekannte, alte Kulturpflanze Indochinas ist die Safranwurz, die Sumpfland bevorzugt und in mehreren Arten verbreitet ist. Aus ihren knollig verdickten, intensiv rotgelben Rhizomen wird Curcumin gewonnen, ein gelber Farbstoff, welcher der weltbekannten Gewürzmischung „Curry" die gelbe Farbe verleiht.

Zur bekanntesten Sumpfpflanze der ganzen Welt wurde jedoch die Reispflanze. Reis gehört zu den wichtigsten Kulturpflanzen, und in ihrer Heimat Süd- und Ostasien wächst sie bis heute wild. Über eine Milliarde Menschen ernähren sich von den Samenkörnern dieses einjährigen, 50—120 cm hohen, rispenblütigen Grases. Im Unterschied zu anderen Grasarten muß es jedoch ständig im Wasser stehen. Es wird deshalb auf überfluteten, von kleinen Dämmen eingefaßten Feldern und in den Bergen an terrassenartig ausgebauten Hängen bis in Höhenlagen um 2000 m angebaut. Im Himalaja und in den anderen Gebirgsgegenden des tropischen Asiens tragen noch heute die Reisbauern das Wasser in Kübeln zu ihren kleinen Terrassenfeldern. In den Niederungen und in den Bergtälern überwiegen Pumpsysteme, die von Büffeln angetrieben werden, oder große Radsysteme, deren Schaufeln ähnlich wie ein Mühlrad das Wasser aus dem Bach schöpfen und es in Wasserinnen laufen lassen, aus denen es dann auf die Felder fließt.

Der Reis kann nach 10 Monaten, manchmal aber auch schon nach einem halben Jahr reif zur Ernte sein. In solchen warmen Anbaugebieten sind dann zwei Ernten im Jahr keine Seltenheit.

Aus dem trockenen Reisstroh werden sehr haltbare Bürsten, Besen, Matten, Hüte und in China sogar Papier hergestellt. Der Reis ist also sehr vielseitig nutzbar. Die Einwohner Asiens begannen schon in vorgeschichtlicher Zeit, den Reis zu kultivieren. Er breitete sich dann allmählich über den ganzen subtropischen und tropischen Gürtel unserer Erde aus und wird heute in vielen Sorten angebaut.

Reisfelder sind ein selbständiger Biotop für viele Lebewesen, die im Wasser wohnen. Auf den Reisfeldern leben Fische und eine große Zahl von Froschlurchen. Vor allem diese Lurche locken Reiher und andere fischende Vogelarten an. Sie fügen dem Reisanbau keinen Schaden zu. Aber wenn auf den Feldern die Reiskörner reifen, stellen sich auch körnerfressende Vogelarten in riesigen Scharen ein und werden zur Plage auf den Reisfeldern. Am bekanntesten ist der Reisfink *(Padda oryzivora),* der aus seiner ursprünglichen Heimat in Sumatra und Java mit dem Reisanbau verschleppt und in anderen Ländern eingebürgert wurde. Und heute ist dieser Vogel mit einem starken, zum Aufbrechen harter Samen besonders geeigneten Schnabel nicht nur überall in Südostasien anzutreffen, sondern auch in Japan, Ostafrika und sogar auf den Hawaii-Inseln. Der Reisfink sucht Kulturlandschaften und hält sich auch in Dörfern auf, wo er in Gebüschen nistet.

In allen asiatischen Tropengebieten, die reich an stehenden Gewässern sind, lauert aber auf den Menschen auch eine der größten Gefahren — die Malaria. Diese Krankheit wird durch den Stich von Mücken übertragen, die in allen Tümpeln und Wasserlöchern ideale Lebensbedingungen vorfinden und sich das ganze Jahr hindurch vermehren. Nach Eintritt der Dunkelheit schwärmen sie in ganzen Wolken aus, so daß es in vielen Gegenden unmöglich ist, ohne schützendes Moskitonetz auch nur an Schlaf zu denken. Moskitonetze haben ganz feine Maschen, durch die die kleinen Mücken nicht hindurchdringen können.

Russischer Desman

Russischer Desman *(Desmana moschata)*

Der Russische Desman gehört zur Säugetierordnung der Insektenfresser. Er wird etwa 42 cm lang, davon entfallen aber 20 cm auf den abgeflachten, an der Basis mächtigen und mit Schuppen und nur wenigen Haaren besetzten Schwanz. Die Heimat des Russischen Desmans sind die Unterläufe der Wolga, der Donau, des Dnepr und des Ob. Seine Erdhöhlen legt der Desman nur in natürlichen Flußufern an. Er ist daher durch Flußregulierungen und Kanalisierungen aus weiten Teilen seines Verbreitungsgebietes verschwunden. An anderen Stellen wiederum wurde er durch übermäßige Bejagung ausgerottet. Die Eingänge zu seinem Uferbau liegen immer unterirdisch. Dort leben mehrere, bis zu 8 erwachsene Tiere zusammen. Wenn zur Trockenzeit der Wasserspiegel der Flüsse absinkt, ziehen sie in andere Gewässer um. Im Wasser sind sie schnell und wendig. Dabei dient ihnen der Schwanz als Ruder oder als Wasserschraube. Aber auch die Beine benutzen sie zum Schwimmen.

Ihre Kost besteht vor allem aus Fischen, seltener aus Krebsen, Weichtieren, Lurchen oder Insekten. Auf Beutejagd begibt sich der Russische Desman erst in der Dämmerung. Das Weibchen ist 50—60 Tage trächtig und bringt dann im Erdnest 1—5 unbehaarte und blinde Junge zur Welt. Die Kleinen beginnen erst nach 3 Wochen zu sehen und ernähren sich 1 Monat lang von Muttermilch. Schon mit 6 Wochen sind sie völlig selbständig, werden aber erst im Alter von 1 Jahr erwachsen. Wegen seines schönen und haltbaren Pelzes war der Russische Desman früher ein vielgejagtes Tier, das sich dank umfangreicher Schutzmaßnahmen wieder vermehren konnte.

Zwergotter

Zwergotter *(Amblonyx cinerea)*

Der Zwergotter ist in seinem Verbreitungsgebiet, das von Indien bis nach Südchina und Südostasien und weiter bis zu den Großen Sundainseln und nach Palawan reicht, sehr häufig anzutreffen. Er wird etwa 90 cm lang; davon macht der Schwanz ein volles Drittel aus. Das Gewicht eines erwachsenen Tieres bewegt sich zwischen 2,5 und 5 kg. Der Zwergotter bewohnt Flüsse und Seen und bevorzugt Hügellandschaften, ist aber auch an den Küsten und auf den küstennahen Inseln zu finden.

Am Tage, aber auch in der Dämmerung begibt er sich in seinem Revier auf die Jagd nach Muscheln und Krebsen. Im Schilfdickicht erbeutet er Kleinvögel und nimmt hin und wieder die Nester der an den Küsten brütenden Vögel aus. Wo er jedoch von Jägern verfolgt wird, ist er auch nachts aktiv. Nach einer Tragzeit von 60—63 Tagen bringt das Zwergotterweibchen 2—4 unbehaarte und blinde Junge zur Welt, die nach 28—35 Tagen die Augen öffnen und sogar erst im Alter von etwa 8 Wochen die erste feste Nahrung von Beutetieren annehmen. Nach 4 Monaten hören sie auf, sich von Muttermilch zu ernähren, denn sie vermögen dann schon recht gut zu tauchen und lernen, ihre Beute selbst zu fangen. Dem Zwergotter wird wegen seines schönen Pelzes nachgestellt.

Schabrackentapir *(Tapirus indicus)*

Sumatra, Malaysia und Thailand sind die Heimat des Schabrackentapirs, eines am Widerrist 130 cm hohen Tieres, das 250 cm lang und bis zu 300 kg schwer wird. Er bewohnt die Flußgebiete der Dschungel aber auch sumpfige Gegenden mit üppiger Vegetation sowohl in den Niederungen als auch in Gebirgen bis zu 3000 m Höhe. Schnell und gewandt durchbricht er Dickichte und läuft durch Schilffelder. Er vermag aber auch ausgezeichnet zu schwimmen und kann bei Gefahr sogar tauchen. Dadurch entgeht er oft seinem ärgsten Feind, dem Tiger.

Die meiste Zeit des Jahres führt er ein sehr ungeselliges Leben, nur zur Paarung, die zu jeder beliebigen Jahreszeit stattfinden kann, bleiben Männchen und Weibchen mehrere Tage beisammen. Das Weibchen ist 390—405

Schabrackentapir

Tage trächtig und wirft dann in einem trockenen Versteck im dichten Gebüsch 1 Junges, das 10 kg schwer ist. Das Kleine ist auf dunklem Grund weiß und gelb längsgestreift wie ein Frischling und entgeht dank dieser Tarnfarbe im Bambus- oder Schilfdickicht leicht der Aufmerksamkeit seiner Feinde. Die Weibchen sind mit 3—4 Jahren und die Männchen erst mit 5 Jahren erwachsen.

Der Schabrackentapir ernährt sich von Blättern, kleinen Zweigen, Gräsern, Wildfrüchten, die er vom Boden aufsammelt, und von Wasserpflanzen, nach denen er im Wasser sogar taucht. Auf Nahrungssuche begibt er sich am Tage oder in der Dämmerung. Dort, wo er häufig gestört oder von Jägern verfolgt wird, wagt er sich erst nachts auf die Weide.

Panzernashorn *(Rhinoceros unicornis)*

Das Kaziranga-Schutzgebiet in Assam, die Schutzgebiete in Jaldapara in Bengalen und in Nepal sind die Heimat des Indischen Panzernashorns, das selten geworden ist. Früher war dieses Nashorn von Kaschmir bis nach Assam und nach Nordindien verbreitet. Es wurde jedoch wegen seines Nasenhorns mitleidlos abgeschossen, weil die Hornsubstanz ein gewinnbringender Handelsartikel war und bis heute ist. In den chinesischen Apotheken wurden Hornpulver und andere Körperteile als Wundermedizin angesehen und teuer verkauft und mit purem Gold aufgewogen. Es muß deshalb nicht verwundern, daß die Bestände des Panzernashorns abnahmen und die Regierungen schließlich die Tiere unter Schutz stellen mußten. Heute leben in freier Wildbahn nur noch einige hundert Stück, die nicht vor Wilderern sicher sind.

Das Panzernashorn bewohnt sumpfige Gebiete mit dichten Bambusdickichten oder Elefantengrasdschungel, vor allem wenn es dort kleine Teiche oder Flußarme gibt, denn es badet sehr gern. Außerdem ist es ein guter Schwimmer und Taucher. Es lebt paarweise oder in Trupps mit Jungtieren. Ältere Bullen dagegen können auch als Einzelgänger leben. Auf ihren regelmäßigen,

Panzernashorn

Javanashorn

täglichen Wanderungen zu den Weideplätzen treten die Tiere feste Wechsel aus. In der dichten und hohen Vegetation sind sie tunnelartig. Manchmal gehen sie auch in der Dämmerung auf die Weide. Ihre Kost besteht aus jungem Gras, Schilf, Bambusblättern und Trieben, Wasserpflanzen — besonders Wasserhyazinthen — und kleinen Zweigen.

Die Kühe bringen nach 462—489 Tagen Tragzeit 1 Junges zur Welt, selten Zwillinge. Das Kleine wiegt bei der Geburt etwa 60 kg und steht nach einer Stunde auf seinen Beinen. Nach 3 Stunden trinkt es zum erstenmal Muttermilch. Die Muttertiere säugen ihre Jungen sehr lange — 1½—2 Jahre lang. Aber schon ein Jungtier von 4 Wochen zupft selbst grüne Gräser ab. Wasser trinkt es jedoch erst nach 3½ Monaten. Ein erwachsenes Tier hat eine Schulterhöhe von 200 cm, eine Länge von 400 cm und ein Gewicht von 1,5 bis 2,5 Tonnen.

Javanashorn *(Rhinoceros sondaicus)*

Das Javanashorn war früher von Ostbengalen über Südostasien bis nach Sumatra und Java weit verbreitet, heute leben höchstens noch 40 Tiere im Udjung-Kulon-Schutzgebiet in Westjava. Der Bulle hat nur ein kleines Horn, bei der Kuh fehlt es ganz. Der Lebensraum des Javanashorns sind die Tropenwälder der Niederungen wie der Berge und die Dschungeldickichte in den Gebieten um Seen und Sümpfe. Aber auch an Flußufern hält es sich auf, denn es liebt Wasser. Oft ruht es stundenlang im Wasser aus, besonders während der Mittagshitze.

Auf die Weide geht es morgens und am Nachmittag. Seine Kost sind vor allem Blätter und kleine Zweige von Büschen und niedrigen Bäumen. Das Javanashorn lebt außerhalb der Paarungszeit einzeln. Der Bulle hat ein weites Gebiet, in dem er herumwandert. Die Jungtiere führende Kuh dagegen bleibt gewöhnlich in ihrem Revier. Nach einer Tragzeit von etwa 470 Tagen wirft die Nashornkuh 1 Junges, das sie bis zu 1½ Jahren säugt.

Sumatranashorn *(Dicerorhinus sumatrensis)*

Das Sumatranashorn ist die kleinste Nashornart. Es hat nur eine Schulterhöhe von 130 cm und wird 280 cm lang und 10 Zentner schwer, hat 2 Hörner und unterscheidet sich dadurch von den übrigen asiatischen Nashörnern. Das vordere ist beim Bullen 25 cm hoch, das hintere Horn mißt 8 cm. Beim Weibchen sind beide Nasenhörner kleiner. Außerdem ist das Sumatranashorn die einzige behaarte Nashornart. Früher war das Sumatranashorn in Südostasien, auf Sumatra und Borneo recht weit verbreitet. Durch rücksichtsloses Bejagen wurde es jedoch fast ausgerottet. Die letzten Restbestände von alles in allem etwa 100 Tieren le-

Sumatranashorn

ben verstreut im Süden Sumatras, in Nordborneo, Thailand und Burma.
Das Sumatranashorn ist ein Bewohner der Gebirgsdschungel in der Nähe von Gewässern. Nachts schläft es im Dickicht, am liebsten mitten im Sumpf. Nach Tagesanbruch macht es sich zu seinen Weideplätzen auf. Über Mittag ruht es sich im Schatten der Bäume oder der Bambusdickichte aus, am Nachmittag weidet es wieder Zweige und Blätter von Büschen, Bäumen und Bambus. Außerhalb der Paarungszeit leben die Tiere als Einzelgänger. Die Sumatranashornkuh bringt nach einer Tragzeit von 17—18 Monaten ein einziges Junges zur Welt, das länger als 2 Jahre bei der Mutter bleibt.

Wasserreh

Wasserreh *(Hydropotes inermis)*

Die Stromgebiete des Jangtsekiang und der Flüsse Koreas bewohnt das Wasserreh. Es erreicht eine Körperhöhe von 45—55 cm, wird etwa 90 cm lang und 10—12 kg schwer. Weder der Bock noch das Weibchen haben ein Geweih. Den Männchen wachsen jedoch im Oberkiefer sehr lange, hauerartige Eckzähne, mit denen sie sich kräftig wehren und ihren Nebenbuhlern oder Feinden tiefe Wunden beibringen können. Kämpfe zwischen den Böcken finden nur zur Brunftzeit statt.
Nach einer Tragzeit von 180—200 Tagen wirft das Weibchen im Schutz des Dickichtes 1—2 gefleckte Kitze. Nach der Paarungszeit leben die Tiere wieder einzeln in ihren Revieren, die Weibchen aber zusammen mit ihren Kindern. Das Wasserreh hält sich in Dickichten und an Waldrändern auf, gewöhnlich an den Ufern von Gewässern. Aber auch in größeren, verwilderten Parks oder auf Plantagen siedelt es sich an. Auf die Weideplätze begibt es sich am Tage. Es frißt Gräser sowie Sumpf- und Wasserpflanzen.

Wasserbüffel *(Bubalus arnee)*

Der Wasserbüffel ist eines der bekanntesten Tiere der asiatischen Tropen und Subtropen. Sein Verbreitungsgebiet erstreckt sich über ganz Indien und Sri Lanka bis nach Nepal, Assam, Südostasien und Borneo hin. Die Wildform ist heute in der freien Natur nur noch stellenweise anzutreffen, dafür wird die Haustierform von Ägypten bis zu den Philippinen gezüchtet. Der Wilde Wasserbüffel mißt am Widerrist bis zu 180 cm, der Körper erreicht eine Länge von 300 cm, der Schwanz

Wasserbüffel

wird 100 cm lang, und das Gewicht liegt bei fast einer Tonne. Der Büffelbulle hat sehr starke und bis zu 150 cm lange Hörner, beim schwächeren Weibchen sind sie kleiner.

Der Lebensraum des Wildbüffels sind weite Sumpfgebiete, Fluß- und Seeufer in den Gebirgslandschaften bis in Höhenlagen von 1800 m. Die einzelnen Herden halten sich in einem festen Wohnbezirk auf. Sie bestehen aus einem mächtigen Büffel, einigen Jungbullen, Kühen und Kälbern. Alte Bullen werden in der Regel Einzelgänger. Die Kuh bringt nach 287—340 Tagen Tragzeit 1 Junges zur Welt. Das Kälbchen steht schon 30 Minuten nach der Geburt auf seinen Beinen und trinkt nach 1 Stunde Muttermilch. Es wird etwa 6 Monate lang vom Muttertier gesäugt, beginnt jedoch schon mit 4 Wochen selbst Gras abzurupfen.

Die Wasserbüffel ernähren sich von Blättern, kleinen Zweigen, Gräsern, Bambusschößlingen und den Blättern von Sumpf- und Wasserpflanzen. Ihre Weideplätze suchen die Tiere vor allem morgens und am späten Nachmittag auf. Während der heißen Mittagszeit liegen sie gern in der Suhle oder im seichten Wasser. Wenn eine gewöhnlich aus Kühen und Kälbern bestehende Herde bei ihren Wanderungen auf einen Tiger stößt, verteidigen sie sich gegen das gefürchtete Raubtier. Der Tiger wagt auch nicht, einen erwachsenen Wasserbüffel zu jagen, überrascht aber gern versprengte Kälber oder abseits weidende Jungtiere. Vor einer wütenden Wasserbüffelherde macht er sich schnell auf die Flucht.

Kormoran

Kormoran *(Phalacrocorax carbo)*

In der gemäßigten und tropischen Zone Asiens ist der 90 cm große Kormoran Brutvogel. Er bewohnt große Seen, Lagunen und Flüsse. Außerhalb der Brutzeit lebt er nur in kleinen Gruppen von 8—10 Vögeln, zur Brutzeit jedoch in riesigen Kolonien. In Nordindien zum Beispiel finden sich zur Brutzeit zwischen September und Dezember mehrere tausend Paare ein. Das Baumnest baut das Paar gemeinsam aus kleinen Zweigen und Knüppeln. Die Äste für den Nestbau reißt der Kormoran mit seinem starken Schnabel ab. Vor allem das Männchen verbessert das Nest immer weiter, sogar dann noch, wenn schon die Jungen geschlüpft sind.

Auf einem einzigen Baum stehen oft Dutzende von Nestern, und nach ein paar Jahren haben die Vögel den grünen Baum zum Absterben gebracht. Das vernichtende Werk vollendet der ätzende Kot der Tiere. Und so ragen an den Ufern der Flüsse oder Seen oft vertrocknete, rindenlose und völlig kahle Bäume in den Himmel. An manchen Brutplätzen errichten die Kormorane ihre Nester auch auf Felsen, wie beispielsweise an den Ufern des Subansiri in Assam.

Das Weibchen wechselt sich beim Bebrüten des Geleges, das aus 3—6 hell blaugrünen Eiern besteht, mit dem Männchen ab. Nach 24 Tagen schlüpfen nackte und blinde Nestlinge, die aber schon nach 3 Tagen die Augen öffnen und sich nach einigen Tagen mit schwarzen Dünen bedecken. Die Nahrung holen sich die jungen Kormorane aus dem Schlund der Eltern, die ihnen hauptsächlich kleine Fische und Schalentiere bringen. Ihre Beute fangen die Kormorane unter der Wasseroberfläche. Sie jagen in Gruppen und treiben sich die Fische oft gegenseitig zu. Im Alter von 5 Wochen verlassen die jungen Kormorane das Nest und sitzen auf Ästen in der Nähe des Nestes. Flugfähig sind sie mit etwa 2 Monaten.

Graupelikan *(Pelecanus philippensis)*

Der Graupelikan wird 150 cm lang und ist an den größeren Flußläufen und Seen ganz Süd- und Südostasiens auf den Philippinen, auf Sumatra und Java ziemlich häufig anzutreffen. Der Graupelikan ist aber auch an den Meeresküsten zu finden, besonders außerhalb der Brutzeit, wenn die Vögel einiger Gebiete Wanderungen unternehmen. Sie gehören zu den ausgezeichneten und ausdauernden Fliegern und sind an sonnigen Tagen oft hoch am Himmel zu sehen, wenn sie in Keilformation, aber auch in einer Linie dahinziehen.

Ihr großes Nest von 1 m Durchmesser bauen sich die

Graupelikane aus Zweigen, Rohrstengeln und Grashalmen auf den Ästen eines weit ausladenden Baumes, der im Sumpf steht. In der gleichen Baumkrone befinden sich mehrere Nester, oft auch die von Fischreihern und Störchen. Wenn möglich, wählt sich der Pelikan hohe Kokos- oder Borassus-Palmen als Nestbaum aus und errichtet sein Nest am Grund der Blattfächer. Beide Partner bebrüten abwechselnd innerhalb eines Monates das Gelege aus 3 weißlichen Eiern und füttern auch die Jungen gemeinsam. Den jungen Nestlingen werfen die Altvögel vorverdaute Fische auf das Nest, die größeren Jungen holen sich das Futter direkt aus dem Kehlsack der Eltern. Flugfähig sind die Kleinen nach etwa 5 Monaten, aber schon im Alter von 2 Monaten schwimmen sie mit den Eltern auf dem Wasser.

Graupelikan

Malaiendommel *(Ixobrychus flavicollis)*

Über ganz Süd- und Südostasien, die Großen Sundainseln, die Philippinen und bis nach Australien hin erstreckt sich das Brutgebiet der Malaiendommel, eines etwa 45 cm großen Stelzvogels. Ihr Lebensraum sind die Flüsse, Sümpfe, Reisfelder und Mangrovebestände der Meeresküsten, aber auch der Bergseen bis in 1200 m Höhe. Tagsüber verbirgt sie sich im dichten Unterholz, nach Einbruch der Dämmerung geht sie auf Beutefang. Sie ernährt sich von Fischen, Fröschen, Weichtieren, Krustentieren und Insekten.
Nach der Aufzucht der Jungen lebt sie als Einzelgänger, zur Brutzeit paarweise. Beide Partner beteiligen sich am Bau des Nestes, das aus kleinen Zweigen und Wasserpflanzen besteht, und das sie sorgfältig getarnt im Röhricht der Sümpfe oder zwischen Bambusstengeln am Erdboden anlegen. Schon beim ersten der meist 4 weißen, blau oder grünlich angehauchten Eier beginnt das Weibchen zu brüten und wechselt sich regelmäßig mit dem Männchen im Brutgeschäft ab. Die jungen Malaiendommeln schlüpfen nach 18 Tagen und verlassen das Nest schon nach etwa 12 Tagen. Sie halten sich in der Umgebung des Nestes auf und klettern an den Schilfstengeln, im Dickicht oder im Bambusdschungel umher. Die Altvögel versorgen sie mit Futter, das sie ihnen in den ersten Tagen vorverdaut auf das Nest werfen, später von Schnabel zu Schnabel übergeben.

Bacchusreiher

Malaiendommel

Bacchusreiher *(Ardeola bacchus)*

Von Ostassam bis nach China und über Südostasien bis nach Borneo erstreckt sich die Heimat des etwa 50 cm langen Bacchusreihers. Er zieht auch nach Japan, brütet dort aber nicht, und lebt truppweise in Sümpfen, an den Ufern der Seen, den Küsten der Meere und kommt oft auf Reisfelder. Im seichten Wasser jagt er kleine Fische, Frösche, Krustentiere und Wasserinsekten. An

Japanischer Ibis

den Küsten bevorzugt er Fische der Gattung *Periophthalmus* und Ocypoda-Krabben. Auf den Wiesen in der Nähe der Gewässer fängt er auch Heuschrecken.
Gern lebt er in Gesellschaft von Wasserbüffeln. Von ihrem Rücken aus hat er nicht nur einen guten Ausblick in die Umgebung, sondern kann auch bequem alle Kleintiere fangen, die die mächtigen Tiere während ihres Laufes aufscheuchen. Dafür sucht er die Haut seines vierbeinigen Freundes nach aufdringlichen Insekten und deren Larven ab. Der Bacchusreiher nistet in kleinen Gruppen zu mehreren Paaren oder in Kolonien mit anderen Reihern zusammen. Als Nestmaterial verwendet er kleine Zweige, Knüppel und Rohrstücke. Beim Bebrüten der 3—5 hellgrünen Eier wechseln sich beide Partner ab und beteiligen sich auch beide an der Aufzucht der Jungen, die nach 24 Tagen schlüpfen.

Brauner Sichler

Japanischer Ibis *(Nipponia nippon)*

Ein prächtiger, heute aber fast ausgerotteter Stelzvogel ist der 75 cm große Japanische Ibis, der auf den japanischen Inseln, in Korea und Südchina brütete. Er bewohnt Waldungen am Rande von Sümpfen und Seen. Sein Nest errichtet das Ibispaar hoch in den Baumkronen aus kleinen Zweigen, Grashalmen und anderem Pflanzenmaterial. Das Weibchen legt 2—4 blaugrüne Eier und bebrütet sie mit dem Männchen abwechselnd etwa 22 Tage lang. Beide Eltern füttern auch die Jungen gemeinsam. Die Kost des Japanischen Ibis bilden hauptsächlich Insekten, Weichtiere, Krustentiere und Frösche.

Brauner Sichler *(Plegadis falcinellus)*

Der Braune Sichler ist „Kosmopolit“, denn er ist nahezu auf allen Kontinenten heimisch. In Asien zieht sich sein Brutgebiet von Pakistan über ganz Süd- und Südostasien bis zu den Philippinen und den Sundainseln hin. Die Populationen der nördlichen Verbreitungsgebiete ziehen in Winterquartiere, die der südlichen Gegenden sind Standvögel. Der Braune Sichler lebt an Seen und in Sümpfen, aber auch an den Lagunenküsten und in Mangrovewäldern.
Dieser etwa 65 cm große Stelzvogel hält sich in Gruppen auf und brütet in Kolonien, oft in Gesellschaft mit Reihern. Sein Nest errichtet sich das Sichlerpaar aus kleinen Knüppeln und Grashalmen im Gebüsch oder auf Bäumen inmitten der Moraste. Beide Eltern bebrüten die 3 dunkel grünblauen Eier abwechselnd und füttern auch die Jungen, die nach 21 Tagen schlüpfen, gemeinsam. Die Nahrung des Braunen Sichlers besteht aus Würmern, Weichtieren, Schalentieren, Insekten und Fröschen.

Buntstorch *(Ibis leucocephalus)*

Der bis zu 100 cm große Buntstorch, auch Indischer Nimmersatt genannt, ist in Indien, Burma, Thailand, Südvietnam und Süd- und Ostchina heimisch. Er bewohnt Seen und Sümpfe, ist aber auch auf Reisfeldern häufig. Im seichten Wasser fängt er Fische, Krustentiere, Frösche und Wasserinsekten. Am Abend fliegt er in die Wipfel hoher Bäume und übernachtet dort in Gesellschaften. Auch zur Brutzeit bildet er häufig zusammen mit anderen Stelzvogelarten große Brutkolonien.
Sein Nest steht auf einem Baum, der im Wasser wächst, z. B. einem Mangrovebaum. Dabei bevorzugt er Arten wie *Acacia arabica, Prosopis spicigera, Barringtonia racemosa.* Seltener ist er auf Feigenbäumen, die einzeln ste-

Buntstorch

hen, zu finden und dann meist auf *Ficus religiosa.* Auf einem einzigen Baum befinden sich dann oft mehr als 20 Nester. Als Baumaterial verwendet der Buntstorch kleine Zweige, die er mit dem Schnabel aus dem Wasser holt, und verschiedene Wasserpflanzen zum Auspolstern. Das Weibchen legt 2—5 weiße, selten braun gefleckte Eier und wechselt sich mit dem Männchen beim Bebrüten ab. Gemeinsam bringt das Buntstorchpaar auch den Nestlingen, die nach 28 Tagen schlüpfen, Futter.

Asiatischer oder **Indien-Klaffschnabel** *(Anastomus oscitans)*

Der Asiatische Klaffschnabel, der zu den Störchen gehört und etwa 80 cm groß wird, ist in Indien, Sri Lanka, Burma, Kambodscha und Südvietnam beheimatet und gehört dort stellenweise zu den Vögeln, die sehr häufig anzutreffen sind. Wenn er nicht nistet, streicht er paarweise oder einzeln umher, zur Brutzeit finden sich in einem einzigen Gebiet oft auch mehrere hundert Tiere ein. Sein Nest errichtet der Asiatische Klaffschnabel auf hohen Bäumen inmitten riesiger Sümpfe oder an Fluß- und Teichufern und sucht sich dafür vor allem Acacia-, Prosopis- oder Barringtonia-Arten aus. In den Kronen eines einzigen Baumes stehen bis über 30 große, aus kleinen Zweigen gefertigte und mit Blättern ausgepolsterte Nester.

Wenn sich das Klaffschnabelpaar im Nest trifft, begrüßt es sich durch Klappern und, wenn auch selten, tiefe Brummtöne. Das Paar wechselt sich nicht nur beim Bebrüten des Geleges aus 2—4 weißlichen Eiern ab, sondern füttert auch die Jungen, die nach 24—25 Tagen schlüpfen, gemeinsam mit Weichtieren. Dabei bevorzugen sie die großen Exemplare der *Pila globosa.* Die Gehäuse dieser Schnecken verstehen sie sehr geschickt im Schnabelspalt „aufzuknacken". Auch Muschelschalen öffnen sie sehr gewandt und ziehen mit der Schnabelspitze die Weichteile heraus. Aber auch Krabben, Frösche und andere Kleinlebewesen fangen sie im Sumpf. Nestlinge haben einen normalen, geraden Schnabel. Erst später, wenn sie selbst auf Beutefang gehen, werden die beiden Hälften gebogen.

Indien-Großstorch *(Xenorhynchus asiaticus)*

Über ganz Indien, Südostasien bis nach Neuguinea und nach Australien hin erstreckt sich das Brutgebiet des über 150 cm hohen Indien-Großstorches. Beide Geschlechter haben die gleiche Färbung, lassen sich aber an der Regenbogenhaut der Augen unterscheiden, denn beim Männchen ist sie braun und beim Weibchen zitronengelb. Dieser Storch bewohnt Sümpfe, Flüsse und Seen und lebt außerhalb der Brutzeit in kleinen Gruppen, die gewöhnlich aus den Altvögeln und den Jungstörchen bestehen, die dem Nest entwachsen sind.

Während der Fortpflanzungszeit hat jedes Paar ein Revier, das es verteidigt. Die Brutzeit verläuft nicht einheitlich im gesamten Verbreitungsgebiet, sondern richtet sich nach den örtlichen Gegebenheiten. Als Nest-

Asiatischer oder Indien-Klaffschnabel

Indien-Großstorch

baum sucht sich das Paar am liebsten einen *Ficus religiosa* aus, in dessen Wipfel es etwa zwischen 20—25 m über dem Boden gemeinsam sein Nest baut. Beim Ausbrüten der 3—5 weißen Eier wechselt sich das Storchenpaar ab. Auch um die Aufzucht der Jungen kümmert es sich gemeinsam. Der Indien-Großstorch lebt vor allem von Fischen, jagt aber auch Frösche, Kriechtiere, Krabben und andere Kleinlebewesen.

Sunda-Marabu *(Leptoptilos javanicus)*
Süd- und Südostasien sowie die Großen Sundainseln sind die Heimat des 120 cm langen Sunda-Marabus. Wenn er nicht nistet, lebt er als Einzelgänger und streift durch Sümpfe, Reisfelder, See- und Flußufer oder Mangrovebestände an den Meeresküsten, um im seichten Wasser Fische, Frösche und Krustentiere zu jagen. Aber auch größere Insekten fängt er. Oft finden sich auch mehrere Vögel an Kadavern großer Säugetiere zusammen und hacken aus dem toten Körper Fleischstücke, Innereien und Hautstücke heraus.
Zur Balzzeit führen die Partner oft regelrechte Stepptänze auf. Danach rüsten sie sich zum Bau ihres Nestes, das oft bis 200 cm breit und 100 cm tief ist und am Rande der Gewässer im Waldbestand liegt. Sie suchen sich dafür hohe Bäume aus und legen es 12—30 m hoch über dem Erdboden an. Als Baumaterial verwenden sie kleine, trockene Knüppel und Zweige, und zum Auspolstern dienen Fellreste von Säugetieren, Haarklumpen oder auch Gras. Das Weibchen bringt 3—4 weiße Eier hervor und teilt sich mit dem Männchen ins Brutgeschäft. Auch die Jungen, die nach 35 Tagen schlüpfen, füttern sie gemeinsam.

Sunda-Marabu

Rostgans *(Tadorna ferruginea)*
Die 62 cm lange Rostgans brütet im Gebiet um das Schwarze und Kaspische Meer und nach Osten zu bis nach China hin. Außerhalb der Brutzeit fliegt sie auch nach Süd- und Südostasien und bewohnt dort Flüsse und Seen. Sie ist nicht so gesellig wie die übrigen Entenverwandten und streift entweder paarweise oder in kleinen Scharen zu 20—30 Vögeln umher. Auf dem Schilka-See wurden jedoch während des Vogelzuges an die 15 000 Rostgänse beisammen beobachtet.
In die Brutgebiete kehren die Rostgänse paarweise zurück und siedeln sich in Höhenlagen um 4000 m an den Ufern oder in der Umgebung von Seen an. Ihr Nest legt die Rostgans in verlassenen Fuchsbauen, in Steinhaufen oder in der Höhlung umgefallener Baumstämme an. Das Weibchen polstert die Nestmulde mit Blättern, kleinen Holzstückchen und vor allem mit Daunenfedern aus, mit denen sie das Gelege aus 6—10 elfenbeinweißen Eiern dicht umgibt. Während sie 28—30 Tage lang

allein die Eier ausbrütet, hält das Männchen in der Nähe des Nestes Wache. Sobald die Jungen geschlüpft und trocken sind, nimmt die Mutter sie mit aufs Wasser. Als Nestflüchter ernähren sie sich allein. Die Kost der Rostgans besteht aus Sämereien, Getreidekörnern und grünen Pflanzenteilen, aber auch aus Würmern, Weichtieren, Wasserinsekten und gelegentlich aus Kaulquappen.

Rostgans

Fleckschnabelente *(Anas poecilorhyncha)*

Etwa 60 cm lang wird die Fleckschnabelente, ein Entenvogel, der von Indien bis nach Ostasien und den Norden Südostasiens bis zu den Philippinen hin häufig brütet. Außerhalb der Brutzeit zieht sie bis nach Ceylon, Kambodscha und Thailand. Ihr Lebensraum sind Flüsse, Seen und Sümpfe. In Indien lebt sie vor allem am Ganges, in Kaschmir an Bergseen bis in Höhenlagen um 1800 m.

Nach dem Nisten streicht sie in kleineren Scharen, aber auch in größeren Gruppen von mehr als 100 Vögeln umher. Zum Brutplatz kommt das Pärchen schon gemeinsam. Beim Balzspiel schwimmen die beiden umeinander herum. Der Erpel neigt den Kopf, sträubt das Kopfgefieder, zuckt mit dem Schwanz, schüttelt den Kopf und taucht dann den Schnabel ins Wasser. Aber das ist nur eine Phase des interessanten Balzverhaltens dieser Art. Das Weibchen, das wie der Erpel gefärbt, aber etwas kleiner und dunkler ist, errichtet das Nest allein. Es sucht sich eine Erdmulde unter einem Strauch, zwischen Steinen oder in einem Felsspalt und polstert sie mit Gras und vielen Daunenfedern aus.

Aus den 6—12 grünlichweißen oder hellgrauen Eiern, die vom Weibchen allein bebrütet werden, schlüpfen die Jungen nach 24 Tagen. Auch um die Küken kümmert sich nur die Mutter. Als Nahrung dienen der Fleckschnabelente vor allem Wasserpflanzen, Sämereien und Getreidekörner, die sie sich nach Einbruch der Dunkelheit von Feldern holt. Aber auch Wasserinsekten, Krustentiere, Weichtiere und Würmer gehören teilweise zu ihrer Kost.

Fleckschnabelente

Indische Zwergglanzente *(Nettapus coromandelianus)*

Ganz Süd- und Südostasien, aber auch die Großen Sundainseln, die Philippinen und auch Australien gehören zum Brutgebiet der nur 33 cm langen Indischen Zwergglanzente. Das Weibchen ähnelt dem Erpel, aber anstelle der grünen hat es braune Farben, und die weißen Körperflächen sind gefleckt. Diese Ente hat sich die Flüsse, Seen und Sümpfe mit tiefem Wasser in den Niederungen als Lebensraum gewählt. Außerhalb der Brutzeit lebt sie in kleineren Gruppen zu 5—15 Tieren. Während des Nistens lebt sie in Einehe. Die Brutzeit fällt in Nordindien auf den Juli und August, in Sri Lanka auf Februar bis Juli und in den übrigen Verbreitungsgebieten auch auf andere Monate. Das Nest errichtet das Weibchen in einem hohlen Baum, der meist im Wasser steht, 2—5 m, aber auch 20 m über der Wasserfläche, und polstert die Nestmulde mit Gras und Daunen aus. Auch die 6—14 weißlichen Eier bebrütet es allein. Sobald die Küken nach etwa 26 Tagen geschlüpft und trocken sind, springen sie aus der Nesthöhle direkt ins Wasser, auf dem sie weich aufsetzen. Die Nahrung der Indischen Zwergglanzente besteht aus Sämereien, Gräsern, Wasserpflanzen und auf Reisfeldern auch aus Reiskörnern. Nur zu einem kleinen Teil,

Indische Zwergglanzente

Indien-Pfeifgans

vor allem als Jungtier, nimmt sie Krustentiere, Würmer und Wasserinsekten.

Indien-Pfeifgans *(Dendrocygna javanica)*

Das Brutgebiet der Indien-Pfeifgans erstreckt sich über ganz Südasien und von hier weiter nach Südchina und über den westlichen Teil Südostasiens bis zu den Großen Sundainseln hin. Sie wird etwa 42 cm lang, und beide Geschlechter haben die gleiche Färbung. Sie bewohnt Flüsse, Seen und Sümpfe, fliegt aber auch oft auf Reisfelder oder zu den Küstenlagunen. An Stellen, die mit dichter Vegetation bedeckt, aber besonders mit hohen Bäumen bestanden sind, ist sie häufig anzutreffen. In den Kronen dieser Bäume schläft und ruht sie.

Die Indien-Pfeifgans ist gesellig und lebt in kleineren Scharen von meist 10—20 Mitgliedern. Seltener sind diese Gruppen größer. Auch während der Nistzeit bleiben die einzelnen Paare beieinander und bilden eine kleine Brutkolonie. Die Brutzeit richtet sich nach dem Verbreitungsgebiet und erstreckt sich praktisch über das ganze Jahr. Ihr Nest errichtet die Indien-Pfeifgans in einer geräumigen Höhle eines Baumstammes und polstert es mit kleinen Zweigen und Gras aus. Manchmal bezieht sie auch verlassene Reihernester, und nur selten baut sie ihr Nest auf dem Erdboden zwischen Baumwurzeln. Die Nestmulde wird nicht mit Daunen gepolstert.

Auf den 6—10 elfenbeinweißen Eiern sitzt das Weibchen allein 22—24 Tage lang, nach einigen Berichten bis zu 30 Tagen. Mehrere Beobachter behaupten, daß hin und wieder auch das Männchen das Gelege bebrütet, aber das ist nicht nachgewiesen. Die Indien-Pfeifgans ernährt sich vor allem von Wasserpflanzen, Sämereien, Reiskörnern und zu einem geringeren Teil auch von kleinen Fischen, Kaulquappen, Weichtieren und Würmern.

Schwarzmilan

Schwarzmilan *(Milvus migrans)*

Über die ganze gemäßigte, vor allem aber über die tropischen Zonen Asiens sowie auch Europas und Afrikas erstreckt sich das Brutgebiet des etwa 55 cm großen Schwarzmilans. Im Himalaja kommt er noch in 2200 m Höhe vor. In den nördlichen Verbreitungsgebieten ist er Zugvogel, sonst Standvogel. Auch aus Gegenden, in denen die Regenzeit mit starken Niederschlägen beginnt, zieht er in trockenere Gebiete.

Am liebsten hält er sich an großen Flüssen auf, von deren Oberfläche er gern im Flug tote Fische und andere Lebewesen, aber auch Reste verendeter Schweine und anderer Haustiere aufnimmt, denn in den Tropen Asiens ist es Sitte, Abfälle in den Fluß zu werfen. Über dem Wasser kreisen oft Dutzende dieser anmutigen Greifvögel, die auch über der Oberfläche rütteln und nach Beute ausspähen. Der Schwarzmilan ist häufig in der Umgebung oder direkt in den Städten des Orients anzutreffen, wo er aus Schutthaufen Fleischabfälle heraussucht. Schwarzmilanscharen kommen auch in Fischerdörfer und halten dann regelrechte Festmähler mit den Fischinnereien, die überall in großen Mengen herumliegen. Außerdem jagt der Schwarzmilan kleine Säugetiere, Kriechtiere, Frösche, an Dorfrändern Hühner und hin und wieder Weichtiere oder Insekten.

Während der Brutzeit leben die Schwarzmilane paarweise. Das Paar errichtet sich sein flaches Nest aus Zweigen, kleinen Wurzeln, Blättern und Fellstückchen in 7 — 14 m, seltener bis in 30 m Höhe über dem Boden in einem Baum, meist auf Melia-, Ficus-, Dalbergia- und Magnifera-Arten, oft aber auch in den Wipfeln der Kokos- und Borussus-Palmen. Die 2 — 4 Eier, die das Weibchen legt und während der Brutzeit von 28 Tagen auch überwiegend allein bebrütet, sind in der Färbung sehr variabel. Sie können grau, grünlich oder rosarot sein und schwarzbraune, rostrote oder rote Flecken haben. Hin und wieder löst das Männchen das Weibchen ab. Die Jungen, die nach 42 — 45 Tagen das Nest verlassen, werden von beiden Eltern gemeinsam gefüttert.

Weißschwanz-Fischadler

Brahminenweih *(Haliastur indus)*

Ganz Südasien, Burma, Südchina, Thailand und Vietnam bis nach Assam hin gehören zur Heimat des Brahminenweihs, eines etwa 48 cm großen Greifvogels. Der Brahminenweih hält sich in der Nähe von Gewässern, Seen und Reisfeldern auf und geht im Himalaja bis in Höhenlagen um 1800 m hinauf. Gern kommt er in Fischersiedlungen und Fischereihäfen und sammelt von der Wasserfläche tote Fische, fängt aber auch lebende Tiere, wie Frösche, Krabben, Eidechsen und Schlangen. Hin und wieder bemächtigt er sich kleiner Vögel und Insekten.

Sein Nest errichtet sich das Paar gemeinsam aus Zweigen oder Palmblättern 6 — 15 m hoch in mächtigen Bäumen wie beispielsweise in dicht belaubten Ficus-Arten. Es bevorzugt dafür Exemplare, die nahe am Wasser wachsen. Die Nestmulde polstert es mit Pflanzenwolle und Fellresten von Säugetieren. Das Gelege aus meist nur 2 grauweißen, rotbraun gefleckten Eiern brütet das Weibchen allein aus. Beobachtungen zufolge soll das Männchen seine Partnerin hin und wieder ablösen. Um die Fütterung der Nestlinge, die nach 26 — 27 Tagen schlüpfen, kümmern sich beide Eltern gemeinsam.

Brahminenweih

Weißschwanz-Fischadler
(Icthyophaga ichthyaëtus)

Von Pakistan über Indien, Burma und Malaysia bis zu den Großen Sundainseln und weiter über Celebes bis zu den Philippinen hin erstreckt sich das Brutgebiet des Weißschwanz-Fischadlers. Dieser etwa 70 cm große Greifvogel bewohnt hauptsächlich die Waldgebiete längs der Flußläufe und größeren Bergseen. Seine Hauptbeute sind Fische. Wenn er im seichten Wasser einen Fisch fängt, der so groß ist, daß er mit seiner schweren Last nicht auffliegen kann, schleppt er ihn watend ans Ufer. Die Fische fängt er im Flug dicht an der Wasseroberfläche. Auf die gleiche Weise bemächtigt er sich auch kleinerer Vögel, besonders Hühnervögel.

Philippinen-Schlangenhabicht

Manchmal gelingt es ihm sogar, ein Eichhörnchen zu fassen.

Der Weißschwanz-Fischadler lebt entweder einzeln oder paarweise in Dauerehe. Seinen Horst, der im Durchmesser 1,5 m groß und 1 m tief ist, errichtet er aus Zweigen etwa 10—30 m hoch über dem Boden in der Krone eines mächtigen Baumes. Dafür sucht er sich Salmalia-, Teminalia- oder Albizzia-Arten aus, die in der Nähe von Seen und Wasserläufen stehen. Ein Fischadlerpaar besitzt gewöhnlich 2—3 Horste, die 1—2 km entfernt sind und die es jährlich wechselt. Den benutzten Horst bessert es nur aus und erweitert ihn. In diesem Horst schläft und ruht es auch. Beim Bebrüten des Geleges aus 2, selten bis zu 4 weißen Eiern wechseln sich die Partner ab. Auch die Jungen, die nach 28—30 Tagen schlüpfen und im Alter von etwa 10 Wochen das elterliche Nest verlassen, werden von beiden Altvögeln gemeinsam gefüttert.

Philippinen-Schlangenhabicht

(Spilornis holospilus)

An den Fluß- und Seeufern der Philippinen brütet ein etwa 70 cm großer Greifvogel, der Philippinen-Schlangenhabicht. Als Ansitz sucht er sich gern waagerechte Äste aus, die über die Oberfläche seichter Gewässer reichen, so daß er seine Beute, hauptsächlich Schlangen, gut ausmachen kann. Er schlägt jedoch in den Bäumen auch Eidechsen und fängt gelegentlich kleinere Säuger oder Vögel.

Die erwachsenen Vögel gehen meist eine Dauerehe ein. Seinen Horst errichtet das Paar gemeinsam in 15—25 m Höhe in einem Baum aus Zweigen. In die Nestmulde, die mit Grashalmen ausgepolstert wird, legt das Weibchen 2 weißliche, rotbraun gefleckte Eier und brütet sie auch allein aus. Nach etwa 35 Tagen schlüpfen die Jungen, die von beiden Eltern gefüttert werden.

Saruskranich

Saruskranich *(Grus antigone)*

Der Saruskranich ist die stattlichste aller Kranicharten, denn er wird 150 cm lang und bis zu 190 cm hoch. Das Weibchen ist meist etwas kleiner. Seine Brutheimat sind Nord- und Mittelindien, Assam, Burma und Thailand, aber auch auf den Philippinen ist er anzutreffen. Gewöhnlich lebt er paarweise, bleibt aber nach der Aufzucht der Jungen noch einige Zeit als Familie zusammen. Am liebsten hat er ausgedehnte Sümpfe und Gewässer, aber auch Flußufer oder Reisfelder.

Der Saruskranich balzt sehr auffällig und laut. Die Vögel trompeten, springen in die Höhe, breiten die Flügel aus, springen und laufen im Kreis, und es sieht aus, als tanzten sie. Sein Nest baut der Saruskranich auf erhöhten Stellen in offenen Morästen oder Sümpfen. Aber oft

kann man sein Nest auf Sandbänken finden, wo das Wasser bis zu 1 m tief ist. Bei Regenfällen ist dann so ein Bau oft überschwemmt. Das Weibchen legt 2 gefleckte Eier und bebrütet sie allein etwa 32 Tage lang. Wenn es auf Nahrungssuche geht, übernimmt das Männchen das Brutgeschäft.
Um die jungen Saruskraniche kümmern sich beide Eltern recht sorgfältig. Die Jungen sind sehr lebhaft und verlassen sofort nach dem Abtrocknen das Nest, um durch die dichte Vegetation zu streichen oder auf dem Wasser zu schwimmen, denn sie sind gute Schwimmer. Die Altvögel führen sie in der Umgebung des Nestes umher und zeigen ihnen Nahrung, grüne Pflanzentriebe, Sämereien, Beeren, aber vor allem Insekten, Weichtiere und kleine Schlangen. Oft kommen sie auf die Felder der Einheimischen und suchen nach Körnern, auch wenn die Landarbeiter nur wenige Meter von ihnen entfernt sind. Den Winter über bilden sie kleinere Scharen, aber die einzelnen Paare halten immer etwas Abstand voneinander.

Graubrustralle *(Rallus striatus)*

Das Verbreitungsgebiet der etwa 25 cm großen Graubrustralle erstreckt sich von Indien über Südostasien bis zu den großen Sundainseln, nach Celebes und den Philippinen hin. Sie bewohnt in ihrer Brutheimat pflanzenbewachsene Sümpfe, Reisfelder und die dichten Mangrovebestände. Tagsüber verbirgt sie sich im Pflanzenwuchs und schläft. In der Dämmerung und in der Nacht sucht sie in den Sümpfen zwischen Pflanzen nach Insekten, Spinnen und Weichtieren. Sie ernährt sich aber auch von grünen Pflanzenteilen und kleinen Sämereien.
Aus trockenen und grünen Pflanzenteilen errichtet sich das Pärchen ein sorgfältig zwischen Schilfhalmen oder in einem Bambusbüschel verstecktes Nest. Das Weibchen legt 4—6 gefleckte Eier und bebrütet sie abwechselnd mit dem Männchen 20 Tage lang. Die geschlüpften Küken sind sofort nach dem Abtrocknen sehr munter, laufen in der Umgebung umher und verstehen es schon sehr geschickt, ihren Weg im dichten Gewirr der Pflanzen zu finden. Die Eltern tragen ihnen Futter im Schnabel zu, und die Jungen nehmen es selbst ab. Die Graubrustralle ist ein sehr guter Schwimmer und taucht bei Anzeichen von Gefahr unter.

Weißbrust-Kielralle *(Amaurornis phoenicurus)*

Die Weißbrust-Kielralle bewohnt die Sümpfe, Reisfelder und Mangroven in ganz Süd- und Südostasien und auf den Sundainseln, auf Celebes und den Philippinen. In den Gebirgslandschaften kommt sie in 1300 m Höhe, seltener bis in Höhenlagen von etwa 2000 m vor. Sie

Graubrustralle

wird 30 cm lang. Beide Geschlechter haben die gleiche Färbung. In der Dämmerung ertönt in den Sümpfen ihr lautes Wimmern, das die abergläubischen Eingeborenen für die Stimmen der verstorbenen Seelen halten. Den größten Teil des Tages verbringt die Weißbrust-Kielralle im Schutz des dichten Pflanzenwuchses, kommt aber oft am frühen Morgen und am Nachmittag auf Lichtungen, um nach Nahrung zu suchen. Beim Laufen hält sie ihren kurzen Schwanz steil aufgestellt. Sie fängt Kerbtiere, Würmer, Spinnen, sammelt Samen und zupft grüne Pflanzenteile ab.
Gewöhnlich lebt die Weißbrust-Kielralle paarweise in ihrem Revier. Das Pärchen baut sein Nest aus Blättern und anderen Pflanzenteilen zwischen dichten Pflanzen im Sumpf flach über dem Wasser in den Zweigen eines Strauches und wechselt sich auch beim Bebrüten der 4—7 grau-cremefarbenen, rotbraun und grau-purpurfarben gefleckten Eier ab. Die Jungen, die nach 20 Tagen schlüpfen, verlassen das Nest, sobald sie trocken sind, und lassen sich von den Altvögeln in den ersten Tagen Futter im Schnabel bringen.

Wasserhahn *(Gallicrex cinerea)*

Über ganz Süd- und Südostasien, auf den Großen Sundainseln, Celebes und den Philippinen ist der Wasserhahn verbreitet, ein 40 cm großer Vogel, der vor allem

Weißbrust-Kielralle

Wasserhahn

Purpurhuhn

die Sümpfe, größeren Wasserflächen und Reisfelder bewohnt. Wenn er nicht brütet, fliegt er an die Meeresküsten und hält sich dort in den Lagunen oder an einem Süßwassersee auf, der mit einem Pflanzengürtel dicht umschlossen ist und in der Nähe der Küste liegt. Er ist sehr scheu und bleibt immer im Schutz der Dickichte.
Zu ihren Brutplätzen kommen die Wasserhähne während der Monsunzeit und besetzen ihre Reviere, die sie erbittert gegen Eindringlinge verteidigen. Ihr Nest aus einer Unmenge Blättern und Gräsern stellen sie ins dichte Gewirr der Pflanzen. Das Weibchen legt nur 2 cremefarbene oder rotweiße, mit großen, rostbraunen, roten oder violetten Flecken verzierte Eier und wechselt sich auf dem Gelege 22 Tage lang mit dem Männchen ab. In den ersten Tagen tragen beide Eltern den Jungen Futter zu. Der Wasserhahn ernährt sich überwiegend von Samen und Blättern der Wasser- und Röhrichtpflanzen, teilweise aber auch von Kerbtieren, Spinnen, Würmern und Weichtieren.

Purpurhuhn *(Porphyrio porphyrio)*

Das Purpurhuhn, das etwa 43 cm groß wird, ist ziemlich weit in Süd- und Südostasien und auf den Großen Sundainseln, aber auch in Australien, nach Westen zu in Afrika und sogar in Südeuropa verbreitet. Es bewohnt ausgedehnte Sümpfe und Tümpel, aber auch die ruhigen Flußbuchten mit dichter Ufervegetation. Auf Nahrungssuche begibt es sich am frühen Morgen, läuft aber auch tagsüber manchmal mit seinen ungewöhnlich langen Zehen über die schwimmenden, großen Blätter der Wasserpflanzen. Gern durchstreift es dichte Röhrichtbestände und sammelt Sämereien, zupft grüne Blätter ab und fängt Insekten und andere wirbellose Lebewesen. Es wurde sogar dabei beobachtet, wie es anderen Vögeln die Eier auspickte.
Das große Nest aus Pflanzenteilen, das sie oft zwischen blühende Lotospflanzen stellen, errichten beide Partner gemeinsam und bebrüten auch abwechselnd das Gelege aus 4—8 graugelben, braun und violett gefleckten Eiern 22 Tage lang. Die Küken sind schwarz, haben einen roten Fleck auf der Stirn und rote Beine. Die ersten Tage bleiben sie im Nest, aber nach drei Tagen schwimmen sie schon oder laufen flink über die Blätter, die auf der Wasserfläche in der Nähe ihres Nestes schwimmen. Die Nahrung nehmen sie zuerst aus den Schnäbeln der Eltern. Nach ein paar Tagen suchen sie sich schon allein ihr Futter, so daß sie von den Altvögeln nur geführt und beschützt zu werden brauchen.

Indisches Binsenhuhn *(Heliopais personata)*

In Indien, Südostasien und auf Sumatra ist das bis zu 55 cm lange Indische Binsenhuhn beheimatet. Das

Weibchen ähnelt in der Färbung dem Männchen, aber sein Gefieder ist in der Mitte der Kehle und am Vorderteil des Halses nicht schwarz, sondern weiß. Es bewohnt dicht bewachsene Teiche, Tümpel und Mangrovebestände. Das Pärchen baut sich in seinem Revier zwischen dichtem Pflanzenwuchs oft ein schwimmendes Nest aus Teilen von Wasser- und Röhrichtpflanzen. Auf dem Gelege aus 4–6 gefleckten Eiern wechseln sich beide Partner 22 Tage lang ab und kümmern sich auch gemeinsam um die Jungen. Das Indische Binsenhuhn sucht nach kleinen Wirbellosen, ernährt sich aber auch von grünen Pflanzenteilen und Sämereien.

Indisches Binsenhuhn

Malabarkiebitz *(Lobipluvia malabarica)*

Sri Lanka ist die Brutheimat des etwa 30 cm großen Malabarkiebitzes. Er bewohnt feuchte Wiesen und Felder, ist aber auch auf steinigen, grasbewachsenen Böden anzutreffen. Außerhalb der Brutzeit streift er in kleineren Scharen umher, zur Brutzeit, also von Mai bis Juni, leben die einzelnen Paare getrennt. Der Malabarkiebitz balzt am Boden, wo die Partner umeinander herumlaufen, aber auch im Flug und zeigt oft recht akrobatische Hochzeitsflüge. Zwischen Steinen oder in einer Grasbülte polstert das Pärchen dann eine flache Mulde mit Grashalmen und Blättern aus, in das das Weibchen 4 graugelbe, grau und rostrot gefleckte Eier legt. Sie verschmelzen so vollkommen mit ihrer Umgebung, daß das Nest nur sehr schwer zu finden ist. Beim Bebrüten des Geleges wird das Weibchen von seinem Partner unterstützt. Die Jungen, die nach etwa 26 Tagen schlüpfen, sind Nestflüchter. Sie verlassen schon am zweiten Tag das Nest und beginnen nach etwa 5 Wochen zu fliegen. Die Nahrung des Malabarkiebitzes besteht aus Kerbtieren und deren Larven, Spinnen, Würmern, Weichtieren, aber auch aus Sämereien und grünen Pflanzenteilen.

Malabarkiebitz

Indischer Lappenkiebitz *(Lobivanellus indicus)*

Vom Kaspischen Meer bis nach Südwestchina, Indien, Sri Lanka und weiter bis nach Malaysia und Sumatra erstreckt sich das Verbreitungsgebiet des etwa 34 cm langen Indischen Lappenkiebitzes. Männchen und Weibchen unterscheiden sich nicht in der Färbung. Der Lebensraum dieses Kiebitzes sind Sümpfe, Flußufer und Reisfelder, aber auch lichte, feuchte Wälder und Wiesen. Meist lebt er paarweise, nach der Aufzucht der Jungen in Familienverbänden. Im Gras sucht er nach Kerbtieren, Spinnen, Würmern und Weichtieren und fliegt auf Nahrungssuche auch oft an trockene Stellen. Er fliegt ziemlich langsam, aber gewandt.
Das Kiebitznest ist eine flache Erdmulde zwischen großen Steinen oder unter einem Strauch und nur spärlich

Indischer Lappenkiebitz

Herdenkiebitz

mit Grashalmen und Blättern ausgepolstert. Das Pärchen baut nicht nur das Nest gemeinsam, sondern wechselt sich auch beim Bebrüten des Geleges aus 4 grauweißen, schwarz gefleckten Eiern ab. Die Küken, die nach 25 Tagen schlüpfen, sind klein, haben aber im Vergleich zum Körper einen großen Kopf und lange Beine. Ihr Daunenkleid ist schwarzweiß gefleckt.

Herdenkiebitz *(Chettusia gregaria)*
Von Osteuropa bis nach Zentralasien hin erstreckt sich die Brutheimat des etwa 33 cm langen Herdenkiebitzes. Im Herbst schließen sich diese Sumpfvögel oft mit anderen verwandten Arten zu großen Scharen zusammen und ziehen nach Süden in ihre Winterquartiere in Indien und Sri Lanka. Bald nach der Rückkehr im März besetzen die Paare ihre Brutreviere und errichten in einer Erdmulde ein nur spärlich mit Grashalmen ausgepolstertes Nest. Etwa 25 Tage lang wechseln sich auch beide Partner beim Bebrüten der 4 gefleckten Eier ab. Schon einen Tag nach dem Schlüpfen verlassen die Jungen das Nest und durchstreifen die Umgebung. Sie verstecken sich in einer Grasbülte oder zwischen Steinen und verschmelzen dank ihrer Färbung so ausgezeichnet mit dem Untergrund, daß sie sogar der Aufmerksamkeit ihrer Feinde entgehen. Nach 5 Wochen beginnen die kleinen Herdenkiebitze zu fliegen. Die Nahrung dieser Vögel besteht hauptsächlich aus Kerbtieren und deren Larven, aber auch aus Würmern und Weichtieren.

Buntschnepfe

Buntschnepfe *(Rostratula bengalensis)*
Sri Lanka, Indien, Südchina, Thailand, die Großen Sundainseln und die Philippinen bewohnt eine wunderschöne Schnepfe — die Buntschnepfe. Die Weibchen dieser Art sind nicht nur beträchtlich größer als die 25 cm langen Männchen, sondern auch viel ausdrucksvoller gefärbt. Die Aufgabenverteilung der Geschlechter ist daher auch anders als es bei Vögeln üblich ist: Das Weibchen verteidigt das Revier, das Männchen baut das Nest, bebrütet die 4 rosaroten, braun gefleckten Eier allein etwa 3 Wochen lang und übernimmt dann auch die Führung der Küken. Manche Ornithologen behaupten, die Weibchen der Buntschnepfe hätten mehrere Männchen, ohne das bisher nachweisen zu können. Das Nest aus Halmen und Blättern wird auf den Boden in eine Grasbülte, meist im Sumpf, gebaut.
Die Brutzeit verläuft von November bis Mai, und dann ist nach Einbruch der Dämmerung oft die melodische Stimme des werbenden Weibchens zu hören. Das Männchen macht sich nur selten durch Äußerungen von Lauten bemerkbar. Nach der Aufzucht der Jungen schließen sich die Familien zu kleineren Scharen zusammen. Die nördlichen Populationen ziehen nach Malaysia. Die Buntschnepfe fliegt jedoch ziemlich langsam. Tagsüber verbirgt sie sich im dichten Pflanzenwuchs. Nach Einbruch der Dunkelheit wird sie aktiv und sucht die ganze Nacht bis zum frühen Morgen nach Nahrung. In Morästen und Sümpfen fängt sie Insekten, Insektenlarven, Würmer, kleine Weichtiere und sammelt Sämereien und Reiskörner.

Spießbekassine *(Gallinago stenura)*
Die Brutheimat der etwa 25 cm großen Spießbekassine liegt in Ostasien nördlich des Himalaja. Im Herbst zieht

sie nach Indien, Sri Lanka, auf die Großen Sundainseln und bis nach Celebes und zu den Philippinen. Sie kehrt im März in die heimischen Sümpfe, Reisfelder und Rasengebiete zurück, um in einer Grasbülte oder zwischen anderen Pflanzen eine Nestmulde, die mit trockenen Blättern und Halmen ausgepolstert ist, anzulegen. Die 4 oliv und braun gefleckten Eier bebrütet das Weibchen 19—21 Tage lang allein.
Die Küken flüchten aus dem Nest, sobald sie abgetrocknet sind, und verbergen sich in der hohen Vegetation der Umgebung. Um die Jungen kümmern sich beide Eltern und tragen ihnen in den ersten Tagen Futter im Schnabel zu. Im Alter von etwa 3 Wochen beginnen die jungen Spießbekassinen zu fliegen. Die Spießbekassine, die zu den Schnepfenvögeln gehört, schließt sich mit der ganzen Familie im Herbst zu Scharen zusammen. Ihre Nahrung, die aus Insekten, Spinnen, Würmern und Weichtieren besteht, suchen die Vögel mit ihrem langen Schnabel im weichen Sumpfboden. Auf Nahrungssuche begeben sie sich meist nach Einbruch der Dunkelheit. Nur hin und wieder wagen sie sich am frühen Morgen oder am späten Nachmittag bei Tageslicht auf Beutefang.

Spießbekassine

Wasserfasan *(Hydrophasianus chirurgus)*

In Süd- und Südostasien, auf den Großen Sundainseln und den Philippinen brütet der Wasserfasan, der zu den Blatthühnchen gehört. Er wird 30 cm lang, aber während der Brutzeit wachsen den Hähnen bis zu 25 cm lange Schwanzfedern. Er bewohnt die Sümpfe, Moräste und Lotosteiche seiner Heimat und hält sich an vielen Stellen in Scharen auf. Meist läuft er über die Blätter der Schwimmpflanzen und kann auch gut schwimmen, geht jedoch nur selten auf offene Gewässer. Meist verläßt er die dichte Sumpf- und Teichvegetation sein ganzes Leben lang nicht. Er ist zwar ein langsamer, aber verhältnismäßig guter Flieger. Im Flug kontrastieren seine weißen Flügel sehr schön mit der schwarzen Färbung seiner Körperunterseite. Der Wasserfasan ernährt sich von Wasserpflanzenteilen, Sämereien und kleinen Wirbellosen wie Kerbtieren, Würmern und Weichtieren. Während der Balz lockt das Männchen mit lautem Rufen und Aufstellen seiner langen Schwanzfedern das Weibchen. Beide Partner tragen dann gemeinsam Wasserpflanzenteile auf einen Haufen, der dann als Nestunterlage dient. Am liebsten bauen sie ihr Nest zwischen Lotosblätter. Es kommt auch vor, daß das Weibchen seine hell bronzefarbenen, dunkel gefleckten und gepunkteten Eier direkt auf ein Lotosblatt legt. Das Gelege, das aus 3—4 Eiern besteht, bebrütet das Männchen allein etwa 24 Tage lang und führt dann auch die Küken. Das Weibchen sucht sich unterdessen einen anderen Hahn. Die Wasserfasanenhennen bringen auf diese Weise in einer Saison bis zu 8 Eigelege hervor.

Wasserfasan

Hindublatthühnchen

Weißflügel-Seeschwalbe

Hindublatthühnchen *(Metopidius indicus)*

Das Hindublatthühnchen ist von Indien bis nach Südostasien, Sumatra und Java verbreitet. Es wird 30 cm lang und hat sehr lange Zehen, die dem Laufen auf schwimmenden Wasserpflanzen angepaßt sind. Beide Geschlechter sind gleich gefärbt. Das Hindublatthühnchen bewohnt hauptsächlich Sümpfe und größere Wasserflächen und Teiche, die dicht mit Lotosblumen bewachsen sind. Es lebt in kleinen Scharen auf der Wasserfläche, schwimmt ausgezeichnet und taucht. Da sein Flug recht schwerfällig ist, begibt es sich nur ungern auf längere Flüge. Es ernährt sich von kleinen, wirbellosen Lebewesen, vor allem von Wassertieren sowie von Sämereien und grünen Pflanzenteilen.

Die Männchen, von denen ein Weibchen gleich mehrere hat, errichten auf der Wasserfläche zwischen Wasserpflanzen ein flaches, schwimmendes Nest aus Stengel- und Blatteilen. Das Weibchen legt meist 3 gelbe, braun und schwarz gefleckte und gestrichelte Eier hinein und läßt sie vom Männchen ausbrüten. Auch um die Küken, die nach 23 Tagen schlüpfen, kümmert sich der Vater allein.

Malaien-Fischuhu

Weißflügel-Seeschwalbe *(Chlidonias leucopterus)*

Die Weißflügel-Seeschwalbe ist 25 cm lang und ein Bewohner der Seen, Moräste und Flußdeltas, aber auch der Reisfelder Osteuropas und eines großen Teiles der gemäßigten Klimazone Asiens. Den Winter verbringt sie in den tropischen Gebieten Sri Lankas, Burmas, Malaysias bis zu den Großen Sundainseln und nach Australien hin und kehrt Ende April oder Anfang Mai in ihre Brutheimat zurück.

Gewöhnlich leben mehrere Paare in Kolonien zusammen. Ihr Nest baut sich die Weißflügel-Seeschwalbe auf liegendem Schilf auf einer Sandbank oder auf schwimmenden Inselchen. Das Nest, das zum Teil aus Wasserpflanzen besteht, errichtet das Pärchen gemeinsam. Auch beim Bebrüten der meist 3 gefleckten, in der Färbung ziemlich variablen Eier wechseln sich beide Eltern etwa 16 Tage lang ab. Ihre Jungen füttern die Altvögel mit Insekten und kleinen Fischen, die sie im Flug von der Wasserfläche fangen. Fliegende Kerbtiere schnappen sie fliegend über dem Wasser.

Malaien-Fischuhu *(Ketupa ketupa)*

Das Brutgebiet des bis zu 35 cm großen Malaien-Fischuhus ist auf Südostasien und die Großen Sundainseln beschränkt. In den Wäldern entlang der Flußläufe und um die Seen und auf Reisfeldern lebt er zwar paarweise, aber jeder Vogel ruht und schläft tagsüber auf seinem eigenen Standort, meist im Geäst dichter Baumkronen oder in einer geräumigen Baumhöhle. Sobald es dämmert, verläßt der Malaien-Fischuhu sein Versteck und begibt sich auf Beutejagd. Gern sitzt er auf einem trockenen Ast, der über die Wasserfläche ragt. Als Jagdansitz reichen ihm jedoch auch ein erhöhtes Ufer oder ein großer Felsbrocken im seichten Wasser. Von diesen Stellen aus kann er gut das Wasser beobachten, denn seine Hauptbeute sind Fische. Er fängt aber auch Krabben und bemächtigt sich auf dem Festland Eidechsen, Schlangen und kleiner Nagetiere. Häufig schnappt er nach großen Insekten.

Ihr Nest bauen sich die Malaien-Fischuhus in Höhlungen mächtiger Bäume oder in Felshöhlen meist über dem Wasser. Es wird gewöhnlich nicht ausgepolstert. Nur die Fellreste der Beutetiere bleiben dort zurück. Fünf Wochen lang bebrütet das Weibchen allein 2 oder 3 weiße Eier. Während der Brutzeit trägt das Männchen ihm Beute zu und übergibt sie seiner Gefährtin in der Nähe des Nestes. Auch in den ersten Lebenstagen, wenn die Mutter die Kleinen nicht einen Augenblick allein läßt, versorgt der Vater die ganze Familie. Das Weibchen übernimmt die Beute und füttert die Jungen selbst. Später geht es auch mit auf Jagd. Im Alter von etwa 10 Wochen beginnen die jungen Fischuhus zu fliegen.

Brauner Fischuhu *(Ketupa zeylonensis)*

Der Braune Fischuhu wird bis 55 cm groß und hat ein ziemlich großes Verbreitungsgebiet, das sich vom Mittleren Osten bis nach Südchina und Südostasien erstreckt. In Indien und auf Ceylon ist er häufig. Er wohnt vor allem in den Niederungswäldern entlang der Flüsse und Seen, ist aber auch in Gebirgslagen bis in 2000 m Höhe und auf Reisfeldern anzutreffen. Zu seinen Beutetieren gehören Fische und Krustentiere. An den Ufern fängt er auch Kriechtiere.

Zur Brutzeit läßt er verschiedene tiefe, oft etwas heisere Rufe hören. Sein Nest richtet der Braune Fischuhu in Höhlungen großer Bäume, etwa Ficus- oder Mangobäume, oder in Nischen in Felswänden her und besetzt das gleiche Nest oft über viele Jahre. Das Weibchen brütet das Gelege aus 1 oder 2 Eiern in etwa 35 Tagen allein aus und läßt sich vom Männchen Beute in die Nähe des Nestes tragen. Die Brutsaison ist nach den Verbreitungsgebieten recht unterschiedlich; in Nordindien verläuft sie im Januar und Februar, in den südlichen Brutgebieten im Dezember.

Brauner Fischuhu

Dreizehenfischer *(Ceyx erithacus)*

Der Dreizehenfischer wird nur 14 cm groß und brütet in ganz Süd- und Südostasien, auf Sumatra und Borneo, wo er die bewaldeten Ufer der Bäche, Flüsse und Seen bewohnt. Meist siedelt er in den Niederungen, steigt aber in den Vorgebirgen bis zu 600 m hinauf. Als Ansitz sucht er sich einen Ast aus, der über die Wasserfläche ragt, so daß er schnell auf die gesichtete Beute herabstoßen kann. Im Wasser fängt er kleine Fische und Süßwasserkrabben. Manchmal gelingt es ihm auch, einen kleinen Frosch zu erbeuten.

Dreizehenfischer

Meninting-Eisvogel

Gurial

Seine Erdhöhle gräbt sich der Dreizehenfischer etwa 50 cm tief ins Ufer über der Wasserfläche. Der Gang hat einen Durchmesser von 5 cm. In der Nestkammer, die 15 cm groß ist, sitzt das Weibchen im wesentlichen 18 Tage lang allein auf dem Gelege aus 2—3 rein weißen Eiern. Nur hin und wieder übernimmt auch das Männchen das Brutgeschäft, meist sorgt es sich jedoch um Nahrung für seine Gefährtin. Die Jungen, die von beiden Eltern gefüttert werden, verlassen nach 3 Wochen das Nest.

Meninting-Eisvogel *(Alcedo meninting)*

Der Meninting-Eisvogel ist sehr weit über ganz Süd- und Südostasien, die Großen Sundainseln und die Philippinen verbreitet. Dieser Eisvogel, der nur etwa 15 cm lang wird und zu den kleinen Arten gehört, bewohnt die Waldbäche und Teiche, aber in größerer Anzahl auch die Reisfelder, die nahe am Walde liegen. Außerhalb der Brutzeit streift er meist einzeln in seinem Revier umher, während der Brutperiode lebt er paarweise.
Das Pärchen gräbt sich in Erd- oder Sandufern einen bis zu 80 cm langen Gang und erweitert ihn am Ende zur Nestkammer. Das Material scharrt es mit seinen Füßen aus dem Nestgang. Das Gelege aus 4—6 kleinen, weißen Eiern bebrütet das Weibchen etwa 20 Tage lang meist allein. Das Männchen versorgt es regelmäßig mit Futter und löst seine Gefährtin nur ausnahmsweise ab. Beide Eltern tragen den Jungen 25 Tage Futter ins Nest und dann noch etwa 2 Wochen nach dem Ausfliegen. Beutetiere des Meninting-Eisvogels sind kleine Fische und Wasserinsekten. Beim Beutefang tauchen die Vögel auch ins Wasser.

Gurial *(Pelargopsis capensis)*

Der Gurial, ein bis zu 35 cm großer Eisvogel, fällt durch seinen mächtigen, roten Schnabel auf. Er brütet in ganz Süd- und Südostasien, auf den Nikobaren, den Sundainseln, auf Celebes und den Philippinen. In seiner Brutheimat bewohnt er die Ufer der Waldbäche, Waldflüsse und Teiche, Reisfelder und die Küstenmangroven. Er bevorzugt die Niederungswälder, kann aber in den Gebirgen bis zu 1200 m hinaufsteigen. Sein beliebter Ansitz ist ein starker, schattiger, über die Wasserfläche ragender Ast, von dem aus er die Wasserfläche nach Beutetieren absucht. Er fängt meist Fische, aber auch Frösche, Krabben und andere Kleinlebewesen. Sein Beutetier schluckt er der Länge nach ganz hinunter.
Seine Nisthöhle gräbt er sich in die Fluß- und Teichufer. Er wurde sogar dabei beobachtet, wie er sie in den Stamm eines riesigen, abgestorbenen Baumes hackte, dessen Holz vermodert und deshalb sehr weich war.

Das Gelege besteht aus 2—5 weißen Eiern und wird meist vom Weibchen bebrütet. Während des Brutgeschäftes, das etwa 24 Tage lang dauert, wird es nur hin und wieder vom Männchen abgelöst. Beide Eltern füttern die jungen Gurials gemeinsam etwa 25 Tage im Nest und weitere 10 Tage, nachdem sie flügge geworden sind.

Braunliest

Braunliest *(Halcyon smyrnensis)*
Der Braunliest wird etwa 28 cm groß und ist ein Vogel, der in seinem Verbreitungsgebiet vom Mittleren Osten bis nach Südchina, ganz Südostasien und die Philippinen sehr häufig anzutreffen ist. Er liebt Lichtungen in der Nähe reiner Wasserläufe und Seen und steigt im Gebirge bis zu 1600 m Höhe hinauf. Aber nicht selten ist er auch in städtischen Park- und Gartenanlagen mit Teichen und größeren Wasserstellen zu finden. Der Braunliest bevorzugt Heuschrecken, Frösche und kleine Eidechsen, vermag aber wie alle Eisvögel sehr geschickt im Wasser Fische zu fangen. Außerhalb der Brutzeit lebt er als Einzelgänger in seinem Jagdrevier.
Erst zur Brutzeit, gewöhnlich von Dezember bis Juni, am häufigsten aber im März und April, suchen sich die Partner, um sich zu paaren. Die Erdnesthöhle legt der Braunliest um Ufer direkt über der Wasserfläche oder nur in geringem Abstand vom Wasser an. Der Gang ist meist 1 m lang, kann aber auch länger sein. Es wurde sogar beobachtet, wie sich ein Braunliestpärchen ein Loch in eine Hausmauer hacken wollte, allerdings war ihm kein Erfolg beschieden. Das Gelege besteht aus 3—5 weißen Eiern, die beim Bebrüten dunkel werden. Das Weibchen sitzt meist allein 25 Tage lang. Die jungen Braunlieste werden von beiden Eltern meist mit Kerbtieren gefüttert.

Schwarzlappenliest *(Halcyon pileata)*
Der Schwarzlappenliest, ein etwa 30 cm großer Eisvogel, brütet in ganz Südostasien bis nach Korea, den Philippinen, Celebes, Indien und Ceylon hin. Er besiedelt Gewässer an den Waldrändern, Küstenmangroven, Lagunen und manchmal auch Reisplantagen. Als Ansitz sucht er sich gern Bambusstengel aus, die über die Wasserfläche geneigt sind. Im Wasser erbeutet er vor allem Süßwasserkrabben, deren Panzer er leicht mit seinem starken Schnabel aufhackt. Außerhalb der Brutzeit streicht er durch die Gegend und entfernt sich oft hunderte Kilometer von seinem Brutgebiet. Die Brutgewohnheiten entsprechen denen des Braunliests.

China-Alligator *(Alligator sinensis)*
Der einzige Alligator der Alten Welt lebt im Unterlauf des riesigen Jangtsekiang in Ostchina. Er wird etwa 180 cm lang und gehört zu den Kriechtieren, die zuletzt entdeckt wurden. Die Existenz des China-Alligators blieb der Fachwelt bis zum Jahre 1879 verborgen, obwohl er in China eigentlich schon lange bekannt war. Jahrhundertealte Bücher erwähnten ihn, aber seine Abbildungen hielt man für eine der vielen Drachendarstellungen, die in China seit altersher populär sind.

Schwarzlappenliest

China-Alligator

Das Verbreitungsgebiet des China-Alligators ist relativ klein, und durch die Bejagung wurde er fast ausgerottet, so daß er heute unter Schutz steht und im Anhang I des Washingtoner Artenschutzübereinkommens aufgeführt ist. Die Alligatorjäger machten sich im Herbst auf Tierfang, denn dann kommen diese Reptilien ans Ufer, um sich eine flache Mulde zu graben und dort den Winter zu verbringen. Mit Hunden suchten sie die Ufer nach Alligatorverstecken ab. Der China-Alligator ernährt sich hauptsächlich von Fischen, Weichtieren und Krustentieren, junge Alligatoren auch von Insekten und Spinnen. Über das Fortpflanzungsverhalten dieses Reptils wissen wir jedoch nicht viel.

Sumpfkrokodil *(Crocodylus palustris)*

Das Sumpfkrokodil aus Sri Lanka und Indien bewohnt Seen und ruhige Flußarme. Es kann bis über 400 cm groß werden, aber solche Exemplare sind selten. Meist erreicht es etwa 300 cm. Das Sumpfkrokodil gehört an vielen Orten zu den geheiligten Tieren, denen niemand etwas zu leide tun darf. In manchen Gegenden wurden ihm sogar Tempel mit Fischteichen errichtet. Dort wurde es von Priestern, die besonders ausgebildet wurden, regelmäßig mit Ziegenfleisch gefüttert. Obwohl das Sumpfkrokodil dem Menschen meist nicht gefährlich wird, sind Fälle bekannt, in denen Riesenexemplare Menschen anfielen.

Das Sumpfkrokodil lebt hauptsächlich von Fischen, macht jedoch auch Jagd auf Vögel und kleinere Säuger, die zum Ufer zur Tränke kommen. Das Weibchen errichtet auf dem trockenen Boden in der Nähe des Wassers einen großen Haufen aus Laub, Schlamm, Knüppeln und anderem Pflanzenmaterial, und legt dort mehrere Dutzend Eier mit einer harten Schale ab, die es bewacht und von denen es Feinde, die sich nähern, wie etwa Warane, verjagt. Sobald die Mutter das Quäken der Jungen in den Eiern hört, scharrt sie das Deckmaterial vom Nest weg, damit die kleinen Krokodile leicht herauskriechen können. Die Kleinen schlüpfen nach etwa 10 Wochen aus den Eiern.

Sumpfkrokodil

Sunda-Gavial

Sunda-Gavial *(Tomistoma schlegelii)*
Der Sunda-Gavial bewohnt Malaysia und Borneo und hält sich dort in Flüssen mit dichter Ufervegetation auf. Diese Art, die zu den echten Krokodilen gehört, kann 500 cm lang werden, aber so große Exemplare sind eine Seltenheit. Es bevorzugt langsam fließende Flußabschnitte, wo es sich oft bewegungslos an der Wasseroberfläche oder auf einer kleinen, schwimmenden Insel sonnt. Seine Hauptnahrung bilden Fische, aber auch Lurche, und hin und wieder wird ein Wasservogel von ihm gefangen. Das Weibchen legt am Ufer in der Nähe des Wassers in eine ausgegrabene Höhle etwa drei Dutzend Eier, die es dann bewacht. Die Jungen schlüpfen ungefähr nach 8 — 10 Wochen und sind sofort selbständig. Sie halten sich im seichten Wasser auf und verbergen sich am Ufer zwischen Wasserpflanzen. Die kleinen Sunda-Gaviale ernähren sich von Kerbtieren, Spinnen und kleinen Fischen.

Ganges-Gavial *(Gavialis gangeticus)*
Der Ganges-Gavial bewohnte früher in seiner indischen Heimat den Indus, Ganges, Mahanadi und Brahmaputra und wurde auch in Burma beobachtet. Mit seinen 7 Metern Länge gehört er zwar zu den größten Krokodilarten, ist aber nicht gefährlich. Es ist nicht ein einziger Fall bekannt, daß er einen Menschen angefallen hätte. Seine schmale und stark verlängerte Schnauze ist vor allem dem Fischfang angepaßt.
Weil Gavialleder teuer ist, wurden die Tiere abgeschossen, und heute gehört der Gavial zu den Krokodilarten, die am stärksten bedroht sind. Die Familie der Gaviale ist entwicklungsgeschichtlich uralt. Vor mehr als 60 Millionen Jahren bewohnten die Gaviale nicht nur Indien, sondern auch Afrika und lebten auch in Europa und in Nordamerika. Heute ist ihr Verbreitungsgebiet wirklich nur noch sehr klein.
Der Ganges-Gavial hält sich meist in den Flußläufen auf und kommt nur selten in Seen und zu den Flußmündungen. Als Fischfresser sind seine Kiefer mit mindestens 100 Zähnen wie mit spitzen Nadeln besetzt, so daß ein Fisch, der in diese Falle gerät, nie entwischen kann. Der Gavial fängt seine Beute wie andere Krokodilarten, indem er plötzlich und schnell seinen Kopf seitlich schwenkt. Manchmal erbeutet er auch mehrere Fische auf einmal. Es ist bewundernswert, mit welcher Geschicklichkeit er mit dem Fisch in seiner Schnauze manövriert, ohne daß er ihn freiläßt. Lange Zeit war man der Meinung, daß Ganges-Gaviale sich nur von Fischen ernähren. Aber dann wurden in seinem Magen Reste von Vögeln gefunden.

Ganges-Gavial

Ganges-Weichschildkröte

Auch der Gavial pflanzt sich wie die übrigen Krokodile durch Eier fort. Das Weibchen legt in Löcher, die am Sandufer ausgegraben werden, etwa 40 Eier. Die Gelege älterer und größerer Weibchen sind etwas umfangreicher. Aus den 9 cm langen Eiern mit einer harten Schale schlüpfen die jungen Ganges-Gaviale nach etwa 9 Wochen.

Ganges-Weichschildkröte
(Trionyx gangeticus)

Die Ganges-Weichschildkröte bewohnt die Flüsse Indiens, vor allem aber das Flußgebiet des Ganges. Sie wird über 60 cm lang und hat scharfe, mit fleischigen Lippen besetzte Kiefer. Ihr Lebenselement ist das Wasser, auch wenn sie hin und wieder zum Sonnen ans Ufer kommt. Sie entfernt sich jedoch nie weit vom Wasser. Am Ufer gräbt sie sich manchmal in den Sand ein, um ihren Feinden zu entgehen, und legt dort auch ihre Eier ab.

Die Weibchen bringen 2—3 Gelege im Jahr mit jeweils mehreren Dutzend Eiern. Aus diesen Eiern, die in Gruben versteckt und sorgfältig maskiert werden, schlüpfen nach 45—60 Tagen die Jungen. Die kleinen Schildkröten streben sofort dem Wasser zu, wo sie sich an Stellen, die mit dichter Vegetation bewachsen sind, aufhalten.

Dreistreifen-Scharnierschildkröte

Ihre Nahrung besteht aus Insekten, Weichtieren und Krustentieren. Die erwachsenen Ganges-Weichschildkröten fangen vor allem Fische, denen sie unbeweglich stundenlang auflauern. Dann lassen sie plötzlich ihre Kiefer zuschnappen und halten die Fische fest. Unter Wasser vermag diese Schildkröte 15 Minuten lang auszuhalten, bis sie wieder an der Wasseroberfläche nach Luft schnappen muß. Meist liegt sie im seichten Wasser, aus dem nur die verlängerte Nase wie ein Schnorchel herausragt.

Dreistreifen-Scharnierschildkröte
(Cuora trifasciata)

Diese Schildkröte, die leicht an den drei schwarzen Längsstreifen auf dem Panzer zu erkennen ist und etwa 20 cm lang wird, ist in Südchina und Vietnam heimisch. Sie bewohnt Tümpel, Flußbuchten und überschwemmte Reisfelder und ist stellenweise recht häufig. Wegen ihres scheuen und vorsichtigen Wesens gelingt es nur selten jemandem, sie in freier Natur zu beobachten. Am ehesten ist das am Ufer möglich, wenn sie sich ausruht und sonnt. Aber bei der geringsten Bodenerschütterung verschwindet sie schnell im Wasser. Häufig wird sie von Fischern in ausgelegten Netzen gefangen. Diese Schildkröte lebt von kleinen, wirbellosen Wassertieren, kleinen Fischen und teilweise auch von Pflanzenkost. Seine Eier vergräbt das Weibchen am Ufer im Sand in ausgehobenen Gruben.

Indische Dachschildkröte *(Kachuga tecta)*

Die Indische Dachschildkröte, die im Norden Indiens und in Westpakistan heimisch ist, gehört zu den Schildkröten, die am schönsten gefärbt sind. Sie hat einen dachförmig abgeschrägten, hoch gewölbten Rückenpanzer und einen orangerot oder rot gefärbten und schwarz gefleckten Bauchpanzer. Der Panzer dieser Art, die im Wasser lebt, wird etwa 25 cm lang. Sie ernährt

Indische Dachschildkröte

sich hauptsächlich von den grünen Teilen der Wasserpflanzen, fängt aber auch Insekten und im Wasser lebende Insektenlarven, Weichtiere und kleine Krustentiere. Mehr auf tierische Kost eingestellt sind die Jungtiere.

Die Indische Dachschildkröte kriecht oft ans Ufer, um sich nahe am Wasser zu sonnen. Oder sie sucht sich ein schwimmendes Stück Holz dazu, das ihr größeren Schutz vor Feinden gewährt, denn sie kann dann schnell ins Wasser gleiten. Das Weibchen gräbt in das Sandufer Löcher und legt mehrere Eier hinein, aus denen nach etwa 9 Wochen die Jungen schlüpfen. Die kleinen Dachschildkröten werden von vielen Greifvogelarten, aber auch von Reihern und Störchen verfolgt.

Großkopfschildkröte

(Platysternon megacephalum)

Die Großkopfschildkröte ist in Südostasien und in Südchina verbreitet. Sie hat einen Panzer, der bis 40 cm lang wird, und einen ungewöhnlich großen Kopf. Ihr Biotop sind die kleinen, schnell fließenden Bergbäche und kleinen Flüsse, dem sie sich mit ihrem stark abgeflachten Panzer, der im Wasser wenig Widerstand bietet, angepaßt hat. Mit ihren starken Krallen hält sie sich im steinigen Grund fest. Die Hauptnahrung der Großkopfschildkröte bilden Süßwasser-Krustentiere und Schnecken, deren Gehäuse sie mit ihrem Hakenschnabel spielend zerschlägt. Deshalb muß diese Schildkröte auch am Schwanz gefangen werden, denn mit ihren starken Kiefern könnte sie Hände und Finger ernstlich verletzen.

Obwohl die Großkopfschildkröte ziemlich häufig ist, läßt sie sich in den reißenden Bergflüssen nur schwer fangen. Die einheimischen Fischer spannen quer durch das Wasser ein festes Netz, belasten den unteren Rand, steigen dann flußauf ins Wasser und treiben alles Lebende stromab ins Netz, in dem dann die Großkopfschildkröte hängenbleibt. Diese Schildkröten sonnen sich gern am steinigen Flußufer, halten sich aber dabei immer dicht am Wasser. Das Weibchen legt nur 2 Eier in eine Mulde, die auf dem Festland ausgegraben wird.

Soa-Soa oder Segelechse

(Hydrosaurus amboinensis)

Die Soa-Soa, die über 1 m lang wird, bewohnt vorwiegend die Molukken. Der Schwanz des Männchens trägt auf der Oberseite einen hohen Hautkamm, der durch lange Schwanzwirbelvorsprünge versteift ist. Sie gehört zu den Segelechsen und hält sich in Gebüschen und Wäldern in der Nähe von Flüssen oder kleinen Seen auf. Ihre Kost ist vielfältig und besteht aus verschiedenen Trieben, Beeren, Obst, Wasserpflanzen, Insekten, Spinnen und Tausendfüßlern.

Bei Gefahr springt sie ins Wasser, denn sie ist ein aus-

Großkopfschildkröte

Soa-Soa oder Segelechse

gezeichneter Schwimmer und rettet sich so vor großen Greifvögeln und Baumraubtieren, ihren wichtigsten Feinden. Das Weibchen vergräbt seine Eier, die mit einer weichen, lederartigen Hülle umgeben sind, am Flußufer im Sand. Die einheimischen Bewohner nehmen die Gelege dieser Segelechse aus und essen die Eier. Aber auch die Soa-Soa wird von ihnen verfolgt und gejagt, denn ihr Fleisch gilt als Delikatesse.

Bindenwaran *(Varanus salvator)*

Der Bindenwaran ist in Südostasien und nach Norden hin bis nach Südchina verbreitet, kommt aber auch in Sri Lanka, auf den indonesischen Inseln und selten auf den Molukken und den Philippinen vor. Gewöhnlich erreicht er eine Länge von etwa 300 cm. Er lebt in der Nähe des Wassers, oft direkt an den Ufern der Flüsse oder Seen. Wasser ist sein Lebenselement. Er schwimmt ausgezeichnet, taucht und fängt Fische und andere Wassertiere. Aber auch auf dem Festland bewegt er sich schnell und gewandt. In Gebüschen ist er kaum zu fassen, nur in offenem Gelände kann ihn ein Mensch einholen.

Am liebsten hält sich der Bindenwaran im Gestrüpp oder auf niedrigen Bäumen auf, deren Zweige über die Wasserfläche reichen, so daß er bei Gefahr sofort ins Wasser springen kann. Oft stürzt er sich auch von einem Ast aus ins Wasser auf seine Beute. In der Nacht wagt er sich aber auch in menschliche Siedlungen und raubt in Hühnerställen Eier, Küken, Hühner, aber auch Enten und Gänse. Die Einheimischen stellen ihm des-

Bindenwaran

Cochinchina-Wasserdrache

halb nach, wo sie nur können. Wenn er überrascht wird und keinen Fluchtweg sieht, wehrt er sich wild durch Schwanzschläge, Beißen und Kratzen.
In manchen Gegenden wird aus Waranfett „Medizin" hergestellt. Der Bindenwaran gilt als giftig und hat noch heute in den Augen der Inder bei der Zubereitung tödlich wirkender Gifte große Bedeutung. Die Sinhali stellen das giftigste aller Gifte folgendermaßen her: Sie fangen eine größere Menge von Giftschlangen, schneiden ihre Köpfe an und hängen die Schlangen über ein Gefäß, in das ihrer Überzeugung nach das Schlangengift fließt. Das so gewonnene Schlangenblut mischen sie mit Arsen und anderen starken Giften und kochen diese Mischung in einem Menschenschädel. Dann binden sie gefangene Bindenwarane von drei Seiten um das Feuer und quälen sie so lange, bis sie beginnen, ins Feuer zu zischen. Es ist klar, daß die Wirkung dieses Gebräus nur durch das Arsen gegeben ist.
In Vietnam werden die Bindenwarane wegen ihrer schönen und haltbaren Haut, aus der Handtaschen, Schuhe und andere Ziergegenstände angefertigt werden, gejagt. Die Jäger graben die Bindenwarane aus ihren bis zu 2 m tiefen Höhlen in den lehmigen Flußufern aus. Der Bindenwaran ernährt sich außer von den bereits erwähnten, kleineren Wirbeltieren auch von anderen Eidechsen und oft von Süßwasserkrabben. Die größten Feinde des Bindenwarans sind die Pythonschlangen, aber nur größere Exemplare. Während des Sommers legt das Weibchen 5—25 Eier, die es in Mulden im Sand oder im weichen Humus vergräbt und aus denen nach einigen Monaten die Jungen schlüpfen. Die kleinen Bindenwarane leben von Insekten und anderen kleinen Wirbellosen, später auch von kleinen Nagetieren und Vögeln.

Cochinchina-Wasserdrache
(Physignathus concincinus)

Der Cochinchina-Wasserdrache bewohnt in seinem Verbreitungsgebiet im Süden Südostasiens die dicht bewachsenen Fluß- und Seeufer. Er wird mehr als 100 cm lang und hält sich am liebsten auf Ästen auf, die über die Wasserfläche reichen und von denen er bei Gefahr direkt ins Wasser springt. Mit seinem abgeflachten Schwanz vermag er im Wasser ausgezeichnet zu schwimmen.
Er ernährt sich von saftigen Beeren oder Obst, die er von Bäumen und Sträuchern pflückt, sammelt Fallobst und erjagt Insekten, Frösche und kleine Eidechsen. Das Weibchen legt gewöhnlich 10—15 Eier in eine ausgegrabene Mulde und kümmert sich dann nicht mehr um das Gelege.
Die Jungen fangen Insekten und andere kleine Wirbellose und knabbern mit Vorliebe an saftigen, weichen Früchten.

Netzpython *(Python reticulatus)*

Den Weltrekord hinsichtlich der Länge hält bei den Schlangen der Netzpython, denn das größte, gefangene Exemplar maß 975 cm. Ein anderer, 850 cm langer Riese wog rund 100 kg. In seinem Verbreitungsgebiet, das sich von Südchina über Vietnam, Burma, Malaysia und bis zu den Philippinen hin erstreckt, bewohnt er wasserreiche Gegenden. Er bevorzugt die Nähe von Flüssen, Seen und Reisfeldern und jagt nach Einbruch der Däm-

Netzpython

merung Ratten, andere kleine Säugetiere und Vögel. Große Tiere, die über 700 cm lang sind, vermögen auch Beutetiere bis zu 30 kg, ja sogar über 50 kg Gewicht zu verzehren. So verschlang beispielsweise ein Netzpython von 750 cm Länge ein Schwein von 55 kg Gewicht und ein anderer eine Ziege, die 47,5 kg wog.

Netzpythons flüchten wie andere Schlangen im Normalfall vor dem Menschen und stellen sich ihm nur in Notwehr entgegen. Dann können sie allerdings bei ihrer Länge recht gefährlich sein, denn sie können einen Menschen erwürgen. Die Malaien fangen die großen Netzpythons auf besondere Weise. Sie stecken ein kleines, lebendiges Schwein in einen festen Käfig aus starken Bambusstangen, in den der Netzpython, der nachts umherschleicht und nach Beute sucht, durch die ausreichend breiten Zwischenräume eindringt, das Ferkel in der Schlinge seines Körpers erstickt und dann ganz hinunterschlingt. Die Beute ist jedoch so groß, daß sich der Magen der Python selbst so erweitert, daß die Schlange nicht aus dem Käfig herauskann und von den Jägern gefangen und getötet wird. Aus der Pythonhaut werden Handtaschen, Schuhe und andere Gegenstände angefertigt.

Häufig wird auch vom Alter großer Pythons gesprochen und behauptet, daß sie 700 Jahre alt würden. Aber das stimmt nicht. Netzpythons werden etwa 40—50 Jahre alt. Die Weibchen legen auf einen Haufen mehrere Dutzend Eier, die mit einer lederartigen Hülle umgeben, etwa 8 cm lang und 5 cm breit sind, und legen sich dann mit den Schlingen ihres Körpers darüber, um sie zu schützen und zu wärmen. Bei einer Durchschnittstemperatur von 28 °C schlüpfen die Jungen nach etwa 80 Tagen. Sie sind beim Schlüpfen 30—50 cm lang. Während der Brutpflege nimmt das Weibchen gewöhnlich keine Nahrung zu sich, ohne sehr an Gewicht zu verlieren. Nur hin und wieder verläßt es das Gelege und kriecht zur nächsten Wasserstelle, um zu trinken.

Buntpython *(Python curtus)*

Dieser kleine, nur 150 cm lange Python lebt in Malaysia, auf Sumatra und Borneo und selten auch in Südvietnam. Er hat jedoch einen sehr starken und ein bißchen schwerfälligen Körper. Der Buntpython lebt in Sumpfgebieten und macht vor allem Jagd auf Ratten

Buntpython

und andere kleinere Nagetiere. Wenn er aufgestört wird und keine Fluchtmöglichkeit hat, unternimmt er einen plötzlichen Ausfall gegen seinen Feind. Dieser Angriff sieht oft wie ein „Sprung" aus. Für den Menschen, der ihn wegen seiner schönen und dauerhaften Haut verfolgt, wird er eine leichte Beute. Die bunten Regenbogenfarben seiner Haut verblassen jedoch stark bei der Bearbeitung. Das Weibchen legt seine Eier auf einen Haufen und treibt wie die übrigen Pythonarten Brutpflege.

Fühlerschlange *(Erpeton tentaculatum)*

Die Heimat der Fühlerschlange sind Thailand und Nordmalaysia. Sie erreicht eine Länge von 100 cm und hat an der Schnauzenspitze zwei fühlerartige Schuppenfortsätze. Ihre ziemlich großen Giftzähne sitzen hinten im Oberkiefer und dienen ihr zum Töten der Beute. Die Fühlerschlange lebt ausschließlich im Wasser und ernährt sich von Fischen, die sie vermutlich mit ihren „Fühlern", die sich wie lebende Würmer bewegen, aufspürt. Über die Fortpflanzungsbiologie dieser merkwürdigen Natter wissen wir bisher sehr wenig.

Ceylonwühle *(Ichthyophis glutinosus)*

Die Ceylonwühle bewohnt in ihrem Verbreitungsgebiet, das sich von Ceylon über Südindien bis nach Malaysia und zu den Großen Sundainseln hin erstreckt, feuchte Flußufer. Das Weibchen dieses Lurches, der ohne Gliedmaßen und bis zu 40 cm lang ist, wühlt sich eine Erdhöhle, in der es etwa 12 kleine Eier legt, die durch ein gallertartiges Band zusammengehalten werden. Wenn die Larven schlüpfen, fehlen ihnen bereits die äußeren Kiemen; aber sie haben gut ausgebildete Augen und einen abgeflachten Schwanz. Sie kriechen sofort ins Wasser und leben dort, bis sie zur Umwandlung ans Ufer kommen und sich feuchte Böden als Lebensraum aussuchen. Die Ceylonwühle ernährt sich von Würmern und anderen wirbellosen Kleinlebewesen.

Asiatischer Reisfrosch *(Rana tigrina)*

Der Asiatische Reisfrosch stammt aus Süd- und Südostasien, erreicht bis zu 15 cm Körperlänge und gehört zu den größten Froschlurchen. Sehr häufig ist er in Reisfeldern zu finden, bevölkert aber auch Flüsse und Seen. Er fängt Insekten, Spinnen, Würmer, kleine Fische und Kaulquappen. Große Beutetiere, wie kleine Eidechsen- oder Schlangenjunge, ergreift und verschluckt er. Das Weibchen bringt mehr als 5000 Eier hervor, aus denen nach einer Woche die Kaulquappen schlüpfen. Ihre Entwicklung beenden sie nach 2 Monaten. Vor allem die jungen, aber auch erwachsene Reisfrösche fallen Stelzvögeln, Greifvögeln, Eulen, Eisvögeln und kleinen Raubkatzen zahlreich zum Opfer. Auch die Einheimischen stellen diesen großen Lurchen nach, um damit ihre Speisekarte zu bereichern.

Viergürtel- oder Sumatra-Barbe *(Puntius tetrazona)*

Die Viergürtel- oder Sumatra-Barbe ist in mehreren Unterarten in Sumatra, Borneo, Malaysia, Thailand,

Ceylonwühle

Fühlerschlange

Asiatischer Reisfrosch

Südburma, Indien und Sri Lanka als Zierbarbe verbreitet. Die einzelnen Unterarten unterscheiden sich voneinander in Färbung und Streifung. Das Männchen dieser 6—7 cm langen Barbe ist schlanker und um das Maul herum rot gefärbt. Die Sumatra-Barbe lebt in Schwärmen in den fließenden Gewässern der Niederungen und der Hügelländer. Beim Laichen pressen sich die Partner zwischen Pflanzen aneinander. Die befruchteten Eier bleiben an Pflanzen haften, bis nach 24 Stunden die Jungen schlüpfen, die sich noch etwa 3 Tage lang von ihrem Dottersack ernähren. Dann erst beginnen die Kleinen zu schwimmen und kleine Würmer und Krebstiere zu fangen.

Viergürtel- oder Sumatra-Barbe

Eilandbarbe

Prachtbarbe

Eilandbarbe *(Puntius oligolepis)*
Die Eilandbarbe ist eine kleine, nur etwa 5 cm lange Zierbarbe, die in den Gewässern Sumatras zu Hause ist. Das Männchen ist schlanker und ziegelrot, das Weibchen ockergelb gefärbt. Sie gehört zu den Schwarmfischen und lebt am Grund schlammiger Gewässer, wo sie gern nach kleinen Würmern gräbt. Auch Insektenlarven, vor allem Mückenlarven und Krustentiere, gehören zu ihrer Nahrung. Die Brut schlüpft nach 24 Stunden aus den Eiern und hängt fast eine ganze Woche an Wasserpflanzen, bis sie den Dottersack ganz aufgezehrt hat. Dann beginnen die Jungen zu schwimmen. Mit 6 Monaten sind sie schon wie die Erwachsenen gefärbt.

Prachtbarbe *(Puntius conchonius)*
Das Verbreitungsgebiet der Prachtbarbe, die 14 cm lang wird, sind Nordindien, Bengalen und Assam. Das Weibchen ist überwiegend gelblich-oliv gefärbt. Diese Barbe lebt in seichten, dicht mit Wasserpflanzen bewachsenen Gewässern und laicht auch im Gewirr der Vegetation. Die Entwicklung der Nachkommen verläuft wie bei den bisher beschriebenen Barben.

Goldfisch oder **Goldkarausche**
(Carassius auratus)
Der Goldfisch ist der bekannteste und sogar der erste Aquarienfisch überhaupt, denn in Japan und China wurde er schon vor 1000 Jahren gehalten. Die Chinesen züchteten die verschiedensten Farbvarianten: rein weiße, rote, gelb gefleckte und andersfarbige, aber auch Formen mit ungewöhnlich langen Flossen, dazu Formen mit bizarr geformten Köpfen und riesengroßen, hervorstehenden Augen. Nach Europa kam der Goldfisch aus China etwa um 1700 zuerst nach Portugal.
Der Goldfisch liebt stehende, dicht bewachsene Gewässer oder Flußmündungen und tote Flußarme. Das Weibchen legt zur Laichzeit mehrere tausend Eier im

Goldfisch oder Goldkarausche

dichten Geflecht der Wasserpflanzen ab. Die kleinen Fischchen sind zuerst dunkel und erhalten ihre goldrote oder gelbe Färbung erst nach einigen Monaten. Manche Exemplare bleiben dunkel, andere sind dunkel gefleckt. Die Jungen sind äußerst freßlustig und verfolgen, sobald sie schwimmen können, Insektenlarven, Würmer und kleine Krustentiere. Aber auch Pflanzennahrung gehört zum Speisezettel der Goldfische.

Keilfleckbärbling *(Rasbora heteromorpha)*

Die Überschwemmungsgebiete und die Flußniederungen Thailands, der Halbinsel Malakka und Sumatras sind die Heimat des etwa 4 cm großen Keilfleckbärblings. Das Männchen ist schlanker als das Weibchen und hat bis zur Brustflosse dunkle Flecken. Er ist zwar ein Schwarmfisch, aber zur Laichzeit trennen sich die Pärchen von ihren Artgenossen. Zum Laichen dreht sich das Weibchen mit dem Bauch nach oben und klebt die Eier an die Blattunterseite der Wasserpflanzen, wo sie vom Männchen besamt werden. Die Jungen schlüpfen nach 24—30 Stunden und sind nach 3—5 Tagen schwimmfähig. Der Keilfleckbärbling lebt von Insektenlarven, Würmern und kleinen Krustentieren.

Zwergbärbling *(Rasbora maculata)*

Der nur 2—2,5 cm lange Zwergbärbling ist der kleinste Bärbling. Seine Heimat sind die Halbinsel Malakka und

Keilfleckbärbling

Zwergbärbling

Glasbärbling

Sumatra, wo er in kleineren Schwärmen im dichten Geflecht der Wasserpflanzen lebt. Der Laich wird an Wasserpflanzen angeheftet.
Die Brut, die nach etwa 26 Stunden aus dem Ei schlüpft, bleibt noch etwa 4 Tage bewegungslos an den Blättern hängen und ernährt sich vom Dottersack. Danach beginnt sie zu schwimmen. Die Hauptnahrung des Zwergbärblings ist Plankton.

Glasbärbling *(Rasbora trilineata)*

Die Halbinsel Malakka, Sumatra und Kalimantan sind die Heimat des bis zu 15 cm großen Glasbärblings. Er bewohnt stehende und schwach fließende, mit dichter Vegetation bewachsene Gewässer und bildet große Schwärme. Zur Laichzeit legt das Weibchen seine Eier an die Blätter der Wasserpflanzen. Nach 24 Stunden schlüpfen die Jungen. Die Brut bleibt noch 3—4 Tage an der Pflanze hängen und ernährt sich aus dem Dottersack. Der Glasbärbling lebt hauptsächlich von Würmern und Kerbtierlarven.

Malabar-Bärbling *(Danio malabaricus)*

In den Gewässern Südwestindiens und Sri Lankas ist der 12—15 cm große, schön gefärbte Malabar-Bärbling zu Hause. Sein Verbreitungsgebiet ist nicht allzugroß, dafür ist er aber in diesen Gebieten sehr häufig anzutreffen. In großen Schwärmen zieht er durch die dicht mit Wasserpflanzen bewachsenen Gewässer und legt auch zwischen den zarten Pflanzen seinen Laich ab. Die Jungen schlüpfen nach 20—36 Stunden und verzehren in etwa 3 Tagen ihren Dottersack. Erst dann beginnen sie herumzuschwimmen und selbst Futter zu fangen. Die Hauptnahrung des Malabar-Bärblings bilden Insektenlarven, Würmer und Krustentiere, aber manchmal nehmen sie auch Wasserpflanzen.

Zebrabärbling *(Brachydanio rerio)*

Die stehenden und leicht fließenden Gewässer des östlichen Teils Indiens sind die Heimat des etwa 5 cm großen Zebrabärblings. Kleine Schwärme durchziehen das Wasserpflanzengewirr, das er sich auch als Laichplatz aussucht. Aus den Eiern schlüpfen die Jungen nach etwa 30 Tagen und beginnen nach weiteren 48—72 Stunden zu schwimmen. Der Zebrabärbling lebt vor allem von kleinen Insekten, Würmern, Krustentieren, aber auch vom Laich anderer Fischarten.

Schillerbärbling *(Brachydanio albolineatus)*

Der Schillerbärbling wird nur etwa 6 cm lang und zeichnet sich durch sein mehr oder weniger nach oben gestülptes Maul aus und ist dadurch ausgezeichnet an die Nahrungsaufnahme angepaßt. Er sammelt seine Beute an der Wasserfläche. Die Heimat dieser schönen und anspruchslosen Fischart sind die Gewässer Südostasiens und Sumatras. Der Schillerbärbling lebt in Schwärmen zwischen den Wasserpflanzen, die an die Wasserfläche steigen, und legt dort auch seinen Laich ab. Die Jungen schlüpfen nach 3 Tagen und bleiben noch 2 Tage an den Pflanzen hängen. Dann schwimmen sie dicht an der Oberfläche umher und fangen Kleinlebewesen. Von dieser Art wurden mittlerweile auch goldene und blaue Formen gezüchtet.

Tüpfelbärbling *(Brachydanio nigrofasciatus)*

In den Gewässern Burmas lebt der etwa 4 cm große Tüpfelbärbling. Sein Biotop sind Flußufer und stehende

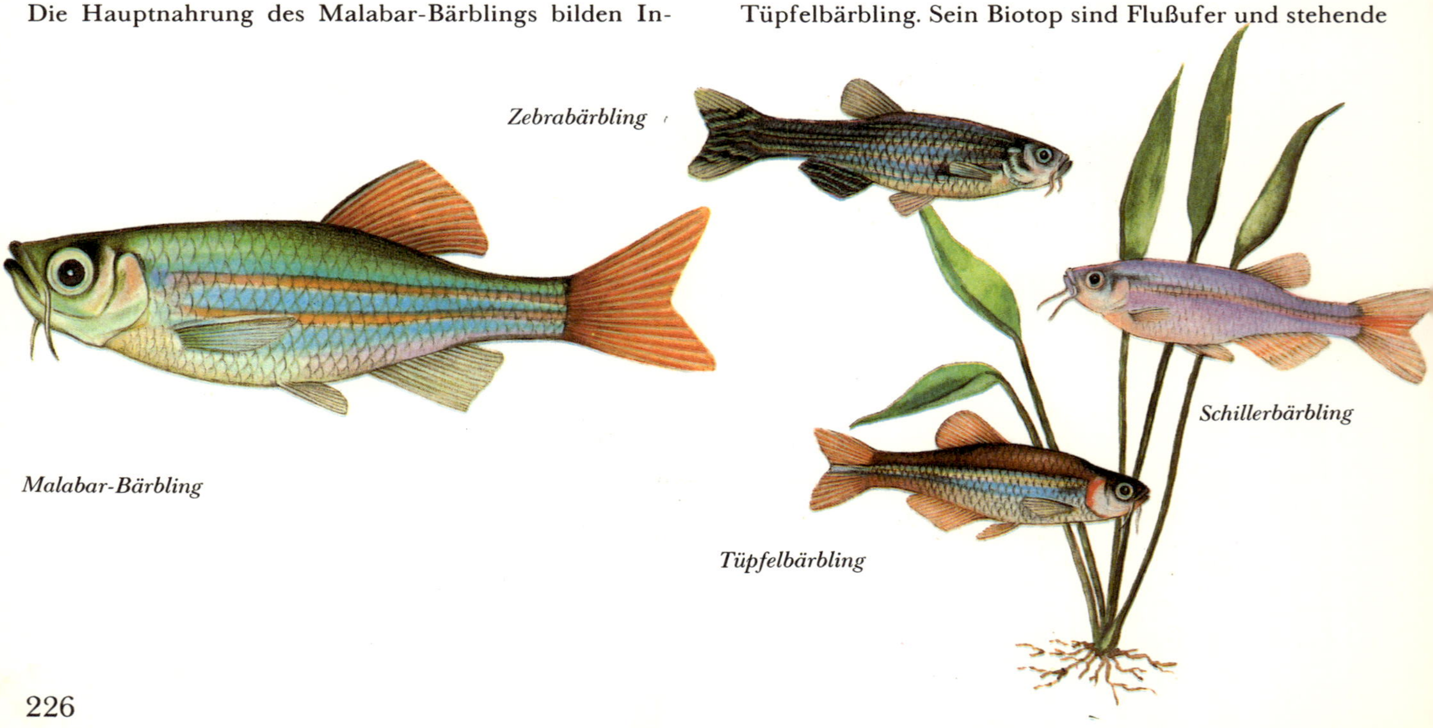

Zebrabärbling

Malabar-Bärbling

Schillerbärbling

Tüpfelbärbling

Gewässer. Das Weibchen legt 60—100 Eier zwischen dichte Wasserpflanzen, aus denen nach 30 Stunden die Brut schlüpft. Er ernährt sich wie die übrigen schon beschriebenen Bärblingsarten.

Feuerschwanz-Fransenlipper

Feuerschwanz-Fransenlipper *(Labeo bicolor)*
Zu den beliebten Aquarienfischen gehört der wunderbar gefärbte Feuerschwanz-Fransenlipper, ein 12—15 cm langer, samtschwarzer, blau glänzender Fisch mit leuchtend orangeroter Schwanzflosse. Seine Heimat ist Thailand. Er verteidigt kampflustig sein Revier, das zwischen Wurzeln an den Ufern der Gewässer liegt. Seine Nahrung besteht aus grünen Pflanzenteilen, aber auch aus Insekten, Insektenlarven, Würmern und Weichtieren, wobei er jedoch Pflanzennahrung bevorzugt. Über das Fortpflanzungsverhalten des Feuerschwanz-Fransenlippers ist bis heute nur wenig bekannt, obwohl er recht häufig vorkommt.

Geflecktes Dornauge

Geflecktes Dornauge *(Acanthophthalmus kuhli)*
Sumatra und Java sind die Heimat des etwa 10 cm großen Gefleckten Dornauges. Es bewohnt die stehenden Gewässer mit schlickigem oder sandigem, dicht mit Pflanzen bewachsenem Grund, nicht nur in den Niederungen, sondern auch in den Hügellandschaften. Tagsüber gräbt es sich im Boden ein. Nach Einbruch der Dunkelheit geht es auf Beutefang. Es lebt von kleinen Lebewesen, die es mit seinen 3 Paar Bartfäden am Boden aufspürt. Aber auch Pflanzen gehören zu seiner Kost. Wenn es aufgeschreckt wird, stößt es plötzlich vom Grund auf, legt sich aber schon ein kleines Stück weiter wieder nieder. Beim Laichen schwimmen die Tiere spiralförmig vom Grund zur Wasseroberfläche.

Prachtschmerle

Prachtschmerle *(Botia macracanthus)*
In den Flüssen und großen Bächen Sumatras und Borneos lebt die bis zu 30 cm große Prachtschmerle, eine schön gefärbte Art, die zu unseren bekanntesten Aquarienfischen gehört. In Gefangenschaft wird sie aber nur etwa 15 cm lang. Sie ist ein Schwarmfisch und hält sich an den Ufern auf, die reich mit Pflanzen bedeckt sind. Sie ist zwar ein Allesfresser, bevorzugt aber lebende Nahrung. Ihre Hauptbeute sind Würmer und Insektenlarven.

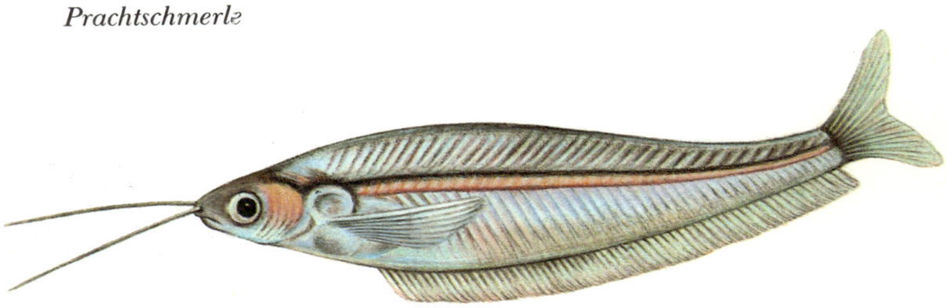

Indischer Glaswels

Indischer Glaswels *(Kryptopterus bicirrhis)*
Von Indien über Südostasien bis zu den Sundainseln hin erstreckt sich das Verbreitungsgebiet des Indischen Glaswelses, der 10—11 cm lang ist. Seine Körperseiten sind abgeflacht, und die Rückenflosse ist zu einem einzigen Strahl zurückgebildet. Dafür ist die Afterflosse erheblich verlängert. Am Oberkiefer sitzt ein langes Bartelpaar. Da der ganze Körper durchsichtig ist, sind im Licht die Wirbelsäule und die übrigen Gräten sehr gut zu sehen. Der Fisch, der zu den Echten Welsen gehört, hat sich die Flüsse und Bäche der Ebenen als Biotop ausgesucht. Er lebt schwarmweise dicht über dem Grund. Seine Nahrung sind kleine Krustentiere, Würmer und Insektenlarven, hauptsächlich die der Mücken.

Indischer Glasbarsch

Streifenhechtling

Kleiner Blaubarsch

Punktierter Buntbarsch

Kampffisch

Streifenhechtling *(Aplocheilus lineatus)*
Die Niederungsgewässer Südindiens sind die Heimat des schön gefärbten Streifenhechtlings, eines etwa 8 cm langen Fisches. Entsprechend den örtlichen Bedingungen sind die einzelnen Populationen sehr unterschiedlich in der Färbung. Das Weibchen ist nicht so bunt wie das Männchen. Ihm fehlt auch der durchsichtige Ausläufer der Schwanzflosse. Der Streifenhechtling laicht im dichten Gewirr der Wasserpflanzen. Das Weibchen legt große, klebrige Eier und hängt sie an Wasserpflanzen an. Die Brut schlüpft nach 14—17 Tagen. Die Jungen leben von Insektenlarven und Würmern, die Erwachsenen fangen dazu auch noch andere kleine Fische.

Indischer Glasbarsch *(Chanda ranga)*
Der in Indien, Burma und Thailand heimische Indische Glasbarsch wird etwa 7 cm lang, bleibt aber im Aquarium viel kleiner. Er hat einen nahezu durchsichtigen Körper. Sein Lebensraum sind die Niederungsflüsse, oft aber auch die Brackwasser an den Flußmündungen. Beim Laichen klebt das Weibchen seine Eier an Wasserpflanzen. Die Jungen, die nach 24 Stunden schlüpfen, beginnen nach 3—4 Tagen zu schwimmen. Zuerst stehen sie mit dem Kopf nach oben und fangen in dieser senkrechten Lage auch kleine Krustentiere. Nach einigen Tagen schwimmen sie so wie die Alten. Der Indische Glasbarsch lebt hauptsächlich von tierischer Kost — von Insektenlarven, Krustentieren, Würmern und Weichtieren.

Punktierter Buntbarsch *(Etroplus maculatus)*
Der bis zu 8 cm lange, hoch gewachsene Punktierte Buntbarsch bewohnt die Süß- und Brackgewässer Indiens und hält sich am liebsten im Geflecht der Wasserpflanzen auf, die die Ufer bewachsen. Das Weibchen legt seine Eier auf Steine oder Baumwurzeln in der Nähe des Ufers. Die Jungen bleiben 2—3 Tage an die Eiablagestelle gedrückt und fangen erst danach an zu schwimmen. In den ersten Tagen nehmen sie kleine Lebewesen, später hauptsächlich Krustentiere auf. Erwachsene Tiere leben meist von Pflanzenkost und nur zum geringen Teil von Krustentieren, Insektenlarven und Würmern.

Kleiner Blaubarsch *(Badis badis)*
In den stehenden Gewässern Indiens lebt der Kleine Blaubarsch. Das Männchen wird 7 cm, das überwiegend rotbraune Weibchen nur 5 cm lang. Die Stelle in kleinen Steinhöhlen, an der das Weibchen seine Eier ablegt, wird vom Männchen vorher sorgfältig gesäubert. Die Eier und später die geschlüpfte Brut, etwa 40—60 Junge, werden vom Vater aufmerksam bewacht. Der Kleine Blaubarsch lebt von Kleinlebewesen, die er vor allem in der Dämmerung jagt.

Kampffisch *(Betta splendens)*
Der Kampffisch ist einer der bekanntesten Zierfische, der seit uralten Zeiten in Aquarien gehalten wird. In Gefangenschaft entstanden auch die verschiedenfarbigen Schleierformen — in blauer, grüner, roter, gelber und schwarzer Variante. Der Kampffisch hält sich in stehenden oder mäßig fließenden Gewässern der Halbinsel Malakka und Thailands auf.
Während der Balz errichtet das Männchen an der Wasseroberfläche in der Nähe von Wasserpflanzen ein schwimmendes Nest aus Schaum, in das das Weibchen seine Eier legt. Sobald das Weibchen abgelaicht hat, wird es vom Männchen verjagt, das sich auch allein um die Brut kümmert. Die Jungen schlüpfen nach 24—30 Stunden und werden in den ersten Tagen vom Vater beschützt. Mit 4 Monaten sind die jungen Kampffische erwachsen. Die Kost dieses kleinen, hübschen Fisches besteht aus kleinen Wirbellosen und aus Pflanzenteilen. Früher veranstalteten die Thais Kämpfe dieser Fische in Aquarien und schlossen Wetten auf den Sieger ab, denn die Männchen sind während der Balz sehr kampflustig und fechten erbitterte Zweikämpfe aus.

Roter Zwergfadenfisch *(Colisa lalia)*
Der bis zu 5 cm lange Rote Zwergfadenfisch gehört zu den schönsten Aquarienfischen. Das Weibchen ist nur überwiegend bräunlich und hat grüne Streifen. Er ist in Indien heimisch und bewohnt die seichten Buchten des Ganges, des Jumna, des Brahmaputra und dessen Nebenflüsse. Dort lebt er in den dichten Wasserpflanzengürteln der Ufer und zwischen Schwimmpflanzen. Seine Eier gibt das Weibchen in ein Schaumnest ab, das vom Männchen an der Wasseroberfläche gebaut wird. Das Männchen bewacht die Eier und die geschlüpften Jungen. Die Nahrung dieser Fadenfischart besteht aus kleinen Wirbellosen und Pflanzenteilen.

Gestreifter Zwergfadenfisch *(Colisa fasciata)*
Der bis zu 12 cm große Gestreifte Zwergfadenfisch ist ein Bewohner der Flußdeltas des Ganges und des Brahmaputra, lebt aber auch in den Flußläufen Nordwestindiens bis Burma. Während der Balz ist das Männchen sehr kampflustig. Seine Lebensweise ähnelt der des Roten Fadenfisches. Dieser Fisch ist ein Allesfresser.

Honiggurami *(Colisa chuna)*
Der Honiggurami ist ein 9 cm langer Fadenfisch. Das Weibchen ist einfarbig graugrün. Der Honiggurami bewohnt die Flüsse Indiens, vor allem den Brahmaputra

in der Nähe der Küsten, und hält sich dort zwischen dichten Wasserpflanzen auf. Das Männchen errichtet für ein paar Eier ein sehr kleines Schaumnest. Brutbiologie und Kost entsprechen der des Roten Zwergfadenfisches.

Mosaikfadenfisch *(Trichogaster leeri)*
Malaysia, Thailand, Borneo und Sumatra sind die Heimat des 11—12 cm großen Mosaikfadenfisches. Das Weibchen ist nicht so bunt gefärbt. Dieser Labyrinthfisch bewohnt in kleineren Schwärmen die Seitenarme und Überschwemmungsgebiete der Flüsse in den Niederungen wie auch im Hügelland. Das Männchen baut ein großes Schaumnest, in das das Weibchen oft mehr als 1000 Eier legt. Nest und Brut werden vom Männchen bewacht. Die Kost des Mosaikfadenfisches besteht aus kleinen Wirbellosen und aus Pflanzenteilen.

Blauer Fadenfisch *(Trichogaster trichopterus)*
Der Blaue Fadenfisch wird bis zu 15 cm groß und bewohnt die Gewässer der Großen Sundainseln, Malaysias, Thailands und Südvietnams. Häufig kommt er in den Niederungen vor, aber auch in den Gebirgen ist er anzutreffen. Bekannt sind mehrere Unterarten, die sich in der Färbung unterscheiden. Der *T. t. sumatranus* ist z. B. himmelblau. Vermehrung und Ernährung ähneln der des Mosaikfadenfisches.

Paradiesfisch *(Macropodus opercularis)*
China, Korea, Taiwan und Südvietnam sind die Heimat des 9—10 cm langen Paradiesfisches. Das Weibchen hat kürzere Flossen und ist auch nicht so auffallend gefärbt. Der Paradiesfisch ist einer der ersten Fische, die für die Aquarienhaltung nach Europa eingeführt wurden. Er bewohnt oft sehr seichte Brackwasser und auch überschwemmte Reisfelder.
Bei der Balz schwimmt das Männchen an das Weibchen heran, breitet seine Flossen aus und färbt sich dunkler. Das Weibchen kommt ihm entgegen, und beide drehen sich dann senkrecht aufgerichtet umeinander herum. Manchmal jagen sich die Tiere auch im Kreis. Für die Brut errichtet das Männchen ein Schaumnest. Es schnappt an der Oberfläche nach Luft, bläst dann unter Wasser den Speichel wie Blasen heraus und baut daraus das Nest. Die Brut, die nach 36 Tagen aus den Eiern schlüpft, wird vom Männchen betreut und zu einem Schwarm zusammengetrieben. Doch schon nach einigen Tagen kümmert der Vater sich nicht mehr länger um die Jungen. Die Kost des Paradiesfisches besteht aus Insekten, Insektenlarven, Weichtieren, Würmern

Mosaikfadenfisch

Blauer Fadenfisch

und hin und wieder auch aus Eiern und Brut anderer Fische.

Spitzschwanzmakropode *(Macropodus cupanus)*
Der 7,5 cm lange Spitzschwanzmakropode lebt in den Gewässern Südindiens, Burmas und bis nach Südvietnam. Während der Balz färbt sich der Bauch des Männchens leuchtend rot. Die Lebensweise dieser Art entspricht der des Paradiesfisches.

Flußkugelfisch *(Tetraodon fluviatilis)*
Von Indien bis zu den Philippinen hin erstreckt sich das Verbreitungsgebiet des etwa 20 cm langen Flußkugelfisches. Er lebt nicht nur in den Flußläufen, sondern

Paradiesfisch

Spitzschwanzmakropode

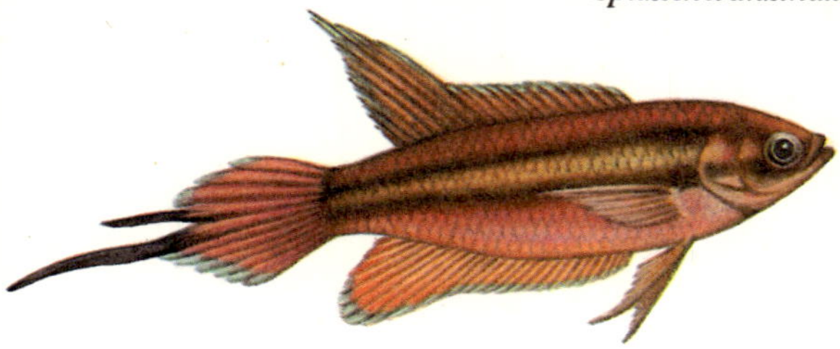

auch in den Brackwassern der Flußmündungen. Er schwimmt zwar langsam, kann dafür aber schnell zur Wasseroberfläche treiben oder zu Boden sinken und dadurch seinen Feinden schnell entkommen. Außerdem hat er eine sackförmige Ausstülpung des Magens, die er nahezu augenblicklich mit Luft oder Wasser zu füllen und dadurch schnell seinen Körperumfang zu vergrößern vermag. Er sieht dann wie ein aufgeblasener Ball aus. Der Flußkugelfisch lebt hauptsächlich von Weichtieren, deren Panzer oder Gehäuse er mit seinen vier starken Zähnen zermalmt. Beim Ablaichen beißt das Männchen — manchmal auch mehrere Männchen auf einmal — fest in die Haut des Weibchens.

Palembang-Kugelfisch

(Tetraodon palembangensis)

Der Palembang-Kugelfisch wird etwa 20 cm lang und bewohnt die Süßwasser Borneos, Sumatras und Thailands. In seiner Heimat ist er sehr häufig. Nahrungsaufnahme und andere Lebensweisen gleichen denen des Flußkugelfisches.

Flußkugelfisch

Palembang-Kugelfisch

Die Meeresküsten des tropischen Asiens

Zwei große Ozeane, der Pazifik im Osten und der Indische Ozean im Süden, umspülen mit vielen anderen kleineren Meeren, dem Arabischen, Andamanischen und Südchinesischen Meer, der Java- und Sulawesi-See und anderen die Küsten des tropischen Asiens. Es handelt sich vor allem um flache Uferzonen. Nur an manchen Stellen ragen mäßig hohe, steile Felsen- und Korallenriffe aus dem Meer. Größtenteils ziehen sich an den Küsten ausgedehnte Sandstrände hin. Riesige Flußdeltas mit mächtigen Baum- und Buschmangroven geben den Landschaften dieser Region ihren typischen Charakter.

Die meisten Mangrovegehölze der asiatischen Tropen gehören zu den Gattungen *Rhizophora, Avicennia, Sonneratia* und *Ceriops*. An den flachen, sumpfigen Küsten, in den ruhigen Buchten und Lagunen, wo von der Brandung der Hochsee nichts zu merken ist, ziehen sich oft kilometerweite und mehrere hundert Meter tiefe, dichte Mangrovewälder hin und bilden undurchdringliche Dickichte. Die Mangrove ist immergrün und in den Kronen reich verzweigt, so daß sie ausgezeichnete Nistplätze für viele Greifvögel, Reiher und Marabus abgibt, die sich im Gefolge anderer fischfressender Vogelarten ansiedeln. Die Sonneratien, die zum Meer zu wachsen, bilden im Schlick unzählige Luftwurzeln aus. Landeinwärts folgen die Rhizophora-Arten, die auf hohen Stelzwurzeln stehen. Den nächsten Mangrovegürtel bilden die Bruguiera-Bäume, die nur gelegentlich ertragen, mit Salzwasser überspült zu werden.

Den Rand der Landzone bildet der Nipa-Palmengürtel, der sich an die Mangroven anschließt. In den Flußmündungen stehen die 4—6 m hohen Nipa- oder Molukkenstrauch-Palmen bis in den Brandungsbereich hinein. Sie gedeihen nämlich auch bei brackigem Grundwasser. Die Einheimischen kommen mit ihren kleinen Booten sogar weit aus der Umgebung, um die riesigen Blätter mit ihren Macheten abzuschlagen, denn sie sind ein ausgezeichnetes Material zum Abdecken ihrer Holzhütten. Aber auch sonst werden Nipa-Palmen genutzt. Aus dem Saft der Blütenstände von *Nipa fruticus* wird ein Palmwein zubereitet.

Ein palmenähnliches Gewächs, das häufig in der Nähe der Küsten auftritt, ist der Schraubenbaum *(Pandanus)*. Er wird 3—6 Meter hoch, hat lange Stützwurzeln und dichte, steife, an den Rändern gesägte, schwertförmige Blätter, die wie ein riesiger Schweif aus einem Ritterhelm ragen. In den

Tropen Asiens sind rund ein Dutzend verschiedener Pandanusarten bekannt. Sie bilden an den Küsten der Halbinsel Malakka richtige Pandanus-Wälder. Doch die Schraubenbäume wachsen auch im Binnenland an den Rändern der Sümpfe oder an Flußufern. Ihre Blätter verarbeiten die Einheimischen zu festen Matten, Sonnenhüten, Sandalen und sogar zu Segeln für ihre Boote. Die fleischigen Früchte werden gegessen, auch wenn ihr Geschmack nicht sehr geschätzt ist.

Von allen Holzpflanzen, die an den tropischen Küsten Asiens wachsen, ist jedoch die Kokospalme *(Cocos nucifera)* am wichtigsten und bekanntesten.

Die eigentliche Heimat dieser Pflanze sind wahrscheinlich die Inseln Polynesiens, aber seit uralten Zeiten ist die Kokospalme über die ganze indoaustralische Region verbreitet. Sie wächst entweder halbwild oder wird vom Menschen in vielen Kulturformen auf riesigen Plantagen gezüchtet. Die Kokospalme gedeiht nur im feuchten Klima im Bereich der vom Meer kommenden Windströmung und neigt deshalb zu gebeugten oder verdrehten Stammformen. Besonders häufig ist sie an den Küsten Sri Lankas, auf Java und in ganz Südostasien. Sie hat dort für die Ernährung zehntausender Einheimischer unendlich große Bedeutung. Der Stamm der Kokospalme ragt bis in eine Höhe von über 20 Metern und trägt einen Schopf aus gebogenen, bis zu 5 m langen Blättern. Zwischen diesen Blättern entwickeln sich die verzweigten Blütenstände, die später große Steinfrüchte, die bekannten Kokosnüsse, bilden. Sie werden bis zu 30 cm lang und gehören damit zu den größten Früchten des Pflanzenreiches.

Jede Kokosnuß besteht aus einer dünnen Außenschale, die eine dicke Schicht steifer, brauner Fasern umschließt. Erst unter dieser Faserschicht liegt die große Nuß, in deren dünne, aber feste und harte Schale das Samenkorn in einem weißen, ölhaltigen Nährgewebe eingebettet ist. Dieses Endosperm bildet eine Höhlung, die sich vor der Samenreife mit einer süßen, wässerigen Flüssigkeit füllt, der Kokosmilch. Wird die Frucht nicht abgepflückt, so fällt sie nach dem Reifen ab und bleibt in der Nähe der Mutterpflanze liegen. Fällt sie aber direkt ins Wasser oder wird sie von den Brandungswellen erfaßt, dann trägt sie die Strömung oft Hunderte von Kilometern weit mit sich

fort, da sie dank ihres Fasergewebes auf dem Wasser schwimmt. Und die Brandung spült sie dann irgendwo an die Küste, wo sie keimt und so eine neue Palme entstehen läßt.
Die Kokospalme blüht und trägt schon mit sechs Jahren die ersten Früchte. Später kann man damit rechnen, daß eine Palme jährlich 50—100 Kokosnüsse bringt. Die Kokospalme ist ein vielseitig genutztes Gewächs. Das Holz des Stammes wird zu Möbeln verarbeitet, die riesigen Blätter geben Material für Matten und Dächer ab, und aus den unreifen Blütenständen wird süßer Saft gewonnen, der zu Palmwein vergoren wird oder durch Eindicken und Kochen braunen Zucker ergibt. Am wichtigsten sind jedoch die eigentlichen Früchte.
Die Erntearbeiter klettern in die Kronen und halten sich dabei mit Händen und Füßen an dem schrägen Stamm fest, schlagen mit einem scharfen Messer die reifen Früchte ab und lassen sie zur Erde fallen. Bei hohen, geraden Stämmen benutzen sie zum Klettern ein Stück Seil. Versuche, für diese Tätigkeit abgerichtete Affen zu verwenden, haben sich nicht sehr bewährt. Von niedrigen Palmen können die Früchte mit einem Haken an einer langen Bambusstange abgerissen werden. Eine Kokosnuß, die frisch geerntet ist, enthält etwa einen halben Liter „Milch", ein in den heißen Tropen sehr erfrischendes und nahrhaftes Getränk aus einer natürlichen „Konserve". Und überall entlang der Küsten kann man in einem Haufen Kokosnüsse die größte auswählen und kaufen. Das wichtigste Produkt, das aus der Kokosnuß gewonnen wird, ist die Kopra, das ausgeschälte und getrocknete Fruchtfleisch, aus dem dann Kokosöl ausgepreßt wird. Die Reste sind ein gutes Viehfutter. Kokosraspel, also zerkleinerte Kopra, kennen die Hausfrauen der ganzen Welt als Backzutat. Aus den Fasern, die die Nuß umschließen, werden sehr leichte und wasserbeständige Textilfasern zur Herstellung von Teppichen, Matten, Säcken, Bürsten oder Dichtmaterial gewonnen. Sogar die Nußschale wird verarbeitet: zu einem Gefäß, Löffel oder anderen Gegenständen.
Im Abendland wurde die Kokospalme zum erstenmal durch die Expedition Alexanders des Großen nach Indien bekannt.
Außer den Kokospalmen gibt es noch einige schlankwüchsige Blumenarten an den Küsten Süd-

ostasiens. Daneben gedeihen auf den Sandböden der Meeresküsten baum- und strauchförmige Meerträubelgehölze *(Ephedra),* die stellenweise bestandsbildend sind.
Im Kulturland des Küstenbereiches findet man die wunderschön gelb blühenden, bis zu 4 m hohen Feigenkakteen *(Opuntia),* die als Gartenzäune zum Schutz von Kulturfrüchten gepflanzt werden. Sie sind sehr massiv, wachsen dicht bei dicht und sind vor allem mit Stacheln bewehrt, so daß sie größere Weidetiere am Zutritt hindern. Außerdem lassen sich ihre Früchte verwerten. Die Heimat des Feigenkaktus ist nicht Asien, sondern das tropische Amerika.
Die langen Sandstrände der asiatischen Tropen sind nach Eintritt der Ebbe förmlich übersät von Meerestieren, am häufigsten von Krabben verschiedenster Art und Größe, die zu Hunderten, ja zu Tausenden aus dem Wasser kriechen. Und es ist grotesk anzusehen, wie sie, während die Brandung sie unablässig überspült, seitlich auf dem feuchten Sand hin- und herlaufen. Sie wühlen sich im Sand tiefe Gänge, in denen sie bei Gefahr Schutz finden. Meist halten sie sich in der Nähe ihrer Höhlen auf und suchen nach Resten von tierischen und pflanzlichen Organismen. Mit ihren Scheren nehmen sie meist nicht nur Nahrung, sondern auch Sand auf, führen beides zum Maul, suchen die eßbaren Teile heraus und legen Sand und unverwertbare Reste als Kugeln dann in großen Mengen rund um den Ausgang der Krabbenlöcher. Aber die Flut nimmt alles wieder mit.
Die Einheimischen kommen regelmäßig an den Strand, graben die größten Krabben aus ihren Höhlen aus und tragen sie in Bambuskörben nach Hause. Ihren Fang verwenden sie in der eigenen Küche oder verkaufen ihn auf dem Markt, denn das feine Krabbenfleisch ist überall gefragt. Mit der Flut verschwinden die Krabben wieder und erscheinen erst bei der nächsten Ebbe wieder. Diese Lebewesen dienen vielen Vögeln, vor allem Wat- und Greifvögeln, als Nahrung. Und auch Weihe und Krähe verschmähen die Krabbendiät nicht.
Aber die Meeresbrandung trägt auch Tiere an die Sandküsten, die ohne Hilfe des Meeres vor allem bei Ebbe nicht mehr ins Wasser zurückkommen. Ihr Schicksal ist unter der glühenden Sonne nach kurzer Zeit besiegelt. Dazu gehören die Medusen, von deren gallertigem Körper bald

nur noch eine formlose Masse im Sand zurückbleibt. Auch dann ist es gefährlich, eine Meduse zu berühren, denn das Nesselgift könnte noch wirksam sein. Auch die Seeschlange ist auf dem Strand völlig hilflos und wird trotz ihres wirksamen Giftes eine leichte Beute von Weihen, Krähen oder kleineren Raubtieren.

Die Flut läßt auch verschiedene Weichtiere auf den Sandbänken vor der Küste zurück, vor allem die langsamen Muscheln. Kleine wie große Muscheln sind eine beliebte Speise der Einheimischen, die sie bei Ebbe aufsammeln. Die Frauen der Eingeborenen schütten den Sand, der mit Muscheln durchsetzt ist, in Körbe mit siebartigem Boden und waschen ihn an Ort und Stelle aus. Zurück bleiben nur die kleinen Muscheln, die zu Tausenden täglich auf den Familientisch kommen. Die Hausfrauen kochen sie in Wasser, nehmen die weichen Körper heraus und werfen die Schalen weg. Am Rand der Dörfer sammeln sich dann Berge dieser Muschelschalen, die in der Sonne in allen Farben des Regenbogens wie Edelsteine glitzern.

Die Männer dagegen suchen nach den größeren Muschelarten, die sich etwas weiter vom Ufer entfernt im tieferen Wasser im Sand eingraben. Bis zur Brust waten sie durchs Wasser und ziehen eine Bambusstange mit einem Haken hinter sich her, der leicht in den feinen Sand eindringt und an den großen Muscheln hängenbleibt. Es ist dann ganz leicht, sie auszugraben. Und so wandert eine Riesenmuschel nach der anderen in einen Sack aus Kokosfasern.

Aber die Haupterwerbsquelle der Küstenbewohner ist der Fischfang. Tag für Tag fahren die Fischer in ihren Holzbooten, die mit Rudern und Segeln ausgerüstet sind, oder mit ganz kleinen Barken, ja sogar nur auf Flößen auf das Meer. In manchen Gegenden binden die Fischer lange Bambusstangen mit Lianen zu einem Floß zusammen und setzen an einem Bambusmast ihr Segel. Es ist bewundernswert, auf welch primitiven Fahrzeugen sich die Fischer meist zu zweit aufs freie Meer hinauswagen. Mit der eintretenden Ebbe fahren sie zeitig am Morgen aufs Meer und kehren mit ihrem Fang spät am Nachmittag mit der Flut ans Ufer zurück.

Tintenfische sehen die Fischer gern in ihren Netzen, denn sie sind eine begehrte Delikatesse der einheimischen Küche. Manche Fischer nehmen Fischreusen aus Bambus mit aufs Meer. Das sind 2 m hohe, 3 m lange und 2 m breite Fischfallen, die sie an bestimmten Stellen ins Wasser setzen und am nächsten Tag wieder herausziehen. In die Reusen führt ein Gang, durch den ein Fisch leicht hineinschwimmen kann. Aber zurück kommt er nicht mehr, denn die scharfen Spitzen, die in den Tunnel ragen, hindern ihn daran.

In den weiten Mangrovebeständen des Ganges-Deltas und in den ausgedehnten Schilfgürteln Bengalens lebt der Tiger. In diesen für Menschen bislang wertlosen Lebensräumen konnte der Tiger am längsten überleben. Doch die Nachfrage der westlichen Welt nach Produkten aus Tigerfellen, die immer wieder auch Wilddiebereien auslöste, sowie die extra für westliche Touristen organisierten Tigerjagden führten dazu, daß der Tiger bald verschwand.

Noch vor 50 Jahren lebten in Indien mehr als 50 000 Königs- oder Bengaltiger *(Panthera tigris tigris),* im Jahre 1972 waren es nur noch 1827 Tiere. Im Jahre 1969 wurde der Tiger zur bedrohten Tierart erklärt, 1970 der Abschuß von Tigern durch die Jagdorganisationen verboten. 1973 startete das „Projekt Tiger“, das von der indischen Regierung und dem WWF (World Wildlife Fond) finanziert wird. Es wurden 11 Tigerschutzgebiete geschaffen, die insgesamt 200 Quadratkilometer umfassen. Zu diesem Zweck werden 30 Dörfer mit 5000 Menschen umgesiedelt, und die Bauern werden entschädigt, wenn ihnen der Tiger ein Haustier reißt. Etwa 700 Tiger leben jetzt in diesen Reservaten. Das ist ein Viertel des gesamten Tigerbestandes. Dank des „Projekts Tiger“ scheint die Gefahr gebannt zu sein, daß der Tiger ausstirbt. Die letzte Tigerzählung 1980 ergab eine Gesamtzahl von 3015 Tieren in Indien.

Bei dieser Gelegenheit sollten auch die übrigen Unterarten des Tigers erwähnt werden, deren Status sich ständig verschlimmert. Tiger sind in 7 Rassen bzw. Unterarten in Asien von der Mandschurei nach Westen bis zum Kaspi-See und nach Süden bis zu den Sundainseln hin verbreitet. Während um die Jahrhundertwende noch etwa 100 000 Tiger lebten, ist der Gesamtbestand aller asiatischen Tiger 1980 auf etwa 3500 geschrumpft. Von den ursprünglich acht Unterarten ist die kleinste, der Inseltiger von Bali *(Panthera tigris balica),* unwiederbringlich verloren. Er ist ausgerottet. Auch der Kaspi-Tiger *(Panthera tigris virgata),* der um das Kaspische Meer und von Afghanistan bis zur Türkei hin heimisch war, ist wahrscheinlich ausgestorben, auch wenn einige Fachleute glauben, daß er in abgelegenen Gegenden noch auftreten könnte. Es handelt sich eher um Wunschdenken der Tierfreunde als um eine Vermutung. Auch der Java-Tiger *(Panthera tigris sondaica)* ist der Ausrottung nahe, denn auf ganz Java leben nur noch eine Handvoll Tiere. Etwas besser ist da der Sumatra-Tiger dran *(Panthera tigris sumatrae),* von dem in freier Wildbahn auf Sumatra noch ungefähr 100 Exemplare zu finden sind. Vom Chinesischen Tiger *(Panthera tigris amoyensis)* gibt es in freier Natur auch nur noch ein paar. Vom Mandschurischen oder Sibirischen Tiger *(Panthera tigris altaica)* existieren noch etwa 200 Stück, die dank der Schutzmaßnahmen, die Ende der 70er Jahre eingeleitet wurden, wohl eine Überlebenschance haben. Etwas zahlreicher, aber ebenfalls bedroht ist der in Indochina lebende Indochina-Tiger *(Panthera tigris corbetti.)*

An dieser Stelle darf eine weitere in Asien beheimatete Großkatze nicht unerwähnt bleiben — der Indische Löwe *(Panthera leo goojratensis),* den es nur noch im Gir-Forest gibt. Er ist schon lange geschützt, doch in der Reservation, „Gir Wild Life Sanctuary", einer offenen, überwiegend buschbestandenen Landschaft mit hohen Gräsern und mosaikartig verstreut stehenden Teakbäumen, gibt es auch Eingeborenendörfer, deren Bevölkerung ständig wächst. Die Hauptbeute des Löwen sind Wildschweine, Antilopen, Axis- und Sambarhirsche. Der Indische Löwe war früher in ganz West-, Nord- und Zentralindien heimisch, war aber schon um 1880 an den meisten Stellen ausgerottet. Erhalten blieb nur diese eine kleine Population in Gir. Die Bestände nehmen aber auch dort weiter ab, weil der Gir-Forest von Viehherden stark überweidet wird und die Löwen immer weniger Wildtiere als Beute vorfinden. Die Zahl der indischen Löwen wird gegenwärtig auf 60 Tiere geschätzt. Während 1963 noch 185 Tiere lebten, wurden bei einer Zählung im Jahre 1968 nur noch 162 Stück ermittelt.

Weißbauchseeadler *(Haliaeëtus leucogaster)*
Der Weißbauchseeadler bewohnt vor allem die Küsten, aber auch die Ufer großer Seen und der Flußmündungen von Indien über Südostasien, die Großen Sundainseln und die Philippinen bis nach Australien hin. Er wird 70 cm lang und hat eine Flügelspannweite von 200 cm. Das Weibchen ist etwas größer als das Männchen. Der Weißbauchseeadler geht feste Eheverbindungen ein, nur die jungen, nicht verpaarten Vögel leben einzeln.

Die Brutzeit liegt zwischen September und Januar. Das Seeadlerpaar legt sich in seinem großen Revier aus vielen Zweigen und kleinen Knüppeln einen großen Horst an. Diesen Nestbau, der im Durchmesser bis zu 150 cm und bis zu 75 cm tief ist, stellt es in einer Höhe von 10 — 40 m über dem Boden auf die Casuarina-Bäume, die an den Küsten wachsen und riesengroß sind. Manchmal sucht es dazu aber auch Felsenvorsprünge auf den kleinen Inseln, die den Küsten vorgelagert sind. Das Paar bezieht das gleiche Nest über viele Jahre, bessert es aus und erweitert es. Es wurde beobachtet, daß ein Paar jahrzehntelang zum gleichen Horst zurückkehrte. Die beiden weißen Eier bebrütet das Paar abwechselnd 35—40 Tage lang und trägt auch den Nestlingen gemeinsam Futter zu.

Nach 65—75 Tagen verlassen die jungen Weißbauchseeadler zum erstenmal das elterliche Nest, beginnen zu fliegen und lernen zu jagen. Ihre Hauptbeute sind neben Fischen auch Seeschlangen, die diese Greifvögel in den seichten Küstengewässern schlagen. Sie fassen sie aber auch, wenn sie die Brandung an das Ufer gespült hat. Die Seeadler brauchen die völlig hilflosen Seeschlangen im Sand dann nur aufzusammeln. Fische, die an der Wasseroberfläche schwimmen, erbeutet der Weißbauchseeadler im Flug, indem er seine Fänge tief ins Wasser taucht und die scharfen Krallen in das Beutetier schlägt. Er lebt auch von Krabben und macht sich in den Häfen auch über die Fänge der Fischer her.

Weißbauchseeadler

Rotnacken-Kampfwachtel

Rotnacken-Kampfwachtel *(Turnix tanki)*
Gebüsche und Graslandschaften, aber auch Felder in der Nähe der Küsten sind der Lebensraum der Rotnakken-Kampfwachtel, die von Indien bis nach Südost- und Ostasien verbreitet und etwa 17 cm lang ist. Das Weibchen ist wesentlich bunter gefiedert als das Männchen. Die Rotnacken-Kampfwachtel hält sich im Dikkicht auf und sammelt Sämereien und kleine Kerbtiere, zupft aber auch grüne Pflanzenteile ab. In die flache Nestmulde, die im Gras angelegt wird, legt das Weibchen 4 kleine, gefleckte Eier und läßt sie vom Männchen ausbrüten. Es kümmert sich dann weder um das weitere Schicksal des Geleges noch das der Jungen und sucht sich ein anderes Männchen. Der Vater führt die Jungen, die nach 15tägiger Brutzeit schlüpfen.

Krabbentriel *(Esacus recurvirostris)*
Der Krabbentriel, der bis zu 7 cm lang wird und einen riesigen, leicht gebogenen Schnabel hat, ist ein typischer Bewohner der Meeresküsten und der Ufer großer Flüsse von Vorderindien bis nach Südostasien hin. Sein bevorzugter Biotop sind die einsamen, sandigen und sumpfigen Meeresküsten und Lagunen, die weitab von menschlichen Ansiedlungen liegen. Der Krabbentriel lebt wahrscheinlich sein ganzes Leben lang in Dauerehe, schließt sich jedoch außerhalb der Brutzeit zu kleinen Trupps bis zu 20 Vögeln zusammen. Er gehört zu den nachtaktiven Tieren und macht sich erst nach Einbruch der Dunkelheit auf Nahrungssuche. Tagsüber ruht er am Ufer der Gewässer, aber meist auf Inseln, die ihm größere Sicherheit bieten. Wenn sich ein Mensch ihm nähert, warnt er die übrigen Vögel durch einen scharfen Schrei und fliegt weg. Seine Hauptbeute sind Krabben, denen er mit seinem starken Schnabel die Panzer zerbricht. Auf größere Krabben schlägt er erst einigemale mit einem Stein ein.
Die Brutzeit liegt zwischen Januar und August. Das Weibchen legt 1 oder 2 graugelbe, dicht braun und schwarz gefleckte und wie gespritzt aussehende Eier in eine flache Mulde direkt auf den Erdboden. Für das Gelege sucht sich das Paar kleine, steinige Inseln oder Sandbänke aus und bebrütet es abwechselnd. Nach 26 Tagen schlüpfen die Jungen, und da sie Nestflüchter sind, suchen sie schon zusammen mit den Eltern nachts nach Futter. Der Krabbentriel hat seltsame Brutgewohnheiten. Der Partner, der gerade nicht brütet, hält in der Nähe des Nestes Wache und warnt vor Gefahren. Wird der brütende Vogel aufgeschreckt, so läuft er mehrere Meter vom Nest weg und fliegt dann erst auf. Wenn er zu seinem Brutgeschäft zurückkehrt, nähert er sich in kleinen Schritten und beobachtet dabei ständig seine Umgebung.

Reiherläufer *(Dromas ardeola)*
Der Reiherläufer ist ein eigenartiger, etwa 40 cm großer Watvogel, der an seinem auffallend großen Kopf, den langen Beinen und dem mächtigen Schnabel leicht zu erkennen ist. Er besiedelt die Meeresküsten Ceylons, Westindiens, der Andamanen und der Nikobaren, lebt aber auch in Ostafrika. Außerhalb der Brutzeit streicht

Krabbentriel

Reiherläufer

er weit umher und fliegt oft bis zu den malaiischen Küsten. Er sucht verlassene, weit von jeder Zivilisation abgelegene, sandige und steinige Gegenden auf.
Der Reiherläufer lebt gesellig in Paaren oder in kleineren Gruppen, aber auch einzeln. Wenn er ausruht, versammeln sich auf den Felsklippen oft mehr als 100 Tiere. Wenn sie dann in dichter Formation über die Küsten fliegen, lassen sie ihren melodischen Flugruf hören. Seine Nahrung sucht sich der Reiherläufer bei Ebbe im Schlick oder an den Sandstränden seiner Brutheimat. Er findet sie ausreichend, denn beim Zurückfluten des Meeres bleiben Tausende von Krabben, die seine Hauptkost bilden, am Strand liegen. Der Reiherläufer tötet sie mit seinem Schnabel, zerschlägt ihren starken Panzer und zieht die Weichteile heraus. Kleine Krabben verschluckt er ganz. Auch Meeresweichtiere und Würmer gehören zu seiner Nahrung. Häufig jagt er im seichten Wasser der Lagunen.

Brachschwalbe

In Asien verläuft die Brutperiode von Mai bis Juli. Der Reiherläufer gräbt sich Tunnel in das sandige Ufer oder benutzt die Höhlen großer Einsiedlerkrebse. Am Ende des Tunnels, der 60—120 cm lang und gekrümmt ist, legt er sich eine Nestkammer an, die vollkommen dunkel ist. Das einzige weiße Ei bebrüten beide Vögel abwechselnd 24 Tage lang und füttern dann den Nestling mit Krabbenfleisch. Schon nach 2 Tagen kann das Kleine laufen, kommt aber erst nach etwa 2 Wochen aus seinem Versteck in der Höhle, um mit den Eltern umherzulaufen. Bei Gefahr sucht es sofort Schutz in der Höhle.

Brachschwalbe *(Glareola pratincola)*

Die Brachschwalbe brütet in mehreren Unterarten in einem riesigen Verbreitungsgebiet, das sich von Osteuropa über Mittelasien bis nach Ostasien hin erstreckt. Sie wird 25 cm lang, und beide Geschlechter haben die gleiche Färbung. Ihr Lebensraum sind Küsten des Schwarzen und Kaspischen Meeres, aber auch die halbsalzigen Sümpfe des Binnenlandes, die in der Nähe von Gewässern liegen.
Sie lebt gesellig und brütet in Kolonien. Die einzelnen Nester sind meist nur einige Dutzend Meter voneinander entfernt. Es handelt sich um einfache, meist ungepolsterte Erdmulden, die das Paar aber oft jahrelang benutzt. Das Weibchen legt zur Brutzeit, meist zwischen März und Juni, 2—3 graugelbe, braun und grau gefleckte Eier und brütet sie abwechselnd mit dem Männchen aus. Das dauert 18 Tage. Die Jungen verstecken sich in Grasbülten, zwischen Steinen oder unter einem Busch und werden von beiden Eltern gefüttert. Die Brachschwalbe fängt im Flug Schmetterlinge, Käfer und geflügelte Termiten.

Koromandelrennvogel
(Cursorius coromandelicus)

Der Koromandelrennvogel besiedelt die Meeresküsten Ceylons und Indiens. Er wird 26 cm lang und ist an dem kurzen Schwanz und den auffällig langen Beinen zu erkennen, die zum schnellen Laufen besonders geeignet sind. Er macht ein paar kleine, trippelnde Schritte, bleibt stehen, pickt ein Kerbtier vom Boden auf und läuft weiter. Aber er ist auch ein ausgezeichneter Flieger. Sein Lebensraum sind vor allem sandige und steinige Gegenden mit spärlichem Grasbestand und seine Nahrung Wanderheuschrecken, Heuschrecken, Käfer und Termiten.

Wenn er nicht brütet, streicht er in kleinen Trupps oder paarweise umher. Im Mai oder Juni legt das Weibchen in eine ungepolsterte Erdmulde nur 2 gelbliche, purpurgrau und rötlich gefleckte Eier und bebrütet sie allein 18 Tage lang, während sich das Männchen in seiner Nähe aufhält und für seine Sicherheit sorgt. Später hilft es jedoch bei der Aufzucht der Jungen, die das Nest schon am 2. Tag nach dem Schlüpfen verlassen.

Dünnschnabelmöwe *(Larus genei)*

Die Dünnschnabelmöwe ist etwa 43 cm groß und brütet in Asien an den Küsten Pakistans, des Persischen Golfs, des Kaspischen und des Schwarzen Meeres. Diese Vorkommen sind jedoch Enklaven. Wie bei den meisten Möwen liegen die Brutkolonien meist auf kleinen, felsigen oder sandigen Inseln. Die Brutgesellschaften bestehen aus bis zu 100 Paaren, deren Nester etwa 70 cm voneinander entfernt liegen. Im Mai oder Juni legt das Weibchen in das Nest, das aus Wasserpflanzen und Gräsern angefertigt wird, 2—3 in der Färbung äußerst variable Eier. Am häufigsten sind sie gelbweiß mit schwarzbraunen Flecken und grauen oder violetten Wellen. Die Jungen, die von beiden Eltern in 26 Tagen ausgebrütet werden, verlassen schon am 2. oder 3. Tag das Nest und verstecken sich in der Umgebung zwischen Steinen oder in Grasbülten. Die Eltern tragen ihnen Nahrung zu, kleine Fische, Kerbtiere, Weichtiere und Krustentiere.

Zugkauz *(Ninox scutulata)*

Der Zugkauz ist etwa 32 cm groß und kommt in mehreren Unterarten ziemlich zahlreich in Süd-, Südost- und Ostasien sowie auf den Sundainseln, den Philippinen und auf Celebes vor. In seiner Brutheimat bewohnt er die Wälder entlang der Flüsse und Seen nahe der Meeresküsten. Er ist aber auch im Binnenland und in Gebirgslagen bis in 2000 m Höhe anzutreffen.

Tagsüber schläft er in dichten Baumkronen auf seinem ständigen Schlafplatz neben seiner Gefährtin, mit der er oft in Dauerehe lebt. Auf Beutefang begibt er sich in der Dunkelheit, bei bedecktem Himmel aber auch am Tage, vor allem morgens. Er fliegt sehr schnell und gewandt, so daß er im Flug kleine Vögel, kleine Fledermäuse, fliegende Termiten, Schmetterlinge und Käfer zu erbeuten vermag. Aber auch kleinere Eidechsen, Frö-

Koromandelrennvogel

Dünnschnabelmöwe

Zugkauz

sche und hin und wieder auch einmal Schlangen gehören zu seiner Nahrung.
Zur Brutzeit, also bis März, ist sein sechs- bis zwanzigmal wiederholter, tiefer, quakender Ruf zu hören. Sein Nest legt das Pärchen 2–5 m hoch in der Höhlung eines großen Baumes an. Meist sucht es sich dafür einen Mangobaum aus. Das Gelege aus 2–3 weißen Eiern erbrütet das Weibchen in 24 Tagen. Es wurde jedoch beobachtet, daß das Männchen seine Gefährtin dabei ablöste.

Lederschildkröte *(Dermochelys coriacea)*

Das Verbreitungsgebiet dieser riesigen Schildkröte, die bis zu 200 cm lang und bis zu 600 kg schwer wird, sind die warmen, tropischen Meere. Ihr Körper ist flach und wirkt oben wie zusammengedrückt. Die Haut ist lederartig und ohne Hornschilder. Der knöcherne Panzer ist zurückgebildet und nur in Resten als Knochenplättchen vorhanden. Ein Atemzug reicht ihr aus, um etwa 50 Minuten unter Wasser aushalten zu können. Auch während des Schlafes muß sie regelmäßig an die Wasseroberfläche kommen, um Luft zu holen. Die Lederschildkröte hält sich in der Hochsee auf.
Nur das Weibchen kommt auf das Festland, um seine Eier abzulegen. Es sind nur wenige Strände bekannt, die von den Weibchen truppweise zur Eiablage angeschwommen werden. Einer dieser Niststrände ist der östliche Küstenabschnitt Malaysias im Staate Trenggan, der jedes Jahr im Mai und Juni von den Lederschildkröten aufgesucht wird. Die Tiere kriechen unter großer Anstrengung an Land, graben mit ihren Flossen im Sand eine etwa 60 cm tiefe Grube und legen im Durchschnitt 90 Eier hinein. Das dauert etwa eine Stunde. Dann schütten sie das Gelege mit Sand zu, verfestigen ihn und kehren ins Meer zurück.
Die Jungen kriechen nach 2 Monaten aus den Eiern und eilen sofort ins Wasser, denn um diese Zeit versammeln sich an den Stränden zahlreiche Tiere, wie Greifvögel und Raubtiere, die sich über die kleinen Lederschildkröten hermachen. Aber auch im Wasser lauern neue Feinde. Der größte Feind der Lederschildkröte ist jedoch der Mensch. Die Einheimischen sammeln die Schildkröteneier, um sie zu essen.
Um diese Schildkröte vor der Ausrottung zu bewahren,

Lederschildkröte

Echte Karettschildkröte

entschloß sich die Zoologische Abteilung der malaiischen Universität zu einer umfangreichen Rettungsaktion für die Lederschildkröte. Den Sammlern, die die Gelege wegen der auffälligen Spuren, die die Weibchen im Sand hinterlassen, leicht finden können, nimmt die Universität die Eier gegen eine Belohnung ab. Tausende von Eiern werden so von den gefährdeten Stellen abgesammelt und in einem eingezäunten Küstenabschnitt nahe Dungun wieder im Sand vergraben. Hier werden dann bis zu 10 000 Eier bewacht. Die einzelnen Gelege sind außerdem gekennzeichnet. Die Mitarbeiter der Universität sammeln dann die kleinen Lederschildkröten nach dem Ausschlüpfen und lassen sie ins Meer. Auf diese Weise werden jährlich mehrere Tausende von Lederschildkröten gerettet.

Echte Karettschildkröte
(Eretmochelys imbricata)

Die Echte Karettschildkröte ist recht wärmebedürftig und lebt nur in den warmen Wassern des Stillen und Indischen Ozeans. Ihr Panzer wird bis zu 90 cm lang und ist daran zu erkennen, daß die Hornschilder am Rückenpanzer dachschindelartig angeordnet sind. Die Karettschildkröte bewohnt die Hochsee und macht im freien Meer auf verschiedene, kleine Meerestiere Jagd, verschmäht aber auch Pflanzennahrung nicht.

Leistenkrokodil

Zur Eiablage kriecht das Weibchen an bestimmten Stellen an den Sandstrand und gräbt gewöhnlich nachts mit seinen Hinterbeinen eine Grube, die etwa einen halben Meter tief ist und in die es 100 — 150 Eier legt. Dann schüttet es das Loch wieder zu und kehrt ins Meer zurück. Die Jungen kriechen nach 50—60 Tagen aus und beeilen sich, auf dem schnellsten Wege ins Wasser zu kommen. Während dieser Zeit warten unzählige Feinde darauf, daß die kleinen Karettschildkröten schlüpfen, denn sie sind eine schmackhafte und wehrlose Beute. Vor allem Greifvögel und Raubtiere stellen ihnen nach. Die Echte Karettschildkröte ist wegen des wertvollen Schildpatts, das ihr Rückenpanzer liefert, eine der vom Menschen am stärksten verfolgten Schildkröten. Obwohl sie wie alle übrigen Meeresschildkröten international geschützt ist, wird sie weiterhin gejagt.

Leistenkrokodil *(Crocodylus porosus)*

Das Leistenkrokodil ist über ein weites Gebiet verbreitet. Seine Heimat reicht von Südindien über Ceylon, Sumatra, Java, Borneo, Celebes und die Philippinen bis nach Neuguinea hin und zur Nordküste Australiens. Es kann 700 cm lang werden, und Exemplare von 500 — 600 cm Länge sind keine Seltenheit. Das Leistenkrokodil lebt in den Küstengebieten des offenen Meeres, aber auch in den Brackwassern der Flußmündungen. Oft schwimmt es weit aufs Meer hinaus und siedelt sich auf kleinen Inseln an. Es sind Fälle bekannt, daß Leistenkrokodile mehr als 1000 km entfernt von ihren ursprünglichen Vorkommen auftauchten.

Das Leistenkrokodil ist eine der wenigen Arten, die nicht sehr lange zögern, auch Menschen anzufallen. Deshalb sind manche Badestrände mit Beobachtungstürmen ausgestattet, von denen aus der Horizont nach ihnen mit Ferngläsern abgesucht wird. Durch ein Signal werden dann die Badelustigen gewarnt, die natürlich eiligst das Wasser verlassen, damit die Strandwache durch Gewehrsalven das gefährliche Tier verjagen kann.

Das Leistenkrokodil baut sich am Ufer ein Nest aus einem großen Haufen Schlamm oder Sand, Laub, Knüppeln und Pflanzenteilen, in das das Weibchen seine Eier legt, sie dann mit Erde zudeckt und in der Nähe des Nestes Wache hält. Auch die Jungen werden in den ersten Tagen beschützt, denn vor allem Warane und Wildschweine, aber auch Artgenossen stellen den Kleinen nach. Während der Paarungszeit läßt das Männchen seine Stimme hören, die an das Brummen von Kühen erinnert. Das Leistenkrokodil lebt von Fischen, Säugetieren und Vögeln unterschiedlichster Größe. Das hängt davon ab, wie groß das Tier selbst ist. Junge Leistenkrokodile ernähren sich auch von Kerbtieren und anderen Wirbellosen.

Schmetterlingsagame *(Leiolepis belliana)*

Die Schmetterlingsagame, die bis zu 40 cm groß wird, lebt an den Meeresküsten Südostasiens. Während das Männchen in den buntesten Farben schillert, ist das Weibchen unauffällig braunolive gefärbt und dunkel gefleckt. Die Schmetterlingsagame ist ein Bodenbewohner und bevorzugt sandige Stellen in der Nähe von Meeresbuchten, wo sie sich Baue von 1,5 m Tiefe gräbt. In ihrem Nest verbringt sie nicht nur die Nacht, sondern zieht sich auch während der Mittagshitze dorthin zurück.

Auf Beutefang begibt sich die Schmetterlingsagame am frühen Vormittag und nachmittags, wenn der Strand nicht mehr so heiß ist. Sie macht Jagd auf Insekten, Spinnen, kleine Krustentiere, meist Krabben, ernährt sich aber auch teilweise von Pflanzen. Das Weibchen legt in Sandgruben mehrere mit einer häutigen Hülle umgebene Eier. Etwa nach einem Monat schlüpfen die Jungen, zerstreuen sich nach allen Seiten und suchen sich eigene Reviere. Manchmal graben Fischer die

Schmetterlingsagame

Komodowaran

Schmetterlingsagame aus ihrem Nest aus und verwenden sie als Köder beim Raubfischfang.

Komodowaran *(Varanus komodoensis)*

Die bekannteste und dazu eine der größten Echsen überhaupt ist der Komodowaran, der auf der Insel Komodo, im Westteil der Insel Flores und auf der kleinen Insel Rintja beheimatet ist. Er wird mehr als 300 cm lang und bis zu 135 kg schwer. Das größte Exemplar, das bisher gefangen wurde, erreichte 310 cm.

Der Komodowaran wurde recht spät, nämlich erst 1912 entdeckt. Seine Entdeckung war damals nicht nur unter den Tierfreunden, sondern auch unter den Wissenschaftlern eine große Sensation. Es waren zwar schon vorher Berichte der Einheimischen der umliegenden Inseln über den auf Komodo lebenden, riesigen „Drachen“ bekannt geworden, aber niemand wollte so recht daran glauben, und auch die Fachleute schenkten ihnen keine Aufmerksamkeit, bis dann ein Pilot auf der Insel notlanden mußte.

Auch er hatte früher schon von Drachen gehört, aber natürlich nie daran geglaubt. Als er auf der Insel nach Wasser suchte, stieß er am Strand auf eine eigenartige, große Spur und erblickte auch bald selbst diese „Ungeheuer“. Er lebte einige Monate unter ihnen, bevor er gerettet wurde. Nach seiner Heimkehr nahm niemand seine Erzählungen über die „Drachen“ so recht ernst. Alle waren überzeugt, daß er während seines Aufenthaltes auf der einsamen Insel den Verstand verloren hätte.

Aber nicht lange danach gelang es einem Holländer, eine Echse auf der Insel zu fangen, die dann wissenschaftlich beschrieben wurde. Die Insel wurde zum Ziel zahlreicher Expeditionen. Die einheimische Bevölkerung behauptete, diese Warane wären bis zu 10 m lang, fingen Menschen und fräßen sie. Keiner der Expeditionen gelang es jedoch, einen Waran zu fangen, der länger als 3 m war. Schlimmer war, daß viele Jagdbesessene auf die Insel kamen, um sich damit zu rühmen, einen „Drachen“ erschossen zu haben. Und da dieser seltenen Echsenart der Untergang drohte, wurde die Insel Komodo zum Naturschutzgebiet erklärt.

Der Komodowaran ernährt sich von Wildschweinen und kleinen Hirscharten. Jungtiere klettern auf die Bäume und rauben Vogeleier und Nestlinge. Aber auch erwachsene Tiere fangen Tauben oder Papageien. Auf der Insel Rintja jagt er Affen, die dort leben. Wenn einer der Artgenossen verendet, zerreißen die anderen seine Überreste und fressen sie. Die etwa 150 Eingeborenen, die an den Küsten Komodos leben, behaupten, die Warane fräßen auch Menschen. Das ist allerdings übertrieben. Es sind zwei Fälle bekannt, daß Warane Menschen anfielen. Einmal verfolgte ein Waran drei kleine Jungen, konnte einen fangen und töten. Ein anderes Mal fiel ein Waran zwei Männer an, denen es aber gelang, ihn zu verjagen. Das sind über Jahrzehnte hin die beiden einzigen Vorfälle, die bekannt sind. An schwer zugänglichen Stellen graben sich die Komodowarane Wohnhöhlen. Das Waranweibchen legt im Sommer 5—20, 10 cm lange und 6 cm breite Eier und vergräbt sie im Sand.

Borneo-Taubwaran

Borneo-Taubwaran *(Lanthanotus borneensis)*
Der Borneo-Taubwaran ist ein eigenartiges Kriechtier, in dem die Zoologen ein Modell für einen der Vorfahren der Schlangen sehen. Er wird 40 cm lang, hat relativ kurze Beine und einen langgestreckten Körper. Seit im Jahre 1878 das erste Exemplar entdeckt wurde, gelangten nur rund 10 tote Tiere in wissenschaftliche Institute. Erst 1961 geriet zufällig ein einziger der auf Borneo heimischen Taubwarane lebend in Gefangenschaft. Alle Taubwarane, die daraufhin gegen Prämien von den Einheimischen gefangen wurden, stammten aus der Provinz Sarawak an der Nordküste der Insel.
Der Taubwaran verbringt den Tag in unterirdischen Gängen, unter Pflanzengestrüpp oder im Wasser. Erst nachts scheint er auf Nahrungssuche zu gehen. So ist es kein Wunder, daß man den Taubwaran auch in seiner Heimat nicht zu Gesicht bekommt. Im Terrarium kann der Taubwaran tagelang im Hintergrund verborgen verharren.

Steppenrenner *(Eremias arguta)*
Der Steppenrenner ist in mehreren Unterarten von der Ukraine bis nach Mittelasien hin verbreitet. Er lebt in verschiedenen Biotopen. Oft ist er direkt an den Sandstränden des Schwarzen und des Kaspischen Meeres anzutreffen. Er lebt aber auch in Steppen, an Waldrändern und in Gebirgen bis in 2100 m Höhe. Er wird bis zu 15 cm lang. Im Sand oder in anderen weichen Böden gräbt er 5—10 cm tiefe Löcher. Er hält sich auch oft in Gemeinschaft von Skorpionen unter Steinen auf. Am Vormittag oder nachmittags macht er sich auf Beutejagd. Er läuft in seinem Wohnrevier umher und fängt vor allem Käfer, Wanderheuschrecken und andere Kerbtiere. Aber auch Spinnen jagt er. Das Weibchen legt Ende Mai oder Anfang Juni 4—12 Eier. Die Jungen schlüpfen gewöhnlich im Juli.

Javanische Warzenschlange
(Acrochordus javanicus)
Die Javanische Warzenschlange ist in Malaysia, Thailand, auf den Sundainseln und bis nach Neuguinea hin häufig anzutreffen. Sie wird 200 cm lang und hat einen kurzen, breiten Kopf mit Augen, die nach vorne gerichtet sind. Die Warzenschlange lebt ausschließlich im Wasser und kommt nur sehr selten ans Ufer, denn an Land vermag sie sich nur unbeholfen zu bewegen. Im Brackwasser macht sie Jagd auf Fische und Frösche.
Die einheimischen Fischer, die sie „Karung“ nennen, fangen sie in den Flußdeltas, müssen aber darauf achten, daß sie nicht gebissen werden. Die Javanische Warzenschlange ist zwar nicht giftig, kann aber mit ihren großen Zähnen tiefe Wunden schlagen. Die Schlangen werden von den Fischern lebend in einen Korb gesteckt und erst zu Hause getötet. Ihre Haut läßt sich ausgezeichnet zu Schuhen, Handtaschen und anderen Gegenständen verarbeiten und wird wegen ihrer hohen Quali-

Steppenrenner

Javanische Warzenschlange

tät gut bezahlt. In den vergangenen Jahren kamen jährlich Tausende von Häuten unter dem Handelsnamen „Wasserschlangenleder“ auf den Markt. Die Javanische Warzenschlange bringt im Wasser pro Wurf bis zu 30 lebende Junge zur Welt.

Nattern-Plattschwanz

Nattern-Plattschwanz *(Laticauda colubrina)*

Der Nattern-Plattschwanz ist etwa 100 cm lang und an den Küsten Südostasiens und den Koralleninseln der Südsee heimisch. Er hat gut entwickelte, vordere Giftzähne und besitzt ein für den Menschen hoch wirksames Gift. Sie werden von ihm allerdings nur selten gebissen, denn er ist nicht angriffslustig. Er verbringt sein ganzes Leben im Wasser, und nur das Weibchen kommt an den Strand, um seine Eier abzulegen. Obwohl es sich nicht lange an Land aufhält, wird es von den einheimischen Bewohnern in großem Ausmaß gefangen und auf dem Markt verkauft. Das Fleisch soll recht schmackhaft sein. Sobald die jungen Nattern-Plattschwänze aus den Eiern schlüpfen, die mit einer weichen, ledrigen Hülle umgeben sind, gehen sie sofort ins Wasser. Diese Seeschlange lebt vor allem von kleinen, aalförmigen Fischen.

Plättchen-Seeschlange

Plättchen-Seeschlange *(Pelamis platurus)*

Die Plättchen-Seeschlange bewohnt ein großes Verbreitungsgebiet und ist in den warmen Regionen des Indischen und Pazifischen Ozeans sowie in den Gewässern um Indonesien, Malaysia und Indien anzutreffen. Sie wird gewöhnlich 100 cm lang, ist meist gelb und oben schwarz gefärbt und hat einen sehr stark abgeflachten

Zwergkopf-Seeschlange

Schwanz. Sie wohnt ausschließlich im Wasser und kommt nie ans Land. Wenn diese sehr schöne, aber giftige Schlange von der Brandung an den Strand gespült wird, kommt sie nicht mehr allein ins Wasser zurück. Sie ist dann eine leichte Beute für Greifvögel. Von der Plättchen-Seeschlange wird behauptet, sie töte häufig badende Seeleute. Sicher ist, daß sie so giftig ist, daß ihr Biß tödlich sein kann. Aber diese kleine Schlange beißt nur ausnahmsweise. Sie ernährt sich von kleinen Fischen und bringt voll entwickelte, lebende Junge zur Welt.

Zwergkopf-Seeschlange
(Microcephalophis gracilis)

Die Zwergkopf-Seeschlange ist eine recht eigenartige Schlange. Der Kopf und der Vorderkörper sind lang und dünn. Der übrige Rumpf dagegen fünfmal so dick. Die Zwergkopf-Seeschlange lebt in den Gewässern des Indischen Ozeans und im Westteil des Stillen Ozeans und verläßt ihr Lebenselement nur unfreiwillig, wenn sie von der Brandung an den Strand gespült wird. Dann ist sie aber meist verloren, denn sie kann nicht wieder ins Wasser zurück. Das Weibchen bringt im Wasser lebende Junge zur Welt. Ihre Nahrung bilden kleine, aalartige Fische, die sie dank ihres schlanken Vorderkörpers aus ihren Sandröhren holen kann. Obwohl sie stark giftig ist, kann sie dem Menschen nicht gefährlich werden, denn sie vermag ihren Kiefer nur wenig zu öffnen.

Goldringelgrundel *(Brachygobius xanthozona)*

Borneo, Sumatra und Java sind die Heimat der etwa 4,5 cm großen Goldringelgrundel, eines Fisches mit walzen-

Goldringelgrundel

Schützenfisch

Gefleckter Argusfisch

förmigem Körper. In den Flußmündungen hält sie sich gewöhnlich am Grunde auf und schwimmt nur selten an die Wasseroberfläche. Das Weibchen legt 100—150 verhältnismäßig große Eier unter Steine oder ins Gewirr der Wasserpflanzen. Das Gelege wird vom Männchen bewacht. Es sorgt durch unermüdliche Bewegung der Flossen für einen ständigen Zustrom sauerstoffreichen Wassers. Die Brut schwimmt nahe der Wasseroberfläche und paßt sich erst dem Leben am Flußgrund an, wenn sie erwachsen ist. Die Goldringelgrundel ernährt sich von kleinen Wirbellosen und von Pflanzen.

Schützenfisch *(Toxotes jaculator)*
Von Südostasien über die Philippinen bis zu den Inseln, die Australien vorgelagert sind, erstreckt sich die Heimat eines seltsamen Fisches, des Schützenfisches. Er wird bis zu 25 cm groß und lebt im Brackwasser der Mangrovebestände und der Flußmündungen. Schützenfische sind wegen ihrer Jagdweise interessant. Sie schießen aus ihrem Maul große Wassertropfen und treffen nicht nur das Insekt, das über der Wasserfläche sitzt, sondern auch fliegt. Mit seiner „Wasserpistole" schießt ein erwachsener Fisch bis zu 2 m weit. Das getroffene Beutetier, etwa eine Fliege, Ameise, Heuschrecke oder ein anderes Insekt, fällt ins Wasser und wird blitzschnell von ihm aufgeschnappt und verschluckt. Aber auch im Wasser lebende Wirbellose gehören zu seiner Nahrung. Die jungen Schützenfische halten sich in den Magrovegewässern auf und machen Jagd auf Krustentiere, Weichtiere und Insektenlarven. Erst wenn sie 2—3 cm groß sind, beginnen sie zu „schießen".

Gefleckter Argusfisch *(Scatophagus argus)*
Der Gefleckte Argusfisch wird bis zu 30 cm lang und variiert stark in seiner Färbung. Es überwiegen jedoch die bunten, grünen, blauen und goldgelben Farben. In seinem Verbreitungsgebiet, das sich von Indien bis nach Australien und sogar bis nach Tahiti erstreckt, bewohnt er die Brackwasser an den Flußmündungen und die Meeresküsten. Seine Jungen wachsen sehr schnell. Argusfische sind Allesfresser und ernähren sich von Algen, zarten Pflanzen, Würmern, Weichtieren, Insektenlarven und Aas.

Kampfhalbschnäbler

Mangroveschlammspringer
(Periophthalmus koelreuteri)
Der Mangroveschlammspringer wird 15 cm lang und ist in den tropischen Küstenregionen des Indischen Ozeans heimisch. Er hat vorstehende Froschaugen mit Augenlidern und muskulöse Brustflossen, mit denen er sich an Land fortbewegen kann. Diese Grundelart gehört zu den wenigen Fischen, die in der Lage sind, das Wasser zu verlassen, allerdings dafür sorgen müssen, daß ihre Haut und ihre Kiemen ständig feucht sind. Der Schlammspringer „robbt" bei Ebbe, wenn das Wasser absinkt, meterweit durch den nassen Morast. Er springt gern auf Flächen, die über der Wasseroberfläche liegen, etwa auf einen Stein oder einen schrägen Ast. So hütet er sein Revier und verjagt Rivalen. Er ist sehr scheu und springt ins Wasser oder verbirgt sich im Schlamm, sobald Gefahr droht. Der Mangroveschlammspringer sucht sich bei Ebbe Insekten, Weichtiere, Würmer und Krustentiere. Während der Laichzeit baut er sich einen Schlammkegel mit einem trichterförmigen, wassergefüllten Nest, auf dessen Grund das Weibchen seine Eier ablegt und es dann bewacht.

Kampfhalbschnäbler *(Dermogenys pusillus)*
Zu den Bewohnern der Süß- und Brackwasser Thailands, Malaysias und der Großen Sundainseln gehört der Kampfhalbschnäbler. Das Weibchen wird 7 cm

Mangroveschlammspringer

Palmendieb

lang, das Männchen ist gewöhnlich etwas kleiner. Es ist ein seltsamer Fisch. Er sieht aus, als hätte ihm jemand den Oberkiefer abgehackt. Dafür ist der Unterkiefer stark verlängert. Diese Kieferform macht es dem Fisch leicht, nach Beute zu schnappen, die über ihm schwimmt. Der Kampfhalbschnäbler schwimmt dicht an der Wasseroberfläche, um Kerbtiere, die ins Wasser gefallen sind, und Mückenlarven, die an der Oberfläche hängen, zu fangen. Er ist lebendgebärend. Das Weibchen bringt 12—30 Junge zur Welt, die bei der Geburt etwa 1 cm lang sind. Bei ihnen sind aber noch beide Kiefer gleichlang. Erst später verlängert sich der Unterkiefer.

Palmendieb *(Birgus latro)*

Die Heimat des Palmendiebes, eines bis zu 45 cm langen Einsiedlerkrebses, sind die tropischen Inseln und Küsten des Indischen und des Stillen Ozeans. Seine Färbung schwankt ziemlich stark. Es gibt rote, gelbe und graue Formen. Er hat wie alle anderen Einsiedlerkrebse einen weichen, asymmetrisch gebauten Hinterleib. Der Palmendieb gräbt Höhlen in den Sand, in denen er nachtsüber schläft. Aber auch in Felsspalten oder in hohlen Bäumen verbirgt er sich.

Am Tag klettert er geschickt auf Palmen, um sich seine Hauptnahrung zu verschaffen, Kokosnüsse. Er schneidet die Kokosnuß ab, läßt sie auf den Boden fallen und klettert von der Palme, um sich über sie herzumachen. Er öffnet sie meisterhaft mit seinen kräftigen Scheren. Zuerst beseitigt er die Kokosfasern, stößt dann in die weiche Keimstelle ein Loch und zieht mit den kleinen Scheren des vierten Beinpaares das eiweißhaltige Fruchtfleisch heraus. Die kleinen Palmendiebe leben nach dem Ausschlüpfen im Meer, wo sie sich leere Schneckenhäuser als Wohnungen aussuchen, in denen sie ihren empfindlichen Hinterleib verbergen. Sobald sie erwachsen sind, kriechen sie auf das Ufer. Der Palmendieb ernährt sich außer von Kokosnüssen auch von kleinen Krabben, die er am Strand überfällt.

Buntwidderchen *(Erasmia pulchella)*

Indien und Assam sind die Heimat des Buntwidderchens, einer der schönsten und größten Widderchenarten. Die Flügelspannweite kann etwa 70 mm betragen. Am Tage fliegt es langsam über offene Landschaften und besucht häufig hohe, blühende Kräuter.

Gelbweißling *(Appias nerozarinda)*

Der Gelbweißling ist über ganz Indien und die benachbarte Inselwelt verbreitet. Er ist recht häufig und breitet seine schönen, gelblich oder orange gefärbten Flügel bis zu 70 mm aus. Beobachtungen zufolge unternimmt er weite Flüge, die an den Vogelzug erinnern.

Buntwidderchen

Gelbweißling

Die nördliche Region Asiens

In den ausgedehnten Küstenregionen Nordasiens, auf dem Gebiet der Sowjetunion, gibt es viele felsige Inseln mit bizarren Felsen und mächtigen Felsklippen, die die Meeresbrandung nun schon seit Millionen Jahren umtost und abträgt. Diese steilen Felsenriffe sind sowohl für Menschen als auch für Landraubtiere schwer zugänglich. Und so wurden sie während der Brutzeit zum Nistplatz Dutzender von Seevogelarten. Es wimmelt förmlich von Vogelleibern, und den einzelnen Pärchen gelingt es nur mit Mühe, einen bescheidenen Nistplatz zu erobern. Die Nester liegen dicht beieinander, und die nachbarlichen Beziehungen der einzelnen Paare bestehen oft nur darin, sich gegenseitig Nistmaterial wegzunehmen und sich zu zanken. Nicht umsonst werden diese Felsen Vogelberge genannt.

Am zahlreichsten ist die Dickschnabellumme *(Uria lomvia)* vertreten, ein zu den Alken gehörender Vogel, die entlang der gesamten sibirischen Küste, auf den Wrangel-Inseln, an den Küsten der Tschuktschensee und des Beringmeeres bis zu den Kurilen und nach Sachalin hin verbreitet ist. Auf den Inseln, die den nördlichen Küsten Asiens vorgelagert sind, kommt auch die Gryllteiste *(Cepphus grylle)* vor. An den Küsten Kamtschatkas und Sachalins brütet ein wunderschöner Meeresvogel, der Goldschopflund *(Lunda cirrhata),* der sich Brutröhren in die weichen Böden der Meeresküsten gräbt. Auch die Arten der Entenvögel, die Kälte lieben, sind in diesen Regionen im Frühjahr sehr zahlreich anzutreffen. An den arktischen Küsten Asiens brütet die Prachteiderente *(Somateria spectabilis),* eine Art, bei der der Erpel ein Hochzeitskleid trägt, das in wunderschönen Farben prangt. Nordsibirien ist auch die Heimat der Plüschkopfente *(Somateria fischeri)* und der Scheckente *(Polysticta stelleri).* In den Tundren der Arktis nistet die schön gefärbte Rothalsgans *(Branta ruficollis),* die nicht nur während der Brutzeit, sondern auch in ihren Winterquartieren im

Gebiet des Kaspischen Meeres unter Schutz steht. Die Ringelgans *(Branta bernicla)* ist eine weitere der Arten, die jedoch sehr viel zahlreicher in den asiatischen arktischen Tundren vertreten ist.
Die Schneegans *(Anser caerulescens),* die auch vor allem an den amerikanischen, arktischen Küsten beheimatet ist, war noch Mitte des 18. Jahrhunderts auch in den sibirischen Tundren weit verbreitet. Aber schon Anfang des 19. Jahrhunderts verschwand sie dort. Früher überwinterten die Schneegänse zahlreich in Japan, wurden aber auch dort seit der Mitte unseres Jahrhunderts nicht mehr gesehen. Ein Grund dafür, wenn auch nicht der wichtigste, ist wohl, daß sie während der Mauser stark bejagt wurden, denn die Schneegans brütet an Küsten, die gut zugänglich sind, und kann deshalb sehr leicht gefangen werden, zumal ihr in der Brutzeit alle Flugfedern auf einmal ausfallen und sie flugunfähig machen. Und so wurde sie zu Tausenden erlegt. Heute lebt diese Art nur noch auf den Wrangel-Inseln in größeren Populationen, aber dank der Vogelschutzmaßnahmen, die in den letzten Jahren allgemein in der Sowjetunion eingeleitet wurden, begann sie, sich wieder in ihren früheren Brutplätzen in Sibirien anzusiedeln und wird von Jahr zu Jahr zahlreicher.
Ein ähnliches Schicksal wie die Schneegans in Sibirien erlitt der Mandschurenkranich *(Grus japonensis)* auf der japanischen Insel Hokkaido. In der zweiten Hälfte des vorigen Jahrhunderts war er dort noch häufig und wurde von der Landbevölkerung allgemein als Frühlingsbote begrüßt, denn dieser Kranich kam schon frühzeitig im Frühjahr, wenn stellenweise noch Schnee lag, zu seinen Brutplätzen. Er wurde verehrt und mit Getreidekörnern gefüttert. Die Mandschurenkra-

niche waren gar nicht so scheu und kamen sogar bis in die Höfe. Sie waren sicher, daß ihnen niemand etwas zuleide tun würde. Anfang unseres Jarhunderts ging jedoch der Bestand dieser Kranichart schnell zurück. Man glaubte, daß der Mandschurenkranich in Japan ausgerottet sei, bis man ihn wiederfand. 1952 wurden 33 Tiere gezählt, ihre Zahl ist mittlerweile auf 200 angewachsen. Auch die Einheimischen sind froh darüber, daß sie wieder von den „heiligen" Boten des nahenden Frühlings begrüßt werden.

In der Arktis Asiens leben auch seltene Raubtiere. Das größte ist wohl der Eisbär, der an vielen Orten unter strengem Schutz steht. Auf den Wrangel-Inseln wurde eine Reservation eingerichtet, wo etwa 250 Eisbären leben. Im ganzen asiatischen Raum zählt die Eisbärbevölkerung ungefähr 8000 Köpfe. Der nördlichen Region Asiens geben die ausgedehnten Tundren den typischen Charakter. Die Böden der unübersehbar weiten Niederungen und der leicht hügeligen Landschaften sind ständig gefroren, und nur während des kurzen arktischen Sommers taut die Oberfläche bis in 30 bis 100 cm Tiefe für kurze Zeit auf. Da die Schmelzwasser nicht im Untergrund versickern können, bilden sich Tausende flacher Seen und Tümpel. Hier entwickeln sich schnell zahlreiche Insekten und Pflanzen.

Die arktischen Vögel ziehen in dieser Zeit ihre Jungen auf, und schon Ende August verlassen sie einzeln oder in großen Scharen ihre Brutgebiete und ziehen weit nach Süden in die Winterquartiere. Sie verbringen den Winter meist in den asiatischen Tropen. Schwärme von Laubsängern verschiedener Arten, Piepern, Ammern und vor allem Limikolen ziehen aus ihrer kalten Heimat nach Indien, Sri Lanka, Burma, Thailand und Vietnam. Der Kleine Goldregenpfeifer *(Pluvialis dominica),* der in Nordsibirien brütet, wandert zu den Sundainseln und weiter bis nach Australien. Die ostsibirische Population des Odinhühnchens *(Phalaropus lobatus)* überwintert auf den Inseln zwischen Südasien und Australien.

Die unendliche, einförmige Pflanzendecke, die die Tundra bedeckt, besteht meist aus Moosen, insbesondere aus Widerton- *(Polytrichum)* und Gabelzahnmoosen *(Dicranum),* außerdem aus Gräsern und Seggen *(Carex)* sowie Kräutern, z. B. Steinbrech- *(Saxifraga)* und Milzkrautarten *(Chrysosplenium).* In vielen Gebieten bildeten sich mächtige Hochmoore, die während der Sommerzeit ein Mosaik von Tümpeln und Morästen durchzieht. Ein typischer Vertreter der Tundrengehölze sind in Zwergform oder kriechend wachsende Weiden *(Salix).* Zu den am Boden kriechenden Pflanzen gehören auch die weiß blühenden Silberwurzarten *(Dryas),* die sich nach allen Seiten verzweigen. Dichte Teppiche bildet ein für die Arktis charakteristischer Zwergstrauch, die Krähenbeere *(Empetrum).* Sie hat Zweige, die reich mit nadelartigen Blättern besetzt sind, und erblüht im Sommer mit zarten, rosaroten Blüten. Schon nach wenigen Wochen sind die kleinen, heidelbeergroßen Früchte reif. Auch der Zwergwacholder *(Juniperus nana)* überschreitet die Baumgrenze. Er hat kurze Nadeln und wird nur 30 cm hoch.

In den Mooren sind die Brombeersträucher durch die Moltebeere *(Rubus chamaemorus),* einen 10 cm niedrigen Strauch mit weißen Blüten und rotorangen Beeren, vertreten. Eine typische Pflanze der Tundrenmoore ist die Moosbeere *(Vaccinium oxycoccus),* die liegende Zweige ausbildet, aus denen an dünnen Stengeln pastellrosa Blüten hervorbrechen. Im Spätsommer reifen rote Beeren, die 10 bis 15 mm groß sind und nicht nur für Bären, sondern auch für Füchse, Kleinsäuger und viele Vögel ausreichend Nahrung bieten. Die Moosbeere gehört zu den wichtigsten Nahrungsmitteln der Tierwelt dieser Region, denn sie ist außerordentlich zuckerhaltig.

Nach Süden zu schließt sich an den Tundrengürtel über den gesamten Norden Asiens im Bereich der gemäßigten Klimazone ein ausgedehnter, zusammenhängender Waldgürtel, die sogenannte Taiga, an. Die Taiga wird von verhältnismäßig einförmigem Wald bedeckt. Die verbreiteste Baumart ist die Lärche, aber auch Tanne, Fichte und andere Nadelbäume sind charakteristisch. Auf Brandflächen und am Nordrand kommen Laubgehölze vor, insbesondere die lieblichen Birken und Espen. Vom Jenissej nach Osten zu bis hin zum Ochotskischen Meer erstreckt sich die sogenannte Lärchentaiga mit der sibirischen Lärche *(Larix sibirica)*. Sie hat 3 bis 4 cm lange Nadeln und 4 cm lange, kegelige Zapfen. Daneben kommt die Dahurische Lärche *(Larix dahurica)* vor, die in den Morästen als Zwergform mit krummen Stämmen wächst.

Charakteristisch ist ferner die Sibirische Weißtanne *(Abies sibirica)*, die im nordöstlichen Asien durch die Zwergkiefer *(Pinus pumila)* abgelöst wird. Zu den typischsten und wichtigsten Gehölzen der sibirischen Taiga gehört vor allem die Zirbelkiefer, die bei mittlerem Lebensalter eine dichte, zylindrisch geschlossene Krone bildet. Später breitet sie ihre Zweige weit und unregelmäßig aus. Die Zapfen dieser Kiefernart sind eiförmig oder rund, etwa 6 cm groß und haben ziemlich große, eßbare Samen. Sie enthalten bis zu 56 % Fette, 6 % Eiweiß, aber auch Zucker, Stärke und andere

Stoffe, und werden deshalb zur Ölgewinnung verwendet. Auf dem Markt sind sie als Zirbelnüsse bekannt.

Weiter nach Süden und vor allem im Südosten, in der Mandschurei, mischen sich Laubgehölze in die Taigawälder und gehen in Mischwälder über. Die vorherrschenden Baumarten sind Eiche, Ahorn und Ulme.

Tundra und Taiga Nordasiens sind reich an Wasser. Hier fließen die mächtigsten Ströme Asiens mit einem riesigen Einzugsgebiet. Der größte ist der 4130 km lange Jenissej mit einem Stromgebiet von 2 707 000 km². Weitere riesige Flüsse sind der Ob mit 4070 km und die Lena mit 4320 km Länge. Alle drei Ströme münden ins Nördliche Eismeer. Aber der längste Strom Sibiriens ist der Amur, sein Lauf mißt 4350 km, und er mündet ins Ochotskische Meer.

Am Südrand der Taiga liegt der älteste Binnensee der Welt, der Baikalsee. Er hat eine Wasserfläche von 31 500 km² und ist mit 1742 m der tiefste See Asiens überhaupt. Da er 25 Millionen Jahre geologisch von anderen Gewässern isoliert worden ist, hat er eine einmalige, endemische Fauna aufzuweisen, denn Dreiviertel der Tierarten, die in diesem See leben, kommen nirgendwo sonst vor. Das größte Tier des Baikalsees ist die fischfressende Baikalrobbe, die unter Naturschutz steht. Auch für den Wasserhaushalt des ganzen Gebietes ist der Baikalsee wichtig und dient den vielen Städten, die an seinen Ufern entstehen, zur Trinkwasserversorgung. Sein Fischreichtum hat eine ganze Industrie ins Leben gerufen, denn an seinen Ufern entstehen große fischverarbeitende Betriebe.

Vor der Nordostküste Asiens liegt eine Inselkette vulkanischen Ursprungs. Dazu gehören Sachalin, die Kurilen und die japanischen Inseln. Hier gibt es noch tätige Vulkane, über deren Gipfeln eine Rauchsäule steht und deren Seitenkratern heiße Dämpfe entströmen. Diese Region gehört zu den aktiven Erdbebengebieten.
Auf vielen der kleinen Felsinseln und Inselchen vor den Küsten Sachalins bringen verschiedene Robbenarten ihre Jungen zur Welt. Jahr für Jahr versammeln sich hier große Herden dieser Flossenfüßer. Hunderte von Tierleibern drücken sich in die Felsenklippen. Sobald die jungen Robben selbständig sind, ziehen wieder alle in das offene Meer hinaus. Außerdem siedeln auf diesen Inseln Tausende von Seevögeln wie Möwen, Alken und andere Lummen.
Zu den häufigsten Gehölzen dieser Region gehören Kiefer und Fichte, die intensiv für die Holzgewinnung genutzt werden. Zu den charakteristischen Kräutern zählt auf Sachalin das *Polygonum sachalinense,* ein über 3 m hohes Knöterichgewächs mit riesigen, bis zu 30 cm langen Blättern, das ausgedehnte Bestände bildet. Auf Hokkaido wird es durch das 3 m hohe *Polygonum cuspidatum* vertreten.
Nur die südliche Region Ostasiens mit dem Stromgebiet der Mandschurei und Korea sowie die japanischen Inseln haben wieder eine üppigere Vegetation, und hier trifft man auch wieder auf Laubwälder, die in ganz Nordasien östlich des Ural fehlen. Das Klima ist durch Monsunregen im Sommer und arktische Winde im Winter gekennzeichnet.

Gewöhnliches Gleithörnchen *(Pteromys volans)*

Das Gewöhnliche Gleithörnchen, ein Verwandter unseres Eichhörnchens, bewohnt Sibirien, die Küsten Chinas und Koreas und die japanische Insel Hokkaido. Es wird bis zu 25 cm lang. Davon entfallen aber auf den Schwanz 12 cm. Dieses Hörnchen hat ein sehr schönes, langes und weiches Fell, das bei den einzelnen Tieren in der Färbung von Silbergrau bis Gelbbraun variieren kann.

Das Gewöhnliche Gleithörnchen ist ein Baumtier, das Baumkronen von Nadel- und Mischwäldern bevorzugt. Gewandt springt es von Baum zu Baum und vermag bis zu 50 m weit zu „segeln". Dabei dient ihm der Schwanz als Steuer und Bremse. Am Boden bewegt es sich etwas schwerfälliger und hält sich auch nicht lange dort auf. Als Schlafplatz, wo es den Tag verbringt, sucht es sich Baumhöhlen, meist Spechthöhlen, oder auch Vogelnester aus. Sobald die Dämmerung hereinbricht, wird es munter. Seine Kost bilden Nüsse, Sämereien, Beeren, Früchte, Pilze und Blätter, aber auch Insekten, Vogeleier und Nestlinge von Kleinvögeln.

Das Gewöhnliche Gleithörnchen ist ein geselliges Tier, das paarweise oder in Familiengruppen lebt. Nach etwa 40 Tagen Tragzeit bringt das Weibchen in einem gut ausgepolsterten Nest 2—4 ganz nackte und blinde Junge zur Welt, die erst nach 25—28 Tagen ihre Augen öffnen. Den Winter über hält das Gleithörnchen zwar keinen Winterschlaf, verringert jedoch seine Aktivität auf ein Minimum. Seine Feinde sind Waldkäuze und Marder.

Sibirisches Feuerwiesel oder Sibirischer Nerz *(Mustela sibirica)*

Das Sibirische Feuerwiesel hat ein sehr weites Verbreitungsgebiet, das sich von Japan und Korea über ganz Südsibirien bis zum Ural, aber auch über ganz China und Indien hin erstreckt. Es erreicht zusammen mit dem 18 cm langen Schwanz eine Gesamtlänge bis zu 48 cm und bewohnt lichtere Wälder sowie felsige und buschbestandene Gegenden. Tagsüber verbirgt es sich in hohlen Bäumen, Felsspalten oder unter dichtem Gesträuch. Sobald es dunkel wird, kommt es jedoch aus seinem Versteck und geht auf Beutejagd. Kaum hörbar schleicht es über den Boden und überfällt kleine Nagetiere, Vögel und Kriechtiere. Wenn es an dieser Beute mangelt, ernährt es sich aber auch von Würmern und Weichtieren.

Die meiste Zeit des Jahres lebt das Sibirische Feuerwiesel ungesellig. Nur während der Paarungszeit sucht sich das Männchen ein Weibchen. Gewöhnlich bleiben sie nur ein paar Stunden zusammen. Das Wieselweibchen polstert das Nest weich mit Moos, Laub und Federn aus und wirft nach etwa 38 Tagen Tragzeit 2—8 blinde Junge. Die Kleinen öffnen nach 28—30 Tagen ihre Augen und werden etwa 8 Wochen von der Mutter gesäugt. Im Alter von 10 Monaten sind sie erwachsen.

Zobel *(Martes zibellina)*

Die Zobelfelle gehören zu den schönsten und wertvollsten Edelpelzen. Der Träger dieses weichen und so begehrten Pelzes, der Zobel, ist ein Waldtier und bewohnt die Taigazonen Nord- und Ostsibiriens. Er wurde wegen seines Pelzes fast ausgerottet. Nach der russischen Revolution wurden Schonzeiten, Naturschutzgebiete und Zuchtfarmen eingerichtet. Dank dieser Bemühungen und der erfolgreichen Wiederausbürgerung der Jungtiere, die in den Zobelfarmen großgezogen worden waren, in Gegenden, in denen zur Zarenzeit Zobel gelebt hatten, konnte dieses Wildtier nicht nur vor dem Aussterben gerettet, sondern heute auch wieder unter Wahrung der Jagdgesetze gejagt werden. So kommen auch wieder Zobelfelle in den Handel.

Der Zobel, der eine Gesamtlänge von 45 cm erreicht, hat einen etwa 15 cm langen Schwanz. In seinem Revier legt dieses lebhafte Tierchen auf der Suche nach Beute mehr als 15 km je Nacht zurück. Aber auch tagsüber ist es aktiv. Hauptbeutetiere sind Eichhörnchen, aber auch kleine Vögel und Nagetiere, die auf dem Boden leben. Er bestreicht ein ziemlich großes Revier und wechselt es mehrmals im Jahr je nach dem Aufkommen der Beute, die er jagen kann.

Der Zobel lebt meist ungesellig. Nur während der Brunstzeit, die gewöhnlich zwischen Juli und August liegt, lebt das Pärchen kurze Zeit zusammen. Die Fähe ist 250—300 Tage tragend und bringt meist 3 oder 4 Junge zur Welt. Sie sind bei der Geburt blind und beginnen nach 30—35 Tagen zu sehen. Das Muttertier säugt gewöhnlich 6—7 Wochen lang. Nach 15 Monaten sind die jungen Zobel erwachsen.

Gewöhnliches Gleithörnchen

Sibirisches Feuerwiesel oder Sibirischer Nerz

Manul *(Otocolobus manul)*

Der Manul, eine sehr schöne, etwa 60 cm lange Wildkatze, ist im Gebiet östlich vom Kaspischen Meer bis nach Westchina und Tibet beheimatet. Er hat einen 25 cm langen, buschigen Schwanz. Die Haare des Manul sind ungewöhnlich, nämlich 6 cm lang. Sein Lebensraum sind die Steppen, aber auch in den Bergen ist er anzutreffen. In seinem Revier begibt er sich auf festen Wechseln am Tage oder auch in der Dämmerung auf Beutejagd. Jedes Tier markiert sein Revier durch Abkratzen der Baumrinde bis auf das blanke Holz. Dieser Kleinkatze dienen hauptsächlich Nagetiere, aber auch Pfeifhasen und Hühnervögel als Nahrung.

Während der Brunstzeit, also im Februar oder März, sucht sich der Kater ein Weibchen und bleibt mit ihm mehrere Tage zusammen. Die Katze bringt nach einer Tragzeit von 65 Tagen, verborgen in einer kleinen Felshöhle oder in einem hohlen, umgebrochenen Baumstamm, 1 — 7 Junge zur Welt. Die Neugeborenen sind blind und öffnen ihre Augen nach 2 — 10 Tagen. Die Mutter säugt sie 6 — 8 Wochen lang. Nach 3 Monaten sind die Kätzchen selbständig und im Alter von 10 Monaten erwachsen.

Zobel

Sibirischer Tiger *(Panthera tigris altaica)*

Der Sibirische Tiger ist die größte Unterart dieser Großkatze, denn das männliche Tier hat eine Schulterhöhe von über 100 cm. Es wird einschließlich des Schwanzes, der etwa ein Drittel ausmacht, bis zu 400 cm lang und über 280 kg schwer. Seine Heimat ist das Gebiet zwischen Amur und Ussuri, Nordostchina und einem Teil Nordkoreas. Gegenwärtig leben die meisten dieser mächtigen Großkatzen auf dem Gebiet der UdSSR, wo der Tiger unter Schutz steht. Neuesten Zählungen zufolge gibt es dort etwa 200 Stück. Im Winter wächst dem Sibirischen Tiger ein sehr langes und dichtes Fell, das ihn vor Kälte und den Unbilden der Witterung schützt, denn in seinem Verbreitungsgebiet zeichnet sich der Winter durch starke Fröste und oft meterhohen Schnee aus.

Der Tiger bewohnt riesige Waldgebiete. Jedes Tier hat sein festes Jagdrevier, in dem es täglich oft Dutzende von Kilometern auf seiner Jagd nach Beute zurücklegen muß. Gewöhnlich geht der Tiger tagsüber und in

Manul

Sibirischer Tiger

der Dämmerung auf Jagd; dort, wo er Gefahr wittert, wird er aber auch nachts aktiv. Er vermag es trotz seiner mächtigen Gestalt, das ausgesuchte Beutetier anzuschleichen und dann bewegungslos in geduckter Stellung auf den richtigen Augenblick zu warten. Nur an den Bewegungen seiner Schwanzspitze läßt sich erkennen, wie aufgeregt er ist. Auch die Tigerin dirigiert ihre Jungen mit dem Schwanz, wenn sie ihnen beibringt, wie sie sich beim Schlagen der Beute verhalten sollen. Scheint der Augenblick günstig, so springt der Tiger jäh auf und versucht, mit mehreren kräftigen Sprüngen das überraschte Wild zu greifen. Kleinere Tiere tötet er durch einen Biß in den Nacken, größere springt er seitlich oder von unten her an und erlegt sie durch einen Biß in die Kehle.

Der Sibirische Tiger jagt meist Wildschweine und Hirsche. Hin und wieder gelingt es ihm sogar, einen Braunbären zu überwinden, wenn er wenig anderes Wild findet. Es sind jedoch Fälle bekannt, wo geschwächte Tiger in diesem Kampf die Unterlegenen waren. Im Sommer fängt der Tiger auch kleine Mäuse, Frösche, Vögel oder sogar Insekten und nimmt auch Waldfrüchte. Die geschlagene Beute schleppt er in ein Versteck im Dickicht, um sie in aller Ruhe verzehren zu können. Dabei kann er bei einer Mahlzeit auch mehr als 30 kg Fleisch fressen. Nach einem solchen Mahl fastet er mehrere Tage und ruht sich aus. Die Reste der Beute versteckt er unter kleinen Zweigen, Blättern oder Moosen. Aber es kommt auch vor, daß er lange Zeit keine Beute macht. Dann vermag er eine Woche oder länger zu hungern.

Während der Paarungszeit zieht die Tigerin oft suchend umher. Trifft sie auf ein Männchen, so verpaart sie sich meistens mit ihm. Im Frühjahr bringt die Tigerin nach einer Tragzeit von 95—108 Tagen in einer Höhle oder unter einem riesigen, umgestürzten Baumstamm 2—4 Junge zur Welt. Die Neugeborenen sind blind und öffnen ihre Augen nach 3—10 Tagen. Die Tigerin umsorgt die Kleinen, leckt ihnen das Fell, säubert sie, massiert ihnen den Bauch und spielt mit ihnen. Erst im Alter von 2 Monaten verlassen die kleinen Tiger das Nest und beginnen dann die erste feste Nahrung aufzunehmen. Das Muttertier säugt die Jungen jedoch 5—6 Monate lang und nimmt sie erst dann mit auf die Jagd. Nach 11—15 Monaten sind die Jungtiger selbständig und schlagen schon selbst größere Beutetiere. Aber noch lange, etwa 2—3 Jahre, bleiben sie in der Obhut der Mutter. Die Männchen sind mit $3^1/_2$ Jahren, die Weibchen etwas früher erwachsen.

Der Sibirische Tiger badet gern und ist ein ausgezeichneter Schwimmer, für den es nicht schwer ist, einen Fluß zu durchqueren. Auf Bäume klettert er jedoch nicht und schleift sich nur an Stämmen seine mächtigen Krallen ab. Während der Paarungszeit läßt er seine tiefe, brüllende Stimme hören. Das klingt dann wie ein langgezogenes „Wau-uuu", ist aber nicht so laut wie das Löwengebrüll.

Sikahirsch *(Cervus nippon)*

Der Sikahirsch war in 7 Unterarten in der Mandschurei, in Korea, Ost- und Mittelchina, im Ussurigebiet und in Japan verbreitet, ist aber weitgehend ausgerottet. In einigen Gegenden Europas ist er eingebürgert worden. Das Sommerfell hat große, weiße Flecken, die sich nach dem Haarwechsel im Herbst verlieren. Bis zum Widerrist wird der Sikahirsch etwa 110 cm hoch. Sein Körper erreicht eine Länge von 160 cm. Die Hirsche sind gewöhnlich Achtender und kämpfen zur Brunftzeit, also im Oktober bis Dezember, miteinander um die kleinen Herden der Hirschkühe.

Die Weibchen bringen nach 218—246 Tagen Tragzeit ein Junges, selten Zwillinge zur Welt, die sich in dichten, hohen Grasbülten, hohen Brennesseln oder im Gebüsch verbergen. Das Muttertier hält in der Nähe Wache und kommt regelmäßig, um das Kälbchen zu säugen. Das Junge trinkt zwar 7 Monate lang Muttermilch, nimmt aber bereits mit 2 Monaten regelmäßig

Sikahirsch

feste Nahrung auf. Die Kost der Sikahirsche besteht aus Gräsern, Kräutern, kleinen Zweigen, Trieben und Rinde. In vielen Ländern ist diese Hirschart nahezu ausgerottet wegen des großen Interesses an dem sogenannten „Panty" des Bastgeweihes, das oft sogar mit einem Stück Gehirnschale abgeschnitten wurde und dann besonders begehrt war. Selbstverständlich mußte der Jäger das Tier zu diesem Zweck töten. Und so gingen die Bestände dieser Hirschart schnell zurück. Das Bastgeweih ist bei den Ostasiaten wegen des Pantokrins, das daraus hergestellt und für ein Wunderheilmittel gehalten wird, so geschätzt. Es fand auch in der chinesischen Pharmazie Verwendung. Weil das Bastgeweih in der Volksmedizin immer noch zur Behandlung von Arterienverkalkung und Rheumatismus benutzt wird, werden Sikahirsche an manchen Orten halbwild oder in Farmen gehalten. Hier werden den Tieren die Bastgeweihe fachmännisch abgesägt, ohne daß sie getötet werden müssen.

Altai-Maral

Altai-Maral *(Cervus elaphus sibiricus)*

Der Altai-Maral ist ein Bewohner der Bergwälder des Altai-Gebirges, des Tien-Schans und der Gegenden um den Baikalsee, lebt aber auch in Mittelasien. Der mächtige Hirsch wird bis zum Widerrist bis 160 cm hoch und 225 cm lang, das Weibchen ist kleiner und schwächer. Im Frühjahr, meist im März, wächst den Maralmänn-

Baikal-Ringelrobbe

chen aus den Rosenstöcken ein neues Geweih. Ende Juli oder Anfang August ist es fertig. Bald darauf setzt die Brunft ein, während der die stattlichen, erwachsenen Böcke in erbitterten Zweikämpfen aufeinandertreffen. In dieser Zeit ist auch weithin ihr lautes „Röhren" zu hören. Der Maralbock, der aus dem Zweikampf als Sieger hervorgeht, zieht mit der kleinen Herde der Maralkühe ab und vertreibt weitere Nebenbuhler, die sich ihr immer wieder nähern. Nach der Paarung kümmert er sich jedoch nicht mehr um das Rudel, das er auch niemals führt, denn das Leittier ist immer ein Weibchen, nach dem sich auch der Hirsch richtet.
Die Maralkühe bringen nach 225—262 Tagen Tragzeit ein, selten 2 Junge in einem Versteck im Gebüsch oder im hohen Gras zur Welt. Schon am zweiten Tag ist das Kleine recht munter, bleibt jedoch noch einige Tage im Versteck, wo es von der Mutter aufgesucht und gesäugt wird. Muttermilch trinkt es bis zum 8. Lebensmonat, aber schon wesentlich früher kann es sich selbst ernähren. Der Altai-Maral lebt von Gräsern, Blättern, Rinden, Sprossen, Früchten, aber auch von Flechten und Moosen. Zu seinen Feinden gehören Schleichkatzen, Bären und Wölfe. Auch der Maral wird wegen seines Bastgeweihs häufig in Farmen gehalten.

Baikal-Ringelrobbe *(Pusa sibirica)*

Einer der größten Seen Asiens, der Baikalsee, ist die Heimat der Baikalrobbe, die 100 cm lang wird. Sie lebt in großen Gruppen zusammen, in denen sie auch oft gemeinsam auf Jagd geht. Gewöhnlich taucht sie bis in 15—20 m Tiefe, selten bis auf 30 m, um Fische, Krustentiere und Weichtiere zu fangen. Sobald sie satt sind, kriechen die Robben an die felsigen Ufer und sonnen sich solange als möglich. Wenn der See im Winter zufriert, leben sie unter der Eisdecke, in der sie sich Löcher zum Atmen offenhalten.
Nur die tragenden Weibchen klettern aus dem Wasser. Anfang April kommen die Tiere, die den Winter überstanden haben, aus dem Wasser und bilden Trupps von 100—200 Mitgliedern. Wenn dann bald darauf das Eis taut, sammeln sich die Ringelrobben zu ihrem Zug in den nördlichen Teil des Baikalsees, wo sie die Uferfelsen bevölkern.
Das Weibchen bringt auf dem Festland nach elfmonatiger Tragzeit ein Junges zur Welt. In den ersten Tagen verläßt die Mutter ihr Kleines nicht einen einzigen Augenblick und nimmt in dieser Zeit keine Nahrung zu sich. Das Kleine, das in einem dichten Fellkleid geboren wird, wird von der Mutter 5 Wochen lang gesäugt. Da Robbenmilch äußerst fetthaltig und nahrhaft ist, wachsen die kleinen Ringelrobben sehr schnell heran. Mit 3—5 Wochen wächst ihnen ein neues Fell, das eine ganz andere Qualität hat und schon für das Leben im Wasser geeignet ist. Danach geht das Kleine zum erstenmal ins Wasser und lernt, Beute zu jagen: zuerst nur langsame Weichtiere und Krustentiere. Nach 14 Tagen Lehrzeit ist es schon ein gewandter Jäger. Die jungen Ringelrobben sind mit 3—5 Jahren erwachsen. Fachleute schätzen den heutigen Bestand der Baikal-Ringelrobben auf etwa 50 000 Tiere, die unter Schutz stehen.

Prachttaucher *(Gavia arctica)*

Das asiatische Verbreitungsgebiet des Prachttauchers erstreckt sich vom Ural bis zum Baikalsee. Während der Brutzeit lebt er an Seen, meist nahe der Meeresküsten. Sein Nest, das etwa 65 cm groß ist, legt er auf kleinen Inseln am liebsten direkt über der Wasserfläche an, so daß er aus dem Nest praktisch ins Wasser gleiten kann. Im April oder Mai legt das Weibchen in eine flache Vertiefung im Gras, die nicht weiter ausgepolstert wird, 2 gefleckte Eier und wechselt sich beim Ausbrüten 28—32 Tage lang mit dem Männchen ab. Sobald die Jungen trocken sind, führt sie die Mutter aufs Wasser. Die Familie bleibt am Nestplatz, bis die Kleinen flugfähig sind.
Die nördlichsten Populationen verlassen ihre Brutgebiete schon Mitte August und schwimmen mit den Jungen, die noch nicht flügge sind, mit der Flußströmung zum Meer, wo sie sich bis zum Abflug in die Winterquartiere im November am Ufer aufhalten. Sie überwintern im Norden des Kaspischen Meeres und kehren von Anfang März bis Ende April in die Brutgebiete

zurück. Die Kost des Prachttauchers besteht hauptsächlich aus Fischen, die er während des Tauchens erbeutet. Normalerweise taucht er nur dicht unter die Wasseroberfläche. Er kann jedoch auch bis zu einer Tiefe von 30 m vorstoßen.

Prachttaucher

Ohrentaucher *(Podiceps auritus)*

Die Heimat des Ohrentauchers erstreckt sich über ganz Nordasien bis zum 70. Breitengrad. Aber auch der Norden Europas und Nordamerikas gehören zu seinem Brutgebiet. Er wird etwa 33 cm lang, und beide Geschlechter sind gleich gefärbt. In seinen südlichen Verbreitungsgebieten kommt er auch in den Bergen vor, im Altai z. B. noch an den Hochgebirgsseen, die in 2300 m Höhe liegen. Die Populationen, die in Asien brüten, überwintern in Japan, Korea, Ostchina und am Kaspischen Meer. Sie kehren im Mai zu ihren Brutplätzen zurück, die an Seen und in Morästen gelegen sind. Ist der Teich klein, dann besetzt ihn nur ein Paar als seinen Brutbezirk. Ist der See größer, entstehen kleinere Brutkolonien.

Im Juni errichtet das Weibchen aus dem Material, das ihm das Männchen zuträgt — modernde Wasserpflanzenteile — nahe am Ufer im Morast, der mit Sumpfpflanzen bewachsen ist, ein Nest und legt 3—5, selten bis zu 6 weißliche elliptische Eier. Das Brutgeschäft besorgt das Paar abwechselnd 20—24 Tage lang. Solange die Ohrentaucher noch klein sind, werden sie von den Eltern auf dem Rücken auf dem Wasser getragen. Die Altvögel kümmern sich mehrere Wochen lang sorgsam um die Kleinen. Die Nahrung des Ohrentauchers besteht aus Krustentieren, Insekten, Weichtieren, Würmern, kleinen Fröschen und Fischen, nicht selten auch aus grünen Pflanzenteilen und Sämereien.

Ohrentaucher

Zwergschwan *(Cygnus bewickii)*

Die Brutgebiete des Zwergschwans liegen in den Küstengebieten und auf den kleinen Inseln ganz Nord-

Zwergschwan

Bleßgans

asiens. Als Winterquartiere sucht dieser Schwan, der etwa 122 cm groß wird, das Kaspische Meer, den Aralsee und die westeuropäischen Küsten auf. Die östlichste Bevölkerung zieht nach Südjapan und nach Ostchina. In seinen Wintergebieten lebt er in Schwärmen zu mehreren hundert Vögeln. Im April kehren die Zwergschwäne in ihre Wohngebiete in den sumpfigen Tundren zurück. Sie bevorzugen Gebiete, die von Morästen und kleinen Flüssen durchzogen sind.

Als Nistplatz suchen sich die Tiere erhöhte Stellen in der Nähe des Wassers aus. Am Bau beteiligt sich nur das Weibchen. Als Material dienen Moose, Flechten, Grashalme und kleine Knüppel, zum Auspolstern der Nestmulde rupft sich das Weibchen eine Menge Daunenfedern aus. Ende Mai oder im Juni legt das Weibchen 2—3 gelbweiße Eier und bebrütet sie meist 30—35 Tage lang allein. Während der Brutzeit hält sich das Männchen in seiner Nähe auf und sorgt für seine Sicherheit. Die Jungen, die nach etwa 45 Tagen flügge sind, werden von beiden Eltern geführt. Der Zwergschwan ernährt sich von Gras, Trieben, Sämereien und Beeren, aber in kleineren Mengen auch von Wasserinsekten, Krustentieren und gelegentlich von kleinen Fischen und Kaulquappen.

Rothalsgans

Bleßgans *(Anser albifrons)*

Die Bleßgans wird bis zu 70 cm lang. Ihr Brutgebiet erstreckt sich über die Tundrengebiete Nordasiens in der Nähe des Meeres. Sie lebt auch in Nordamerika und an den Küsten Grönlands und Islands. Die asiatischen Bevölkerungen aus den westlichen Gebieten überwintern in großen Scharen meist in West- und Südosteuropa, die im Ostteil des Verbreitungsgebietes heimischen Vögel ziehen zu den japanischen Inseln und nach China. Zu ihren Brutplätzen kehrt die Bleßgans im Mai zurück, in die nördlichsten Gebiete aber erst Mitte Juni, wo sie meist kleine Brutkolonien bildet.

Das Nest errichtet das Weibchen auf einer erhöhten Stelle, am liebsten an Terrassenhängen, und polstert die Nestmulde mit Grashalmen und Blättern aus. Die 3—7 gelbweißen Eier legt es auf ein dichtes Daunenpolster und bebrütet sie 26—30 Tage lang allein. Während dieser Zeit hält sich das Männchen in der Nähe oder direkt neben dem Nest auf. Die Jungen werden von beiden Eltern geführt. Sobald die jungen Bleßgänse die Obhut der Altvögel nicht mehr benötigen, vereinigen sie sich zu Schwärmen und fliegen zu feuchten Wiesen an Fluß- und Seeufern. Die Bleßgans lebt von Gras, Blättern von Kräutern, Beeren und Sämereien.

Rothalsgans *(Branta ruficollis)*

Das Brutgebiet der Rothalsgans, die sehr schön gefärbt ist und etwa 55 cm groß wird, ist verhältnismäßig klein. Es liegt in der Nähe der Küste in der Tundra zwischen dem Ostufer der Halbinsel Jamal und dem Delta des Dunipta-Flusses und im westlichen Teil der Tajmyrhalbinsel. Im Winter bevölkert sie in Scharen die südlichen Gebiete des Kaspischen Meeres und die Westküsten des Schwarzen Meeres. Seltener verirrt sich eine

kleinere Gruppe bis nach Mitteleuropa. Mitte März kehrt sie in ihre Brutheimat zurück, denn die Tundra liegt bis zum Frühjahr unter einer dichten Schneedecke. Die Rothalsgans brütet in kleinen Kolonien zu 5—7, seltener bis zu 30 Paaren und sucht dazu manchmal die Nähe von Wanderfalken und Rauhfußbussardhorsten auf. Sein Nest legt das Weibchen meist am steilen Flußufer mit Busch- und Grasbestand, aber auch auf kleinen Inseln im Fluß an. Auf der Taimyrhalbinsel brütet sie auf Felsen über den Flüssen. In das Nest, das mit Grashalmen und Blättern, aber auch reichlich mit Daunen ausgepolstert wird, legt die Rothalsgans 3—9 weißgelbe Eier. Das volle Gelege beginnt sie meist um den 20. Juni herum allein zu bebrüten. Der Ganter hält sich während dieser Zeit in ihrer Nähe auf und hält Wache.
Wenn die Küken nach 25 Tagen schlüpfen, werden sie von den Eltern mit aufs Wasser genommen, sobald sie trocken sind. Wenn ihnen Gefahr droht, vermögen die Rothalsgänse, auch die Jungen schon, ausgezeichnet zu tauchen und sich so vor dem Feind zu retten. Auf dem Wasser übernachten sie auch; Unterschlupf suchen sie dazu noch im Röhricht. Bis zum 20. August sind die Jungen flügge, so daß die Familie schon Anfang September ihre Brutheimat verlassen kann. Bis zum Abflug mausern sich auch die Altvögel noch. Die Rothalsgans verbringt also in ihrem Brutgebiet nur etwa 100 Tage des Jahres.
Als Nahrung sucht sie sich überwiegend Pflanzenkost. Sie ernährt sich von Labkraut (Galium), Laichkraut (Potamogeton) und Queller (Salicornia), nimmt aber auch Gräser und Kräuter. Auf dem Zug in die Winterquartiere ernährt sie sich in den Steppengebieten Kasachstans sehr gern von wildem Knoblauch. Zu den Feinden der Rothalsgans gehört vor allem der Fuchs. Die Jungtiere werden häufig von großen Möwenarten und Raubmöwen erbeutet. Fachleute schätzen die Gesamtzahl der Rothalsgänse gegenwärtig auf 50 000 Tiere.

Ringelgans *(Branta bernicla)*

Die Ringelgans ist 61 cm lang und bewohnt in mehreren Unterarten das gesamte arktische Tundrengebiet und brütet im Norden Asiens direkt an den Meeresküsten und auf den kleinen Inseln in der Nähe der Küste. Die ostasiatischen Populationen überwintern vorwiegend an den Küsten der japanischen Inseln und Chinas, während die, die aus dem westlichen Teil des Verbreitungsgebietes stammen, in Scharen an die westeuropäischen Küsten ziehen. In der ersten Junihälfte kehren die Tiere in ihre Brutheimat zurück und beginnen sofort mit dem Nestbau.
Das Weibchen formt eine flache Mulde aus und polstert sie reichlich mit Pflanzenmaterial und später auch

Ringelgans

mit Daunenfedern. Häufig siedelt sich eine Gruppe von Ringelganspärchen in den Brutkolonien großer Möwenarten oder in der Nähe von Greifvogelhorsten an. Das Gelege aus 3—6 weißlichen Eiern bebrütet das Weibchen etwa 24 Tage lang allein. Die Männchen verlassen die Familie schon bald und schließen sich zu selbständigen Scharen zusammen. Schon in der ersten Augusthälfte sind die Jungen flügge. In den Sommermonaten lebt die Ringelgans von Gräsern, Flechten und Moosen, aber auch von Krustentieren, Weichtieren, Würmern und Wasserinsekten, den Winter über meist von Seegras.

Gluckente *(Anas formosa)*

Die Brutheimat der Gluckente zieht sich von Sibirien aus östlich bis nach Kamtschatka und in westlichen

Gluckente

Sichelente

Richtungen bis zu den Ufern des Jenissej hin. Diese Schwimmente ist 40 cm groß und zeichnet sich durch eine völlig unterschiedliche Färbung der Geschlechter aus. Während der Erpel im Hochzeitskleid in den herrlichsten Farben prunkt, ist das Weibchen unauffällig gefärbt. Im Herbst zieht die Gluckente mit anderen Entenarten zu den japanischen Inseln und nach Südostasien zum Überwintern.
Den Rückweg in die Brutgebiete tritt sie Ende April oder im Mai an. Dort sucht sie sich Seen, Flüsse und Sümpfe mit größeren Wasserflächen, um nahe am Wasser, aber auch oft bis zu 100 m entfernt im Mai ihr Nest zu bauen. Diese Tätigkeit obliegt dem Weibchen, das die Nestmulde mit Gräsern und Blättern auspolstert und das Gelege aus 6—9 hellgrünen Eiern sorgfältig mit Daunenfedern umgibt. Es brütet allein und führt auch die nach 24—28 Tagen geschlüpften Küken selbst. Die Gluckente ernährt sich von Sämereien, grünen Pflanzenteilen und Plankton.

Sichelente *(Anas falcata)*

Die Sichelente ist etwa 50 cm groß und in Ostasien, westlich vom Baikalsee und nach Osten bis zur Insel Hokkaido heimisch. Der Erpel gehört in seinem Prachtkleid zu den schönsten Entenarten. Den Winter verbringt die Sichelente in Korea, im Süden der japanischen Inselgruppe und in Südostasien. Dort sucht sie Binnenseen und Reisfelder auf, überwintert aber auch an der Meeresküste.
In ihre Brutheimat kehrt sie im Mai schon verpaart zurück. Sie siedelt an See- und Flußufern, die dicht bewachsen sind. Nahe am Wasser formt das Weibchen eine flache Nestmulde, legt sie mit Blättern oder Gras aus und umgibt das Gelege aus 6—8 gelblichen Eiern dicht mit Daunenfedern. Dann sitzt es allein 24—26 Tage lang auf den Eiern. Sobald die Entenküken trokken sind, folgen sie der Mutter aufs Wasser. Die jungen Sichelenten leben von kleinen Krustentieren, Insekten, Weichtieren und grünen Pflanzenteilen. Die erwachsenen Tiere sammeln auch Sämereien.

Mandarinente *(Aix galericulata)*

Der Erpel der Mandarinente, die nur 38 cm groß wird, gehört in seinem Hochzeitskleid zu den Vögeln, die am schönsten gefärbt sind. Das Brutgebiet der Mandarinente erstreckt sich über das Ussurigebiet, die japanischen Inseln, die Kurilen und die Ostküsten Chinas einschließlich der Insel Taiwan. Ihr Winterquartier hat sie in Ostchina und in Japan, wo sie sich sogar auf den Stadtparkteichen Tokios aufhält. In ihrer Brutheimat treffen die Paare Ende März oder im April ein. Der Erpel schwimmt beim Balzen auf dem Wasser, reckt den Hals auf, legt dann den Kopf auf die Wasserfläche und stellt dabei sein buntes Ziergefieder zur Schau.
Das Weibchen legt das Nest in einem hohlen Baum oder auf dem Erdboden zwischen dicht wachsenden Pflanzen nahe am Wasser, unter einem umgefallenen Baumstamm oder in einem vermoderten Wurzelstock an und legt im Mai oder Juni 7—12 weißliche Eier. Sobald die Küken, die nach 28—30 Tagen schlüpfen, trocken sind, springen sie aus dem Nest, das oft mehr als 10 m hoch liegt, und kommen entweder direkt auf der Wasserfläche oder im hohen, weichen Gras auf, das ihren Fall dämpft. Die Mutter brütet nicht nur allein, sondern führt die Küken auch zu Futterstellen und schützt sie. Die Mandarinente lebt von Insekten und Insektenlarven, Krustentieren, Weichtieren, grünen Pflanzenteilen und Sämereien.

Mandarinente

Prachteiderente

Prachteiderente *(Somateria spectabilis)*

Die arktische Küstenregion Asiens ist die Brutheimat der etwa 56 cm langen Prachteiderente. Das Weibchen hat ein unauffällig gefärbtes Gefieder, der Erpel dagegen legt ein prächtiges Hochzeitskleid an. Landeinwärts ist die Prachteiderente höchstens noch 50—100 km von den Meeresküsten entfernt anzutreffen. Stellenweise ist sie sehr häufig. Die Bestände in Asien werden auf 1—1,5 Millionen Stück geschätzt. Während des Winters halten sie sich in Scharen bis zu 100 000 Tieren im Südostteil der Barentssee und an der Westküste von Nowaja Semlja und ostwärts im Beringmeer auf.

Zu ihren Brutplätzen kehren die ersten schon ab Ende März zurück, die überwiegende Mehrheit aber im Mai und die Tiere, die auf den Inseln von Nowosibirsk brüten, sogar erst im Juni. Zur Brutzeit lebt die Prachteiderente verpaart. Das Weibchen dreht mit seinem Körper eine Nestmulde von etwa 4 cm Tiefe aus, polstert sie mit Pflanzenteilen, kleinen Knüppeln und Federn und umgibt das ganze Gelege mit einer großen Menge Daunen, um es vor Kälte zu schützen. Die 3—7 grüngrauen Eier bebrütet es 25—28 Tage lang allein. Vor dem Schlüpfen der Küken sitzt es so fest, daß es oft das Nest nicht einmal verläßt, wenn sich ihm ein Mensch nähert. Die trockenen Küken führt die Mutter aufs Meer und nimmt sich auch oft fremder, verlassener Küken an, die ihre Mutter verloren haben.

Zu Ende des Sommers siedelt die ganze Familie in die ruhigeren Wasser der Lagunen, Buchten und Flußdeltas über. Im Alter von 40—45 Tagen können die kleinen Prachteiderenten fliegen. Die Familien schließen sich zu Schwärmen zusammen und ziehen in ihre Winterquartiere. Die Brutzeit dieses Entenvogels dauert vom Eintreffen in den Brutgebieten bis zum Abflug mit der Familie nur 80—85 Tage. Die Nahrung besteht vorwiegend aus Muscheln *(Mytilus),* dazu aus Insekten, besonders den Larven der Zuckmücke *(Chironomus),* aber auch aus Seeigeln, kleinen Fischen und Krebsen. Außerdem pickt sie Samen des Hahnenfußes *(Ranunculus)* auf. Zu den Feinden der Prachteiderente gehören Schneefüchse, Schneeulen, Wanderfalken und große Möwenarten, die die Küken überfallen.

Zwergsäger *(Mergus albellus)*

Der Zwergsäger, eine etwa 35 cm große Ente, bewohnt die Taigagebiete ganz Nordasiens. Zur Brutzeit leben sie auf Seen und Flüssen inmitten der Nadelwälder. Auf einem größeren See sind oft Dutzende von Paaren anzutreffen, die im April oder Anfang Mai aus den Winterquartieren zu ihren Brutplätzen kommen. Schon bald nach der Ankunft sucht sich das Weibchen eine geeignete Nesthöhle. Der Erpel folgt dabei seiner Gefährtin oder wartet auf sie auf dem Wasser in der Nähe eines Waldes. Das Weibchen legt in die Bruthöhle, die sich gewöhnlich nur 2 m über dem Boden befindet, 6—11 cremeweiße Eier und umgibt das Gelege reichlich mit Daunenfedern. Dann sitzt es allein 30 Tage lang.

Die Küken springen 24—36 Stunden nach dem Schlüpfen aus dem Nest und folgen der Mutter auf das Wasser. Sobald die Kleinen völlig selbständig sind, schließen sich die Familien zu Scharen zusammen und ziehen nach West- und Südeuropa sowie nach Indien und Ostasien. Hier überwintern sie an großen Flüssen und Seen und nur selten an den Meeresküsten. Der Zwergsäger ernährt sich von Insekten und Insektenlarven, Weichtieren, Krustentieren, Würmern und kleinen Fischen.

Riesenseeadler *(Haliaeëtus pelagicus)*

Der Riesenseeadler, einer der größten Greifvögel überhaupt, wird 100 cm lang, 6—9 kg schwer und klaftert etwa 260 cm. Er ist erst im 4. oder 5. Jahr erwachsen, wenn er sein endgültiges Federkleid bekommt. Beide Geschlechter sind gleich gefärbt. An seinen weißen Schultern und dem weißen Schwanz sowie dem auffallend großen, gelben Schnabel ist der Riesenseeadler leicht zu erkennen. Sein Brutgebiet sind die Küsten des

Zwergsäger

Riesenseeadler

Beringmeeres, des Ochotskischen Meeres sowie Sachalin und die umliegenden Inseln. An den Küsten Japans und Koreas bezieht er seine Winterquartiere, auf Kamtschatka ist er teils Standvogel, teils Wintergast. Er bewohnt felsige Meeresküsten oder Flußtäler nahe dem Meer mit hohem Baumbestand.

Wenn die Paare Anfang März in ihre Brutheimat zurückkommen, lassen sie sich bei ihren Hochzeitsflügen gut beobachten. Beide Partner steigen hoch in die Lüfte, segeln dahin, stoßen plötzlich zur Erde und fliegen wieder auf. Dabei lassen sie weithin ihren klaren Schrei hören, mit dem sie sich gegenseitig begrüßen. Seinen Horst legt das Paar meist auf einem Baum, aber auch auf Felsvorsprüngen an Steilwänden an. Als Standbäume für ihren riesigen, bis zu 1,5 m tiefen und etwa 2,5 m breiten, aus großen Zweigen errichteten Horst sucht es sich am liebsten Pappeln und hohe Birken aus. Zum Ausfüttern der Nestmulde finden kleinere Zweige und Federn Verwendung.

Ende April, wenn das Weibchen 1—2 weiße, leicht grün angehauchte Eier gelegt hat, beginnt das Paar zu brüten. Das Weibchen sitzt jedoch häufiger. Die Jungen schlüpfen nach 40 Tagen, manchmal früher, manchmal später, je nach den Witterungsbedingungen. Nach etwa 10 Wochen sind die Nestlinge flügge und begeben sich auf ihren ersten Flug. Den Kleinen tragen beide Altvögel große Mengen Beute zu, meist Fische und verschiedene junge Wasservögel, die sich besonders leicht schlagen lassen. Aber auch kleinere Säugetiere und tote Lebewesen, die von der Brandung ans Ufer gespült worden sind, und hin und wieder junge Seehunde oder sogar Füchse gehören auf seine Speisekarte. Der Riesenseeadler kehrt jedes Jahr wieder in das Revier zurück, das er einmal besetzt hat.

Rauhfußbussard *(Buteo lagopus)*

Die arktischen Gebiete Asiens, aber auch Amerika und Europa gehören zur Brutheimat des Rauhfußbussards. Er wird etwa 60 cm groß und klaftert bis zu 140 cm. Charakteristisch sind für diesen Greifvogel, der sonst in der Färbung sehr variabel ist, die befiederten Läufe und der dunkle, runde Fleck an der Flügelbeuge, der beim Flug auffällt. Der Rauhfußbussard lebt in Dauerehe, schließt sich im Herbst jedoch zu Scharen zusammen, um seine Winterquartiere in den gemäßigten Klimazonen aufzusuchen.

Im Frühjahr kehren sie auch gemeinsam in ihre Brutgebiete zurück. Dann sondern sich die Paare vom Schwarm ab und besetzen ihre Reviere. Seinen Horst errichtet das Paar aus Zweigen, trockenen Gräsern, Heidelbeerkraut und Flechten auf dem Erdboden, auf einem Felsvorsprung oder in einem niedrigen Baum. Die Zahl der Eier, die das Weibchen im Mai oder Anfang Juni legt, schwankt zwischen 2 und 7 und hängt stark von der Häufigkeit der Hauptbeutetiere — kleiner Nager — in seinem Revier ab. Das Gelege aus grünlichen oder bläulichen Eiern, die ockergelb, grau und violett gefleckt und darüber noch rostrot gesprenkelt sind, bebrütet das Weibchen 31 Tage lang allein. Das Männchen sitzt während dieser Zeit in der Nähe des Horstes und hält Wache. Da das Weibchen schon mit dem ersten Ei zu brüten beginnt, schlüpfen die kleinen Rauh-

fußbussarde nach und nach. Nach 40—45 Tagen verlassen sie das elterliche Nest.
Für die Ernährung der ganzen Familie sorgt allein das Männchen. Es übergibt die Beute — meist Lemminge und zu einem kleineren Teil Vögel — seiner Gefährtin, die sie dann an die Jungen verfüttert. Zur Winterzeit lebt der Rauhfußbussard bis zu 90 % von Wühlmäusen. Um Beute zu suchen, fliegt er niedrig über dem Boden und steht oft rüttelnd in der Luft. Er sucht sich aber auch Felsbrocken als Ansitz aus oder wartet direkt am Mauseloch.

Moorschneehuhn *(Lagopus lagopus)*

Das Moorschneehuhn ist in seinen zahlreichen Unterarten ein recht häufiger Bewohner aller Tundrengebiete der nördlichen Halbkugel, kommt aber auch in Schottland und Irland vor. Besonders häufig brütet das Moorschneehuhn, das etwa 38 cm groß ist, in den Tundren Asiens. Beide Geschlechter unterscheiden sich durch die Färbung ihres Gefieders. Während der Brutzeit hat der Hahn einen kastanienbraunen, fein schwarz gewellten Körper und einen weißen Bauch. Die Flügel sind ebenfalls weiß, der Schwanz dagegen schwarz. Die Henne ist überwiegend hellbraun und hat dunklere Streifen. Im Winter bekommen die Vögel, die in der Tundra beheimatet sind, ein ganz weißes Gefieder mit Ausnahme des schwarzen Schwanzes, der von anderen Federn überdeckt wird. Auch Fuß und Zehen des Moorschneehuhnes sind befiedert, um es vor dem Einsinken im Pulverschnee zu schützen. Zur Winterzeit siedeln die Bewohner der asiatischen Tundren in die Waldgebiete über, die sogar bis zu 250 km entfernt sein können, und kehren im Frühjahr in größeren Gesellschaften in ihre Brutgebiete in der Tundra zurück.
Sobald es wärmer wird und der Schnee schmilzt, zerstreuen sie sich weit in die Umgebung und beginnen zu balzen. Der Hahn steigt in die Luft, fliegt dann nur 2,5 m über dem Boden und steigt plötzlich wieder bis in 15—20 m Höhe auf. Gleich darauf gleitet er wieder zu Boden. Dabei läßt er seine gurrende Stimme hören. Die Henne legt im Mai oder Juni unter einem Strauch oder zwischen Steinen eine Nestmulde an, die sie mit Halmen und Blättern auspolstert. Die Häufigkeit des Moorschneehuhnes läßt sich daran ablesen, daß sich auf 1 km² meist mehr als 30 Nester befinden. Das Gelege aus 5—12 gelblichen, braun gefleckten Eiern brütet die Henne allein aus. Sobald die Küken, die nach etwa 24 Tagen schlüpfen, trocken sind, verlassen sie das Nest und begeben sich mit der Mutter auf Nahrungssuche. Das Moorschneehuhn lebt überwiegend von Pflanzenkost. Im März und April besteht sie bis zu 50 % aus Weidenkätzchen, sonst aus grünen Blättern, Trieben,

Raufußbussard

Moorschneehuhn

Sichelhuhn

Blüten und Sämereien. Im Sommer nimmt es auch Beeren. Die Küken suchen sich dazu noch Insekten und deren Larven.

Sichelhuhn *(Falcipennis falcipennis)*

Das Transbaikal- und das Ussuri-Gebiet sowie Sachalin sind die Brutheimat des etwa 35 cm langen Sichelhuhnes. Die Henne ist überwiegend dunkel kastanienbraun und dicht grau gefleckt. Das Sichelhuhn bewohnt Laub- und Mischwälder, aber auch Nadelwälder in Gebirgslagen um 1500 m und hält sich überwiegend dort auf, wo Walderdbeeren, Preißelbeeren und Moosbeeren wachsen. Am liebsten hat es Birken- und Kiefernbestände. Es ist nur im Frühjahr verpaart. Der Hahn kümmert sich weder um die Brutpflege noch um die Familie. Ab Mai bis Juli legt die Henne 5—7 hellbraune, dunkelbraun gefleckte Eier in das Nest, das am Fuß eines Baumes hergerichtet wird und mit kleinen Zweigen, Grashalmen und Laub ausgepolstert wird. Sie bebrütet das Gelege etwa 25 Tage lang und führt auch die Küken allein. Die Kost des Sichelhuhnes besteht aus Beeren, Sämereien

Nonnenkranich

und grünen Pflanzenteilen, aber auch aus Insekten, Insektenlarven und anderen kleinen Wirbellosen.

Nonnenkranich *(Grus leucogeranus)*

In Sibirien sind nur zwei Vorkommen des Nonnenkranichs, die voneinander getrennt sind, bekannt: eines im Nordwesten im Flußgebiet von Konda und Sosva und das zweite im Nordosten im Stromgebiet des Indigirka. Der Nonnenkranich ist ein herrlicher, weißer, langbeiniger Vogel. Er wird bis zu 140 cm lang und bewohnt riesige, unzugängliche Sümpfe und Seen mit dicht bewachsenen, niedrigen Ufern, sucht aber auch Moräste inmitten lichter Wälder auf.
Im Frühling, etwa Mitte April, ist in diesen abgelegenen Gegenden seine angenehme, trompetende Stimme zu hören, die zarter und melodischer klingt als die der übrigen Kranicharten. An einer trockenen Stelle legt sich das Kranichpaar sein Nest aus kleinen Knüppeln, Grashalmen, Schilfhalmen und Moosen an und bebrütet die 2 gelbgrünen, dunkel gefleckten Eier abwechselnd etwa 30 Tage lang. Die Küken sind, sobald sie geschlüpft und abgetrocknet sind, sehr munter und begleiten die Eltern auf ihren Streifzügen, auch dann, wenn sie schon selbständig geworden sind und fliegen können, also etwa Anfang August.
Die Familien schließen sich zu kleineren Gruppen zusammen und führen ein Wanderleben, das sie weit von ihren Brutplätzen wegführt. Im Herbst ziehen sie dann gemeinsam in die Winterquartiere: die westlichen Populationen an die Südküsten des Kaspischen Meeres und des Aralsees und die östlichen direkt nach Süden nach Ost- und Südostchina. In früheren Zeiten zogen in Keilformation oft bis zu 300 Vögel. Heute gehört der Nonnenkranich zu den seltenen Tierarten, die vom Aussterben bedroht sind. Der Nonnenkranich lebt von kleinen Fischen, Fröschen, Kriechtieren, Kleinnagern, Kerbtieren, grünen Pflanzenteilen und Sämereien.

Mandschurenkranich *(Grus japonensis)*

Der Mandschurenkranich wird etwa 130 cm lang und brütet in den Küstenregionen des Ussuri-Gebietes und in den anliegenden Teilen der Mandschurei, Chinas und Nordkoreas. Auch im südöstlichen Zipfel der nördlichsten japanischen Insel, Hokkaido, ist er beheimatet. Sein Lebensraum sind schwer zugängliche Moräste. Er überwintert in China am Unterlauf des Gelben Flusses.
In seinem Brutgebiet hält er sich von Mitte März bis Ende August auf. Wenn er aus dem Winterquartier eintrifft, bleibt der Mandschurenkranich zuerst meist in kleinen Gruppen nahe am Fluß, jedes Jahr an der gleichen Stelle. Erst Anfang April verpaart er sich und sucht sich dann in den weiten Sümpfen Plätze, die

Mandschurenkranich

schon frei vom Schnee sind. Jedes Kranichpaar besetzt ein Territorium, das es bis zum Abflug bewohnt und gegen Eindringlinge verteidigt. Die Brutreviere sind sehr ausgedehnt, und die einzelnen Nester kilometerweit voneinander entfernt. Während der Brutzeit erklingt sein „Trompeten“, das 4 km weit zu hören ist. Er ist dann auch sehr vorsichtig und läßt in freien Landschaften niemanden näher als auf 200 m an sich herankommen.
Sein Nest, das bis zu 1 m breit wird, baut sich das Paar im Sumpf aus Schilf, Gras und Zweigen. Beim Bebrüten des Geleges aus meist 2 gefleckten Eiern wechselt sich das Paar einen Monat lang ab und zieht auch die Jungen gemeinsam groß. Der Mandschurenkranich ist erst mit 5 Jahren erwachsen. Er ernährt sich wie der Nonnenkranich.

Kiebitzregenpfeifer *(Pluvialis squatarola)*

Die Tundren an den Meeresküsten Nordasiens und Nordamerikas sind die Brutheimat des Kiebitzregenpfeifers. Das Weibchen ist dem Männchen recht ähnlich, ist aber an der Körperunterseite eher braun und

Kiebitzregenpfeifer

Kleiner Goldregenpfeifer

schwach weiß gefleckt. Beide Geschlechter haben das gleiche Winterkleid, überwiegend braungrau gefleckt mit weißlichem Bauch.
Scharenweise zieht der Kiebitzregenpfeifer im Herbst zu seinen Winterquartieren, die weit entfernt in Afrika, Südostasien, Australien und Neuseeland liegen. Es ist fast unglaublich, welche Entfernungen dieser nur etwa 28 cm große Vogel jedes Jahr zurücklegt. In die Brutgebiete kehrt er verpaart zurück. Zum Nestbau sucht sich das Pärchen trockenere Stellen aus. Das Weibchen legt das Nest in einer Rinne im Moos an und polstert es mit trockenen Grashalmen und Flechten aus. Das volle Gelege aus 4 Eiern, die auf bräunlichem Grund dunkelbraun bis schwarz gefleckt sind, ist ab Mitte Juni bis Anfang Juli vollzählig im Nest. Beim Bebrüten wechseln sich beide Partner 23 Tage lang ab. Schon 1—2 Tage nach dem Schlüpfen verlassen die Küken das Nest und streifen in der Umgebung herum.
Wenn Gefahr droht, drücken sie sich zwischen Gräsern oder Steinen ganz dicht an den Boden. Von den Eltern werden sie noch 14 Tage lang gehudert. Sobald die Jungen der elterlichen Obhut entwachsen sind, vereinigen sich die Familien zu Scharen und ziehen später zum Süden. Die Kost des Kiebitzregenpfeifers besteht aus Insekten, meist aus Käfern und Mückenlarven aber auch aus Weichtieren und zu einem kleineren Teil aus Sämereien und Beeren.

Kleiner Goldregenpfeifer *(Pluvialis dominica)*

Der Kleine Goldregenpfeifer ist ein Brutvogel in den kalten Tundren der arktischen Gebiete Asiens und Amerikas. Seine asiatische Brutheimat zieht sich nach Süden bis zum Ussuri-Gebiet. Das Weibchen ähnelt dem Männchen, hat aber meist nicht den hellen, seitlichen Halsstreifen. Im Winterkleid ist der Regenpfeifer, der etwa 25 cm groß wird, auf der Oberseite grau und schwarzbraun gefleckt und an Brust und Bauch weiß.
Im Herbst ziehen die asiatischen Populationen nach Südostasien, an die Ostküsten Indiens, zu den Sundainseln und bis an die australischen Küsten. In ihre Brutgebiete, wo sie die Sümpfe der Tundren und der Taigaränder bewohnen, kehren sie im Mai oder Anfang Juni zurück. Das Weibchen richtet sich am Boden eine Nestmulde her und polstert sie mit kleinen Zweigen und Halmen aus. Das Gelege, das aus 4 hellbraunen, rotbraun und schwarz gefleckten Eiern besteht, erbrüten beide Eltern in 27—28 Tagen.
Sobald die Küken trocken sind, also schon ein paar Stunden nach dem Ausschlüpfen, führen sie die Altvögel in die Umgebung aus. Der Kleine Goldregenpfeifer lebt vorwiegend von Wasserinsekten, Schnecken und Krustentieren. Den Rest bilden Sämereien, grüne Pflanzenteile und Beeren. Bei der Suche nach Nahrung trippelt er schnell über den Boden und bleibt oft stehen.

Steinwälzer *(Arenaria interpres)*

Der Steinwälzer, der etwa 23 cm groß wird, bewohnt das gesamte Küstengebiet Nordasiens, aber auch Europas und Nordamerikas. Beim Weibchen ist der schwarze

Stirnstreifen nicht vollständig. Außerdem ist das Brustgefieder bräunlich gefleckt. Im Winterkleid fehlt die deutliche, schwarzbraune Zeichnung auf den Flügeln. Aus dem Norden Asiens ziehen die Steinwälzer im Herbst in Scharen in ihre Winterquartiere bis nach Indien und Sri Lanka, die westasiatischen Populationen ziehen über Skandinavien bis nach Äquatorialafrika und die in Ostsibirien lebenden Vögel über Japan bis in die Tropengebiete des Stillen Ozeans. Der Steinwälzer entwickelt dabei bewunderungswürdige Flugleistungen. Bei einem beringten Vogel wurde festgestellt, daß er in 25 Stunden eine Entfernung von 820 km zurückgelegt hatte.

Seine Brutheimat verläßt der Steinwälzer schon Ende Juli, spätestens Anfang August und kehrt im April und Mai, zu den nördlichsten Brutplätzen sogar erst im Juni zurück. Jahr für Jahr sucht er die gleichen Stellen auf. Zur Balz verfolgen sich die Männchen und kämpfen miteinander. Sein Nest legt der Steinwälzer dicht am Wasser auf steinigen Inseln oder auf steinigen Sandbänken im Fluß an und polstert es mit trockenem Pflanzenmaterial aus. Meist legt das Weibchen im Juni 4 Eier, die auf graugrünem bis hellbraunem Grund grau und olivbraun gefleckt sind. Anfangs brütet das Pärchen abwechselnd, später überläßt das Weibchen das Brutgeschäft seinem Gefährten. Das Männchen kümmert sich auch manchmal allein um die Küken. Gewöhnlich führen jedoch beide Eltern die Jungen, die nach 22—24 Tagen schlüpfen.

Seine Nahrung sucht sich der Steinwälzer unter Steinen oder unter Muscheln im seichten Wasser. Er wendet die Steine um und kann dadurch die darunterliegenden Lebewesen erbeuten. Er ernährt sich hauptsächlich von Insekten, Weichtieren, Würmern, Krustentieren und auf dem Festland auch von Spinnen. Gelegentlich nimmt er auch Sämereien und Tange.

Steinwälzer

Mittlere Raubmöwe *(Stercorarius pomarinus)*

In den arktischen Tundren Asiens und Nordamerikas ist die Mittlere Raubmöwe beheimatet, die etwa 45 cm lang wird. Diese Art tritt auch noch in einer dunklen, vollkommen schwarzen Form auf. Ihr Lebensraum sind die Meeresküsten und die Tundren mit Seen und langsam fließenden Wasserläufen. Zur Brutzeit lebt sie paarweise oder in kleinen Brutkolonien. In das Nest, das auf dem Erdboden im Moos oder zwischen Grasbülten angelegt wird, legt das Weibchen im Juni und Juli 2 oder 3 grünliche oder olivbraune, dunkel gefleckte Eier und wechselt sich beim Bebrüten mit dem Männchen ab. Auch die Jungen, die nach 24—28 Tagen schlüpfen, werden von beiden Altvögeln gemeinsam gefüttert. Erst nach etwa 7 Wochen verlassen die Jun-

Mittlere Raubmöwe

Japanmöwe

gen die Obhut der Eltern. Häufig flüchten sie aus dem Nest, wenn sie noch gar nicht flügge sind, und verbergen sich in der Nähe des Nestes im hohen Gras.
Die Mittlere Raubmöwe fängt Lemminge und andere Kleinnager, nimmt aber auch anderen Vögeln die Nester aus. Manchmal jagt sie anderen Möwen die Beute ab. Dabei treibt sie das andere Tier so lange, bis es die Beute fallenläßt. Die Raubmöwe fängt sie dann sehr gewandt noch im Flug auf.

Japanmöwe *(Larus crassirostris)*
Die Japanmöwe ist etwa 46 cm groß und bewohnt die Küsten Japans, der Kurilen, Sachalins, Nordostchinas und Koreas. Zur Winterzeit zieht sie nach Süden bis nach Taiwan und hin und wieder sogar bis nach Hongkong. Gern begleitet sie auf dem Meer Fischfangschiffe und wartet auf die weggeworfenen Fischreste. Aber sie fängt sich auch selbst an der Wasserfläche die verschiedensten Meerestiere und nimmt anderen Vögeln Eier oder Jungvögel aus dem Nest.
Während der Brutzeit, also etwa ab Mitte Mai, lebt sie oft in ziemlich großen Kolonien. Ihr Nest baut sie sich aus Trockengräsern direkt auf dem Erdboden oder auf Felsklippen. Beim Bebrüten des Geleges aus 2 oder 3 dicht braun, grau und violett gefleckten Eiern wechselt sich das Möwenpärchen ab. Die Jungen, die nach 28 Tagen schlüpfen, zerstreuen sich schon nach wenigen Tagen in die Umgebung des Nestes und verbergen sich. Die Alten fliegen mit Beute zu ihnen, um sie zu füttern. Wenn die kleinen Japanmöwen etwa 40 Tage alt sind, beginnen sie zu fliegen.

Habichtskauz

Habichtskauz *(Strix uralensis)*
Der gesamte nördliche Waldgürtel Europas über ganz Asien bis nach Korea, Sachalin und Japan hin gehört zum Verbreitungsgebiet des stattlichen Habichtskauzes, der etwa 60 cm groß ist und 115 cm klaftert. In seiner Heimat ist er Standvogel, nur in sehr strengen Wintern zieht er südwärts. Er bevorzugt Nadelwälder, siedelt sich aber auch in Parks und verwilderten Gärten der Städte an. Auf Beutejagd begibt er sich meist in der Dunkelheit, bei bewölktem Himmel jagt er auch am Tage. Als Beute fängt er vor allem Eichhörnchen, Vögel bis zu einer Größe von Haselhühnern, aber am liebsten Tauben.
Schon zeitig im Frühjahr, oft ab März, legt er sein Nest in Baumhöhlen oder in verlassenen Greifvogelhorsten an, die meistens 10—20 m, manchmal aber auch nur 2 m hoch im Baum stehen. Das Gelege aus 2—6 weißen Eiern bebrütet das Weibchen 27—29 Tage, bei andauernden Frösten sogar bis zu 34 Tagen lang allein. Das brütende Weibchen wird vom Männchen mit Nah-

rung versorgt, das auch in den ersten Lebenstagen der Nestlinge der ganzen Familie Beute zuträgt. Es übergibt sie seiner Gefährtin am Nest, die die Beute zerlegt und an die Jungen verfüttert. Im Alter von 50 Tagen beginnen die kleinen Habichtskäuze zu fliegen.

Bartkauz *(Strix nebulosa)*

Der Bartkauz ist etwa 65 cm groß und besiedelt ein riesiges Gebiet, das von Nordeuropa über ganz Sibirien bis Nordsachalin reicht. Aber auch an der Westküste Kanadas ist er anzutreffen. Stellenweise, besonders in Jakutien, gehört er zu den häufigsten Käuzen. Seine Brutheimat verläßt er nicht einmal im Winter. Er lebt vor allem in ausgedehnten Nadelwäldern. Seine Beute sind kleine Nagetiere wie Eichhörnchen und Lemminge, aber auch Kleinvögel.

Wenn er brütet, geht er auch am hellen Tag auf Beutefang. Während der Balzzeit ist die kurze, heulende Stimme des Männchens zu hören. Sein Nest legt das Bartkauzpärchen am liebsten in einem Greifvogelhorst an, der 6 — 10 m über dem Erdboden steht. Die Nestmulde polstert es mit kleinen Zweigen von Nadelbäumen aus und benutzt das Nest, das es einmal bezogen hat, über viele Jahre hin. Meist im April legt das Weibchen 1 — 5 Eier, die es allein 4 Wochen lang bebrütet. Während dieser Zeit trägt ihm das Männchen Beute zu. Die Anzahl der Eier ist vom Angebot seiner Hauptnahrung, kleiner Nagetiere, abhängig. Die Aufzucht und Fütterung der Jungen erfolgt wie beim Habichtskauz.

Bartkauz

Wiedehopfkuckuck *(Cuculus saturatus)*

Der Wiedehopfkuckuck ist ein Vogel der Taiga und vom südlichen Ural bis nach Ostasien hin verbreitet. Seine Winterquartiere bezieht er in Indien und Malaysia, aber auch auf den Sundainseln, den Philippinen und sogar in Australien. Im Frühjahr kehrt er in die Nadelwälder und Birkenhaine, aber auch in die Gebirge und Buschsteppen seiner Heimat zurück. Zur Paarungszeit läßt dieser etwa 33 cm große Kuckuck seinen monotonen Ruf hören, der an den Wiedehopf erinnert.

Als Brutschmarotzer legt er seine Eier in fremde Nester. Das Weibchen schiebt seine weißen oder hellbraunen und auf der ganzen Oberfläche dunkel- oder hellbraun gefleckten Eier meist Laubsängern unter. Die Zieheltern brüten das Kuckucksei aus und füttern dann auch das Kuckucksjunge mit Kerbtieren und Larven. Das Kuckucksweibchen bringt in einer Brutsaison etwa 10 Eier hervor, die es einzeln auf die Wirtsnester verteilt.

Wiedehopfkuckuck

Braunschnäpper *(Muscicapa latirostris)*

In Nordostasien einschließlich Japans und Sachalins und bis zum Himalaja hin brütet der Braunschnäpper,

Braunschnäpper

Rubin-Nachtigall

der etwa 14 cm groß ist. In seinem Verbreitungsgebiet bewohnt er vor allem die Laubwälder entlang der Flußtäler. Nadelwälder besiedelt er nur selten. In Japan ist er aber auch häufig in Parks anzutreffen. Aus seinen Winterquartieren in Indien, Burma, Thailand und auf den Großen Sundainseln kehrt er Ende Mai bis Mitte Juni in seine Brutheimat zurück und beginnt schon bald mit dem Nestbau. Das napfartige, 10 cm breite Nest errichtet er aus Grashalmen, kleinen Wurzeln und viel Moos auf einem waagerechten Ast in etwa 1 m Abstand vom Stamm des Laubbaumes. Die Nestwand umgibt er mit Flechten und Rindenstücken, so daß es ausgezeichnet getarnt ist. Die Nestmulde ist etwa 3,5 cm tief und wird mit Blattstücken ausgepolstert, bevor das Weibchen 4—6 weiße Eier legt, die am Ende olivgrau gefleckt sind. Meist bebrütet sie das Weibchen 12—14 Tage lang allein. Nach 2 Wochen sind die Nestlinge flügge, werden aber noch weitere 10 Tage von beiden Eltern mit Kerbtieren und deren Larven gefüttert.

Rubin-Nachtigall *(Luscinia calliope)*

Ganz Sibirien, besonders aber die Taiga bis nach Kamtschatka und Hokkaido hin sowie ein isoliertes Gebiet in Südostchina sind die Brutheimat der Rubin-Nachtigall, die etwa 14 cm lang ist. Das Weibchen hat ein einheitlich bräunliches Gefieder und eine weiße Kehle. Im Herbst begibt sich die Rubin-Nachtigall auf ihre weite Wanderung in die Winterquartiere in Süd- und Südostasien und auf den Philippinen. Sie zieht nur nachts. Meist kehrt sie Ende Mai in ihr Brutrevier in der Taiga zurück, wo sie am liebsten Waldränder an offenen Wiesen oder an Flußufern besiedelt.
Gleich nach der Rückkehr beginnt das Männchen mit seinem melodischen, pfeifenden, oft wiederholten Gesang. Das Weibchen trifft meist ein paar Tage später am Brutplatz ein. Sein rundes Nest mit seitlichem Eingang errichtet das Pärchen am Boden im Dickicht, manchmal etwa 50 cm über dem Boden im Gesträuch. Das geht recht schnell. Zum Nestbau verwendet die Rubin-Nachtigall zarte Grashalme, Pflanzenfasern und Säugerhaare. In das ungepolsterte Nest legt das Weibchen im Juni oder Juli 3—5 Eier, die auf grüngrauem Grund rotbraun gefleckt und gestrichelt sind, und brütet sie allein aus. Die Jungen, die nach 14 Tagen schlüpfen, werden von beiden Eltern mit Kerbtieren, Larven, Spinnen und Würmern gefüttert.

Bechsteindrossel *(Turdus ruficollis)*

Mittelsibirien und die Berggebiete im mongolischen Teil des Altai sind die Heimat der Bechsteindrossel. Sie ist in 2 Unterarten bekannt, die Schwarzkehldrossel *(Turdus ruficollis atrogularis)* mit schwarzem Kehlgefieder kommt in Westsibirien und die Rotkehldrossel *(Turdus ruficollis ruficollis)* in Ostsibirien vor. Die Weibchen sind bräunlich und haben eine weiße Kehle und schwarzweiße Flecken an der Brust. Dieser häufige Singvogel wird 23 cm lang. Im Herbst bezieht er seine Winterquartiere im Himalaja, in Westchina, Burma, Nordindien und Kleinasien. In seinen südlichen Ver-

breitungsgebieten ist er jedoch nur Strichvogel. Als Lebensraum sucht sich die Bechsteindrossel Wälder mit unterschiedlichen Beständen aus, wichtig ist nur die Nähe von Wasser, denn sie badet gern im seichten Wasser an Fluß- oder Bachufern. Im mongolischen Teil des Altai ist sie noch in 2200 m Höhe anzutreffen.
Sein Nest aus Grashalmen errichtet das Pärchen nicht sehr hoch in einem Baum und nur selten am Erdboden, verklebt es mit Erde und polstert es mit zarten Gräsern aus. Das Gelege aus 4—5 grünen, dicht rostbraun gefleckten Eiern bebrütet das Weibchen allein 2 Wochen lang. Die Jungen werden von beiden Eltern mit kleinen Weichtieren, Insekten und Wasserkerbtieren gefüttert, die die Vögel im seichten Wasser fangen. Aber auch Spinnen und Regenwürmer, die sie am Abend aus dem Gras auf der Wiese herausziehen, gehören zur Kost der Bechsteindrossel.

Bechsteindrossel

Naumanndrossel *(Turdus naumanni)*

Die Naumanndrossel ist 25 cm lang und nahezu über ganz Sibirien bis nach Kamtschatka und Sachalin hin, ausgenommen den westlichen Teil Sibiriens, verbreitet. Das Weibchen ist bräunlich und hat ein rötliches Brustgefieder. Im Herbst zieht die Naumanndrossel in Scharen zu 10—30 Vögeln in ihre Winterquartiere nach Nordchina, Südostasien und Nordostindien. Wenn sie im Mai in die Wälder und Buschlandschaften ihrer Heimat zurückkehrt, beginnt sie schon Ende Mai/Anfang Juni mit dem Bau ihres Nestes. Sie stellt es in einen Strauch oder in die Zweige eines niedrigen Baumes und verwendet als Baumaterial Grashalme, die sie mit Erde verschmiert. Aus den 5 grünlichen, dunkelbraun und rostbraun gefleckten Eiern, die das Weibchen allein bebrütet, schlüpfen nach 12—14 Tagen die Jungen. Beide Eltern sorgen für sie, bis sie nach 2 Wochen flügge sind, und füttern noch ungefähr 10 Tage nach dem Ausfliegen. Die Kost der Naumanndrossel besteht aus Insekten, Spinnen, Würmern und kleinen Weichtieren, während des Vogelzuges und in den Winterquartieren in großem Maße aus Beeren.

Naumanndrossel

Schieferdrossel *(Cryptocichla sibirica)*

Die Schieferdrossel oder Sibirische Drossel ist etwa 22 cm groß und brütet in ganz Mittel- und Ostsibirien bis nach Sachalin hin, aber auch im Norden Japans. Das Weibchen hat eine einheitlich braune Färbung mit dunklen Wellen an der Körperunterseite. Im Herbst bezieht die Schieferdrossel ihre Winterquartiere in Süd- und Südostasien bis nach Borneo und Java und kehrt im Mai in ihre Brutheimat zurück. Sie besiedelt die Waldränder, die mit Gebüsch bestanden sind, und die Taiga und hält sich am liebsten in der Nähe von Seen

Schieferdrossel

und Flüssen auf. An deren Ufern findet sie auch ihre Nahrung — Insekten, Würmer, Spinnen und Weichtiere. Im Herbst pickt sie auch Beeren auf.

Als Nestplatz sucht sich die Schieferdrossel einen Strauch oder niedrigen Baum aus, wo sie in 2—2,5 m Höhe über dem Boden ihr Nest nach Art der übrigen Drosseln baut und mit zartem Gras und Blättern auspolstert. Dabei fällt dem Weibchen der Bau des Nestes und dem Männchen das Heranschaffen des Materials zu. Das Weibchen übernimmt auch das Ausbrüten der 4—5 meist beigen, braun und grau gefleckten Eier allein. Um die Jungen, die nach 14 Tagen schlüpfen, kümmern sich aber beide Eltern.

Lasurmeise *(Parus cyanus)*

Die ganze Taiga-Zone Asiens von Osteuropa bis zum Ussurilauf und bis nach China ist die Heimat der Lasurmeise. Dieser hübsche, etwa 13 cm große Singvogel, besiedelt dort die dichten Wälder mit reichem Unterholz und die Ufer der Flüsse und Seen, die mit Bäumen bestanden sind. Im Herbst schließt sich die Lasurmeise zu Scharen bis zu 100 Vögeln zusammen und streicht durch Gegenden, die weit von ihrem Brutgebiet entfernt sind. Sie ist dann auch nicht mehr so scheu und kommt sogar in die Gärten und Parks der Städte und Dörfer.

In der ersten Aprilhälfte kehrt sie in ihr Brutgebiet zurück. Ungeduldig fliegen die Pärchen hin und her und suchen eine Baumhöhle, die zum Nestbau geeignet ist. In dieser Zeit läßt dann auch das Männchen seinen lauten Gesang hören. Das Paar trägt Moos, trockene Gräser und Säugerhaare in eine verlassene Spechthöhle, meist 2—4 m über dem Boden. Oft legt es sein Nest in Löchern vermoderter Baumstümpfe oder an ähnlichen Stellen an. 12—14 Tage lang sitzt das Weibchen allein auf ca. 8 weißlichen, rötlich gefleckten, kleinen Eiern. Ihre zahlreiche Nachkommenschaft ziehen beide Eltern mit kleinen Kerbtieren, Larven, vielen Raupen und Spinnen auf. Nach 17—20 Tagen sind die kleinen Lasurmeisen flügge und beginnen zu fliegen. Von den Eltern werden sie aber noch weitere 10 Tage gefüttert.

Lasurmeise

Karmingimpel *(Carpodacus erythrinus)*

Mit Ausnahme der Küstengebiete brütet der Karmingimpel in ganz Nordasien. Er ist auch in Nordosteuropa und vom Kaukasus ostwärts bis zum Himalaja und nach Mittelchina in Höhenlagen bis zu 3000 m verbreitet. Dieser Singvogel erreicht eine Länge von etwa 14 cm. Das Weibchen ist auf der ganzen Oberseite olivbraun, an Kehle und Brust braun gefleckt und am Bauch grauweiß. Als Lebensraum wählt der Karmingimpel Waldränder, weite Taigagebiete und gebüschbestandene Landschaften, Park- und Gartenanlagen am

Karmingimpel

liebsten in der Nähe von Flüssen. Im Herbst zieht er nach Nordindien und Südostasien, die Populationen in den südlichen Verbreitungsgebieten sind jedoch Standvögel und ziehen nur aus den Hochgebirgen in die Bergtäler.
Im Mai kehrt der Karmingimpel in seine Brutheimat zurück und baut sein Nest in den dichten Zweigen der Sträucher und Bäume meist 2 m über dem Boden aus Grashalmen, kleinen Wurzeln und kleinen Zweigen. Zum Auspolstern verwendet er Tierhaare und zarte Pflanzen. Anfang Juni legt das Weibchen 3—6 blaugrüne Eier, die vor allem am stumpfen Pol dunkelbraun und schwarzviolett gefleckt sind, und bebrütet das Gelege auch allein 12—14 Tage lang. Den Jungen, die nach 14—17 Tagen das Nest verlassen, bringen beide Eltern Futter. Hauptnahrung des Karmingimpels bilden verschiedene Sämereien, Beeren, teilweise auch Insekten, die aber bei Nestlingen die Hauptnahrung bilden.

Bindenkreuzschnabel

Fichtenammer

Bindenkreuzschnabel *(Loxia leucoptera)*

Die Brutgebiete des Bindenkreuzschnabels liegen vor allem in Mittel- und Ostsibirien, aber auch in Nordosteuropa, in Kanada und in Alaska. Dieser Kreuzschnabel wird 15—18 cm lang. Das Weibchen unterscheidet sich in der Färbung erheblich vom Männchen. Es ist einheitlich grünoliv bekleidet und hat einen gelben Bürzel sowie zwei weiße Streifen an den Flügeln. In den westlicheren Verbreitungsgebieten Nordasiens siedelt der Bindenkreuzschnabel in der Lärchen-Taiga. Er lebt von den Samen der Lärchenzapfen, im Sommer frißt er zusätzlich auch Kerbtiere, Larven und Spinnen. Die Kreuzschnäbel passen sich in ihrer Brutzeit und in den Brutplätzen ihrem Nahrungsvorkommen an. Zum Brüten ziehen sie scharenweise in die Gegenden, wo gerade ausreichend Lärchenzapfen reifen.
Ihr Nest bauen sie 3—5 m über dem Boden meist in den Zweigen von Nadelbäumen. Sie verwenden dazu kleine, trockene Zweige und polstern die Nestmulde mit zarter Rinde und Säugerhaaren aus. Für den Nestbau ist das Weibchen verantwortlich, das Männchen begleitet seine Gefährtin nur dabei. Auch das Bebrüten der 3—4 bläulichen, schwarzbraun getupften und gefleckten Eier, die es im Juli legt, besorgt das Weibchen allein. Während dieser Zeit versorgt es das Männchen mit Futter. Die Jungen, die nach 14—16 Tagen schlüpfen, haben gerade Schnäbel, die erst nach 3 Wochen beginnen, sich zu überkreuzen. Nach 2 Wochen sind die Kleinen flügge, lassen sich aber noch etwa 10 Tage lang von den Eltern füttern. Sobald die Jungen das elterliche Nest verlassen haben, streifen die Bindenkreuzschnäbel in Scharen durch die Gegend.

Fichtenammer *(Emberiza leucocephala)*

Die Fichtenammer brütet in ganz Sibirien bis zum Amur und nach Sachalin, aber auch in Enklaven in Nordchina. In den südlicheren Verbreitungsgebieten ist sie Standvogel, aus den übrigen Gegenden zieht sie schon Ende August nach Mittel- und Ostasien, um in offenen Landschaften zu überwintern. Nach Mittelsibirien kehrt sie Mitte April zurück, in die nördlicheren Gebiete und in den Altai, wo sie in Höhenlagen zwischen 1300 und 2000 m brütet, erst im Juni. Ihr Le-

Unglückshäher

bensraum sind lichte Wälder, vorwiegend Nadelbaumbestände.
Das Nest, eine flache, mit trockenem Gras oder auch mit Haaren gepolsterte Mulde, richtet das Fichtenammerweibchen am Erdboden in einer trockenen Grasbülte oder unter einem Strauch her. Auch das Gelege aus 4—5 grauweißen, mit braunen Flecken und haarfeinen Strichen geschmückten Eiern bebrütet das Weibchen überwiegend allein. Nur selten wird es beim Brutgeschäft vom Partner abgelöst. Die Jungen schlüpfen nach 12—14 Tagen und sind nach 2 Wochen flügge. Die Eltern versorgen sie aber noch ein paar Tage mit Futter. Ihre Kost — verschiedene Sämereien — ergänzt die Fichtenammer zur Brutzeit durch Kerbtiere, Larven und Spinnen. Dem Weibchen dieses Vogels, der bis zu 15 cm lang wird, fehlen der weiße Nacken und die weiße Zeichnung an den Wangen und an der Kehle.

Unglückshäher *(Perisoreus infaustus)*

Der Unglückshäher ist etwa 30 cm lang und über die Taiga-Zone ganz Asiens sowie in den Nadelwäldern Nordeuropas verbreitet. Er fehlt jedoch in den Tundren der Küstengebiete und in Kamtschatka. Beide Geschlechter sind gleich gefärbt. Seine Brutheimat verläßt der Unglückshäher auch bei strengstem Frost nicht. Er bewohnt die Nadelwälder der Taiga und streicht außerhalb der Brutzeit auch in den Birkenwäldern und im Winter in den menschlichen Siedlungen umher.
Zum Brüten sucht er sich immer einen Nadelbaum aus und baut in seinen Zweigen in 2—6 m Höhe sein Nest aus trockenen Zweigen. Auf diese Grundlage trägt er Grashalme und Flechten ein und polstert die Nestmulde mit Säugerhaaren und Federn warm aus. Schon oft im März, meist aber im April legt das Weibchen 3—5 grünliche, dicht grau und grauviolett gefleckte Eier und wechselt sich mit dem Männchen während der Brutdauer von 17—19 Tagen ab. In der ersten Woche nach dem Schlüpfen verläßt das Weibchen die Nestlinge auch nicht für einen Augenblick, so daß der Vater die ganze Familie mit Nahrung versorgen muß. Die Jungen verlassen das Nest nach 23 Tagen. Der Unglückshäher ernährt sich von den Samen der Nadelgehölze, frißt daneben aber auch Beeren und Insekten.

Amur-Langschwanzeidechse
(Takydromus amurensis)

Die Amur-Langschwanzeidechse, die insgesamt bis zu 15 cm lang und in den Küstengebieten Ostasiens heimisch ist, erhielt ihren Namen nach ihrem sehr langen Schwanz, der länger ist als der Körper. Sie lebt in Lärchenhainen, kommt aber auch in Laubwäldern vor. Gern hält sie sich in Baumhöhlen und unter Baumrinde sowie unter umgestürzten Bäumen auf, denn sie ernährt sich von Insekten und Insektenlarven. Das Weibchen bringt im Jahr 2 Gelege, das erste Ende Mai, das zweite im Juli oder Anfang August. Das Gelege aus je 2—8 Eiern, aus denen nach ungefähr einem Monat die Jungen, die etwa 2 cm groß sind, schlüpfen, vergräbt es im Sand.

Amurnatter *(Elaphe schrenckii)*

Die Amurnatter bewohnt in mehreren Unterarten Nordchina, Korea, den Osten der Mandschurei und den südlichen Teil des Fernen Ostens der UdSSR. Diese bis zu 2 m lange Kletternatter hat am Körper gelbe oder weiße Streifen. Die Jungen sind nur quer braungefleckt. Die Amurnatter lebt im dichten Unterholz der Wälder, aber am liebsten an den Waldrändern und an Lichtungen. Häufig hält sie sich in Gärten auf. Sie kann ausgezeichnet klettern und kriecht auch auf die höchsten Bäume, um Vogelnester zu suchen. Wenn sie eines findet, nimmt sie nicht nur die Nestlinge, sondern auch die Eier. Zu ihrer Nahrung gehören auch kleine Nager bis zu Rattengröße. Das Weibchen legt von Mitte Juli bis Mitte August 13—30 Eier, aus denen meist im September die Jungen ausschlüpfen.

Tigernatter *(Natrix tigrina)*

Die Tigernatter ist in den Küstengebieten von Chabarowsk, in Korea, Nordost- und Ostchina, auf Taiwan, Hainan und in Japan heimisch. Sie wird bis über 130

Amur-Langschwanzeidechse

cm lang, aber meist erreichen die Tiere nur 110 cm. Sie lebt in der Nähe von Gewässern oder an feuchten, dicht bewachsenen Stellen, ist aber auch in lichten Wäldern anzutreffen. Im Wasser macht sie Jagd auf Fische und in der Nähe von Gewässern fängt sie Froschlurche. In der zweiten Julihälfte bis zum August legt das Weib-

Tigernatter

Amurnatter

Sibirischer Winkelzahnmolch

chen 18—22 Eier, aus denen meist Ende August schon Junge von 15—17 cm Länge schlüpfen.
Bei drohender Gefahr versucht die Tigernatter, ihren Feind zu verschrecken, indem sie den Vorderkörper aufrichtet und ähnlich wie die Kobras den Hals spreizt. Im hinteren Teil der Kiefer sitzen zwei große Zähne, mit denen sie ihre Beute tötet, vor allem aber Frösche durchsticht, die sich aufblasen, wenn sie von der Schlange gefaßt werden. Beißt sie aber mit diesen Zähnen zufällig einen Menschen, kann es durch den Speichel, der in die Wunde eindringt, und das Drüsensekret, das Gifte enthält, zu starken Blutvergiftungen kommen, die sich durch Anzeichen bemerkbar machen, die einem Natternbiß ähneln.

Sibirischer Winkelzahnmolch
(Hynobius keyserlingii)
Der Sibirische Winkelzahnmolch ist 13 cm lang und in seinem weitläufigen Verbreitungsgebiet vom Ural bis nach Kamtschatka, bis zur Mongolei, Nordkorea, Sachalin, zu den Kurilen und nach Hokkaido häufig. Er lebt vor allem in der Taiga, sucht sich feuchte Böden mit dichter Vegetation als Lebensraum aus und macht Jagd auf kleine Würmer, Weichtiere und Kerbtiere. Im April bis Juni geht der Winkelzahnmolch ins Wasser. Dort legt das Weibchen seine Eier in ein etwa 15 cm langes und 2 cm breites, gallertiges Paket an Wasserpflanzen ab. Jeder Laichsack enthält 50—60 kleine Eier, aus denen Larven von 10 mm Länge schlüpfen. Sie bleiben im Wasser bis sie 3—4 cm lang sind und verwandeln sich dann zu Molchen. Im Gebiet von Tomsk und auf Sachalin überwintern sie als Larve im Wasser und schließen ihre Verwandlung erst im darauffolgenden Frühjahr ab.

Ostunke oder **Chinesische Rotbauchunke**
(Bombina orientalis)
Die Ostunke, ein etwa 5 cm großer Froschlurch, ist in Nordostchina, Korea und im Fernen Osten der UdSSR beheimatet. Im Frühjahr und Sommer lebt sie in Teichen, aber auch in Pfützen und überschwemmen Felsspalten. Zu Ende des Sommers kriecht sie dann aufs Land und verbirgt sich tagsüber unter einem Haufen Blätter. Im Oktober sucht sie sich Felslöcher oder Laubhaufen, um bis zum April ihren Winterschlaf zu halten, und kehrt im Mai ins Wasser zurück. Das Weibchen bringt 120—200 kleine Eier in Häufchen zu 15—30 Stück hervor, aus denen nach wenigen Tagen die Kaulquappen schlüpfen. Ihre Umwandlung von der Larve zum Lurch vollzieht sich bis Ende August, so daß sie als fertige, kleine Unken das Wasser verlassen. Die Ostunke ernährt sich von kleinen Kerbtieren, Würmern und Weichtieren.

Ostunke oder Chinesische Rotbauchunke

Verzeichnis der deutschen Tiernamen

Die kursiven Zahlen verweisen auf die Abbildungen

Verzeichnis der lateinischen Tiernamen

Tiere Asiens

4
6
14
10
3
2
5
13
1
7
15
9
8
12
11